Microbiologia dos Alimentos

2ª edição

Microbiologia dos Alimentos

2ª edição

Bernadette Dora Gombossy de Melo Franco

Mariza Landgraf

Atheneu

Rio de Janeiro • São Paulo

2023

EDITORA ATHENEU São Paulo — Rua Maria Paula, 123, 13º andar –
Conjuntos 133 e 134
Tel.: (11) 2858-8750
E-mail: atheneu@atheneu.com.br

Rio de Janeiro — Rua Bambina, 74
Tel.: (21) 3094-1295
E-mail: atheneu@atheneu.com.br

CAPA: FK Estudio
PRODUÇÃO EDITORIAL: RDL Produção Editorial

CIP-BRASIL. CATALOGAÇÃO NA PUBLICAÇÃO
SINDICATO NACIONAL DOS EDITORES DE LIVROS, RJ

F894m
2. ed.

Franco, Bernadette Dora Gombossy de Melo
Microbiologia dos alimentos / Bernadette Dora Gombossy de Melo Franco, Mariza Landgraf. - 2. ed. - Rio de Janeiro : Atheneu, 2023.
: il. ; 24 cm.

Inclui bibliografia e índice
ISBN 978-65-5586-650-6

1. Alimentos - Microbiologia. I. Landgraf, Mariza. II. Título.

23-82856 CDD: 664.001579
CDU: 579.67

Gabriela Faray Ferreira Lopes - Bibliotecária - CRB-7/6643

01/03/2023 06/03/2023

Franco BDGM, Landgraf M.
Microbiologia dos Alimentos — 2ª Edição

Editoras

Bernadette Dora Gombossy de Melo Franco

Farmacêutica-bioquímica pela Faculdade de Ciências Farmacêuticas (FCF) da Universidade de São Paulo (USP) com Doutorado em Ciência dos Alimentos pela USP. Professora Titular na FCF/USP, onde exerce atividades de ensino (graduação e pós-graduação), pesquisa e extensão no Departamento de Alimentos e Nutrição Experimental, área de Microbiologia de Alimentos. Participa de várias organizações internacionais da área, com destaque para a International Commission on Microbiological Specifications for Foods (ICMSF), International Committee on Food Microbiology and Hygiene (ICFMH), International Life Sciences Institute (ILSI Brasil) e International Association for Food Protection (IAFP). Foi Pró-reitora de Pós-graduação da USP e Presidente da Sociedade Brasileira de Microbiologia. Membro da Diretoria da Associação Brasileira para a Proteção dos Alimentos (ABRAPA). Pesquisadora Responsável pelo Centro de Pesquisas em Alimentos da USP (Food Research Center – FoRC), um dos Centros de Pesquisa, Inovação e Difusão (CEPID) apoiados pela Fundação de Amparo à Pesquisa do Estado de São Paulo (FAPESP).

Mariza Landgraf

Farmacêutica-bioquímica pela Faculdade de Ciências Farmacêuticas (FCF) da Universidade Estadual Paulista Júlio de Mesquita Filho (UNESP), campus de Araraquara, com Doutorado em Ciências (Microbiologia) pela USP. Docente da FCF/UNESP e atualmente Professora Associada na FCF/USP, onde exerce atividades de ensino (graduação e pós-graduação), pesquisa e extensão no Departamento de Alimentos e Nutrição Experimental, área de Microbiologia de Alimentos. Membro da Delegação Brasileira do Committee on Food Hygiene do *Codex Alimentarius* Commission. Participa da International Association for Food Protection (IAFP), International Life Sciences Institute (ILSI Brasil), Associação Brasileira para a Proteção dos Alimentos (ABRAPA) e Sociedade Brasileira de Microbiologia (SBM). Editora Associada do Brazilian Journal of Microbiology (BJM). Pesquisadora Associada do Centro de Pesquisas em Alimentos da USP (Food Research Center – FoRC), um dos Centros de Pesquisa, Inovação e Difusão (CEPID) apoiados pela Fundação de Amparo à Pesquisa do Estado de São Paulo (FAPESP).

Colaboradores

Anderson de Souza Sant'Ana
Departamento de Ciência de Alimentos e Nutrição. Faculdade de Engenharia de Alimentos. Universidade Estadual de Campinas. Campinas, SP.

Beatriz Ernestina Cabilio Guth
Departamento de Microbiologia, Imunologia e Parasitologia. Universidade Federal de São Paulo. São Paulo, SP.

Benedito Corrêa
Departamento de Microbiologia. Instituto de Ciências Biomédicas. Universidade de São Paulo. São Paulo, SP.

Bernadette Dora Gombossy de Melo Franco
Departamento de Alimentos e Nutrição Experimental. Faculdade de Ciências Farmacêuticas. Universidade de São Paulo. São Paulo, SP.

Daniel Farias Marinho do Monte
Programa de Pós-Graduação em Ciência dos Alimentos. Faculdade de Ciências Farmacêuticas. Universidade de São Paulo. São Paulo, SP.

Daniele Fernanda Maffei
Departamento de Agroindústria, Alimentos e Nutrição. Escola Superior de Agricultura "Luiz de Queiroz". Universidade de São Paulo. Piracicaba, SP.

Eb Chiarini
Programa de Pós-Graduação em Ciência dos Alimentos. Faculdade de Ciências Farmacêuticas. Universidade de São Paulo. São Paulo, SP.

Ellen Almeida Lopes
Food Design Consultoria. São Paulo, SP.

Ivone Delazari
Delazari Consultoria em Segurança de Alimentos. São Paulo, SP.

Jorge Andrey Wilhelms Gut
Departamento de Engenharia Química. Escola Politécnica. Universidade de São Paulo. São Paulo, SP.

Leo Kunigk
Faculdade Engenheiro Salvador Arena. São Bernardo do Campo, SP.

Lina Casale Aragon Alegro
Programa de Pós-Graduação em Ciência dos Alimentos. Faculdade de Ciências Farmacêuticas. Universidade de São Paulo. São Paulo, SP.

Luís Augusto Nero
Departamento de Veterinária. Universidade Federal de Viçosa. Viçosa, MG.

Maria Crystina Igarashi
Programa de Pós-Graduação em Ciência dos Alimentos. Faculdade de Ciências Farmacêuticas. Universidade de São Paulo. São Paulo, SP.

Maria Teresa Destro
Departamento de Alimentos e Nutrição Experimental. Faculdade de Ciências Farmacêuticas. Universidade de São Paulo. São Paulo, SP.

Mariza Landgraf
Departamento de Alimentos e Nutrição Experimental. Faculdade de Ciências Farmacêuticas. Universidade de São Paulo. São Paulo, SP.

Milimani Andretta
Programa de Pós-Graduação em Epidemiologia e Controle de Produtos de Origem Animal. Universidade Federal de Viçosa. Viçosa, MG.

Rafael Chacon Ruiz Martinez
Programa de Pós-Graduação em Biociências. Faculdade de Ciências Farmacêuticas de Ribeirão Preto. Universidade de São Paulo. Ribeirão Preto, SP.

Uelinton Manoel Pinto
Departamento de Alimentos e Nutrição Experimental. Faculdade de Ciências Farmacêuticas. Universidade de São Paulo. São Paulo, SP.

Vanessa Bíscola
Christian Hansen Holding A/S. Brétigny-sur-Orge, França.

Verônica Ortiz Alvarenga
Departamento de Alimentos. Faculdade de Farmácia. Universidade Federal de Minas Gerais. Belo Horizonte, MG.

Dedicatória

Dedicamos este livro a todos os estudantes e profissionais que atuam na área de alimentos, na esperança de que ele seja útil em suas trajetórias de trabalho e pessoais.

Agradecimentos

Agradecemos aos colegas que aceitaram o desafio e contribuíram com entusiasmo na redação dos capítulos da segunda edição deste livro.

Agradecemos também a todos aqueles que nos ajudaram a aprimorar nossos conhecimentos ao longo de nossa carreira nessa área fascinante e muito desafiadora, focada na importância e papel dos microrganismos nos alimentos.

As editoras

Prefácio

Microbiologia dos Alimentos em sua segunda edição amplia a edição anterior, pois, enquanto na primeira nove capítulos foram escritos pelas Professoras Bernadette Dora Gombossy de Melo Franco e Mariza Landgraf e um pela Professora Maria Teresa Destro, agora são 13 capítulos, sendo dois deles subdivididos em subcapítulos. O Capítulo 4 – Microrganismos patogênicos em alimentos – foi robustamente estendido em 11 subcapítulos envolvendo as principais bactérias, vírus e fungos; da mesma forma, o Capítulo 5 – Diversidade microbiana nos alimentos – foi estendido através de 5 subcapítulos, a saber: carnes e produtos cárneos, leite e derivados, pescado e derivados, vegetais (hortaliças e frutas) e outros alimentos.

Dezoito novos colaboradores oxigenam o novo texto, ampliando-o e atualizando-o.

Fico feliz ao ver um livro-texto destinado a estudantes e profissionais, escrito por autores e autoras nacionais, competindo em qualidade com textos traduzidos.

Farmacêuticos, nutricionistas, engenheiros de alimentos, tecnólogos de alimentos e vários outros profissionais encontrarão nesta nova edição uma excelente obra atualizada da Microbiologia dos Alimentos.

Prof. Dr. Flavio Alterthum

Farmacêutico-bioquímico pela Universidade de São Paulo.
Doutor em Ciências, Livre Docente, Professor Adjunto e
Professor Titular de Microbiologia pela Universidade de São Paulo.
Professor Titular de Microbiologia da Faculdade de Medicina de Jundiaí.

Apresentação

O livro *Microbiologia dos Alimentos* foi preparado com o objetivo de fornecer a estudantes, profissionais e demais interessados da área de alimentos um livro-texto básico sobre o tema. Para a segunda edição, preparada 25 anos após a primeira, o livro foi reformulado e atualizado, incorporando, na medida do possível, o dinamismo e os enormes avanços na área, sem modificar o objetivo original, ou seja, ser um texto básico de consulta. Esta nova edição do livro é constituída por 13 capítulos, sendo que o Capítulo 4, referente aos microrganismos patogênicos em alimentos, é subdividido em 11 subcapítulos, e o Capítulo 5, sobre diversidade microbiana nos alimentos, é subdividido em 5 subcapítulos.

Alguns capítulos foram preparados pelas editoras do livro, enquanto outros foram redigidos por profissionais convidados, especialistas nos respectivos temas, a maioria em parceria com as editoras. Procurou-se ao máximo manter uma linguagem uniforme e de fácil compreensão, o que foi um grande desafio a ser vencido. Cada capítulo foi enriquecido com uma lista de leitura sugerida, para aqueles que desejarem se aprofundar nos respectivos temas.

Espera-se que este livro seja uma fonte de consulta e de inspiração a todos aqueles interessados no tema e um incentivo para aqueles que queiram conhecer e compreender o relevante papel que os microrganismos exercem nos alimentos, tanto do ponto de vista de segurança como de qualidade. Não devemos esquecer que sempre haverá pessoas que precisam se alimentar, assim como sempre haverá microrganismos nos alimentos. Ou seja, sempre haverá trabalho para quem conhece microbiologia dos alimentos.

Sumário

CAPÍTULO 1
Importância dos microrganismos nos alimentos, 1
Bernadette Dora Gombossy de Melo Franco

CAPÍTULO 2
Fatores intrínsecos e extrínsecos que influenciam os microrganismos nos alimentos, 9
Vanessa Bíscola
Bernadette Dora Gombossy de Melo Franco

CAPÍTULO 3
Microrganismos indicadores e critérios microbiológicos, 27
Vanessa Bíscola
Bernadette Dora Gombossy de Melo Franco

CAPÍTULO 4
Microrganismos patogênicos em alimentos, 39
Bernadette Dora Gombossy de Melo Franco
Mariza Landgraf

4.1 *Bacillus cereus*, 42
Lina Casale Aragon Alegro
Mariza Landgraf

4.2 *Clostridium* spp., 46
Rafael Chacon Ruiz Martinez
Maria Teresa Destro

4.3 *Listeria monocytogenes*, 54
Eb Chiarini
Uelinton Manoel Pinto

4.4 *Staphylococcus aureus*, 61
Mariza Landgraf
Bernadette Dora Gombossy de Melo Franco

4.5 *Campylobacter jejuni* e *Campylobacter coli*, 67
Vanessa Bíscola
Bernadette Dora Gombossy de Melo Franco
Mariza Landgraf

4.6 *Escherichia coli* produtora de toxina Shiga (STEC) e outras *E. coli* patogênicas, 72
Beatriz Ernestina Cabilio Guth
Mariza Landgraf

4.7 *Salmonella* spp., 83
Rafael Chacon Ruiz Martinez
Daniel Farias Marinho do Monte
Bernadette Dora Gombossy de Melo Franco
Mariza Landgraf

4.8 *Vibrio* spp., 89
Mariza Landgraf

4.9 Outras bactérias patogênicas de interesse em alimentos, 102
Lina Casale Aragon Alegro
Mariza Landgraf

4.10 Fungos e micotoxinas, 111
Benedito Corrêa

4.11 Vírus, 126
Maria Crystina Igarashi
Mariza Landgraf
Uelinton Manoel Pinto

CAPÍTULO 5

Diversidade microbiana nos alimentos – Introdução, 131
Bernadette Dora Gombossy de Melo Franco
Mariza Landgraf

5.1 Diversidade microbiana em carnes e produtos cárneos, 132
Ivone Delazari
Maria Crystina Igarashi
Mariza Landgraf
Bernadette Dora Gombossy de Melo Franco

5.2 Diversidade microbiana em leite e derivados, 138
Luís Augusto Nero
Milimani Andretta

5.3 Diversidade microbiana em pescado, 148
Maria Crystina Igarashi
Mariza Landgraf

5.4 Diversidade microbiana em vegetais (hortaliças e frutas), 150
Daniele Fernanda Maffei
Mariza Landgraf

5.5 **Diversidade microbiana em outros alimentos, 158**
Mariza Landgraf

CAPÍTULO 6
Deterioração microbiana de alimentos, 165
Mariza Landgraf

CAPÍTULO 7
Controle dos microrganismos nos alimentos, 175
Maria Crystina Igarashi
Jorge Andrey Wilhelms Gut
Bernadette Dora Gombossy de Melo Franco
Mariza Landgraf

CAPÍTULO 8
Higienização na indústria de alimentos, 203
Leo Kunigk

CAPÍTULO 9
Métodos de enumeração, detecção e identificação de microrganismos em alimentos, 221
Maria Teresa Destro
Bernadette Dora Gombossy de Melo Franco

CAPÍTULO 10
Microbiologia preditiva aplicada a alimentos, 237
Verônica Ortiz Alvarenga
Anderson de Souza Sant'Ana

CAPÍTULO 11
Avaliação de riscos microbiológicos em alimentos, 255
Bernadette Dora Gombossy de Melo Franco

CAPÍTULO 12
Gestão da segurança dos alimentos, 263
Ellen Almeida Lopes
Bernadette Dora Gombossy de Melo Franco

CAPÍTULO 13
Cultura de segurança de alimentos, 277
Ellen Almeida Lopes

Índice remissivo, 283

Importância dos microrganismos nos alimentos

1

Bernadette Dora Gombossy de Melo Franco

Passado, presente e futuro

É impossível determinar exatamente quando, na história da humanidade, o homem tomou conhecimento da existência de microrganismos e de sua importância para os alimentos. Durante milhares de anos, a alimentação humana era baseada apenas nos abundantes recursos existentes na natureza: o ser humano era caçador e colhia frutas, raízes e vegetais que encontrava pelo caminho. Não havia falta de alimentos, nem necessidade de armazená-los. Há aproximadamente 10 mil anos, o ser humano descobriu a agricultura: passou a cultivar cereais e a criar animais para sua alimentação. A conservação correta desses alimentos passou a ser uma necessidade, mesmo sem haver o entendimento de que sua decomposição estava diretamente relacionada com a presença e ação de microrganismos. Igualmente, o reconhecimento de que muitas doenças eram causadas pela ingestão de água e alimentos contendo determinados tipos de microrganismos demorou muito tempo para acontecer. Na Idade Média, por exemplo, milhares de pessoas morriam de ergotismo sem que se soubesse que se tratava de uma intoxicação aguda causada pela ingestão de arroz e outros cereais embolorados com o fungo *Claviceps purpurea* produtor de alcaloides tóxicos. Por outro lado, povos antigos, como gregos e assírios, em 3.000 a.C, conheciam a arte de produzir bebidas e alimentos fermentados (cervejas, vinhos, queijos), mas desconheciam que a fermentação era decorrente de atividade microbiana.

Acredita-se que o jesuíta alemão Athanasius Kircher, em 1658, tenha sido o primeiro a sugerir uma relação entre a presença de "vermes" invisíveis a olho nu em carnes e leite com sua decomposição. O termo "microbiologia" surgiu pouco depois, em 1674, quando o naturalista holandês Antony van Leeuwenhoek usou lentes para construir um microscópio primitivo com o qual conseguiu observar a presença de "pequenos animais" em gotas de água de chuva. Levou uma centena de anos até que a ação dos microrganismos nos alimentos fosse comprovada. Foi em 1795 que o padre e fisiologista italiano Lazzaro Spallanzani mostrou que o cozimento de caldo de carne cozida e o posterior armazenamento em recipiente fechado evitavam que o produto se deteriorasse. Outro marco importante ocorreu em 1809, quando o inventor e industrial Nicolas Appert venceu o prêmio oferecido por Napoleão para quem descobrisse uma forma de conservação de alimentos que pudesse ser utilizada para alimentar, de forma segura, as tropas napoleônicas em suas viagens pela Europa. Appert descobriu que o aquecimento de alimentos em recipientes fechados interrompe o processo de fermentação. Ou seja, o enlatamento de alimentos foi descoberto sem nenhum conhecimento de microbiologia. Esta técnica foi posteriormente patenteada e recebeu o nome de apertização.

Apesar da importância das contribuições dos indivíduos mencionados e de vários outros, foi o médico francês Louis Pasteur o primeiro cientista a compreender o papel dos microrganismos nos alimentos. Em 1837, ele demonstrou que o azedamento do leite era provocado por microrganismos, derrubando a famosa teoria da geração espontânea de Aristóteles que perdurou por dois milênios, segundo a qual algumas formas de vida são geradas espontaneamente de matéria inanimada. Pasteur conseguiu demonstrar, conclusivamente, que a origem da vida somente é possível a partir da matéria viva, de um ser vivo preexistente. Em 1860, Pasteur empregou o calor para destruir microrganismos indesejáveis nos alimentos, dando origem a um tipo de processamento térmico de alimentos denominado pasteurização, amplamente utilizado atualmente. A pasteurização corresponde a um tratamento térmico relativamente suave, em temperatura inferior a 100 °C, que visa destruir os microrganismos patogênicos sensíveis a estas temperaturas e prolongar a vida útil dos alimentos.

Após Pasteur, a área de microbiologia de alimentos teve enorme desenvolvimento, graças a algumas invenções e descobertas importantes, que revolucionaram o estudo dos microrganismos nos alimentos. Neste contexto, merecem destaque a coloração de Gram, inventada por Hans Christian Gram em 1884, a placa de Petri, inventada pelo bacteriologista Julius Richard Petri na década de 1880, o aperfeiçoamento do microscópio óptico e os processos de congelamento rápido e liofilização de alimentos, desenvolvidos na primeira metade do século XX.

Em relação aos microrganismos de origem alimentar capazes de causar doenças, merece destaque Robert Koch, considerado um dos precursores da bacteriologia moderna. Na segunda metade do século XIX, esse médico bacteriologista alemão estudou as relações entre agentes bacterianos e a transmissão de doenças, estabelecendo os famosos postulados de Koch, considerados até hoje o padrão-ouro para provar a relação bactéria-doença.

Outro marco importante para a microbiologia foi a descoberta da penicilina pelo britânico Alexander Fleming em 1920. Enquanto os antibióticos reduziram bruscamente a prevalência de inúmeras doenças graves e comuns em seres humanos e animais, como a tuberculose, estes compostos transformaram-se em um sério problema na terapêutica médica humana e veterinária atual, devido à seleção de bactérias resistentes, às vezes multirresistentes, inclusive aos antibióticos de última geração. O emprego de antibióticos nas práticas agropecuárias é uma prática comum em nível global, que tem sido bastante criticado por promover a disseminação de genes de resistência e de bactérias resistentes entre animais e seres humanos, requerendo que estes compostos sejam utilizados de forma otimizada e racional.

A partir da segunda metade do século XX, a microbiologia dos alimentos entrou em uma nova era. Com a descoberta da estrutura do DNA por James Watson, Francis Crick e Rosalind Franklin em 1953, e posteriormente, com a invenção da reação de polimerase em cadeia (conhecida pela sigla PCR) por Kary Mullis, em 1983, e com o subsequente aprimoramento das técnicas ômicas, como genômica, transcriptômica, proteômica e metabolômica, as metodologias analíticas para detecção, enumeração, identificação e caracterização de microrganismos de relevância, também em alimentos, ficaram mais sensíveis, específicas, precisas e confiáveis. Essas técnicas são poderosas ferramentas para se avaliar a segurança de um alimento. Por exemplo, o sequenciamento do genoma completo de bactérias (WGS – *Whole Genome Sequencing*) vem substituindo técnicas clássicas de diferenciação de microrganismos, como a eletroforese em campo pulsado (PGFE – *Pulsed-Field Gel Eletrophoresis*) e a análise múltipla de repetições em tandem em número variável (MLVA – *Multiple-Locus Variable-Number Tandem-Repeat Typing Analysis*) na identificação de agentes causadores de surtos de doenças de origem alimentar. Muitos vírus de importância em alimentos, como norovírus e adenovírus, só podem ser identificados empregando-se tecnologias de sequenciamento genético de nova geração (NGS – *Next Generation Sequencing*). Com as técnicas de transcriptômica, é possível avaliar a modulação dos genes e expressão das respectivas proteínas por eles codificados, refletindo o estado fisiológico dos microrganismos nos alimentos. Como exemplos, estas técnicas permitem distinguir cepas patogênicas de não patogênicas e avaliar o efeito de determinado tipo de processamento na sobrevivência e persistência de determinado microrganismo em determinado alimento. As técnicas proteômicas baseadas em espectrometria de massas para detecção de um grande espectro de proteínas, como MALDI-TOF (*Matrix-Assisted Laser Desorption/Ionization-Time of Flight*), são muito úteis para a identificação rápida e eficaz de microrganismos, e vêm sendo cada vez mais utilizadas em análises de rotina de microbiologia de alimentos. Outros metabólitos microbianos, além daqueles derivados de proteínas, podem ser identificados por técnicas metabolômicas, como por exemplo, cromatografia líquida associada à espectrometria de massas para detecção de micotoxinas em alimentos. Com o aprimoramento das técnicas laboratoriais, novos microrganismos estão sendo descobertos como causadores de doenças de origem alimentar. Segundo especialistas em taxonomia microbiana, os métodos de cultura convencionais são capazes de detectar apenas 1% dos microrganismos presentes na biosfera, o que sugere que a lista de patógenos emergentes em alimentos tende a aumentar com o emprego das técnicas ômicas.

Outro aspecto importante a ser considerado é que, a partir do final dos anos 1950, quando a forma de comercialização de alimentos modernizou-se com a substituição dos pequenos comércios nas cidades pelos grandes supermercados e hipermercados, os problemas decorrentes da contaminação microbiana dos alimentos adquiriram grandes proporções, pois um número muito maior de pessoas pode ser afetado. Atualmente, observa-se uma nova mudança no setor de alimentação, como consequência de novos hábitos alimentares, com pessoas que fazem escolhas mais conscientes, que valorizam saudabilidade e sustentabilidade, e que procuram conveniência e praticidade. A aquisição e consumo de alimentos prontos ou semiprontos para consumo, preparados fora dos domicílios, constituem uma realidade e um enorme desafio para produtores, consumidores e órgãos reguladores responsáveis por proteger a saúde da população.

O envelhecimento da população, o aumento do número de pessoas com doenças crônicas, o aumento da consciência social sobre saúde e bem-estar, e o aumento da demanda por alimentos alternativos não convencionais são fatores que influenciam a ocorrência de enfermidades relacionadas com os microrganismos nos alimentos. A preocupação com a sustentabilidade e o equilíbrio do meio ambiente, que leve em conta as mudanças climáticas e os limites dos recursos naturais disponíveis, e a necessidade de atender a sempre crescente demanda global por alimentos, exigem que as cadeias de produção sejam mais inteligentes e que novas formas de gestão da segurança e qualidade dos alimentos sejam implementadas. Neste aspecto, o setor produtivo deve compreender que a era da análise microbiológica de alimentos como único instrumento para avaliação de sua qualidade e segurança não existe mais, tendo sido substituída por práticas preventivas, como os programas de autocontrole. Esses programas incluem, mas não se limitam, as Boas Práticas de Higiene/Fabricação (do campo até o consumo), os Procedimentos Padrão de Higiene Operacional (PPHO) e o sistema Análise de Perigos e Pontos Críticos de Controle (HACCP). Nestas situações, as análises microbiológicas têm um papel importante na verificação da eficiência desses programas, desde que utilizadas de maneira consciente e bem planejada.

A área de microbiologia de alimentos modernizou-se sobremaneira na virada do século, quando foram introduzidos os conceitos de avaliação de risco, já amplamente aplicados em outras áreas do conhecimento. Um acordo assinado em 1994 por países membros da Organização Mundial do Comércio (Acordo de Medidas Sanitárias e Fitossanitárias – Acordo MSF), cujos principais objetivos são salvaguardar a saúde humana, animal e vegetal e garantir práticas justas no comércio internacional de alimentos, estabeleceu que o *Codex Alimentarius*, da Organização Mundial da Saúde (OMS) e da Organização das Nações Unidas para a Alimentação e Agricultura (FAO), é o fórum encarregado da coordenação das atividades no âmbito do Acordo MSF. Uma das consequências, talvez a mais importante para a microbiologia de alimentos, foi a introdução do conceito de que há uma relação direta entre riscos microbiológicos e segurança dos alimentos, e que esta relação pode ser mensurada e comparada. A partir de então, os critérios microbiológicos para alimentos, tanto os nacionais quanto os internacionais estabelecidos pelo *Codex Alimentarius*, passaram a ser fundamentados nos riscos e não mais somente nos perigos microbiológicos possivelmente existentes nos alimentos.

Segurança alimentar e segurança dos alimentos

As recentes mudanças nas condições sociais, econômicas, ambientais, tecnológicas e geopolíticas estão remodelando a forma de atuação do setor de alimentos como um todo, e a preocupação com a segurança alimentar e com a segurança dos alimentos, a nível global, é cada vez maior. Nesse contexto, é importante compreender corretamente os princípios que embasam essa preocupação.

A definição de *segurança alimentar*, cunhada ainda nos anos 1970, vem sendo atualizada constantemente. Inicialmente, considerava-se *segurança alimentar* a garantia de disponibilidade e estabilidade de preço de alimentos básicos para a população. No entanto, logo ficou claro que essa definição era muito simplista e que era necessário considerar também outros componentes, como acessibilidade física e econômica, equilíbrio entre demanda e fornecimento, valor nutricional, aspectos sociais e culturais, promoção de saúde e sustentabilidade ambiental. Segundo a FAO, a definição adequada é: "segurança alimentar é a condição em que a população tem acesso físico, contínuo e econômico a alimentos seguros, em quantidades adequadas para atender suas preferências alimentares e as necessidades nutricionais para uma vida ativa e saudável, tendo como base práticas alimentares promotoras de saúde, que respeitem a diversidade cultural e que sejam social, econômica e ambientalmente sustentáveis".

Figura 1.1. Relação entre segurança alimentar e segurança do alimento. (Fonte: Bernadette Dora Gombossy de Melo Franco.)

Assim, a segurança do alimento é apenas um dos elementos da segurança alimentar, sendo o componente que tem relação direta com a promoção da saúde (Figura 1.1). A segurança de um alimento pode estar comprometida por uma enorme variedade de perigos, de natureza química, biológica e física, que podem estar naturalmente presentes ou ser introduzidos em qualquer um dos pontos da cadeia, desde a produção primária no campo até o momento do consumo. Os microrganismos nos alimentos, tema deste livro, constituem apenas uma parte dos perigos biológicos de importância, ao lado dos protozoários, príons e os organismos geneticamente modificados. A importância dos microrganismos como perigos biológicos nos alimentos deve ser avaliada corretamente: alimentos podem conter microrganismos causadores de doenças no ser humano (microrganismos patogênicos), mas também podem conter microrganismos, que podem comprometer a qualidade dos alimentos em consequência da atividade microbiana (microrganismos deteriorantes), tornando-os impróprios para consumo. Assim, tanto os microrganismos patogênicos quanto os deteriorantes contribuem para a insegurança alimentar, pois estima-se que cerca de 30% dos alimentos produzidos a nível global são perdidos, sendo grande parte desta perda decorrente da ação deteriorante dos microrganismos.

Microrganismos de interesse nos alimentos

Os microrganismos de interesse nos alimentos para consumo humano podem ser classificados ou agrupados de inúmeras formas. Por razões didáticas, neste livro foi utilizado o agrupamento a seguir.

1. *Microrganismos causadores de doenças de origem alimentar (microrganismos patogênicos):* o conceito de patogenicidade de microrganismos em alimentos tem sofrido muitas modificações nos últimos anos. Os avanços do conhecimento científico têm mostrado que a ocorrência de doenças de origem alimentar (DTA) depende de vários fatores, relativos ao microrganismo em si, ao indivíduo afetado, ao alimento envol-

vido e às condições de armazenamento e às formas de consumo dos alimentos. Atualmente, prevalece o conceito de risco microbiológico, que expressa a probabilidade de um microrganismo causar alguma enfermidade em determinado tipo de consumidor, em combinação com a gravidade desta enfermidade. Assim, um mesmo microrganismo, e *Listeria monocytogenes* é um ótimo exemplo, pode causar doença grave em certos grupos populacionais, como mulheres grávidas, recém-nascidos, idosos e indivíduos com sistema imune comprometido, e não ser patogênico para adultos saudáveis. Outro caso seriam certas espécies bacterianas, reconhecidamente patogênicas mas que não fazem mal algum quando são desprovidas ou não expressam os fatores de virulência relacionados com a doença, como ocorre com as cepas de *Vibrio parahaemolyticus* que não produzem as hemolisinas TDH e TRH e as linhagens de *Aspergillus flavus* que produzem aflatoxinas. Deve ser destacado que a lista das espécies de microrganismos potencialmente patogênicos que podem ser veiculados pelos alimentos é dinâmica, modificando-se à medida que melhoram as metodologias analíticas laboratoriais e os estudos epidemiológicos das doenças de origem alimentar.

2. *Microrganismos causadores de alterações químicas, físicas e sensoriais indesejáveis nos alimentos (microrganismos deteriorantes):* por serem minúsculas máquinas metabólicas capazes de produzir uma grande variedade de compostos químicos, os microrganismos podem alterar as características químicas, físicas e sensoriais dos alimentos. As alterações químicas podem ser inúmeras, dependendo da capacidade de sobrevivência e multiplicação dos microrganismos presentes, conforme os fatores intrínsecos e extrínsecos que atuam sobre os alimentos, discutidos no Capítulo 2.
3. *Microrganismos de aplicação biotecnológica:* as propriedades bioquímicas de muitos microrganismos são exploradas tecnologicamente para a produção de uma enorme variedade de alimentos diferenciados. Os alimentos fermentados, conhecidos do ser humano bem antes do conhecimento do envolvimento de microrganismos no processo de fermentação, são os mais importantes. Além dos produtos fermentados "clássicos", como pães, iogurtes, queijos, cervejas, vegetais (azeitonas, picles), vinho e vinagre, conhecidos desde tempos imemoriais, existem muitos outros alimentos fermentados inovadores, que dependem da atividade metabólica de bactérias, bolores ou leveduras para atingir as características químicas, físicas e sensoriais desejadas. Os microrganismos fermentadores podem ser adicionados intencionalmente ou fazer parte da microbiota naturalmente presente nas matérias-primas e ingredientes utilizados para sua fabricação. Estes microrganismos e suas aplicações estão fora do escopo deste livro, devendo o leitor interessado no tema consultar textos de referência da área de Biotecnologia e Tecnologia de Alimentos.
4. *Microrganismos com atuação benéfica na saúde humana:* os microrganismos naturalmente presentes no organismo do ser humano têm grande importância para a sua saúde, protegendo-o contra microrganismos estranhos e potencialmente patogênicos. O trato gastrointestinal (TGI) humano é um ecossistema complexo, onde ocorrem interações entre as bactérias ali presentes, entre estas bactérias e a mucosa intestinal do hospedeiro e entre estas bactérias e os nutrientes disponíveis no TGI, vindos principalmente pela dieta. Sabe-se que a microbiota intestinal tem papel importantíssimo nas defesas imunológicas, e vários estudos comprovam seu papel na modulação de processos patológicos, como alterações metabólicas, doenças inflamatórias, neoplasias, e distúrbios psicológicos e cognitivos, como o autismo. Certos

componentes da dieta, como fibras e outros polissacarídeos (prebióticos), e microrganismos probióticos, como as bactérias láticas e bifidobactérias existentes nos alimentos probióticos, agem sobre a microbiota do TGI, beneficiando a saúde através de diferentes mecanismos. Por outro lado, alimentos que veiculam outros microrganismos para o TGI, patogênicos ou não, podem afetar, de diferentes maneiras, o equilíbrio e a funcionalidade da microbiota intestinal. Apesar de ser tema de muita pesquisa atualmente, esse assunto não é explorado neste livro, devendo o leitor interessado no tema consultar textos de referência pertinentes.

Leitura sugerida

Baumler A, Sperandio V. Interactions between the microbiota and pathogenic bacteria in the gut. Nature 2016;535:85-93. https://doi.org/10.1038/nature18849

Codex Alimentarius. Principles and Guidelines for the conduct of microbiological risk assessment. CAC/GL 30-1999. Amendments 2012, 2014 CXG_021e.pdf

Cole MB, Augustin MA, Robertson MJ, Manners JM. The science of food security. NPJ Science of Food 2018;2:14. https://doi.org/10.1038/s41538-018-0021-9

FAO. 2017. The future of food and agriculture – Trends and challenges. Rome.

Montville TJ, Matthews KR, Kniel KE. Food microbiology – An introduction. 3rd ed. Washington DC, USA: ASM Press, 2012. 547p. https://doi.org/10.1128/9781555817206

Xu YJ. Foodomics: a novel approach to food microbiology. Trends in Analytical Chemistry. 2017;96:14-21. https://doi.org/10.1016/j.trac.2017.05.012

Fatores intrínsecos e extrínsecos que influenciam os microrganismos nos alimentos

2

Vanessa Bíscola
Bernadette Dora Gombossy de Melo Franco

A persistência e a multiplicação de microrganismos em um alimento são dependentes de uma série de fatores ligados às características inerentes ao próprio alimento, chamados *fatores intrínsecos*, e relativos ao ambiente onde o alimento se encontra, chamados *fatores extrínsecos*. Os fatores intrínsecos mais importantes são a atividade de água (Aa), o pH, o potencial de oxirredução (Eh), a composição química e a presença de compostos com atividade antimicrobiana. Já os fatores extrínsecos mais importantes são a temperatura e a umidade relativa do ambiente em que o alimento é mantido e a composição química da atmosfera que envolve esse alimento. Há ainda os fatores implícitos, relacionados com as interações entre os diferentes microrganismos existentes em um mesmo alimento, conforme discutido mais adiante.

A compreensão do efeito de cada um destes fatores sobre os microrganismos depende do entendimento da dinâmica populacional microbiana em um sistema (ou alimento), que pode ser representada pelas curvas de crescimento (ou de multiplicação), com suas quatro fases: lag, exponencial, estacionária e de declínio (Figura 2.1).

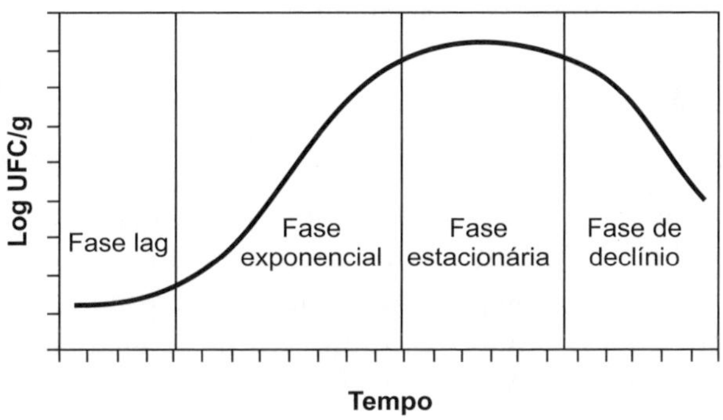

Figura 2.1. Curva de crescimento microbiano.

Tabela 2.1. Tempo de geração (t_d) e taxa específica de crescimento (μ) de alguns grupos de microrganismos de interesse em alimentos			
Microrganismos e condições		t_d *(h)*	μ *(h^{-1})*
Bactérias	Condições ótimas	0,3	2,3
	Nutrientes insuficientes	3,46	0,20
	Psicrotróficos a 5 °C	30	0,023
Bolores	Condições ótimas	6,9 a 20	0,1 a 0,3

Adaptada de Montville et al., 2012.

Na fase lag, os microrganismos estão se adaptando ao meio, através do liga e desliga de genes e replicação daqueles genes necessários para sua sobrevivência e posterior multiplicação. A duração desta fase depende do tamanho da população microbiana presente, do seu estado fisiológico e da temperatura. Na fase exponencial, também chamada fase log, ocorre a replicação binária dos microrganismos, sendo a população microbiana expressa em escala logarítmica (log UFC/g, log UFC/mL, log UFC/cm^2 etc.). Nesta fase, dois parâmetros são importantes: o tempo de geração (t_d) e a taxa específica de crescimento (μ), sendo que ambos são influenciados pelos já mencionados fatores intrínsecos e extrínsecos. A Tabela 2.1 mostra exemplos de como alguns desses fatores afetam a multiplicação microbiana nos alimentos. Na fase estacionária, não há aumento significativo da população microbiana presente, e na fase de declínio, os microrganismos são gradualmente eliminados.

Cada um dos fatores intrínsecos e extrínsecos exerce seu papel no controle dos microrganismos nos alimentos e todos devem ser explorados corretamente para impedir o comprometimento da qualidade e a segurança dos alimentos, e também de sua vida útil. Deve ser ressaltado que os alimentos são sistemas complexos, e os fatores intrínsecos e extrínsecos não atuam de forma isolada, mas em conjunto. É importante considerar também que determinada combinação destes fatores pode ser efetiva para o controle da multiplicação microbiana, mas os microrganismos podem manter-se na fase lag e persistir no alimento por algum tempo sem se multiplicar. Se, por alguma razão, a combinação dos fatores de controle mudar em algum ponto da cadeia do alimento, a multiplicação microbiana poderá ocorrer. Portanto, o entendimento das interações entre todos esses fatores é fundamental na avaliação da ecologia microbiana de um alimento e na escolha das estratégias a serem adotadas para controlar os microrganismos indesejáveis, visando garantir a qualidade e a segurança dos alimentos.

Fatores intrínsecos

Atividade de água

Para sobreviver e se multiplicar nos alimentos, os microrganismos precisam de água, além de outras necessidades. No entanto, os microrganismos não são capazes de utilizar a água que esteja imobilizada, seja por estar ligada a macromoléculas por forças químicas (p. ex., interações iônicas, pontes de hidrogênio), ou pela ação da capilaridade na microestrutura de um alimento. Apenas a água na forma livre pode ser aproveitada pelos microrganismos para suas reações bioquímicas, ou seja, o metabolismo microbiano depende da quantidade de água disponível e não da quantidade total de água presente em uma matriz alimentar (umidade). O parâmetro que indica a quantidade de água livre em um alimento denomina-se Atividade de água (Aa). Alimentos com mesma Aa podem ter umidades diferentes.

A Aa de um alimento corresponde à relação entre a pressão parcial de vapor da água contida neste alimento (P) e a pressão parcial de vapor da água pura (P_0), a uma determinada temperatura, e pode ser calculada pela fórmula: Aa = P/P_0. Os valores de Aa variam de 0 a 1,00 (água pura).

Em uma matriz alimentar com Aa baixa, todas as reações metabólicas microbianas dependentes de água são afetadas. A fluidez da membrana plasmática, essencial à regulação do transporte celular, modifica-se e, como consequência, observa-se o aumento da fase lag e a diminuição da velocidade de multiplicação, levando à redução no tamanho da população microbiana final. Como estratégia de defesa contra o estresse osmótico, os microrganismos acumulam íons K^+ e outros solutos no interior da célula, como sais, álcoois poli-hídricos (glicerol, eritritol, arabitol), aminoácidos (prolina, glicina), além de outros compostos (carnitina, betaína) que atuam como osmorreguladores, impedindo a perda de água pela célula.

Enquanto não há multiplicação microbiana em água pura, ou seja, quando Aa = 1,00, os valores de Aa ótimos e mínimos variam para cada microrganismo. A Tabela 2.2 apresenta os valores mínimos de Aa para a multiplicação de alguns grupos de microrganismos de importância em alimentos, enquanto a Tabela 2.3 apresenta estes valores para algumas espécies patogênicas e/ou deteriorantes de interesse.

Em geral, as bactérias necessitam de valores de Aa mais altos do que os fungos, sendo as bactérias Gram-negativas mais exigentes que as Gram-positivas. Com relação às bactérias patogênicas de interesse em alimentos, *Staphylococcus aureus* é um dos microrganismos mais resistentes, sendo capaz de se multiplicar em Aa igual a 0,86. Já para *Costridium botulinum,* os valores limitantes variam de acordo com o sorotipo (0,95 para *C. botulinum* tipo A; 0,94 para *C. botulinum* tipo B e 0,97 para *C. botulinum* tipo E). Embora alguns microrganismos sejam capazes de se multiplicar em ambientes com Aa relativamente baixa, a produção de metabólitos extracelulares ocorre apenas quando há maior disponibilidade de água livre. Um exemplo é *S. aureus,* que pode multiplicar-se em Aa igual a 0,86, mas requer Aa > 0,93 para a produção de enterotoxinas. A maioria das bactérias produtoras de esporos não se multiplica em Aa < 0,93, e a germinação dos esporos pode ser prevenida em Aa entre 0,97 e 0,93. A Aa mínima para germinação dos esporos de *C. perfringens* e posterior multiplicação está entre 0,97 e 0,95.

Tabela 2.2. Aa mínima para a multiplicação de alguns grupos de microrganismos de importância em alimentos a 25 °C

Grupos de microrganismos	*Aa mínima*
Maioria das bactérias	0,91 a 0,88
Maioria das leveduras	0,88
Maioria dos bolores	0,80
Bactérias halofílicas	0,75
Fungos xerotolerantes	0,71
Bolores xerofílicos e leveduras osmofílicas	0,60 a 0,62

Fontes: Montville, Matthews & Kniel (2012) e Jay (2005).

Tabela 2.3. Aa mínima para a multiplicação de algumas espécies de microrganismos de interesse em alimentos	
Microrganismo	***Aa mínima***
Clostridium botulinum tipo E	0,97
Clostridium botulinum tipos A e B	0,94
Clostridium perfringens	0,94
Pseudomonas spp.	0,97
Acinetobacter spp.	0,96
Escherichia coli	0,96
*Klebsiella aerogenes**	0,95
Bacillus subtilis	0,95
Bacillus cereus	0,95
Vibrio parahaemolyticus	0,94
Botrytis cinerea	0,93
Staphylococcus aureus	0,86
Alternaria citri	0,84
Penicillium patulum	0,81
Zygosaccharomyces rouxii	0,62
Xeromyces bisporus	0,61

Adaptada de Jay et al. (2005).
*Anteriormente *Enterobacter aerogenes*, Aharon O, Garrity GM. Int J Syst Evol Microbiol 2017;67:1099–1101 DOI 10.1099/ijsem.0.001999

Com relação às bactérias deteriorantes, a maioria delas não se multiplica em Aa inferior a 0,91, enquanto os fungos deteriorantes podem fazê-lo em Aa de até 0,80. Muitas espécies de leveduras multiplicam-se em Aa mais baixa que as bactérias, como *Debaryomyces hanseniii*, *Hansenula anomala* e *Candida pseudotropicalis*, que deterioram carnes curadas e picles, onde a concentração de NaCl é 11% (Aa = 0,93). Algumas espécies xerotolerantes (*Zygosaccharomyces bailii* e *Z. bisporus*) deterioram geleias, mel e xaropes, que têm alto conteúdo de açúcar. Os bolores xerotolerantes mais comuns pertencem ao gênero *Eurotium*, com uma Aa mínima entre 0,71 e 0,77 (Aa ótima = 0,96).

O valor mais baixo de Aa já relatado na literatura para a multiplicação microbiana é 0,61, para bolores xerofílicos e leveduras osmofílicas. Dessa forma, considera-se a Aa = 0,60 como o valor limitante para a multiplicação microbiana em alimentos.

Na Tabela 2.4 podem ser vistos exemplos de valores de Aa de alguns alimentos. A maioria dos alimentos frescos (frutas, vegetais, carnes cruas, pescados crus) apresenta Aa superior a 0,98, o que permite a multiplicação de praticamente todos os microrganismos. A redução da Aa pode ser, portanto, uma estratégia eficiente para o controle microbiano nestes alimentos, que pode ser alcançada através da diminuição da quantidade de água livre por desidratação, liofilização, congelamento ou, ainda, adição de solutos (sais, açúcares etc.). Neste caso, a redução na Aa será influenciada pela natureza e quantidade da substância adicionada, além da temperatura.

Como já mencionado, alimentos podem ser matrizes muito complexas para os microrganismos, sendo sua capacidade de sobrevivência e de multiplicação influenciada

Tabela 2.4. Valores de Aa de alguns alimentos	
Alimento	*Aa*
Carnes vermelhas, de aves e pescado, crus	> 0,98
Frutas e outros vegetais, crus	> 0,98
Carnes cozidas	0,95 a 0,98
Pães	0,95 a 0,98
Carnes curadas e queijos	0,91 a 0,95
Salsichas e xaropes	0,87 a 0,91
Arroz, feijão, ervilhas	0,80 a 0,87
Geleias	0,75 a 0,80
Balas e caramelos	0,65 a 0,75
Gelatina	0,82 a 0,94
Farinha de trigo	0,67 a 0,87
Mel	0,54 a 0,75
Frutas secas	0,60 a 0,65
Macarrão desidratado, condimentos, leite em pó	0,20 a 0,60
Cereais	0,10 a 0,20
Açúcar	0,10

Fontes: Montville, Matthews & Kniel (2012) e Banwart (1989).

pelo conjunto de fatores intrínsecos e extrínsecos presentes. Assim, por exemplo, os valores de Aa limitantes para a multiplicação de microrganismos em alimentos podem ser influenciados pelo pH, potencial de oxirredução, disponibilidade de nutrientes, presença de agentes antimicrobianos, temperatura etc. Quanto mais distantes das condições ótimas de sobrevivência e multiplicação, mais exigentes ficam os microrganismos com relação à Aa necessária.

pH

O pH de um alimento é a medida de sua acidez (concentração dos íons H^+) em escala logarítmica, calculado a partir da fórmula: $pH = -\log [H^+]$.

Sabe-se que a maioria dos microrganismos de interesse em alimentos se multiplica melhor em valores de pH próximos à neutralidade (6,5 a 7,5), quando a estabilidade de constituintes celulares, como enzimas, DNA e ATP, fica garantida. Quanto mais adverso o pH, mais energia os microrganismos necessitam para manter o pH celular próximo ao neutro (resposta homeostática), restando menos energia para a multiplicação e atividade metabólica. Este processo resulta no aumento da duração da fase lag de multiplicação. Em meio ácido, ocorre a ativação das aminoácido-descarboxilases microbianas (pH ótimo de atividade próximo a 4,0), levando à formação de aminas e consequente aumento no pH. Já em pH alcalino, as aminoácido-desaminases são ativadas (pH ótimo de atividade próximo a 8,0), com formação de ácidos orgânicos e consequente diminuição no pH. Algumas bactérias, como *Clostridium acetobutyricum*, são capazes de transformar o ácido butírico em butanol, provocando aumento no pH. Outro exemplo é *Enterobacter* spp., capaz de produzir acetoína a partir de ácido pirúvico, o que também resulta em aumento do pH.

Valores adversos de pH afetam, principalmente, as células em fase logarítmica de multiplicação e provocam a desnaturação irreversível de proteínas, interferindo na respiração celular, transporte de nutrientes para o interior da célula e expressão gênica.

Na Tabela 2.5 podem ser vistos os valores de pH ótimo, mínimo e máximo para alguns microrganismos de importância em alimentos. De modo geral, os fungos multiplicam-se bem em uma faixa de pH mais ampla do que as bactérias. Dentre os fungos, os bolores são mais tolerantes, podendo multiplicar-se em valores de pH mais baixos que as leveduras. Entre as bactérias, as patogênicas são mais exigentes do que as deteriorantes. A maioria das bactérias patogênicas não se multiplica em pH abaixo de 4,5. Como ocorre com a Aa, também o pH desfavorável pode não ser suficiente para eliminar as bactérias em um alimento, que podem persistir por longos períodos. Quando o pH volta a ser favorável, essas bactérias podem voltar a se multiplicar e deteriorar o alimento ou comprometer sua segurança.

Os valores de pH limites para cada microrganismo não devem ser considerados parâmetros fixos, uma vez que sofrem influência de vários outros fatores, como temperatura e natureza do ácido responsável pelo pH mensurado. Diferentes ácidos, mesmo que resultem em valores de pH semelhantes, têm efeitos inibitórios diferentes sobre os microrganismos.

Deve-se considerar ainda que a exposição dos microrganismos a condições subletais de pH pode induzir a adaptação ácida, o que aumenta a resistência microbiana a valores extremos de pH. Além disso, estudos demonstram que a adaptação ácida pode resultar em proteção cruzada a outros fatores de estresse, como temperatura, concentração de NaCl e presença de antimicrobianos.

Alguns microrganismos são mais tolerantes que outros a valores desfavoráveis de pH e podem ser favorecidos nestes ambientes, porque a microbiota competidora fica em desvantagem. Um exemplo são as bactérias láticas, que quando estão em matrizes alimentares ácidas, multiplicam-se mais rapidamente que os outros microrganismos, reduzindo o pH do ambiente e inibindo ainda mais a microbiota competidora presente.

Sabe-se que o pH de um alimento depende de sua composição química, e pode ser afetado pela atividade metabólica da microbiota presente, geralmente com decréscimo do pH. A capacidade de um alimento em manter o pH estável está relacionada com seu potencial tamponante. Alimentos com alto teor proteico, como carnes, apresentam menos variações de pH que alimentos com teores mais baixos de proteínas, como os vegetais.

Com relação ao pH, os alimentos podem ser classificados em três grandes grupos: baixa acidez (pH superior a 4,5), ácidos (pH entre 4,0 e 4,5) e muito ácidos (pH inferior a 4,0). Esta divisão é realizada com base no pH mínimo para a multiplicação e produção de toxina de *Clostridium botulinum* (4,5) e no pH mínimo para a multiplicação da maioria das bactérias (4,0). Deste modo, enquanto alimentos de baixa acidez permitem a multiplicação de grande variedade de microrganismos, incluindo-se bactérias deteriorantes e patogênicas, poucas espécies bacterianas (bactérias láticas e algumas espécies de *Bacillus*) são capazes de se multiplicar em alimentos ácidos, onde ocorre a predominância de bolores e leveduras. No caso de alimentos muito ácidos, o pH é um fator limitante para praticamente todas as bactérias, esperando-se que haja multiplicação somente de bolores e leveduras. A Tabela 2.6 apresenta o valor de pH de alguns alimentos.

Tabela 2.5. Valores de pH ótimo, mínimo e máximo para a multiplicação de alguns microrganismos de importância em alimentos			
Microrganismo	*pH*		
	Mínimo	*Ótimo*	*Máximo*
Bactérias (maioria)	4,5	6,5 a 7,5	9,0
Acetobacter spp.	4,0	5,4 a 6,3	–
Bacillus subtilis	4,2 a 4,5	6,8 a 7,2	9,4 a 10,0
Clostridium botulinum	4,8 a 5,0	6,0 a 8,0	8,5 a 8,8
Clostridium perfringens	5,0 a 5,5	6,0 a 6,7	8,5
Clostridium sporogenes	5,0 a 5,8	6,0 a 7,6	8,5 a 9,0
Erwinia carotovora	4,6	7,1	9,3
Escherichia coli	4,3 a 4,4	6,0 a 8,0	9,0 a 10,0
Lactobacillus (maioria)	3,0 a 4,4	5,5 a 6,0	7,2 a 8,0
Lactobacillus acidophilus	4,0 a 4,6	5,5 a 6,0	7,0
Lactiplantibacillus plantarum	3,5	5,5 a 6,5	8,0
Leuconostoc mesenteroides subsp. *cremoris*	5,0	5,5 a 6,0	6,5
Leuconostoc oeni	–	4,2 a 4,8	–
Pediococcus cerevisiae	2,9	4,5 a 6,5	7,8
Propionibacterium	4,7	6,2 a 7,0	7,5
Proteus vulgaris	4,4	6,6 a 7,0	8,4 a 9,2
Pseudomonas (maioria)	5,6	6,6 a 7,0	8,0
Pseudomonas aeruginosa	5,6	6,6 a 7,0	8,0 a 9,0
Salmonella spp.	4,5 a 5,0	6,0 a 7,5	8,0 a 9,6
Salmonella Typhi	4,0 a 4,5	6,5 a 7,2	8,0 a 9,0
Salmonella Choleraesuis	5,0	7,0 a 7,6	8,2
Serratia marcescens	4,6	6,0 a 7,0	8,0
Staphylococcus aureus	4,0 a 4,7	6,0 a 7,0	9,5 a 9,8
Vibrio	5,5 a 6,0	–	9,0
Vibrio cholerae	–	8,6	–
Vibrio parahaemolyticus	4,8 a 5,0	7,5 a 8,5	11,0
Leveduras	1,5 a 3,5	4,0 a 6,0	8,0 a 8,5
Pichia spp.	1,5	–	–
Saccharomyces cerevisiae	2,0 a 2,4	4,0 a 5,0	–
Zygosaccharomyces rouxii	1,5	3,5 a 5,5	8,5 a 10,5
Bolores	1,5 a 3,5	4,5 a 6,8	8,0 a 11,0
Aspergillus niger	1,2	3,0 a 6,0	–
Aspergillus oryzae	1,6 a 1,8	–	9,0 a 9,3
Botrytis cinerea	2,5	–	7,4
Mucor	–	3,0 a 6,1	9,2
Penicillium	1,9	4,5 a 6,7	9,3

Fonte: Banwart (1989).

Tabela 2.6. Valores aproximados de pH de alguns alimentos		
		pH
Alimentos de origem vegetal crus	Abóbora	5,0 a 5,4
	Alface	6,0
	Aspargo	5,7 a 6,1
	Azeitona	3,6 a 3,8
	Batata	5,3 a 5,6
	Berinjela	4,5
	Beterraba	4,2 a 4,4
	Brócolis	6,5
	Cebola	5,3 a 5,8
	Cenoura	4,9 a 6,0
	Couve-flor	5,6
	Espinafre	5,6 a 6,0
	Feijão	4,6 a 6,5
	Milho	7,3
	Repolho	5,4 a 6,0
	Tomate	4,2 a 4,3
	Ameixa	2,8 a 4,6
	Banana	4,5 a 4,7
	Figo	4,6
	Laranja	3,6 a 4,3
	Maçã	2,9 a 3,3
	Melancia	5,2 a 5,6
	Melão	6,3 a 6,7
	Uva	3,4 a 4,5
Alimentos de origem animal crus	Carne bovina	5,1 a 6,2
	Carne de frango	6,2 a 6,4
	Camarão	6,8 a 7,0
	Ostra	4,8 a 6,3
	Peixes	6,6 a 6,8
	Salmão	6,1 a 6,3
Alimentos de origem animal processados	Presunto	5,9 a 6,1
	Creme de leite	6,5
	Leite	6,3 a 6,5
	Manteiga	6,1 a 6,4
	Queijo	4,9 a 5,9

Adaptada de Jay et al. (2005).

Observa-se que a maioria dos vegetais crus apresenta pH desfavorável à multiplicação de bactérias, ou seja, a deterioração é predominantemente causada por bolores e leveduras. Observa-se também que os alimentos de origem animal não processados, como as carnes e pescados, têm pH que permite a multiplicação da maioria dos microrganismos de interesse em alimentos, ou seja, tanto bactérias quanto bolores e leveduras. Com relação à carne, quando não são seguidas as boas práticas de manejo e abate dos animais, o pH resultante é mais alto do que aquele de animais abatidos em condições corretas (pH em torno de 5,6, no caso de carne bovina), o que reduz a vida útil e também aumenta a possibilidade de multiplicação de bactérias patogênicas. O estresse imposto aos animais antes do seu abate causa um aumento da metabolização do glicogênio muscular e, consequentemente, menor disponibilidade de glicogênio que será transformado em ácido lático durante a etapa de *post mortem*. Como consequência, o decréscimo do pH será menor que o esperado.

Potencial de oxirredução

O potencial de oxirredução (Eh) mede a capacidade de troca de elétrons entre substâncias químicas presentes em um sistema, que se tornam oxidadas quando perdem elétrons, ou reduzidas quando ganham elétrons. Esta transferência de elétrons de um composto para outro gera uma diferença de potencial, que pode ser medida utilizando-se instrumentos apropriados e é expressa em volts (V) ou milivolts (mV). Quanto mais oxidado é um sistema, maior é o seu potencial de oxirredução, e quanto mais reduzido, menor é esse potencial. Várias substâncias presentes nos alimentos podem atuar como doadores e receptores de elétrons. Por exemplo, se o oxigênio estiver presente, ele pode atuar como receptor de elétrons, aumentando o Eh do alimento. Outros compostos, como nitratos (NO_3^-) e sulfatos (SO_4^-), e mesmo compostos sem oxigênio, também podem atuar como receptores de elétrons, influenciando o Eh. Por outro lado, compostos como os contendo grupamentos SH, ácido ascórbico e açúcares redutores, podem diminuir o Eh de um alimento.

O Eh de um alimento influencia a multiplicação microbiana, pois microrganismos aeróbios necessitam de Eh positivo (entre +350 e +500 mV), enquanto anaeróbios só se multiplicam em Eh negativo (abaixo de –150 mV). Há ainda os anaeróbios facultativos, que independem do valor de Eh para sua multiplicação, e os microaerófilos, que necessitam de Eh positivo, porém baixo (abaixo de 300 mV).

Entre os microrganismos aeróbios de interesse em alimentos estão os bolores, as leveduras oxidativas e uma grande variedade de bactérias, com destaque para *Pseudomonas*, *Moraxella*, *Acinetobacter*, *Flavobacterium* e *Bacillus*, incluindo-se o patógeno *B. cereus*. Entre os anaeróbios, os mais importantes pertencem ao gênero *Clostridium*, com espécies patogênicas (*C. botulinum*) e deteriorantes (*Desulfotomaculum nigrificans*). No grupo dos anaeróbios facultativos estão os microrganismos patogênicos mais importantes em alimentos, como *Staphylococcus aureus* e *Listeria monocytogenes*, os membros da família *Enterobacteriaceae* (*Salmonella*, *Shigella* etc.) e também algumas leveduras. O grupo dos microaerófilos engloba as bactérias láticas de interesse tecnológico, e *Campylobacter*, um patógeno importante em alimentos.

Como acontece com o pH, os microrganismos são capazes de alterar o Eh de um alimento. À medida que utilizam o O_2 disponível, os microrganismos aeróbios reduzem o valor de Eh, mas a sua multiplicação não diminui pois esses microrganismos passam a utilizar substâncias doadoras de O_2 ou aceptores de hidrogênio. O Eh do alimento também pode ser alterado pela produção de H_2S pelos microrganismos, porém, o acúmulo deste produto metabólico só ocorre em condições de anaerobiose, uma vez que o H_2S reage prontamente com o O_2 em condições aeróbicas.

Determinar o Eh de um alimento não é uma tarefa simples, uma vez que este valor pode ser influenciado pela composição química do alimento e pelo oxigênio na atmosfera que envolve o alimento. O pH interfere diretamente no valor de Eh, sendo que em pH alcalino os valores de Eh tendem a ser mais baixos. A presença de O_2 provoca oxidação do substrato e consequente aumento no Eh. Entre as substâncias naturalmente presentes em alimentos, o ácido ascórbico e os açúcares redutores em vegetais e os grupamentos SH na carne apresentam maior relevância, comportando-se como agentes redutores.

De maneira geral, alimentos crus de origem vegetal têm valores de Eh positivos (entre +300 e +400 mV), tornando-os mais suscetíveis à deterioração por bolores ou bactérias aeróbias e anaeróbias facultativas. Já as carnes cruas tendem a apresentar valores de Eh negativos, principalmente quando em grandes pedaços. Logo após a morte do animal, o músculo apresenta Eh em torno de +250 mV, porém, após o *rigor mortis*, este valor diminui, podendo chegar a –250 mV em sua parte mais interna, possibilitando a multiplicação de microrganismos anaeróbios, como os do gênero *Clostridium*. Na superfície da carne crua, e na carne crua moída, o valor de Eh é positivo, onde pode ocorrer a multiplicação de bactérias aeróbias e anaeróbias facultativas e bolores. Em queijos, o valor de Eh é influenciado pelas condições de fabricação, podendo variar de –20 até –200 mV, dependendo do tipo de queijo.

Composição química

Além de água, a multiplicação microbiana em um alimento depende da disponibilidade de fontes de energia e de nitrogênio, vitaminas e minerais. A quantidade disponível e a natureza de cada um destes componentes variam de acordo com o alimento.

A importância da água, que deve estar livre para utilização pelos microrganismos, já foi discutida anteriormente neste capítulo. A importância das fontes de energia varia de acordo com os microrganismos, sendo os açúcares simples os mais utilizados, porém, outros substratos, como álcoois e aminoácidos, também podem servir como fontes de energia. Alguns microrganismos são também capazes de hidrolisar carboidratos complexos, como amido, celulose e pectina, transformando-os em açúcares mais simples, para metabolização posterior. Apenas um grupo reduzido de microrganismos encontrados em alimentos apresentam atividade lipolítica, ou seja, poucos usam gorduras como fonte de energia.

Como ocorre com as fontes de energia, os microrganismos utilizam primeiro as fontes de nitrogênio simples, como os aminoácidos livres. Porém, alguns alimentos apresentam baixas quantidades de aminoácidos, sendo necessário que os microrganismos utilizem fontes de nitrogênio mais complexas, como os nucleotídeos, peptídeos ou proteínas, que necessitam ser hidrolisadas pelas enzimas proteolíticas microbianas, liberando os aminoácidos livres necessários à multiplicação.

As vitaminas são importantes fatores de crescimento para os microrganismos, fazendo parte de diversas coenzimas envolvidas em várias reações metabólicas. As vitaminas mais importantes para a multiplicação microbiana são as do complexo B, a biotina e o ácido pantotênico. Os microrganismos nem sempre são capazes de sintetizar todos os fatores de crescimento necessários e precisam obtê-los do meio em que se encontram.

As bactérias Gram-positivas são mais exigentes que as bactérias Gram-negativas e os bolores, que são capazes de sintetizar praticamente todos os seus fatores de crescimento e, portanto, podem se multiplicar mesmo em alimentos com baixos teores de vitaminas.

Os minerais não são produzidos por microrganismos, portanto, devem estar presentes no alimento para que a multiplicação microbiana seja possível. Os minerais mais importantes são o sódio, potássio, cálcio, magnésio, ferro, cobre, manganês, molibdênio, zinco, cobalto, fósforo e enxofre. Embora necessários em pequenas quantidades, são fundamentais para o metabolismo microbiano, uma vez que estão envolvidos em muitas reações enzimáticas.

Compostos antimicrobianos

Os alimentos podem conter várias substâncias em sua composição capazes de interferir na multiplicação dos microrganismos. Esses compostos podem estar naturalmente presentes ou ser adicionados como recurso tecnológico para melhorar sua qualidade, inocuidade e vida útil.

Vários vegetais e condimentos usados no preparo de alimentos apresentam óleos essenciais ricos em compostos fenólicos que apresentam atividade antimicrobiana. Como exemplos, podem ser citados o eugenol no cravo, timol e carvacrol no orégano, alicina no alho, aldeído cinâmico e eugenol na canela, alil-isotiocianato na mostarda, eugenol e timol na sálvia, entre muitos outros. Outros exemplos de compostos antimicrobianos são os taninos, presentes em algumas frutas e sementes. As frutas são também ricas em óleos essenciais e ácidos orgânicos. Frutas e vegetais podem, ainda, apresentar em sua composição alguns derivados do ácido hidroxicinâmico, com atividade principalmente contra bactérias e alguns fungos. As crucíferas, como repolho, couve-de-bruxelas e brócolis, são ricas em glicosinolatos, precursores dos isocianatos que apresentam atividade contra fungos e bactérias.

Entre os produtos de origem animal, o ovo é um ótimo exemplo de alimento com fatores antimicrobianos naturalmente presentes. A clara do ovo, além de apresentar pH desfavorável para a maioria dos microrganismos (entre 9 e 10), é rica em lisozima, enzima capaz de romper a parede celular bacteriana, apresentando atividade predominante contra bactérias Gram-positivas. Os ovos contêm ainda avidina, conalbumina, ovotransferrina e ovoglobulina, que também contribuem para a inibição da multiplicação microbiana.

O leite contém vários compostos com ação antimicrobiana, como a lactoferrina, que diminui a disponibilidade de ferro para uso pelos microrganismos, a lisozima, que hidrolisa o peptidoglicano da parede celular bacteriana e o sistema lactoperoxidase (SLP), responsável pela quebra de peróxidos presentes no leite, com liberação de oxigênio e consequente oxidação dos grupamentos SH de algumas enzimas metabólicas vitais para os microrganismos. O leite contém também compostos antimicrobianos de ação específica, como imunoglobulinas, fator complemento, macrófagos e linfócitos.

As estruturas biológicas que funcionam como barreiras naturais nos alimentos, como as cascas de frutas e hortaliças, as películas que envolvem as sementes, a pele dos animais e as cascas de ovos e nozes, também podem ser consideradas fatores antimicrobianos naturais.

Apesar da crescente demanda por alimentos com características próximas ao natural e sem aditivos químicos, a indústria alimentícia ainda depende do uso de diversos conservadores na formulação de alimentos, de modo que possam garantir a vida de prateleira necessária e assegurar a segurança e a qualidade que os consumidores necessitam. Evidentemente, essas substâncias, discutidas no Capítulo 7, exercem um papel importante sobre os microrganismos, e não devem ser esquecidos quando se avalia o efeito dos fatores intrínsecos e extrínsecos no controle da multiplicação microbiana em alimentos.

Fatores extrínsecos

Temperatura do ambiente

O fator extrínseco mais importante para a multiplicação microbiana nos alimentos é a temperatura do ambiente em que são mantidos. Como cada microrganismo tem temperatura ótima, máxima e mínima para multiplicação, a temperatura do ambiente tem influência decisiva sobre a microbiota presente em um alimento. Além de interferir na velocidade de multiplicação microbiana, a temperatura também age na expressão de genes, afetando características fisiológicas importantes como, por exemplo, fluidez da membrana celular e virulência.

De maneira geral, os microrganismos multiplicam-se em uma faixa ampla de temperatura, havendo registros de multiplicação a –34 °C e acima de 100 °C. De acordo com a faixa de temperatura em que são capazes de multiplicar, os microrganismos de importância em alimentos costumam ser divididos em três grandes grupos: psicrófilos, termófilos e mesófilos.

Microrganismos psicrófilos apresentam temperatura ótima de multiplicação entre 10 °C e 15 °C, podendo multiplicar-se entre 0 °C e 20 °C. As bactérias do gênero *Pseudomonas* são psicrotróficas e importantes agentes de deterioração de alimentos mantidos em refrigeração.

Microrganismos termófilos apresentam temperatura ótima de multiplicação entre 45 °C e 65 °C, com mínima entre 35 °C e 45 °C e máxima entre 60 °C e 90 °C. Os termófilos de importância em alimentos pertencem aos gêneros *Bacillus* e *Clostridium*, incluindo espécies deteriorantes (*B. coagulans* e *C. thermosaccharolyticum*) e patogênicas (*C. perfringens*). Por serem capazes de se multiplicar em altas temperaturas, estes microrganismos tornam-se um problema para as indústrias de alimentos termoprocessados e também para alimentos que são mantidos entre 60 °C e 80 °C.

Microrganismos mesófilos apresentam temperatura ótima de multiplicação entre 25 °C e 45 °C, com mínima entre 5 °C e 25 °C e máxima entre 40 °C e 50 °C. Neste grupo encontra-se a grande maioria dos microrganismos de importância em alimentos, incluindo-se a maior parte dos patógenos.

Um subgrupo importante dos microrganismos mesófilos apresenta características psicrotróficas, com temperatura ótima de multiplicação acima de 20 °C, mas capacidade de se multiplicar em temperaturas mais baixas (entre 0 °C e 7 °C). Estes microrganismos representam um problema para alimentos armazenados sob refrigeração e, neste grupo, estão incluídos os principais gêneros de microrganismos deteriorantes, como *Aeromonas, Brochothrix, Pseudomonas, Lactobacillus, Enterococcus, Micrococcus* e *Flavobacterium*, e alguns patógenos importantes, como *Listeria monocytogenes* e *Clostridium botulinum* tipo E. Vale ressaltar que, embora sejam capazes de multiplicar em temperaturas entre 0 °C e 7 °C, os psicrotróficos apresentam temperatura ótima de multiplicação na faixa mesófila e, quando em baixas temperaturas, têm sua velocidade de multiplicação reduzida.

Em geral, os fungos apresentam temperatura ótima de multiplicação entre 25 °C e 28 °C e são mais tolerantes às baixas temperaturas que as bactérias. Muitos bolores e leveduras são capazes de multiplicar sob refrigeração, podendo causar deterioração em alimentos refrigerados. Por outro lado, a maioria das leveduras não se multiplica na faixa dos termófilos, preferindo as faixas dos mesófilos e psicrotróficos.

Embora a multiplicação de alguns poucos grupos de microrganismos em temperaturas entre 0 °C e 7 °C seja possível, o armazenamento sob refrigeração ainda é uma das estratégias mais utilizadas para a conservação de alimentos, principalmente quando empregado em conjunto com outras formas de controle microbiano. Em baixas temperaturas, a fluidez da membrana celular se modifica para não haver a interrupção do transporte transmembrana e a velocidade das reações enzimáticas diminui, afetando a multiplicação dos microrganismos.

Umidade relativa do ambiente

A umidade relativa do ambiente onde um alimento é mantido influencia a Aa deste alimento, ou seja, afeta a multiplicação da microbiota presente. Sabe-se que, quando o alimento está em equilíbrio com a atmosfera que o cerca, a umidade relativa (UR) e Aa (multiplicada por 100) ficam iguais ($UR = Aa \times 100$). Quando o alimento é armazenado em atmosfera com UR superior à sua, ele tende a absorver água do ambiente, o que leva a aumento da Aa. Já quando o armazenamento ocorre em ambiente com UR inferior à do alimento, este perde água e o valor de Aa diminui. Para impedir as trocas de água entre o alimento e a atmosfera que o envolve é necessário controlar a UR do ambiente ou, ainda, utilizar embalagens impermeáveis. Deve-se tomar especial cuidado no armazenamento de alimentos com baixa Aa em ambientes sem controle da UR pois, quando expostos a ambientes com alta UR, tendem a absorver água rapidamente, aumentando a Aa, e proporcionando condições favoráveis à multiplicação microbiana, principalmente na superfície.

Composição gasosa do ambiente

A composição gasosa do ambiente de armazenamento de um alimento pode influenciar os tipos de microrganismos capazes de sobrevivência e multiplicação. A presença de oxigênio favorece os microrganismos aeróbios, enquanto a ausência de O_2 favorece os anaeróbios.

O uso de embalagens para alimentos em que se modifica a atmosfera envolvente é uma alternativa interessante para o controle microbiano, contribuindo para o aumento da vida útil. As embalagens sob atmosfera modificada são utilizadas em conjunto com outras técnicas de conservação, como por exemplo, a refrigeração.

Atmosferas modificadas são aquelas nas quais o oxigênio é total ou parcialmente substituído por outros gases, sendo o gás carbônico e o nitrogênio os mais utilizados. Monóxido de carbono, dióxido de enxofre e óxido nitroso também podem ser empregados. Enquanto o CO_2 apresenta atividade contra diversos microrganismos, o nitrogênio é um gás inerte, com pouco ou nenhum efeito antimicrobiano, sendo empregado somente para a substituição do O_2. A atividade antimicrobiana do CO_2 está relacionada com a inibição de algumas reações enzimáticas importantes e à interferência na permeabilidade da membrana celular. A atividade antimicrobiana é maior em baixas temperaturas, uma vez que o CO_2 apresenta maior solubilidade nestas condições. Baixos valores de pH também favorecem a atividade antimicrobiana. Outros fatores, como Aa, tipos e condições metabólicas dos microrganismos presentes e concentração, também afetam a atividade do CO_2. Com relação ao espectro de ação, o CO_2 é mais ativo contra bactérias Gram-negativas, sendo *Pseudomonas* um dos gêneros mais sensíveis. Bactérias Gram-positivas são mais resistentes, principalmente as pertencentes ao gênero *Clostridium*.

O ozônio é um outro gás presente na atmosfera que apresenta efeito antimicrobiano, devido ao forte poder oxidativo. Sua utilização em atmosferas modificadas limita-se a alimentos com baixo teor de lipídeos, uma vez que causa rancificação.

Uma alternativa para controlar a microbiota nos alimentos é a utilização de embalagem a vácuo, quando a multiplicação de microrganismos aeróbios é completamente inibida. Porém, deve-se ter cuidado com a multiplicação de microrganismos anaeróbios, principalmente *Clostridium botulinum*. A germinação de esporos e a multiplicação das células vegetativas deste patógeno devem ser impedidas através da utilização conjunta de outras técnicas de conservação, como acidificação e adição de inibidores, como os nitritos e os nitratos empregados em certos produtos cárneos.

Outros fatores

Além dos fatores intrínsecos e extrínsecos já mencionados, a capacidade de sobrevivência e multiplicação microbiana em alimentos é influenciada pelas interações entre os componentes da microbiota presente, mediadas por competição, *quorum sensing* e ações sinérgicas e/ou antagônicas decorrentes de metabólitos microbianos produzidos.

A competição entre as diferentes populações microbianas presentes em um alimento pode levar a um fenômeno denominado exclusão competitiva. Microrganismos que apresentam vantagem competitiva com relação a outros tendem a se tornar a microbiota dominante em um alimento. Entre as vantagens competitivas destacam-se maior velocidade de multiplicação, maior versatilidade de metabolização dos nutrientes disponíveis e melhor tolerância às condições adversas do ambiente. Por exemplo, muitos bolores são perfeitamente capazes de se desenvolver em alimentos frescos e de baixa acidez, como as carnes cruas, porém, apresentam velocidade de crescimento inferior à das bactérias e perdem em vantagem competitiva. Já em alimentos com Aa baixa ou pH baixo, os bolores apresentam vantagem competitiva com relação às bactérias, pois apresentam maior tolerância às condições adversas do meio.

O *quorum sensing* é um sistema de comunicação intra e interespécies, fundamentado na resposta microbiana a alterações na densidade populacional, com um papel importante na regulação gênica microbiana. De modo simplificado, a comunicação por *quorum sensing* acontece a partir da síntese de moléculas sinalizadoras, também chamadas de autoindutores, liberadas para o meio externo pela membrana celular microbiana. Os autoindutores produzidos pelas bactérias Gram-positivas são peptídeos de baixo peso molecular (AIP – *autoinducer peptides*), enquanto os autoindutores das bactérias Gram-negativas normalmente são moléculas de N-acil-homosserina lactona (AHL). A concentração dos autoindutores no meio (ou alimento) é proporcional à densidade da população. Quando essa concentração atinge um limite crítico, essas moléculas são detectadas por proteínas receptoras específicas, levando a alterações na expressão gênica e, por consequência, a uma resposta populacional sincronizada, afetando os processos de esporulação, formação de biofilmes, expressão de fatores de virulência, produção de bacteriocinas e enzimas hidrolíticas, entre outros.

Os metabólitos produzidos por diferentes microrganismos durante sua multiplicação podem exercer ações sinérgicas e/ou antagônicas uns sobre os outros. Há inúmeros exemplos que se aplicam a alimentos. Bactérias láticas, produtoras de ácido lático, provocam a diminuição no pH do alimento, inibindo microrganismos que não toleram baixos valores de pH e favorecendo a microbiota ácido-tolerante. Microrganismos produtores de descarboxilases são capazes de produzir aminas que causam aumento no pH, permitindo a multiplicação das bactérias anteriormente inibidas pelos baixos valores de pH. Algumas leveduras são capazes de metabolizar o ácido lático presente em alimentos fermentados, levando a um aumento no pH e favorecendo a multiplicação de *Clostridium botulinum*. Microrganismos proteolíticos produtores de aminoácidos essenciais, como tiamina e triptofano (p. ex., *Pseudomonas aeruginosa*) possibilitam a multiplicação de outros microrganismos dependentes destes nutrientes (p. ex., *Staphylococcus aureus*). Além da produção de ácido lático e outros ácidos que abaixam o pH do meio tornando-o desfavorável para outros microrganismos, as bactérias láticas podem excretar grande variedade de outros compostos com atividade antimicrobiana, como diacetil, peróxido de hidrogênio, CO_2, acetaldeído e bacteriocinas. Bacteriocinas são peptídeos antimicrobianos com atividade, principalmente, contra bactérias Gram-positivas, atuando na membrana celular através da formação de poros, dissipação da força próton-motriz e interferência na permeabilidade da membrana, com consequente extravasamento de importantes constituintes celulares (como íons, aminoácidos e ATP), resultando na interrupção de todas as reações que requerem energia e provocando a morte celular. Embora a única bacteriocina aprovada para utilização em alimentos seja a nisina, outras bacteriocinas produzidas por bactérias láticas apresentam potencial para aplicação como bioconservadores e podem ser produzidas diretamente no alimento durante a fermentação.

Tecnologia dos obstáculos

Conforme mencionado anteriormente, os diversos fatores intrínsecos e extrínsecos que afetam os microrganismos nos alimentos não atuam de maneira isolada, mas interagem, podendo resultar em efeitos aditivos, sinérgicos ou antagônicos, com ação sobre os parâmetros tempo de geração (t_d) e taxa específica de crescimento (μ) dos microrganismos.

O estudo dessas interações deu origem à *teoria dos obstáculos de Leistner*, também conhecida como *teoria das barreiras* (*Hurdle Theory*). Segundo este conceito, cada fator intrínseco ou extrínseco representa um obstáculo (ou barreira) a ser vencido pelos microrganismos em um alimento, para que sua multiplicação seja possível. A cada barreira a ser ultrapassada, aumenta o gasto energético dispendido para a multiplicação. O conjunto dos fatores atuantes determina o grau de inibição obtido, sendo que cada um desses fatores pode contribuir com parcelas iguais ou diferentes nessa inibição.

A Figura 2.2 ilustra graficamente a teoria dos obstáculos de Leistner, com sete exemplos nos quais diferentes fatores intrínsecos e extrínsecos atuam sobre os microrganismos existentes em um alimento. A intensidade da ação de cada obstáculo é representada pela altura da barreira, e a multiplicação dos microrganismos é representada pela linha pontilhada com a seta.

No exemplo 1, os cinco fatores extrínsecos e intrínsecos mais importantes (temperatura, Aa, pH, Eh, e conservador químico) atuam simultaneamente no alimento, sendo

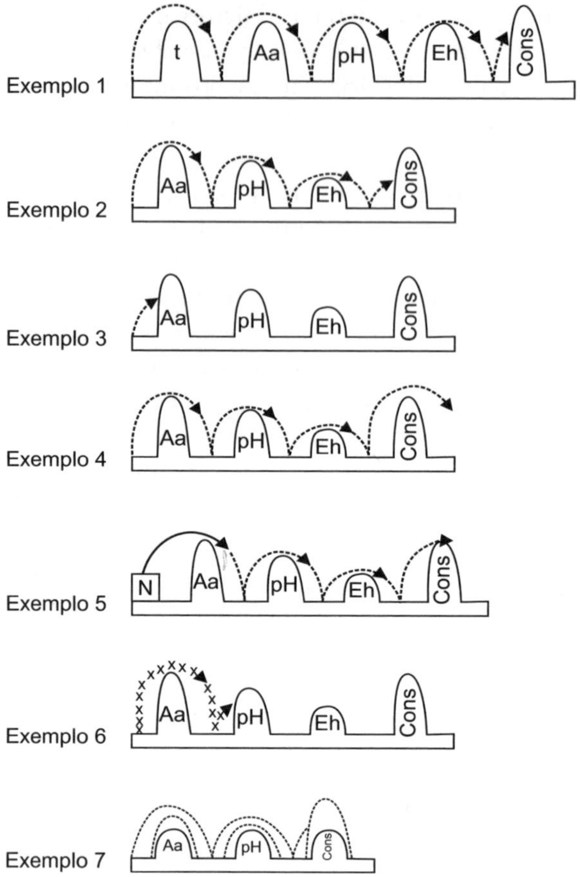

Figura 2.2. Ilustração da teoria dos obstáculos de Leistner (Leistner, 1992). Aa: atividade de água; pH: acidificação; Eh: potencial de oxirredução; Cons: conservador químico; t: temperatura; N: nutrientes.

que cada um deles contribui com parcela igual na inibição dos microrganismos. A cada obstáculo, a multiplicação microbiana diminui até atingir um ponto em que ela é completamente inibida. Os cinco exemplos seguintes referem-se a um mesmo alimento, no qual agem quatro fatores diferentes, contribuindo com parcelas distintas para a inibição dos microrganismos. No exemplo 2, os quatro fatores são suficientes para bloquear o desenvolvimento microbiano. No exemplo 3, o alimento tem uma carga microbiana mais baixa que no exemplo 2, sendo que um único fator intrínseco (Aa) é suficiente para inibir esses microrganismos. No exemplo 4, o alimento tem uma carga microbiana mais alta que a do exemplo 3, e os quatro obstáculos não são suficientes para inibir esses microrganismos. No exemplo 5, o alimento é adicionado de outros nutrientes, o que causa um efeito trampolim na multiplicação microbiana, sendo necessário que a intensidade dos obstáculos seja aumentada para que a inibição microbiana desejada seja alcançada. No exemplo 6, os microrganismos presentes no alimento foram submetidos a algum tipo de injúria que tenha afetado negativamente seu metabolismo e, nesse caso, apenas um dos obstáculos já é capaz de inibir esses microrganismos, ou seja, os outros obstáculos podem ser menos intensos ou desnecessários, como ocorre com o conservador químico. O exemplo 7 representa o efeito de três obstáculos agindo de forma sinérgica sobre os microrganismos com intensidades diferentes, indicando que são insuficientes para controlar a multiplicação microbiana no alimento. Nesse caso, é necessário intensificar a ação de algum destes fatores, como por exemplo, reduzir a Aa, abaixar o pH ou aumentar a quantidade de conservador no produto.

A teoria dos obstáculos constitui o fundamento da tecnologia de barreiras (*hurdle technology*), amplamente utilizada pela indústria no processamento de alimentos. Esta tecnologia permite agir sobre os parâmetros tempo de geração (*td*) e taxa específica de crescimento (μ) dos microrganismos presentes, por meio da utilização simultânea de mais de uma forma de controle microbiano, tendo como resultado a obtenção de alimentos estáveis, com longa vida útil e seguros à saúde dos consumidores. Além disso, a tecnologia das barreiras permite que se utilize procedimentos tecnológicos mais brandos, que não prejudiquem as características originais do alimento, como ocorre com o abaixamento do pH que aumenta a eficiência do tratamento térmico. Com a tecnologia de barreiras, é possível desenvolver e produzir alimentos processados estáveis e seguros para consumo, com manutenção das características sensoriais e nutricionais o mais próximo possível das originais.

Leitura sugerida

Adams MR, Moss MO, McClure P. Food microbiology. 4th ed. Cambridge, UK: RSC Publishing, 2016. 546p.

Jay JM, Loessner MJ, Golden DA. Modern food microbiology. 7th ed. USA: Springer, 2005. 790p.

Leistner L. Food preservation by combined methods. Food Research International, 1992;25:151-158. https://doi.org/10.1016/0963-9969(92)90158-2

Montville TJ, Matthews KR, Kniel KE. Food microbiology – An introduction. 3rd ed. Washington DC, USA: ASM Press, 2012. 547p. https://doi.org/10.1128/9781555817206

3 Microrganismos indicadores e critérios microbiológicos

Vanessa Bíscola
Bernadette Dora Gombossy de Melo Franco

Alimentos podem estar isentos de contaminantes microbianos ou conter poucos ou muitos microrganismos, dos mais variados tipos e com diferentes características. Até o momento, ainda é impossível detectar, enumerar ou identificar a totalidade dos microrganismos presentes em um alimento, por mais sensíveis e acessíveis que sejam os métodos analíticos laboratoriais disponíveis. Como alternativa, os microbiologistas de alimentos recorrem à investigação da presença de certos grupos de microrganismos ou de microrganismos específicos, genericamente denominados "indicadores". Como o nome sugere, esses microrganismos dão indicações a respeito das condições higiênico-sanitárias de um alimento e falhas na adoção das boas práticas na cadeia do alimento, e também sobre a possível ocorrência de patógenos.

A escolha dos microrganismos indicadores utilizados para analisar um alimento deve atender os seguintes requisitos:

- Estar presentes e ser detectáveis nos alimentos em que serão utilizados.
- Ser facilmente detectados e enumerados, e claramente distinguíveis dos demais microrganismos presentes no alimento.
- Os métodos analíticos para sua enumeração devem ser confiáveis, simples e rapidamente executáveis, e ser viáveis economicamente.
- Ser enumeráveis em período curto, de modo a permitir decisões rápidas a respeito da contaminação microbiana da amostra de alimento analisada.
- A capacidade de sua multiplicação no alimento deve ser compatível com a indicação microbiológica esperada, e o tamanho da população deve apresentar correlação negativa com a qualidade desse alimento.

Deve ser ressaltado que os resultados de enumeração de microrganismos indicadores dão apenas uma estimativa da população real presente, pois a maioria dos métodos analíticos utilizados para estas enumerações não leva em conta os microrganismos "viáveis, mas não cultiváveis" (VBNC, do inglês *viable but not culturable*) e os injuriados (incapazes de formar colônias visíveis e enumeráveis). Assim, os resultados devem ser sempre interpretados com cautela, pois podem indicar situações diferentes, dependendo do método analítico utilizado.

Microrganismos indicadores: principais grupos

Os grupos de microrganismos indicadores mais utilizados para análise de alimentos são:

- Bactérias mesófilas.
- Bactérias psicrotróficas.
- Bactérias termófilas e seus esporos.
- Bactérias anaeróbias.
- Bolores e leveduras.
- Coliformes totais.
- Coliformes termotolerantes e *Escherichia coli.*
- Bactérias da família *Enterobacteriaceae.*
- Outros microrganismos.

Além de utilizados como sinalizadores da qualidade microbiológica e das condições higiênico-sanitárias de um alimento, os microrganismos indicadores são empregados no estabelecimento de critérios microbiológicos, importantíssimos para o comércio nacional e internacional de alimentos, conforme discutido mais adiante neste capítulo.

Bactérias mesófilas

Frequentemente, este grupo de indicadores é também denominado bactérias aeróbias mesófilas ou simplesmente aeróbios mesófilos, embora inclua tanto as bactérias aeróbias como as bactérias aeróbias facultativas. Sua enumeração pode receber várias denominações: contagem total de aeróbios mesófilos, contagem total de aeróbios, contagem total em placas e, ainda, contagem padrão em placas.

Uma vez que a grande maioria dos microrganismos de importância em alimentos é mesófila, altas populações de bactérias mesófilas indicam que houve condições para a multiplicação microbiana em uma ou mais etapas da cadeia do alimento. Desta maneira, a contagem deste grupo de microrganismos pode ser empregada para indicar a qualidade sanitária dos alimentos e as condições gerais de processamento e armazenamento. Elevados números de bactérias mesófilas em um alimento podem indicar o uso de matérias-primas de baixa qualidade, falhas no tratamento térmico, falhas de higiene na cadeia de produção, armazenamento inadequado etc.

Para a enumeração de bactérias mesófilas, utiliza-se o método convencional de semeadura em placas de Petri, em profundidade (ou *pour plate*) e em superfície (ou *spread plate*), com emprego de meio de cultura sólido não seletivo e incubação a 35 °C a 37 °C por 48 h em aerobiose, seguido de contagem das colônias presentes. Vários métodos alternativos, automatizados ou não, também podem ser utilizados, conforme descrito no Capítulo 9 deste livro.

Em uma enumeração de bactérias aeróbias, realiza-se apenas contagem, sem identificar as bactérias, por isso a interpretação dos resultados deve ser cuidadosa. Por exemplo, alimentos fermentados apresentam altas contagens de mesófilos, sem indicar comprometimento da qualidade do produto. Alimentos crus ou que são manipulados podem apresentar contagens elevadas dessas bactérias, o que pode não constituir um desvio. Por outro lado, alimentos que passaram por algum tratamento térmico devem apresentar contagens baixas, caso contrário o resultado sinaliza subprocessamento ou recontaminação pós-processamento.

Bactérias psicrotróficas

Microrganismos psicrotróficos são um subgrupo dos mesófilos e, por apresentarem capacidade de multiplicação em baixas temperaturas (0 °C a 7 °C), são utilizados para indicar problemas microbiológicos em alimentos armazenados sob refrigeração, como comprometimento da vida útil. Alguns exemplos de bactérias psicrotróficas deteriorantes são *Pseudomonas* spp., *Aeromonas* spp., *Brochothrix* spp., *Lactobacillus* spp., *Enterococcus* spp., *Micrococcus* spp. e *Flavobacterium* spp., muito comuns em alimentos de origem animal. Alguns patógenos, como *Listeria monocytogenes*, são psicrotróficos e podem estar entre as bactérias aeróbias psicrotróficas enumeradas em uma amostra de alimento.

Os métodos analíticos para a enumeração deste grupo de indicadores são semelhantes aos de bactérias mesófilas, apenas a temperatura de incubação deve ser 7 °C por 10 dias, com semeadura em superfície. Alternativamente, a incubação pode ser feita a 17 °C por 6 h, seguido de mais 3 dias a 7 °C.

Bactérias termófilas e seus esporos

Esse grupo de microrganismos é utilizado para avaliar a qualidade de alimentos submetidos a tratamento térmico. Muitos microrganismos termófilos são produtores de esporos, razão pela qual a contagem de esporos também pode ser utilizada para indicar a eficiência do tratamento térmico de produtos termoprocessados, e também para indicar a eficiência da sanificação de vegetais.

Os microrganismos termófilos de importância em alimentos pertencem aos gêneros *Bacillus*, *Clostridium* e *Paenibacillus*. Os métodos analíticos para a enumeração deste grupo de indicadores são semelhantes aos de bactérias mesófilas, apenas a temperatura de incubação deve ser mais alta (55 °C por 48 h).

Bactérias anaeróbias

A enumeração deste grupo de bactérias é utilizada para avaliar a qualidade de alimentos nos quais há possibilidade de multiplicação de bactérias anaeróbias, como conservas e/ou alimentos embalados a vácuo. Os anaeróbios de maior relevância são o deteriorante *Bacillus coagulans* e os patógenos *Clostridum botulinum* e *Clostridium perfringens*.

Para essa enumeração, emprega-se a mesma metodologia da contagem de bactérias aeróbias, mas utilizando-se meios de cultura seletivos e incubação em câmaras de anaerobiose ou sistemas equivalentes que reduzem a tensão de oxigênio no ambiente de incubação. O emprego de meios seletivos apropriados é muito importante para evitar que bactérias anaeróbias facultativas, como as pertencentes à família *Enterobacteriaceae*, os enterococos e os estafilococos também sejam incluídos nas contagens.

Bolores e leveduras

A enumeração de bolores e leveduras é utilizada como indicação de qualidade em alimentos nos quais a multiplicação bacteriana é desfavorecida, como ocorre naqueles com baixa Aa ou baixo pH. O crescimento de bolores e leveduras pode acarretar grandes prejuízos em alimentos com estas características, como frutas frescas e sucos de frutas, refrigerantes, açúcares, doces, cereais, queijos, produtos lácteos fermentados, alimentos congelados, desidratados e em conserva, quando armazenados em condições inadequadas. Nesses casos, as contagens totais de bolores e leveduras constituem uma ferramenta importante para a avaliação da qualidade e da vida útil desses produtos.

A contagem de bolores (principalmente *Geotrichum candidum*) em equipamentos tem sido usada como indicação da eficiência da sanificação na indústria de alimentos, uma vez que crescem rapidamente nos resíduos de alimentos e outras sujidades aderidas às superfícies dos equipamentos.

Para a enumeração de bolores e leveduras, emprega-se a mesma metodologia da contagem de bactérias aeróbias, mas utilizando-se meios de cultura seletivos, geralmente acidificados ou contendo agentes químicos inibidores de bactérias, e incubação em temperatura ambiente (20 °C a 25 °C) por 5 dias pelo menos.

Coliformes totais

Este grupo de microrganismos é formado por bastonetes Gram-negativos, não formadores de esporos, que fermentam a lactose com produção de ácidos e gás em 48 horas a 35 °C a 37 °C. O grupo é constituído por bactérias da família *Enterobacteriaceae* pertencentes principalmente aos gêneros *Escherichia*, *Enterobacter*, *Citrobacter* e *Klebsiella*. Embora façam parte da microbiota intestinal de animais de sangue quente, inclusive o ser humano, sobrevivem bem em outros ambientes, como solo, água e superfície de plantas, onde persistem por tempo superior ao de bactérias patogênicas de origem intestinal, como *Salmonella*. Por essa razão, a enumeração de coliformes totais em alimentos crus que entram em contato com o solo, como vegetais, não faz sentido porque esses alimentos contêm coliformes, como parte de sua microbiota autóctone. Por outro lado, sua presença em alimentos processados indica falhas de higiene na cadeia, embora não necessariamente indique a presença de bactérias patogênicas de origem intestinal.

Para a enumeração de coliformes em alimentos, podem ser empregadas diferentes metodologias, como a tradicional técnica dos tubos múltiplos, que fornece estimativas das populações presentes na amostra analisada, semeadura em placas de Petri convencionais contendo meios de cultura seletivos e indicadores e vários outros sistemas prontos para uso, com diferentes níveis de automação, conforme descrito no Capítulo 9.

Coliformes termotolerantes e *Escherichia coli*

Os coliformes termotolerantes, anteriormente chamados coliformes fecais ou coliformes a 45 °C, constituem um subgrupo do grupo dos coliformes totais, com a característica comum de fermentar a lactose com produção de ácidos e gás também a 44 °C-45,5 °C, além de 35 °C a 37 °C. O microrganismo predominante neste subgrupo é *Escherichia coli*, presente no intestino dos seres humanos e dos animais. Devido a estas propriedades, coliformes termotolerantes em um alimento são indicadores de falhas de higiene, mas também podem ser considerados indicadores de possível contaminação de origem fecal e, consequentemente, possível presença de microrganismos patogênicos de origem intestinal. Entretanto, a determinação de coliformes termotolerantes apresenta algumas limitações como indicação da segurança do alimento, uma vez que neste grupo também estão incluídos outros microrganismos, como *Enterobacter* spp. e *Klebsiella* spp., que podem estar presentes em ambientes não fecais, como água e resíduos.

Para uma indicação melhor de possível contaminação de origem fecal, pode ser realizada a enumeração de *Escherichia coli*. Cerca de 90% das culturas de *E. coli* apresentam as características dos coliformes tolerantes, com exceção de *E. coli* produtora de toxina

Shiga (STEC), que não se multiplica a 45 °C, e de *E. coli* enteroinvasiva (EIEC), que não fermenta lactose.

Enquanto a contaminação de um alimento com *E. coli* sugere a provável presença de outros patógenos entéricos, resultados negativos não garantem a ausência de enteropatógenos. Além disso, tanto os coliformes termotolerantes como *E. coli* são facilmente destruídos pelo calor e têm sua população reduzida durante o congelamento. Deste modo, em alimentos processados que sofreram tratamento térmico ou outro tratamento capaz de eliminar esses microrganismos, resultados positivos para coliformes termotolerantes e *E. coli* não indicam contaminação de origem fecal, mas sim falhas de higiene e sanificação durante o processamento, falhas na temperatura do processo ou contaminação pós-tratamento térmico. Assim, a interpretação dos resultados deve ser cuidadosa, levando-se em consideração o tipo de produto, o tipo de processamento, o número e o tamanho das amostras examinadas, a sensibilidade da metodologia empregada, e o número de coliformes termotolerantes ou *E. coli* encontrados.

É importante enfatizar que os coliformes termotolerantes e *E. coli* não devem ser considerados, em princípio, microrganismos patogênicos. Apenas algumas cepas de *E. coli* são causadoras de enfermidades, e sua presença em alimentos é rara e ocorre somente em circunstâncias muito especiais. Para se determinar se *E. coli* encontrada em um alimento é patogênica é necessário realizar a pesquisa de suas características de virulência, conforme descrito no Capítulo 4.6 deste livro.

Bactérias da família *Enterobacteriaceae*

Como os coliformes totais e os termotolerantes são mal definidos taxonomicamente, e os resultados da sua enumeração podem ser mal interpretados, essas determinações vêm sendo gradativamente substituídas pela enumeração de *Enterobacteriaceae*, ou seja, de todas as bactérias que pertencem a essa família, sem distinção de gênero ou espécie, incluindo as fermentadoras e as não fermentadoras de lactose e as produtoras e não produtoras de gás, a 35 °C a 37 °C. Considera-se que esta determinação reflete melhor as falhas de higiene em um alimento e indica de forma mais confiável a provável presença de patógenos de origem intestinal.

A interpretação dos resultados de enumeração de *Enterobacteriaceae* em um alimento deve ser feita com muita cautela, pois não há relação entre a contagem obtida e a presença de bactérias patogênicas. A maioria das bactérias pertencentes a esse grupo não é patogênica. Por outro lado, baixas contagens de *Enterobacteriaceae* não indicam que o alimento analisado está livre de bactérias patogênicas de origem intestinal.

Outros indicadores

Em algumas situações especiais, outros microrganismos ou grupos de microrganismos, ou mesmo seus metabólitos, podem ser empregados para fornecer informações sobre a segurança de um alimento, ou mesmo sobre as condições higiênico-sanitárias deste alimento. Esses indicadores alternativos são mais facilmente detectados/enumerados em uma análise laboratorial do que os patógenos em si. Os mais utilizados são:

- Estafilococos coagulase positiva, que podem indicar provável presença de *Staphylococcus aureus*, que pode causar intoxicações alimentares em decorrência da produção de enterotoxinas estafilocócicas, descritas no Capítulo 4.4. Além disso, contagens elevadas de estafilococos coagulase positiva evidenciam falhas na higiene e sanificação durante o processamento e/ou armazenamento do produto, principalmente quando o processamento envolve manipulação do alimento.

- Clostrídios sulfitorredutores, indicativos da possível presença de *Clostridium perfringens*, um patógeno relevante em alimentos processados. Esses clostrídios podem ser bons indicadores de falhas de processamento, que podem resultar na sobrevivência de esporos e causar doenças (Capítulo 4.2).

A Tabela 3.1 apresenta alguns exemplos de outros microrganismos que também podem ser utilizados como indicadores da qualidade de alimentos e de sua vida útil e potencial deterioração. É importante ressaltar que a presença de qualquer um dos microrganismos indicadores mencionados não é indicativa da presença de microrganismos patogênicos.

Alguns metabólitos microbianos também podem ser empregados como indicadores de qualidade de alimentos (Tabela 3.2), ou como indicadores indiretos de segurança. Como exemplos, é possível investigar a presença de termonuclease ou desoxirribonuclease em

Tabela 3.1. Exemplos de microrganismos indicadores de qualidade em alguns alimentos

Microrganismos	*Alimentos*
Acetobacter spp.	Sidra fresca
Bacillus spp.	Massa de pão
Byssochlamys spp.	Frutas em conserva
Clostridium spp.	Queijos duros
Esporos *Flat-Sour*	Vegetais enlatados
Geotrichum spp.	Linha de processamento de frutas
Bactérias láticas	Cervejas e vinhos
Lactococcus lactis	Leite cru refrigerado
Leuconostoc mesenteroides	Açúcar (durante o refinamento)
Pectinatus cerevisiiphilus	Cervejas
Pseudomonas *putrefaciens*	Manteiga
Leveduras	Sucos de frutas concentrados
Zygosaccharomyces bailii	Maionese e molhos para saladas

Fonte: Jay et al. (2005).

Tabela 3.2. Exemplos de metabólitos microbianos utilizados como indicadores de qualidade em alguns alimentos

Metabólitos	*Alimentos*
Cadaverina e putrecina	Carne bovina embalada a vácuo
Diacetil	Sucos concentrados congelados
Etanol	Suco de maçã, pescados
Histamina	Atum enlatado
Ácido lático	Vegetais enlatados
Trimetilamina (TMA)	Peixes
Bases voláteis totais (BVT) e nitrogênio volátil total (NVT)	Frutos do mar
Ácidos graxos voláteis	Manteiga

Fonte: Jay et al. (2005).

alimentos com contagens elevadas de *Staphylococcus aureus* (> 10^5 UFC/g) como indicação do seu potencial enterotoxigênico ou empregar a luz UV para detectar a produção de aflatoxinas por *Aspergillus* spp. em certos alimentos, como grãos, ou, ainda, fazer um teste de fosfatase alcalina (constituinte natural em leite cru), para verificar a eficiência da pasteurização ou a contaminação cruzada de leite pasteurizado com leite cru.

Critérios microbiológicos

Os conceitos e princípios para o estabelecimento de critérios microbiológicos para alimentos, elaborados pela *International Commission on Microbiological Specifications for Foods* (ICMSF) ainda nos anos 1980, foram adotados pelo *Codex Alimentarius* no documento intitulado *Principles and Guidelines for the Establishment of Microbiological Criteria for Foods*, publicado em 1997 e atualizado em 2013. O *Codex Alimentarius* é um programa conjunto da Organização das Nações Unidas para Agricultura e Alimentação (FAO) e da Organização Mundial da Saúde (OMS) que tem como objetivo estabelecer normas internacionais na área de alimentos, incluindo padrões, diretrizes e guias sobre Boas Práticas e de Avaliação de Segurança. Participam do *Codex Alimentarius* 187 países membros e a União Europeia, além de observadores de organizações intergovernamentais e não governamentais, além de outros órgãos da Organização das Nações Unidas. O Brasil é membro do *Codex Alimentarius* desde a década 1970, e, desde 1980, o Comitê do *Codex Alimentarius* do Brasil (CCAB) é coordenado pelo Instituto Nacional de Metrologia, Qualidade e Tecnologia (Inmetro).

Os países são livres para estabelecer seus próprios critérios microbiológicos para os alimentos, mas a Organização das Nações Unidas recomenda que os governos adotem, sempre que possível, as normas e diretrizes do *Codex Alimentarius* ao formular políticas e planos nacionais relacionados a alimentos. A Organização Mundial do Comércio faz uma recomendação similar para homogeneizar os conceitos e os procedimentos no comércio internacional dos alimentos. Apesar de estes documentos serem de aplicação voluntária, eles são utilizados como referências para a legislação vigente em muitos países, como é o caso do Brasil.

Existem três categorias de critérios microbiológicos:

1. *Padrões microbiológicos*, que são obrigatórios, pois fazem parte de normas e legislação vigentes, nacional e internacionalmente. O não atendimento de algum padrão estabelecido indica violação da lei e, portanto, sujeito à ação legal. Alimentos nessa categoria devem ser rejeitados, destruídos, reprocessados, destinados para outras finalidades que não o consumo humano ou recolhidos do mercado, quando for o caso (*recall*).
2. *Diretrizes microbiológicas*, que são orientativas, estabelecidas por autoridades governamentais, associações relacionadas com alimentos ou produtores de alimentos. O não atendimento de alguma diretriz serve como alerta para deficiências no processamento, distribuição, armazenamento e comercialização do alimento. Os resultados servem também para análises de tendências, apontando possíveis anomalias a tempo de serem corrigidas.
3. *Especificações microbiológicas*, que são estabelecidas entre fornecedores e compradores nas relações comerciais, que levam à aceitação ou à rejeição de um produto ou matéria-prima, podendo ser obrigatórias ou orientativas.

Ao formular algum critério microbiológico, os seguintes elementos devem ser considerados:

- Objetivos: os critérios microbiológicos devem atender um ou mais dos seguintes objetivos:
  - Permitir a avaliação da aceitação (ou rejeição) de um lote de alimentos, particularmente quando não há informação suficiente sobre sua história.
  - Orientar os envolvidos na cadeia de produção de alimentos sobre os níveis recomendados de microrganismos em um alimento quando as ferramentas de gestão de qualidade e segurança são utilizadas corretamente, como por exemplo boas práticas agrícolas e boas práticas de produção.
  - Permitir verificar se um alimento ou matéria-prima está adequado para o uso pretendido (consumo ou processamento).
  - Permitir avaliar o desempenho dos sistemas de controle de segurança e qualidade ao longo da cadeia do alimento, incluindo os programas de pré-requisitos, e HACCP e monitoramento ambiental.
  - Permitir avaliar cada uma das etapas do processamento de um alimento, verificando se o seu desempenho permite a liberação de um produto seguro e de qualidade, ou sinalizando a necessidade de alguma intervenção para evitar a perda de controle.
  - Permitir verificar se produtos finais ou matérias-primas atendem as exigências estabelecidas nas relações comerciais, e também para ações legais.
  - Permitir verificar se as medidas de controle selecionadas atendem as métricas estabelecidas para os riscos microbiológicos associados aos alimentos.
  - Permitir prever problemas ao desenvolver os sistemas de controle de segurança e qualidade de alimentos.
- Alimento ou processo ao qual o critério se aplica: um critério microbiológico pode ser estabelecido para um tipo específico de alimento, ou para uma categoria de alimentos com características semelhantes, ou ainda para um algum processo completo ou para uma etapa do processo ao qual um alimento é submetido. Os critérios podem ser úteis para validação de medidas de controle, verificação do controle de um processo e do ambiente produtivo e para as ações corretivas para restabelecimento de um controle falho, e devem ser específicos para cada categoria de produto, tipo de processo, e ingredientes.
- Microrganismo(s) e razão de sua escolha: os microrganismos especificados em um critério microbiológico devem ser relevantes para o tipo de alimento em questão, podendo incluir bactérias, vírus, bolores, leveduras e suas toxinas e metabólitos. De modo geral, os microrganismos incluídos nos critérios são os indicadores já descritos anteriormente e os patógenos de importância no alimento ao qual o critério se aplica. A seleção dos microrganismos que compõem um critério não é tarefa simples, pois requer muito conhecimento especializado e disponibilidade de dados para apoiar a seleção feita.
- Limites microbiológicos: um critério microbiológico pode ser constituído por um único limite de contagem, acima do qual o alimento ou um lote de alimentos é considerado inaceitável. No entanto, a maioria dos critérios tem dois limites: um inferior (**m**) e um superior (**M**), sendo que resultados abaixo

do valor **m** caracterizam alimentos de qualidade aceitável e os acima do valor **M** caracterizam alimentos de qualidade inaceitável. Resultados entre **m** e **M** indicam alimentos de qualidade marginal, servindo como um alerta para a necessidade de medidas corretivas, sem classificar o alimento como inaceitável. Os limites microbiológicos são sempre especificados para uma determinada unidade analítica, ou seja, a porção do alimento que deve ser submetida à análise microbiológica.

- Metodologia analítica adotada: as metodologias analíticas para detecção, enumeração e identificação dos microrganismos relevantes em alimentos são muito variadas, apresentando diferentes graus de especificidade e sensibilidade, e os resultados de uma análise podem variar de acordo com o método utilizado (Capítulo 9). Em se tratando de padrões microbiológicos, ou seja, aqueles que fazem parte de normas e legislações, os métodos analíticos a serem utilizados devem estar claramente explicitados. Geralmente as legislações indicam métodos internacionalmente aceitos, como os da ISO (*International Organization for Standardization*). Uso de metodologias alternativas é aceito, desde que sua equivalência aos métodos indicados seja avaliada, comprovada e devidamente documentada.
- Plano de amostragem: um critério microbiológico deve estabelecer o número de unidades amostrais obtidas aleatoriamente de um mesmo lote de alimentos que devem ser analisadas individualmente (**n**), o tamanho de cada unidade amostral e o número de unidades amostrais que pode apresentar resultados entre os limites inferior (**m**) e superior (**M**), designado como (**c**).

Definem-se como pertencentes a um mesmo lote aqueles alimentos produzidos e mantidos em condições uniformes. Considerando que é impraticável analisar todos os alimentos que compõem um lote, utilizam-se os conceitos estatísticos de probabilidades para determinar o número e o tamanho de amostras analíticas que devem ser retiradas de um lote para análise, de modo a obter resultados que representem o lote todo. Quanto maior o número de amostras analisadas, ou seja, quanto maior é o **n**, menor é o risco de se tomar a decisão incorreta sobre a aceitabilidade ou rejeição de um lote. Por outro lado, quanto maior é o **n**, mais alto é o custo da análise microbiológica.

Os planos de amostragem são divididos em duas categorias: *por variáveis* e *por atributos*. Os planos *por variáveis* baseiam-se no princípio de que a frequência dos microrganismos nos alimentos que compõem um lote, ou seja, que são produzidos em igualdade de condições, segue uma distribuição normal, quando esta distribuição é expressa em escala logarítmica (distribuição log-normal). Esse tipo de plano de amostragem é utilizado quando os alimentos são produzidos com um sistema HACCP bem implementado, em que todas as etapas de produção, inclusive de processamento, estão sob controle. Por outro lado, quando a distribuição da frequência dos microrganismos nos alimentos de um lote não segue uma distribuição normal, ou quando o microrganismo-alvo está presente em níveis baixos, como ocorre com os microrganismos patogênicos, o plano de amostragem deve ser *por atributos*. Os planos *por atributos* são os mais utilizados para determinar a aceitação ou rejeição de alimentos quando não há um histórico do lote ou quando há pouca informação

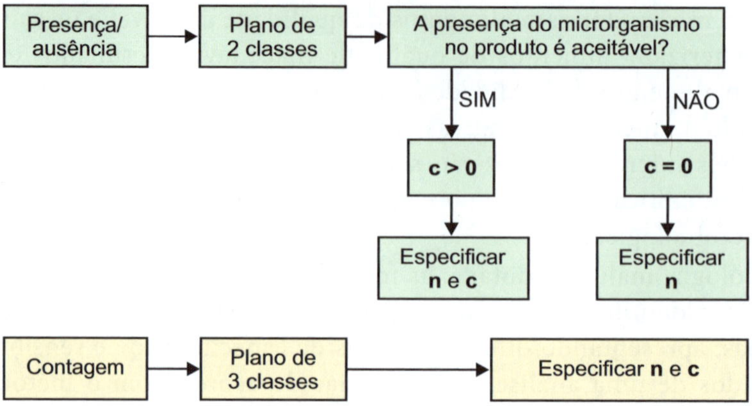

Figura 3.1. Seleção do plano de amostragem adequado. (Adaptada de Montville et al., 2013.)

sobre o processamento a que esses alimentos são submetidos e seu impacto sobre a microbiota presente.

Os planos de amostragem por atributos costumam ser subdivididos em dois grupos: planos de 2 classes e planos de 3 classes.

Planos de 2 classes são usados para aprovar ou rejeitar lotes de alimentos com base na análise de um número predeterminado de amostras, correspondente ao **n**, empregando critérios quantitativos, como por exemplo, resultado abaixo ou acima de determinado número de UFC/g, ou qualitativos, para resultado negativo ou positivo na unidade analítica (ausência/presença). Geralmente os planos de 2 classes são utilizados na pesquisa de patógenos, mas podem ser empregados para alguns microrganismos indicadores também, como por exemplo, *Enterobacteriaceae*, que devem estar ausentes em fórmulas infantis (unidade analítica de 10 g, n = 10, c = 2 e m = 0).

Planos de 3 classes são aqueles em que a qualidade do lote de alimentos pode ser dividida em três categorias, de acordo com o tamanho da população microbiana presente na unidade analítica. Resultados abaixo de **m** são satisfatórios, acima de **M** são insatisfatórios, e entre **m** e **M** refletem qualidade marginal. Nestes casos, os critérios microbiológicos especificam o número de unidades analíticas a serem testadas (**n**) e o número de unidades analíticas que podem apresentar resultados entre **m** e **M** (**c**).

A Figura 3.1 indica as situações em que cada um dos dois tipos de planos de amostragem se aplica.

A fundamentação estatística de avaliação do desempenho dos planos de amostragem de 2 ou de 3 classes é diferente, e expressa nas curvas características de operação (CCO), descritas em literatura especializada, como as publicações da ICMSF (*International Commmission on Microbiological Specifications for Foods*) e do *Codex Alimentarius*.

Critérios microbiológicos fundamentados em risco

O documento do *Codex Alimentarius Principles and Guidelines for the Establishment of Microbiological Criteria for Foods*, publicado em 1997 e atualizado em 2013, define que critérios microbiológicos correspondem a métricas para indicar a aceitabilidade de um alimento ou avaliar o desempenho de um processo ou das medidas de controle da segurança de alimentos, com base nos resultados da amostragem e análise microbiológica dos alimentos.

Tradicionalmente, os critérios para os diferentes tipos de alimentos foram desenvolvidos para indicadores de higiene e para os patógenos de importância, ou seja, com base nos perigos. Ao longo do tempo, os critérios com base em perigos evoluíram para critérios fundamentados em riscos, que permitem melhor compreensão de sua utilidade, desempenho e limitações. A ICMSF foi pioneira na recomendação de critérios fundamentados em riscos, dividindo os planos de amostragem em quinze categorias (ou casos), de acordo com o nível do risco presumido (Tabela 3.3).

Critérios microbiológicos fundamentados em risco vem se tornando cada vez mais comuns nas legislações de diferentes países, mas nem sempre há homogeneidade entre os critérios para um mesmo alimento. Um bom exemplo são os padrões microbiológicos para *L. monocytogenes* em alimentos prontos para consumo: em alguns países como no Canadá, por exemplo, os critérios variam de acordo com a capacidade do patógeno se multiplicar no alimento durante sua vida útil. Naqueles alimentos em que a multiplicação é possível, o critério estabelece **n** = 5, sendo que cada amostra deve pesar 25 g, e *L. monocytogenes* deve estar ausente nas 125 g testadas (**c** = 0). Em alimentos prontos para consumo em que o patógeno não se multiplica (pH < 4,4, Aa < 0,92 ou combinação dos dois fatores ou em produtos congelados), **n** = 5, sendo que cada amostra deve pesar 10 g e a contagem do patógeno deve ser <100 UFC/g (**m**). No Brasil, os padrões microbiológicos para *L. monocytogenes* estabelecidos na IN60/2019 (Anexo II), do Ministério da Saúde, para *L. monocytogenes* em alimentos prontos para consumo, determinam **n** = 5, **c** = 0 e **m** = 100 UFC/g para amostras de 25 g, mas quando os alimentos são destinados a lactentes ou para fins especiais, os critérios são mais rigorosos, com **n** = 10, **c** = 0 e **m** = ausência nas 250 g analisadas.

Tabela 3.3. Planos de amostragem para as categorias ICMSF baseadas em risco

Perigo	*Exemplos*	*Efeito das condições de uso do alimento*		
		Risco diminui	*Risco não se altera*	*Risco pode aumentar*
Incipiente	Contagem total de aeróbios, leveduras e bolores	Caso 1 n = 5, c = 3	Caso 2 n = 5, c = 2	Caso 3 n = 5, c = 1
Baixo	*Enterobacteriaceae, Escherichia coli* (não patogênica)	Caso 4 n = 5, c = 3	Caso 5 n = 5, c = 2	Caso 6 n = 5, c = 1
Moderado	*S. aureus, B. cereus, C. perfringens, V. parahaemolyticus*	Caso 7 n = 5, c = 2	Caso 8 n = 5, c = 1	Caso 9 n = 10, c = 1
Grave (incapacitante, mas raramente fatal)	*Salmonella, L. monocytogenes*	Caso 10 n = 5, c = 0	Caso 11 n = 10, c = 0	Caso 12 n = 20, c = 0
Severo (letal ou com sequelas)	Para a população em geral: *E. coli* O157:H7, neurotoxina de *C. botulinum*; para populações suscetíveis: *Salmonella, Cronobacter* spp., *L. monocytogenes*	Caso 13 n = 15, c = 0	Caso 14 n = 30, c = 0	Caso 15 n = 60, c = 0

Fonte: Adaptada de ICMSF, 2011.

Leitura sugerida

Adams MR, Moss MO, McClure P. Food microbiology. 4rd ed. Cambridge, UK: RSC Publishing, 2016. 546p.

Gorris LGM, Cordier JL. Microbiological criteria and indicator microorganisms. In: Doyle MP, Diez-Gonzalez F, Hill C. Food microbiology: Fundamentals and frontiers. 5th ed. ASM Press, 2019. p. 66-77, ch. 3. https://doi.org:10.1128/9781555819972.ch3

International Commission on Microbiological Specifications for Foods. Microrganismos em alimentos 8. Utilização de Dados para Avaliação do Controle de Processo e Aceitação de Produto. Editora Blucher, 2011.

Jay JM, Loessner MJ, Golden DA. Indicators of food microbial quality and safety. Modern food microbiology. 7th ed. USA: Springer, 2005. p. 473-512.

Montville TJ, Matthews KR, Kniel KE. Indicator microorganisms and microbiological criteria. Food microbiology - An introduction. 3rd ed. Washington DC, USA: ASM Press, 2013. p. 87-105. https://doi.org/10.1128/9781555817206

Microrganismos patogênicos em alimentos

4

Bernadette Dora Gombossy de Melo Franco
Mariza Landgraf

Os microrganismos patogênicos veiculados pelos alimentos podem ser bactérias, fungos ou vírus. Os protozoários, helmintos e outros parasitas, que também podem estar presentes nos alimentos e ser danosos à saúde, são eucarióticos e multicelulares (maioria), e não foram incluídos neste livro.

As doenças causadas pelos microrganismos patogênicos nos alimentos recebem diferentes denominações (enfermidades transmitidas pelos alimentos, doenças de origem alimentar causadas por microrganismos, toxinfecções alimentares, e várias outras). Neste livro usa-se Doenças Transmitidas pelos Alimentos, ou DTA, que é a terminologia adotada pela Secretaria de Vigilância em Saúde, do Ministério da Saúde.

Apesar da modernização das ferramentas para controle dos microrganismos causadores de doenças nos alimentos, as DTA continuam ocorrendo, constituindo grande desafio em nível mundial. Segundo estimativas da Organização Mundial da Saúde, ocorrem anualmente 600 milhões de casos de DTA, que resultam em 420.000 mortes, das quais 1/3 são de crianças. Simplificando, a nível global as DTA afetam pelo menos 1 entre 10 pessoas a cada ano. Nos Estados Unidos, o Centers for Disease Control and Prevention informa que, a cada ano, 1 em cada 6 pessoas fica doente por ingerir alimentos contaminados, o que equivale a 48 milhões de indivíduos, envolvidos em mais de 1.000 surtos por ano.

As DTA ocorrem em consequência das interações entre microrganismos, hospedeiros (seres humanos e animais) e ambiente, constituindo o que se denomina tríade epidemiológica (Figura 4.1). Esta tríade evidencia que o entendimento da ocorrência de DTA depende da integração de informações vindas destas diferentes áreas, o que explica a razão das mudanças constantes na epidemiologia das DTA.

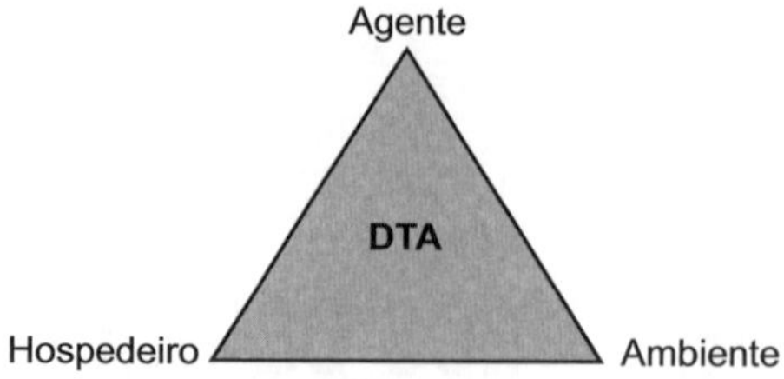

Figura 4.1. Ilustração da tríade epidemiológica. (Adaptada de Hedberg CW. Epidemiology of foodborne illnesses. In: Doyle, Diez-Gonzales, Hill, 2019.)

Vários fatores contribuem para a ocorrência de DTA, com destaque para a urbanização crescente, a necessidade de produção de alimentos em grande escala, o aumento dos grupos populacionais vulneráveis, a utilização de novas modalidades de produção de alimentos, as dietas alimentares alternativas, as mudanças nos hábitos alimentares dos consumidores ávidos por praticidade e conveniência, a globalização do comércio de alimentos e as facilidades de deslocamento da população, inclusive no nível internacional. Contribuem também as deficiências que os órgãos reguladores e produtores de alimentos têm em seus sistemas de controle da qualidade e segurança dos alimentos ofertados aos consumidores.

Além disso, outros aspectos na mensuração da frequência de DTA são relacionados com as dificuldades para a detecção da ocorrência de um caso ou surto e para a identificação correta do alimento e do microrganismo envolvido. Até há pouco tempo, os agentes etiológicos e os alimentos causadores do problema eram deduzidos apenas com base em dados epidemiológicos, muitas vezes insuficientes para um diagnóstico adequado. Com os avanços tecnológicos laboratoriais e o uso da hiperconectividade para coleta de dados e da inteligência artificial para interpretação destes dados, a acurácia destes resultados está melhorando, com mais surtos e casos sendo identificados, o que tem contribuído para melhorar os dados sobre prevalência e etiologia das DTA.

A patogenicidade destes microrganismos pode ser decorrente de sua atuação direta sobre diferentes órgãos dos seres humanos ou animais ou da ação de toxinas (uma ou mais) produzidas por estes microrganismos nos alimentos (*in vitro*), e também no interior do trato gastrointestinal (*in vivo*). Alguns microrganismos patogênicos relevantes em alimentos atuam por ambos os mecanismos. A maioria dos microrganismos patogênicos veiculados pelos alimentos atuam na mucosa do trato gastrointestinal (TGI). Alguns são pouco invasores, limitando-se à camada epitelial intestinal, causando enfermidades autolimitadas. No entanto, outros causam doenças mais graves, que podem levar à morte em pouco tempo. Em alguns casos, o TGI atua apenas como porta de entrada do microrganismo ou de suas toxinas no organismo, sendo sua patologia expressa em outro local, como por exemplo, no sistema nervoso central, como é caso das enterotoxinas estafilocócicas responsáveis pela reação emética, ou no fígado, como é o caso das aflatoxinas. Os reservatórios desses microrganismos são diversos, e as fontes de contaminação dos alimentos podem ser várias, podendo os contaminantes ser originários dos animais, do ambiente e do ser humano, compondo a já mencionada tríade epidemiológica.

Os mecanismos de defesa naturais dos seres humanos e animais exercem papel importantíssimo na sua proteção contra as DTA. A acidez estomacal, associada à ação das enzimas digestivas, constitui a primeira barreira natural a ser transposta, e pode provocar a eliminação total ou parcial dos microrganismos patogênicos. Ao atingir os intestinos, os microrganismos precisam enfrentar a barreira natural imposta pela mucosa intestinal, até chegar ao epitélio intestinal, onde está localizada a maioria dos receptores envolvidos na adesão e colonização microbiana. Alguns patógenos produzem mucinases que hidrolisam o muco que reveste o intestino, permitindo sua passagem e de outros microrganismos também presentes. A existência de flagelos na estrutura microbiana facilita a locomoção através da camada mucosa. Os ácidos biliares e outros ácidos decorrentes da degradação de componentes alimentares são também inibitórios. A motilidade é responsável pela eliminação do conteúdo intestinal, contribuindo para remoção dos microrganismos também, razão pela qual a dieta alimentar tem papel importante na garantia da saúde intestinal. A microbiota intestinal, formada por bilhões de microrganismos adaptados a este ambiente, protege a mucosa da ação de microrganismos estranhos.

Mesmo quando as barreiras descritas são vencidas, entram em ação as defesas imunológicas do hospedeiro, que podem ser inatas ou adaptativas. A imunidade natural do TGI é a mais importante proteção imunológica contra as DTA de curta duração, embora a imunidade adaptativa seja igualmente importante na proteção contra DTA que causam infecções sistêmicas, nas quais o tempo de incubação e a duração da doença são mais prolongados. Na imunidade inata, têm papel importante os macrófagos, neutrófilos, células NK, interferonas e as proteínas do complemento. Na resposta imune adaptativa entram em ação os linfócitos T e B produtores de citocinas e anticorpos, respectivamente. Os linfócitos T $CD4^+$ são os mais importantes na proteção contra infecções bacterianas extracelulares e suas exotoxinas, enquanto os linfócitos T $CD8^+$ estão envolvidos na eliminação dos agentes intracelulares bacterianos e virais. Os anticorpos neutralizam os patógenos ou toxinas por impedirem a ligação com os receptores celulares, tornando-os suscetíveis à eliminação pelos macrófagos e neutrófilos. Os complexos antígeno-anticorpo ativam o complemento e inativam os patógenos pela opsonização. Nem sempre o sistema imune é eficiente na proteção do hospedeiro porque os patógenos podem desenvolver estratégias de defesa pela produção de fatores de virulência que garantem a invasão, a sobrevivência, a replicação e a difusão nos tecidos.

As características dos microrganismos patogênicos mais importantes em alimentos e das DTA a eles associadas estão descritas nos próximos capítulos.

Leitura sugerida

Bhunia AK. Host defense against foodborne pathogens. In: Foodborne microbial pathogens. Food Science Text Series. New York, NY: Springer; 2018. https://doi.org/10.1007/978-1-4939-7349-1_3

Hedberg CW. Epidemiology of foodborne illnesses. In: Doyle MP, Diez-Gonzalez F, Hill C. Food microbiology: fundamentals and frontiers. 5th ed. ASM Press; 2019 p. 209-62. https://doi.org/10.1128/9781555819972.ch8.

Capítulo 4.1

Bacillus cereus

Lina Casale Aragon Alegro
Mariza Landgraf

Características do patógeno

Bacillus cereus é uma das inúmeras espécies pertencentes ao gênero *Bacillus*, que faz parte da família *Bacillaceae*, composta por bacilos Gram-positivos, aeróbios e anaeróbios facultativos, formadores de esporos e com intensa atividade metabólica. As demais espécies são *B. anthracis*, *B. thuringiensis* (entomopatogênico), *B. mycoides*, *B. pseudomycoides*, *B. weihenstephanensis* (psicotolerante), *B. bombysepticus*, *B. cytotoxicus* e *B. toyonensis*, além das espécies *B. gaemokensis*, *B. manliponensis* e *B. bingmayongensis*, recentemente descritas. Com exceção de *B. cereus*, a maioria dos demais membros do gênero *Bacillus* não causam doença no ser humano.

B. anthracis é o agente etiológico do antrax, uma doença fatal aguda que atinge, principalmente, herbívoros, mas que pode atingir mamíferos também. Nos últimos anos, essa espécie tornou-se mais conhecida devido à sua utilização como arma biológica. Seus esporos são altamente resistentes ao calor, radiações ultravioleta e ionizante, pressão e agentes químicos. Quando ingeridos, os esporos germinam e as células vegetativas multiplicam-se e produzem fatores de virulência capazes de matar o hospedeiro. A capacidade de *B. anthracis* de provocar doença é atribuída a dois plasmídeos, pXO1 e pXO2, responsáveis pela produção e regulação dos fatores de virulência do antrax, como a toxina e a cápsula, respectivamente.

Bacillus thuringiensis destaca-se por sua atividade inseticida frente a várias espécies de insetos, especialmente lepidópteros (p. ex., mariposas), dípteros (p. ex., moscas) e coleópteros (p. ex., besouros). Preparações de esporos de *B. thuringiensis* (Bt) têm sido comercializadas com sucesso como inseticidas biológicos de aplicação nas lavouras. A atividade biológica é decorrente de sua capacidade de produzir cristais de proteínas (toxinas) com alta especificidade contra esses insetos, mas inofensivas ao ser humano, aos vertebrados e às plantas. O espectro de sua ação inseticida varia de acordo com os vários sorotipos existentes.

Bacillus cereus é um microrganismo anaeróbio facultativo, com células vegetativas que tendem a formar longas cadeias. O microrganismo tolera concentrações de sal até 7,5%, e se multiplica em uma faixa de temperatura que varia de 8 °C a 55 °C, com a ótima variando entre 28 °C e 35 °C. As cepas de *B. cereus* podem ser divididas em dois grupos: psicrotróficos e mesófilos. As cepas psicrotróficas multiplicam-se bem em temperaturas abaixo de 10 °C, multiplicam muito pouco a 37 °C e podem ser encontradas em alimentos refrigerados. As cepas mesófilas, por outro lado, multiplicam-se bem a 37 °C e sobrevivem a temperaturas inferiores a 10 °C. Valores de Aa abaixo de 0,95 inibem a multiplicação dessa bactéria, assim como pH abaixo de 4,9 e acima de 9,3. Em condições ideais, o tempo de geração varia entre 18 e 27 minutos. A motilidade de *B. cereus* deve-se à presença de flagelos peritríqueos, embora cepas não móveis já tenham sido observadas. *B. cereus* é capaz de fermentar vários carboidratos, como glicose, frutose, trealose, sacarose, salicina, maltose, manose, m-inositol e lactose. Além disso, é capaz de hidrolisar amido, caseína e gelatina, e produzir catalase, hemolisinas e fosfolipases do tipo C.

B. cereus é capaz de esporular rapidamente, produzindo esporos centrais ou subterminais, que explicam sua ampla distribuição no meio ambiente, podendo ser isolados de solo, água, vegetações, e até em plantas processadoras de alimentos. Os esporos podem resistir à pasteurização, podendo germinar e multiplicar-se caso o alimento seja armazenado em temperatura ambiente.

Características da doença

B. cereus é um patógeno oportunista responsável por duas formas distintas de intoxicação alimentar nos seres humanos, as síndromes diarreica e emética, causadas pela ação de toxinas diferentes. Em geral, as duas síndromes apresentam sintomas brandos e são autolimitadas. Em um pequeno número de casos, as duas síndromes podem ocorrer simultaneamente, provavelmente devido à produção simultânea de mais de um tipo de toxinas. Os sintomas da síndrome diarreica costumam ser suaves e, na maioria das vezes, não há necessidade de tratamento. Apesar de muito raros, há alguns relatos de óbito pela síndrome emética.

Os sintomas da síndrome diarreica assemelham-se àqueles provocados por *Clostridium perfringens*, ou seja, dor abdominal e diarreia aquosa. Náuseas e vômitos são menos frequentes. Os sintomas aparecem entre 8 e 16 h após a ingestão do alimento contaminado e persistem durante 12 a 24 h. A dose infecciosa de *B. cereus* parece estar entre 10^5 e 10^7 células.

A síndrome emética é semelhante à intoxicação provocada pelas enterotoxinas que *Staphylococcus aureus* produz nos alimentos. O período de incubação é curto, variando entre 0,5 e 5 h, e os sintomas (náuseas, vômito e mal-estar geral) duram entre 6 e 24 h. A população de *B. cereus* no alimento deve estar acima de 10^5 células/g para que haja produção de enterotoxina em quantidade suficiente para desencadear a síndrome.

Mecanismo de patogenicidade

As cepas de *B. cereus* são capazes de produzir diversas enterotoxinas, que são metabólitos extracelulares responsáveis pelas síndromes diarreica e emética.

Enterotoxinas causadoras da síndrome diarreica

A síndrome diarreica causada por *B. cereus* é decorrente da ação de diferentes enterotoxinas produzidas pelas células vegetativas no intestino delgado humano (*in vivo*). A produção e secreção de algumas destas enterotoxinas (HBL e NHE) são estimuladas pelo ambiente anaeróbio ou microanaeróbio do intestino.

A enterotoxina hemolítica HBL foi a primeira a ser caracterizada. HBL é um complexo formado por três proteínas (B, L_1 e L_2), necessárias para que a enterotoxina apresente atividade máxima. Anteriormente, acreditava-se que a proteína B era o componente responsável pela ligaçao da toxina nas células-alvo (enterócitos), e que L_1 e L_2 apresentavam funções líticas, mas pesquisas mais recentes indicam que os três componentes do complexo se ligam independentemente às células-alvo, formando poros nas membranas, alterando a estrutura das microvilosidades das células epiteliais intestinais, causando lise celular.

Na síndrome diarreica, atua também uma outra enterotoxina, denominada NHE por não apresentar atividade hemolítica. Como a toxina HBL, NHE é também formada por três componentes (NheA, NheB e NheC) e forma poros na membrana celular dos enterócitos. Quando somente dois dos três componentes estão presentes, a atividade biológica é reduzida. Apesar de chamada não hemolítica, estudos recentes mostram que a NHE apresenta certa atividade de hemólise, menos intensa que a enterotoxina hemolítica HBL.

A toxina CytK, também envolvida na síndrome diarreica, é similar à β-toxina de *C. perfringens*, e é também formadora de poros e hemolítica. Esta toxina foi responsável por um surto de enterite necrótica causada por *B. cereus*. Embora os sintomas não tenham sido tão graves quanto os causados por *C. perfringens* tipo C, várias pessoas apresentaram diarreia sanguinolenta e algumas vieram a óbito.

Enterotoxinas causadoras da síndrome emética

Essa síndrome é causada por uma toxina emética, denominada cereulide. É um peptídeo pequeno de 1,2 kDa, resistente ao aquecimento, a ácidos e a proteases. Essa toxina suporta temperaturas até 121 °C, tolera valores extremos de pH (entre 2 e 11), resiste ao tratamento com pepsina e tripsina e não é antigênica. A cereulide é produzida no alimento (*in vitro*), quando as células vegetativas de *B. cereus* atingem o final da fase exponencial de multiplicação, sendo liberada em grandes quantidades durante a lise celular. Após a ingestão do alimento e chegada no intestino, a cereulide é absorvida pela mucosa intestinal e se liga a receptores 5-HT_3, e estimula o nervo vago, causando vômitos, de modo similar ao que ocorre com as enterotoxinas de *Staphylococcus aureus*. Após a absorção pela mucosa, a toxina pode atingir diversos órgãos através da corrente sanguínea, e atravessar a barreira hematoencefálica ou acumular no fígado, rins, gordura e tecido muscular.

Algumas cepas de *B. cereus* são capazes de produzir os dois grupos de enterotoxinas, outras apresentam genes somente para a produção de um deles. *B. cereus* são capazes de produzir duas outras enterotoxinas, denominadas T (BceT) e FM (EntFM), que ainda não estão totalmente caracterizadas e não se sabe qual seu papel nas características fisiológicas e de virulência do microrganismo.

Aspectos epidemiológicos

Por ser uma bactéria produtora de esporos, o reservatório natural de *B. cereus* é o solo. Os esporos estão amplamente distribuídos na natureza, razão pela qual contaminam facilmente vegetais, especiarias e cereais, com destaque para o arroz, onde a ocorrência de *B. cereus* varia de 40% até 100%. *B. cereus* é um contaminante frequentemente encontrado em outros alimentos também, como leite e produtos lácteos, alimentos desidratados, carnes bovinas, frangos e frutos do mar.

A síndrome emética é comumente associada ao consumo de arroz e massas, enquanto a diarreica é causada principalmente por produtos lácteos, vegetais e carnes. Um número bastante significativo de casos já foi descrito envolvendo arroz preparado à moda chinesa, cozido no vapor e mantido em temperatura ambiente. Nessas condições, o aquecimento não é suficiente para destruir os esporos, que são comuns nesse alimento. Os esporos germinam e, devido à temperatura favorável, ocorre rápida multiplicação das células vegetativas resultantes.

O número real de intoxicações alimentares provocadas por *B. cereus* é subestimado devido aos sintomas brandos, caráter autolimitado da doença e semelhança com sintomas

Tabela 4.1.1. Resumo das principais características das síndromes causadas por *B. cereus*		
Características	***Síndrome***	
	Diarreica	***Emética***
Dose/população para produção de toxina no alimento	10^5 a 10^8 células	> 10^5 células/g
Produção da toxina	Intestino delgado (*in vivo*)	Alimento (*in vitro*)
Tipo de toxina	Enterotoxina (proteína)	Toxina emética (peptídeo cíclico)
Período de incubação	8 a 16 h (às vezes, 24 h)	0,5 a 4 h
Sintomas	Dores abdominais, diarreia aquosa, às vezes com náuseas	Náuseas, vômito e mal-estar, algumas vezes diarreia
Duração dos sintomas	12 a 24 h (às vezes, alguns dias)	6 a 24 h
Alimentos mais frequentemente implicados	Carnes e produtos cárneos, sopas, vegetais, pudins, molhos, leite e produtos lácteos	Macarrão, arroz cozido ou frito

Fonte: Lindbäck & Granum, 2019.

provocados por outros patógenos. A porcentagem de casos e surtos associados a alimentos contaminados por *B. cereus* ou suas toxinas varia de acordo com o país, certamente em decorrência dos hábitos alimentares da população. Nos países asiáticos, a síndrome emética é mais comum do que a diarreica, enquanto na Europa e na América do Norte ocorre o contrário.

A Tabela 4.1.1 apresenta um resumo das principais características das síndromes causadas por *B. cereus*.

Medidas de controle

Para que sejam efetivas, as medidas de controle de *B. cereus* nos alimentos devem incluir a prevenção da germinação dos esporos e multiplicação das células vegetativas. A utilização de condições desfavoráveis para o microrganismo, como a manutenção em baixa temperatura, é eficiente para prevenir a proliferação do microrganismo, embora se saiba que algumas cepas podem se multiplicar e produzir toxinas em temperaturas relativamente baixas. Quanto ao tratamento térmico, o cozimento em vapor sob pressão, a fritura e o assar em forno quente destroem tanto células vegetativas quanto esporos. Temperaturas inferiores a 100 °C podem não ser eficazes na destruição de todos os esporos presentes no alimento. Alimentos submetidos a tratamento térmico que precisem ser armazenados até serem consumidos devem ser resfriados imediatamente e mantidos em refrigeração, ou mantidos em temperatura superior a 70 °C.

Leitura sugerida

Lindbäck T, Granum PE. *Bacillus cereus*. In: Doyle MP, Diez-Gonzalez F, Hill C. (Ed.) Food microbiology: Fundamentals and frontiers, 5th ed. Washington, DC: ASM Press, 2019. p. 541-54. https://doi.org/10.1128/9781555819972.ch20

Montville TJ, Matthews KR, Kniel KE. *Bacillus cereus*. Food microbiology – An introduction. 3rd ed. Washington DC, USA: ASM Press, 2013. p. 124-31. https://doi.org/10.1128/9781555817206

Tuipulotu DE, Mathur A, Ngo C, Man SM. *Bacillus cereus*: Epidemiology, virulence factors, and host–pathogen interactions. Trends in Microbiology 2021;29(5):458-71. https://doi.org/10.1016/j.tim.2020.09.003

Capítulo 4.2

Clostridium spp.

Rafael Chacon Ruiz Martinez
Maria Teresa Destro

O gênero *Clostridium* é composto por bactérias Gram-positivas em forma de bastonetes, mesófilas, anaeróbias e formadoras de esporos. É móvel, tem metabolismo fermentativo e não produz catalase. Esses microrganismos estão amplamente distribuídos na natureza, sendo frequentemente encontrados nos intestinos de seres humanos e de outros animais (10^3 a 10^5 UFC/g de fezes), assim como no solo. Por formarem esporos, podem sobreviver por períodos longos em condições que são adversas a outros microrganismos.

Das mais de 200 espécies pertencentes ao gênero *Clostridium*, duas espécies (*C. perfringens* e *C. botulinum*) são importantes causadoras de doenças de origem alimentar (DTA). A espécie *C. difficile*, que já foi relacionada a alguns poucos casos de DTA, pertence atualmente a um novo gênero (*Clostridioides difficile)* e não será abordada nesse capítulo.

Clostridium perfringens

Características do microrganismo

As células vegetativas de *C. perfringens* multiplicam-se entre 15 °C e 50 °C, com temperatura ótima ao redor de 43 °C, onde o tempo de geração (tempo necessário para dobrar a população) é de 8 a 10 min. As células vegetativas são relativamente termotolerantes, sendo inativadas por cocção, mas os esporos apresentam maior resistência térmica, dependendo do ambiente e de fatores genéticos do isolado. Por exemplo, em carnes cozidas, que constituem um ambiente protetor para o microrganismo, os esporos podem sobreviver à fervura por mais de 1 h. A etapa de cocção, ou de reaquecimento, de um alimento proteico é fundamental para assegurar a inativação dos esporos de *C. perfringens*. Se a relação tempo × temperatura não for adequada, esses esporos não serão destruídos e o calor servirá como indutor da germinação, além de reduzir a quantidade de O_2 dissolvido no alimento, tornando-o mais propício à germinação dos esporos e multiplicação de novas células vegetativas. Células vegetativas são sensíveis à refrigeração e ao congelamento. É importante destacar que porções grandes de alimentos recém-preparados e que serão armazenados sob refrigeração até o consumo, principalmente os ricos em proteínas, devem ser acondicionados em recipientes que permitam seu rápido resfriamento, ou seja, que a temperatura abaixe de 60 °C para 10 °C em 2 h no máximo.

As células vegetativas de *C. perfringens* são pouco tolerantes à baixa Aa, sendo necessária Aa $\geq$ 0,97 para sua multiplicação. Outro fator importante para estes microrganismos é o Eh do alimento. Por serem anaeróbios, esses microrganismos multiplicam-se muito bem em Eh = −45 mV, mas o início da multiplicação pode ocorrer mesmo em Eh positivo, enquanto ocorre a produção de compostos que causam a redução do Eh, como

Tabela 4.2.1. Principais toxinas produzidas pelos sete toxinotipos de *C. perfringens*						
Toxinotipo	*Principais toxinas*					
	Alfa (α)	*Beta (β)*	*Épsilon (ε)*	*Iota (ι)*	*CPE*	*NetB*
A	+	–	–	–	–	–
B	+	+	+	–	–	–
C	+	+	–	–	+/–	–
D	+	–	+	–	+/–	–
E	+	–	–	+	+/–	–
F	+	–	–	–	+	–
G	+	–	–	–	–	+

Modificada de Rood et al., 2018.

as ferrodoxinas. A faixa de pH ótima para a multiplicação é próxima à neutralidade (6,0 a 7,0), mas pode ocorrer multiplicação entre 5,5 e 8,0, admitindo-se que não há multiplicação em alimentos com valores de pH abaixo de 5,0 ou acima de 8,3. O emprego de sais de cura (cloreto de sódio, nitratos e nitritos) nos produtos cárneos é eficiente para a inibição da multiplicação de *C. perfringens*.

C. perfringens é capaz de produzir mais de 20 tipos de toxinas, sendo as mais importantes as toxinas Alfa (fosfolipase C), Beta (necrotizante), Épsilon (permease) e Iota (ribosilação de ADP), a enterotoxina CPE e a citotoxina NetB (Tabela 4.2.1). De acordo com a capacidade de produzir estas toxinas, os isolados são classificados em sete toxinotipos: A, associados à gangrena gasosa, mas não causadores de DTA; B, C, D e E, associados a doenças entéricas em animais; F, responsáveis por DTA e por diarreia associada à antibioticoterapia, e G, causadores de enterite necrótica em aves. Ao referir-se aos toxinotipos, é comum empregar-se o termo "tipo".

Características da doença

C. perfringens nos alimentos pode causar dois tipos de doença: enterite necrótica e toxi-infecção, causada pelo toxinotipo F (ou tipo F).

A enterite necrótica é uma enfermidade rara, restrita a alguns poucos países. É causada por *C. perfringens* tipo C produtor de toxina Beta, que tem capacidade necrotizante e pode causar gangrena do intestino delgado, choque e morte. O período de incubação é de 5 a 6 h e a taxa de mortalidade varia entre 15% a 25%, sendo as crianças as mais vulneráveis. O tratamento consiste na administração de antibióticos e/ou cirurgia.

A toxi-infecção causada por *C. perfringens* tipo F é a causa mais frequente de DTA em muitos países. Nos Estados Unidos, por exemplo, estima-se que ocorram aproximadamente 1 milhão destes casos por ano. A doença é causada por cepas produtoras de toxina Alfa e enterotoxina CPE simultaneamente. A dose infecciosa é elevada, sendo necessária a ingestão de 10^6 a 10^7 células vegetativas e o período de incubação varia entre 8 e 16 h, com duração de 12 a 24 h. Os principais sintomas são cólicas abdominais agudas, diarreia, gases, náuseas e vômito, sem febre na maioria dos casos. A taxa de mortalidade é baixa, afetando principalmente os pacientes debilitados e os idosos.

Mecanismo de patogenicidade

A ocorrência da toxi-infecção está relacionada com o consumo de alimentos submetidos a abuso de temperatura, que tenha permitido a multiplicação de *C. perfringens.* Algumas células vegetativas sobrevivem à passagem pelo estômago, multiplicando-se no intestino, onde produzem grande quantidade de CO_2, esporulam e, se tiverem o gene *cpe,* produzem a enterotoxina CPE. A produção da enterotoxina CPE é simultânea à esporulação e só ocorre no intestino delgado. Uma vez liberada com os esporos, a enterotoxina CPE se liga rapidamente às células epiteliais intestinais, é internalizada nestas células, e age alterando a permeabilidade da membrana celular, causando diarreia, e também vômito. A enterotoxina CPE é um polipeptídeo de 35 kDa, citotóxico sensível ao aquecimento e a pH extremos, mas resistente a proteases, o que sugere que proteases do intestino humano possam ser ativadoras da toxina.

Aspectos epidemiológicos

Apesar de estar amplamente disseminado na natureza, *C. perfringens* apresenta baixa capacidade de causar doença, com exceção do *C. perfringens* tipo F. Estima-se que apenas 1% a 5% dos isolados de *C. perfringens* tenham capacidade de produzir a enterotoxina CPE.

Geralmente, os surtos de DTA causados por *C. perfringens* só se tornam conhecidos quando o número de pessoas acometidas é alto, como ocorre em refeitórios coletivos, presídios etc., e quando os alimentos envolvidos foram preparados em grandes quantidades, submetidos à cocção inadequada e/ou a abuso de temperatura durante armazenamento a frio ou durante a manutenção a quente. Os alimentos mais envolvidos nesses surtos são ricos em proteínas (p. ex., carnes com molhos, sopas, feijoada), o que pode ser explicado pela incapacidade de *C. perfringens* produzir 13 dos 20 aminoácidos necessários para sua multiplicação, mas que estão amplamente disponíveis em alimentos proteicos.

Medidas de prevenção e controle

Para evitar a ocorrência de surtos, os alimentos devem ser adequadamente cozidos e rapidamente resfriados e mantidos em refrigeração, quando preparados em grandes quantidades e com muita antecedência. Ao reaquecer estes alimentos, a temperatura no ponto mais central deve estar acima de 70 °C. Alimentos pré-preparados devem estar expostos ao consumo à temperatura abaixo de 5 °C ou acima de 60 °C, sempre atendendo o preconizado pela legislação local. Além disso, a higiene pessoal dos manipuladores de alimentos e dos equipamentos é fundamental.

Clostridium botulinum

Características do patógeno

C. botulinum é uma bactéria anaeróbia estrita, formadora de esporos ovais ou cilíndricos subterminais ou terminais, o que confere às células um formato característico, semelhante a uma raquete de tênis. As bactérias deste gênero são capazes de produzir sete tipos de neurotoxinas, todas causadoras de botulismo. As toxinas botulínicas A, B, E e, muito raramente F, causam botulismo humano, e as C (C_1 e C_2), D e F estão relacionadas com botulismo animal. Não há registro, até o momento, de doença causada pelo tipo G. Apesar de ser um evento raro, outras espécies de *Clostridium*, como

C. butyricum e *C. baratii*, já foram relacionadas à produção de neurotoxina botulínica tipos E e F, respectivamente.

Com base nas toxinas produzidas e outras características fisiológicas, divide-se a espécie *C. botulinum* em quatro grupos (I-IV) (Tabela 4.2.2).

Os isolados de *C. botulinum* pertencentes ao grupo I são proteolíticos, apresentam esporos com elevada resistência térmica (D_{100} = 25 min) e necessitam de temperatura ≥ 10 °C para multiplicar. Estes isolados são importantes em alimentos envasados com pH ≥ 4,6. Já os representantes do grupo II, por serem inativados pelo tratamento térmico (D_{100} = 0,1 min), serem sacarolíticos e terem a capacidade de multiplicar em temperatura de refrigeração (≥ 3 °C), são importantes para alimentos refrigerados com pH ≥ 5,0, como por exemplo, produtos cárneos e de pescado. O grupo III tem importância na criação avícola e de bovinos, mas não são causa de preocupação para a saúde humana até o momento. O grupo IV compreende isolados produtores de toxina G, ainda não relacionados com doenças em seres humanos ou outros animais, e que foram reclassificados como *Clostridium argentinense*.

Por causa da elevada resistência térmica dos esporos de *C. botulinum*, sua inativação é a principal preocupação da indústria de alimentos envasados de baixa acidez (pH ≥ 4,6). O tratamento térmico a ser aplicado a esses alimentos depende de sua natureza, quantidade de esporos esperada, pH e forma de armazenamento do produto. Produtos enlatados com pH ≥ 4,6 devem ser submetidos ao que se denomina tratamento térmico 12D, ou seja, tratamento térmico ou equivalente capaz de resultar em uma redução de 12 log na contagem de esporos viáveis de *C. botulinum* (redução de 99,9999999999%). Como comentado anteriormente, os esporos de *C. botulinum* do grupo I são termorresistentes, com D_{121} de 0,1 a 0,2 min, enquanto os do grupo II são menos resistentes, com D_{121} < 0,001 min.

C. botulinum necessita de Aa ≥ 0,94 para multiplicação. Sua resistência ao cloreto de sódio varia, sendo os representantes do grupo I mais resistentes (≤ 10% NaCl) que os do grupos II (5% NaCl). O Eh ótimo para a multiplicação das células vegetativas é de −350 mV, mas a multiplicação pode ser iniciada mesmo em Eh de +30 a +250 mV. Existem relatos de casos de botulismo causados por alimentos expostos ao ar, o que pode ser explicado pela remoção do oxigênio dissolvido no alimento durante sua cocção, o que faz com que *C. botulinum* encontre condições adequadas para multiplicar. Como a difusão

Tabela 4.2.2. Características dos grupos de *Clostridium botulinum*

Características	***Grupo***			
	I	***II***	***III***	***IV***
Tipos de neurotoxina	A, B, F	B, E, F	C, D	G
Temperatura mínima para multiplicação (°C)	10	3	15	nd*
Temperatura ótima para multiplicação (°C)	35-40	18-25	40	37
pH mínimo para multiplicação	4,6	≈5	nd	nd
Concentração inibitória NaCl (%)	10	5	nd	nd
Aa mínima para multiplicação	0,94	0,97	nd	nd
$D_{100°C}$ esporos (min)	25	< 0,1	0,1-0,9	0,8-1,12
$D_{121°C}$ esporos (min)	0,1-0,2	< 0,001	nd	nd
Proteólise	+	–	–	?

*nd: não determinado. Modificada de Rood et al., 2018.

de oxigênio é lenta, o alimento poderá permanecer com baixa tensão de O_2 por horas, e se isso estiver combinado com temperatura favorável, poderá ocorrer a produção de neurotoxina. O emprego de embalagens de alta barreira (filmes flexíveis que impedem a entrada ou saída de água, oxigênio e outros gases, ou outros elementos do alimento embalado) e atmosfera modificada com CO_2 para o controle da deterioração oxidativa dos alimentos e multiplicação de microrganismos deteriorantes em produtos refrigerados pode estimular a multiplicação de *C. botulinum* do grupo II, aumentando o risco de botulismo.

O pH é um importante fator limitante para a multiplicação de *C. botulinum*, não havendo relatos de desenvolvimento em pH < 4,6. Alimentos que apresentam pH > 4,6 e que não podem ser submetidos a tratamento térmico 12D, como palmito envasado por exemplo, devem ser acidificados a pH < 4,6 para assegurar que não ocorra a multiplicação de *C. botulinum*. A acidificação deve ser realizada criteriosamente, levando em consideração a cinética da acidificação do produto e o pH final de equilíbrio. Esporos desse patógeno podem resistir por longos períodos a valores de pH < 4,6. Alimentos ácidos e/ou acidificados podem causar botulismo quando a penetração do ácido em pedaços grandes do alimento não ocorre de maneira adequada, criando microambientes com pH mais alto. Outro fator importante a ser considerado é a metabiose, que ocorre quando bactérias, bolores ou leveduras metabolizam, ao se multiplicarem, os ácidos ou proteínas presentes em um alimento provocando a elevação do pH a valores que permitem a multiplicação de *C. botulinum* e formação de neurotoxina.

A adição de outros conservadores além do cloreto de sódio aos produtos, principalmente os cárneos, é fundamental para controlar a multiplicação de *C. botulinum*. Nitritos, além de serem importantes para cor e sabor de produtos cárneos curados, como bacon, salsichas e presuntos, têm grande importância no controle de *C. botulinum*. Como os nitritos podem reagir com aminas secundárias da carne gerando nitrosaminas, que podem ser carcinogênicas, há um limite seguro para seu uso, que é 15 mg/100 g de produto cárneo a ser curado. Outros conservadores efetivos no controle de *C. botulinum* nesses produtos são os sorbatos, parabenos, polifosfatos, metabissulfitos, nisina, ascorbatos, antioxidantes fenólicos, ácido etilenodiamino tetra-acético (EDTA), entre outros.

Característica da doença

O botulismo é a doença causada pela toxina botulínica. São cinco os tipos de botulismo: de origem alimentar, infantil, de feridas, iatrogênico e toxemia intestinal do adulto.

O botulismo alimentar é a forma clássica da doença, causada por ingestão de alimentos contendo toxina pré-formada, principalmente alimentos subprocessados ou submetidos a abusos de temperatura. O botulismo infantil ocorre em consequência da ingestão de esporos de *C. botulinum* por crianças com idade inferior a 1 ano. Como a microbiota intestinal dessas crianças não está desenvolvida, os esporos ingeridos encontram condições adequadas para germinar, e as células vegetativas multiplicarão e produzirão neurotoxina, que causará a doença. O botulismo de feridas pode acontecer quando esporos do patógeno penetram em lesões da pele, germinam e produzem neurotoxina, como ocorre com os usuários de drogas injetáveis e após acidentes ou cirurgias. O botulismo iatrogênico é decorrente da aplicação de quantidades excessivas de toxina botulínica em diferentes partes do corpo, tanto por razões estéticas quanto médicas (p. ex., no controle de enxaquecas). A toxemia intestinal do adulto (também chamada de colonização intestinal do adulto) ocorre em pacientes com anormalidades no trato gastrointestinal e é semelhante ao botulismo infantil. É uma forma rara de botulismo e pouco se sabe sobre ela. Todos os tipos de botulismo apresentam a mesma sintomatologia, que divergem apenas na forma de produção da toxina: no botulismo infantil, de feridas e toxemia do adulto a produção ocorre no organismo humano (*in vivo*), enquanto no botulismo alimentar e iatrogênico a produção ocorre fora do organismo (*in vitro*).

O botulismo alimentar é causado principalmente pela ingestão das neurotoxinas A, B e E, produzidas por isolados dos grupos I e II. Apesar de não haver dados sobre a dose tóxica para seres humanos, a toxina botulínica A é considerada a toxina natural mais potente que se conhece. Dados obtidos com experimentação animal mostraram que é possível estimar que a DL_{50} (dose capaz de levar à morte 50% dos indivíduos testados) para adultos humanos pesando aproximadamente 68 kg seja de 0,00000003 g.

O botulismo alimentar pode levar à morte em 1 dia, mas em casos raros, os sintomas podem ser brandos. Os sintomas costumam aparecer 12 a 36 h após ingestão da toxina, mas podem surgir após poucas horas ou após 14 dias. Os sintomas iniciais da doença são inespecíficos, como náuseas e vômitos, dor abdominal e diarreia, que evoluem para os sintomas neurológicos característicos, como visão dupla e/ou desfocada, queda das pálpebras, dificuldade em deglutir e falar, secura da boca, fadiga e falta de coordenação motora. Esses sintomas fazem com que a intoxicação botulínica inicial seja frequentemente confundida com outras doenças, como a síndrome de Guillain-Barré, meningite, acidente vascular cerebral, ou mesmo *overdose* de opioides ou de álcool. A característica do botulismo é ser uma paralisia descendente, que culmina com a paralisia do diafragma, e consequente impedimento respiratório e, se não tratada a tempo, pode levar a óbito. A taxa de mortalidade está estimada entre 5% e 10%.

O tratamento deve ser iniciado o mais rápido possível, mesmo antes de haver confirmação laboratorial. A primeira providência a ser tomada é a remoção da toxina do interior do trato gastrointestinal, por lavagem estomacal ou enema (introdução de água no ânus). A seguir, deve-se iniciar a administração intravenosa de antitoxina polivalente para a neutralização da toxina que está circulando pelo organismo. Tão logo se tenha resultado laboratorial sobre o tipo de toxina presente no alimento, deve ser iniciada a administração da antitoxina específica. Uma vez absorvida pelas células, a toxina não é mais afetada pela antitoxina, por isso a necessidade de iniciar a administração da antitoxina o mais rápido possível. A utilização de suporte respiratório pode ser necessária. Durante a duração da doença, a capacidade cognitiva das pessoas afetadas não se altera, mas pode haver comprometimento da fala. A recuperação dos afetados é demorada, com necessidade de internação e cuidados especiais por meses, até que a capacidade de respirar sem auxílio de aparelhos seja restabelecida. Sobreviventes da intoxicação botulínica podem apresentar sequelas, como fadiga e fraqueza respiratória, sendo necessária terapia continuada para assegurar a recuperação, que pode demorar anos.

Mecanismo de patogenicidade

As neurotoxinas botulínicas são produzidas no final da fase exponencial e início da fase estacionária de multiplicação das células vegetativas, apresentando estrutura e modo de ação semelhantes. São proteínas grandes, de 150 kDa, solúveis em água, e formadas por duas cadeias que, quando separadas pela ação de protease, originam uma cadeia pesada (100 kDa), correspondente à neurotoxina ativa, e uma cadeia leve (50 kDa) que permanece ligada à cadeia pesada por uma ponte de dissulfeto.

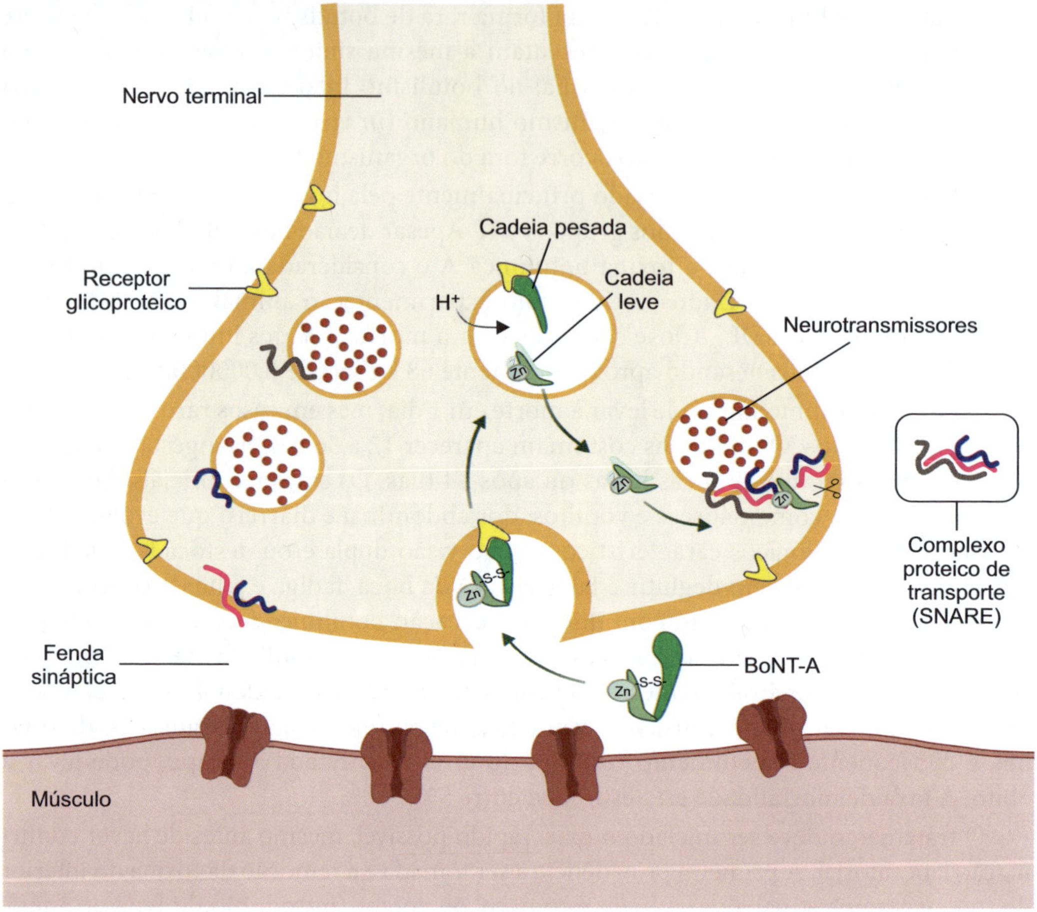

Figura 4.2.1 Mecanismo de ação da toxina botulínica. (Criado com BioRender.com por Emília Maria França Lima.)

A neurotoxina ativa (cadeia pesada) se liga a glicoproteínas específicas presentes nos terminais nervosos colinérgicos e, após a internalização, a cadeia leve se liga a um complexo proteico de transporte, denominado SNARE (*soluble N-ethylmaleimide-sensitive factor attachment protein receptor*). A ligação com essas proteínas SNARE impede a liberação dos neurotransmissores, como a acetilcolina, nas junções sinápticas, causando paralisia muscular flácida (Figura 4.2.1).

Aspectos epidemiológicos

A prevalência dos diferentes tipos de *C. botulinum* (esporos) no solo e em sedimentos segue uma distribuição geográfica: o tipo A é mais frequente no oeste dos EUA, China, Brasil e Argentina; o tipo B é mais comum no leste dos EUA (B proteolítico), Reino Unido e Europa continental (B não proteolítico); o tipo E está presente em regiões frias e águas de regiões temperadas e os tipos C e D são mais frequentes em regiões quentes. O tipo G é muito raro, mas já foi relatado na Argentina, Suíça e Brasil.

A presença de esporos de *C. botulinum* em alimentos é comum devido à sua ocorrência no ambiente, e não apresenta risco à saúde do consumidor desde que os esporos não encontrem condições para germinar, multiplicar e assim produzir toxinas.

Medidas preventivas e de controle

Os casos de botulismo alimentar estão associados principalmente ao consumo de conservas caseiras, com pH > 4,6, mas também de alimentos comercialmente processados que apresentaram falhas no tratamento térmico, na acidificação ou na manutenção refrigerada. A ocorrência de botulismo pode ser prevenida pelo emprego de práticas adequadas de processamento, conservação e controle da temperatura dos alimentos, que incluem:

- Evitar a contaminação dos alimentos com esporos do patógeno.
- Inativar os esporos presentes nos alimentos.
- Prevenir a germinação de esporos e a multiplicação das células vegetativas, com consequente prevenção da produção das neurotoxinas nos alimentos.
- Inativar as neurotoxinas botulínicas produzidas nos alimentos.

Por causa da ampla distribuição dos esporos de *C. botulinum* no ambiente, a prevenção da contaminação dos alimentos é difícil, restando como opções a inativação destes esporos, a prevenção de sua germinação e o bloqueio de multiplicação das células vegetativas. A indústria de alimentos adota o conceito de 12D como tratamento térmico (ou equivalente) mínimo para alimentos de baixa acidez (pH > 4,6), ou seja, tratamento suficiente que permita a redução de 12 logs na contagem de esporos de *C. botulinum*. Os esporos de *C. botulinum* do grupo I são os mais termorresistentes, apresentando valores de $D_{121°C}$ entre 0,1 e 0,2 min. A germinação dos esporos e a multiplicação das células vegetativas resultantes nos alimentos podem ser controladas pelo uso de refrigeração apropriada ou congelamento, redução da Aa para < 0,85 e do pH para < 4,6, adição de nitrito ou de outro conservador ou realização de defumação tradicional, conforme as características do produto. A inativação de toxinas botulínicas produzidas nos alimentos é facilmente conseguida por tratamento térmico, bastando um aquecimento a 80 °C por pelo menos 10 min. Atenção especial deve ser dada a conservas caseiras, como por exemplo, milho, palmito, vagem, alho em óleo ou azeite e produtos cárneos, como carne na banha (também conhecida como carne na lata).

No caso de suspeita de presença de toxina em um alimento, seu consumo deve ser evitado. Antes do descarte do alimento suspeito, a toxina deve ser inativada pelo aquecimento a pelo menos 80 °C por 10 min ou fervura do alimento. Mesmo alimentos sem alteração na aparência ou nas características sensoriais podem conter toxina botulínica.

Leitura sugerida

Centers for Disease Control and Prevention. Botulism. cdc.gov/botulism/general.html

Garcia S, Vidal JE, Heredia N, Juneja VK. *Clostridium perfringens*. In: Doyle MP, Diez-Gonzalez F, Hill C. Food microbiology: Fundamentals and frontiers. 5th ed. Washington DC, USA: ASM Press, 2019. p.513-40. https://doi.org/10.1128/9781555819972.ch19

Johnson EA. *Clostridium botulinum*. In: Doyle MP, Diez-Gonzalez F, Hill C. Food microbiology: Fundamentals and frontiers. 5th ed. Washington DC, USA: ASM Press, 2019. p. 487-512. https://doi.org/10.1128/9781555819972.ch18

Montville TJ, Matthews KR, Kniel KE. Food microbiology – An introduction. 3rd ed. Washington DC, USA: ASM Press, 2012. 547p. https://doi.org/10.1128/9781555817206

Rood JI et al. Expansion of the *Clostridium perfringens* toxin-based typing scheme. Anaerobe 2018;53:5-10. https://doi.org/10.1016/j.anaerobe.2018.04.011

Listeria monocytogenes

Eb Chiarini
Uelinton Manoel Pinto

Características do microrganismo

Listeria monocytogenes é um microrganismo patogênico conhecido pelos microbiologistas desde 1929, porém, a rota de transmissão era desconhecida até a década de 1980. Desde então, tornou-se um dos mais importantes patógenos veiculados por alimentos, causando diversos surtos de listeriose humana. A ingestão de alimentos contaminados com *L. monocytogenes* é particularmente perigosa para gestantes, recém-nascidos, idosos e indivíduos com síndrome de imunodeficiência adquirida, transplantados e portadores de cirrose, carcinomas e outras doenças que provocam comprometimento do sistema imunológico.

O gênero *Listeria* é composto por mais de 20 espécies, sendo que diversas inclusões de novas espécies aconteceram nos últimos 10 anos. Embora *Listeria* spp. seja uma bactéria ambiental, duas espécies (*L. monocytogenes* e *L. ivanovii*) são patogênicas para seres humanos e animais. *L. monocytogenes* é a principal espécie patogênica, mas *L. ivanovii* e *L. seeligeri* têm causado infecções ocasionais também. Por ser ubiquitária, as associações entre a presença de *L. monocytogenes* no ambiente e os surtos de listeriose vêm aumentando.

Listeria é um bacilo Gram-positivo, não formador de esporo e anaeróbio facultativo, com tamanho variando entre 0,5 e 2,0 µm de comprimento por 0,4 e 0,5 µm de diâmetro. Algumas vezes, as células apresentam forma cocoide, medindo em média 0,5 µm de diâmetro, podendo ser confundidas com *Streptococcus*. Após 3 a 5 dias de incubação, no entanto, apresentam-se como bacilos longos, medindo de 6 a 20 µm. As células encontram-se sozinhas ou em pequenas cadeias na forma de Y ou V.

As bactérias do gênero *Listeria* são móveis, apresentam flagelos peritríquios quando estão a 20 °C-25 °C, porém, são imóveis ou apresentam motilidade fraca a 37 °C. A exceção é *L. fleischmannii*, que é imóvel nestas condições. Essa motilidade dependente da temperatura é causada pelo gene da flagelina, cuja transcrição é elevada a 22 °C, mas não detectada a 37 °C. Estas bactérias têm um movimento característico denominado tombamento, que auxilia na sua identificação. Quando em meio de cultura, apresentam-se na forma de um guarda-chuva aberto de aproximadamente 0,5 cm abaixo da superfície do meio por causa da condição de microaerofilia, característica deste microrganismo.

L. monocytogenes apresenta ampla faixa de temperatura para multiplicação, de 1 a 2 °C a 45 °C, e sobrevive a repetidos congelamentos e descongelamentos.

Todas as espécies de *Listeria* são fenotipicamente similares, e sua distinção baseia-se na combinação das provas bioquímicas de hemólise e produção de ácido a partir da D-xilose, manitol e L-ramnose. Elas são positivas para os testes de produção de esculina, catalase e nitrato redutase, e negativas para produção de oxidase. As características bioquímicas das espécies do gênero *Listeria* encontram-se na Tabela 4.3.1.

Tabela 4.3.1. Características que diferenciam as espécies do gênero *Listeria*							
Espécies	*β-hemólise*[b]	*Manitol*	*D-arabitol*	*D-xilose*	*L-ramnose*	*Camp-test*	
						S. aureus	*R. equi*
L. monocytogenes	+	–	+	–	+	+	–
L. innocua	–	–	+	–	V	–	–
L. seeligeri	+	–	+	+	–	(+)	–
L. ivanovii	+	–	+	+	–	–	+
L. grayi	–	+	+	–	–	–	–
L. welshimeri	–	–	+	+	V	–	–
L. rocourtiae[a]	–	+	–	+	+	–	–
L. marthii[a]	–	–	+	–	–	c	c
L. weihenstephanensis[a]	–	+	+	+	+	c	c
L. fleischmannii[a,d]	–	V	+	+	+	c	c

+: Reação positiva; (+): reação fraca ou tardia;-: reação negativa; v: reação variável; [a]: novas espécies propostas para o gênero; [b]: teste mais utilizado para diferenciar as espécies; [c]: desconhecido; [d]: não móvel. Adaptada de Bakker et al. 2014; Leclercq et al., 2010.

A identificação das espécies de *Listeria* pode ser feita através de testes imunoenzimáticos comercialmente disponíveis, com ganho de tempo e redução de mão de obra, pois os testes bioquímicos tradicionais são trabalhosos.

Para a identificação de *Listeria* oriundos de amostras de alimentos, os testes com marcadores fenotípicos são os mais utilizados, mas outros testes mais sofisticados, fundamentados em marcadores genotípicos, têm sido propostos, que podem ser utilizados isoladamente ou em associação a métodos convencionais. Estes métodos incluem: sequenciamento do gene 16S rRNA, ribotipagem, eletroforese em gel de campo pulsado (PFGE), amplificação aleatória de DNA polimórfico (RAPD), reação de polimerase em cadeia (PCR) múltipla (*multiplex*-PCR), tipagem por sequenciamento multilocus (MLST), sequenciamento completo do genoma (WGS), dentre outros. A detecção molecular por PCR em tempo real ou amplificação isotérmica, com detecção de genes específicos para o gênero *Listeria* e para a espécie *L. monocytogenes*, tem sido bastante empregada.

O esquema de sorotipagem de *Listeria* baseia-se na identificação de antígenos somáticos (O) e flagelares (H), empregando-se o esquema alfanumérico proposto por Seeliger e Höhne em 1979, em que os números (1, 2, 3, 4 etc.) descrevem os antígenos somáticos e as letras (a, b, c etc.) referem-se aos antígenos flagelares. Os isolados de *L. monocytogenes* podem pertencer a 13 sorotipos: 1/2a, 1/2b, 1/2c, 3a, 3b, 3c, 4a, 4b, 4ab, 4c, 4d, 4e e 7.

Ao contrário do que ocorre com outros gêneros bacterianos, a sorologia de *Listeria* não se aplica à identificação dos isolados, porque diferentes espécies de *Listeria* podem apresentar perfis sorológicos idênticos. Apesar de seu baixo poder discriminatório quando comparada com outros métodos, a sorologia fornece informação valiosa quando utilizada em estudos epidemiológicos para a triagem dos isolados suspeitos, permitindo excluir os isolados não envolvidos.

A identificação do sorotipo de *L. monocytogenes* pode ser realizada por técnicas moleculares, mais sensíveis e acessíveis que os métodos convencionais, e com alta reprodutibilidade. Uma reação de PCR específica permite identificar os quatro sorotipos (1/2a, 1/2b, 1/2c e 4b) mais comuns em casos de listeriose. A maioria dos casos (95%) é causada por apenas três sorotipos: 1/2a, 1/2b e 4b. O sorotipo 4b é o mais frequente em casos clínicos, enquanto 1/2a e 1/2b são isolados mais raramente. A maioria dos isolados de *L. monocytogenes* em alimentos pertence aos sorotipos 1/2a, 1/2c e 3a.

Embora o pH ótimo para a multiplicação de *L. monocytogenes* seja 7, a multiplicação em uma faixa maior, entre 5 e 9, também é possível. Em meios de cultura, no entanto, já se verificou sua multiplicação em pH 4,5 e 9,2. Ambientes com pH inferior a 4,5 e superior a 9,5 são considerados hostis à *L. monocytogenes*.

A sobrevivência de *L. monocytogenes* em pH baixo e em alta concentração de NaCl é fortemente dependente da temperatura. A 37 °C, constatou-se sua sobrevivência em 10,5% e 13% de NaCl por 15 dias e 10 dias, respectivamente. Em concentrações entre 20% e 30% de NaCl, o tempo de sobrevivência foi reduzido para cinco dias. Se a temperatura for reduzida para 4 °C, a bactéria pode sobreviver por mais de 100 dias em concentrações entre 10,5% e 30,5% de NaCl.

A Aa ótima para sua multiplicação é próxima a 0,97. Contudo, esta bactéria tem a capacidade de se multiplicar em Aa considerada baixa para a multiplicação de patógenos, 0,92. Já foi relatada a sobrevivência de *L. monocytogenes* a 4 °C por, pelo menos, 1 dia em caldo tripticase soja contendo 25,5% de NaCl e Aa de, aproximadamente, 0,83. *L. monocytogenes* é um dos poucos patógenos de importância em alimentos que podem se multiplicar em Aa abaixo de 0,93.

Na indústria da carne, *L. monocytogenes* pode ser problema uma vez que sobrevive aos níveis recomendados de nitrato de sódio e de cloreto de sódio (120 mg/kg de $NaNO_3$ e 3% de NaCl).

Por ser ubiquitária, *L. monocytogenes* tem muitas oportunidades de entrar na cadeia de produção de alimentos, podendo estar presente desde a produção primária até a mesa do consumidor (*from farm to fork*). É difícil evitar a entrada do patógeno nas linhas de processamento de alimentos, sendo, portanto, necessário reconhecer sua importância na contaminação pós-processamento.

A grande importância de *Listeria* spp. nas indústrias de alimentos relaciona-se com o fato de estas bactérias serem ótimas formadoras de biofilmes, em consequência de sua elevada capacidade de adesão a vários tipos de superfícies, como aço inoxidável, vidro, porcelana, ferro, plástico, poliéster, propileno, borracha, papel cartonado e papel. As superfícies de equipamentos, pisos, paredes, drenos e ralos são excelentes reservatórios de *Listeria* spp. nas plantas processadoras de alimentos, podendo ser fontes secundárias de contaminação.

Características da doença

Em surtos e em casos esporádicos de listeriose, os alimentos contaminados são as principais fontes de transmissão de *L. monocytogenes*. Para acesso e posterior colonização do trato gastrointestinal (TGI), *L. monocytogenes* deve sobreviver às condições adversas do TGI, como a acidez estomacal, a alta osmolaridade e a presença de sais biliares no intestino delgado.

O sucesso da colonização por *L. monocytogenes* no hospedeiro é influenciado por vários fatores: presença de linfócitos T do sistema imune intestinal, integridade do epitélio intestinal, população microbiana presente no alimento contaminado, microbiota intestinal, grau de virulência das cepas e capacidade de produção de listeriolisina S (LLS), uma bacteriocina secretada por *L. monocytogenes* que favorece o processo de infecção por inibir parte da microbiota intestinal.

Uma vez no TGI, *L. monocytogenes* pode ser responsável por duas formas clínicas de listeriose: infecção não invasiva, limitada ao intestino, e infecção invasiva sistêmica. Na fase entérica, a sintomatologia é semelhante à da gripe, acompanhada de diarreia, vômitos e febre moderada. No entanto, em alguns casos estes sintomas não são observados. Pode ocorrer também o desenvolvimento de um estado de portador de duração indefinida.

A forma sistêmica da infecção pode ocorrer pela entrada do patógeno no organismo através das células epiteliais não fagocíticas localizadas no ápice das microvilosidades, das células M das placas de Peyer e das células caliciformes secretoras de muco. Uma vez internalizada nestas células, *L. monocytogenes* difunde-se pelo seu interior, passando também para as células vizinhas.

Já foi verificado em animais experimentais que cepas virulentas são capazes de se multiplicar em macrófagos, rompendo estas células e produzindo septicemia, podendo atingir o sistema nervoso central (SNC), o coração ou outros locais. Em mulheres grávidas, pode haver a invasão do feto e, dependendo do estágio em que a gravidez se encontra, pode ocorrer aborto, parto prematuro, nascimento de natimorto ou septicemia neonatal. Quando um recém-nascido é infectado no momento do parto, os sintomas típicos são de meningite, que tem início 1 a 4 semanas após o nascimento, havendo relatos, no entanto, de períodos de 4 dias.

A ocorrência de bacteriemia por *L. monocytogenes* em adultos não é rara. O sintoma mais comum é febre, mas estes pacientes queixam-se, também, de fadiga, mal-estar, podendo haver ou não náuseas, vômitos, dores abdominais e diarreia. O índice de mortalidade por listeriose é de aproximadamente 30% entre os imunodeprimidos, debilitados ou recém-nascidos.

Quando há comprometimento do SNC, os sintomas são de meningite, encefalite e abscessos. A meningite é a manifestação mais comum, ocorrendo principalmente em recém-nascidos e idosos, que apresentam alto índice de mortalidade (até 70%). *L. monocytogenes* pode também causar endocardite e osteomielite, mas são formas raras da listeriose.

O período de incubação da listeriose varia de 1 dia a algumas semanas. A dose infecciosa de *L. monocytogenes* ainda não está totalmente definida, mas sabe-se que depende de muitos fatores, como a condição imunológica do indivíduo afetado, a quantidade de alimento contaminado ingerido, a virulência das cepas de *L. monocytogenes* presentes no alimento, dentre outros. Estudos com seres humanos para determinação da dose infecciosa não são possíveis em razão da gravidade da doença, mas dados publicados de alimentos contaminados implicados em surtos epidêmicos ou esporádicos de listeriose apresentaram populações acima de 100 UFC/g, considerado como limite máximo em alimentos prontos para consumo em muitos países.

L. monocytogenes é considerado um patógeno oportunista, uma vez que a ocorrência da infecção depende principalmente das condições imunológicas dos indivíduos afetados. Como os indivíduos suscetíveis e grupos vulneráveis tendem a aumentar nas sociedades, pode-se admitir que o número de casos também tende a subir, apesar de todos os esforços dos produtores de alimentos e autoridades responsáveis pela segurança dos alimentos para o controle do patógeno. Também pode-se considerar como fator para aumento dos casos a crescente demanda dos consumidores por alimentos prontos para o consumo.

Mecanismo de patogenicidade

Entre os patógenos causadores de doenças de origem alimentar, *L. monocytogenes* é o que apresenta o mecanismo de patogenicidade mais bem estudado.-

Para sobreviver às defesas imunológicas do hospedeiro e viabilizar o trajeto intracelular, *L. monocytogenes* emprega vários fatores de virulência, que foram mais bem identificados a partir de 2001, com o sequenciamento do seu genoma. Simplificadamente, após entrar no organismo do hospedeiro pela via oral, o patógeno atinge o trato intestinal, onde faz a adesão e invasão da mucosa. O processo infeccioso pode ser dividido em cinco etapas: (i) internalização na célula hospedeira, após a fagocitose pelos macrófagos, (ii) fuga dos vacúolos, com a liberação das bactérias no citoplasma celular, (iii) multiplicação no citoplasma celular; (iv) polimerização de filamentos de actina das células invadidas, formando cauda (cauda de cometa) nas extremidades das células bacterianas, que promovem o seu deslocamento pelo citoplasma das células invadidas; (v) translocação para as células adjacentes, dando início a um novo ciclo de infecção (Figura 4.3.1).

A internalização de *L. monocytogenes* nas células do hospedeiro é mediada pela proteína internalina A, codificada pelo gene *inlA*. Após a fagocitose, o patógeno secreta a hemolisina listeriolisina O (LLO), codificada pelo gene *hly*, responsável pela formação de poros na parede dos fagossomas, que favorecem sua lise, permitindo o escape. A listeriolisina atua em sinergia com duas fosfolipases C (fosfotidilinositol - PI-PLC e fosfotidilcolina - PC-PLC), codificadas pelos genes *plcA e plcB*, respectivamente. Uma vez liberada no citoplasma da célula hospedeira, a *L. monocytogenes* pode se multiplicar e se mover lateralmente para invadir outras células adjacentes. A motilidade intracelular acontece por propulsão através de uma cauda de actina do hospedeiro, que é polimerizada pela ação do fator de virulência ActA produzido pela bactéria (Figura 4.3.1).

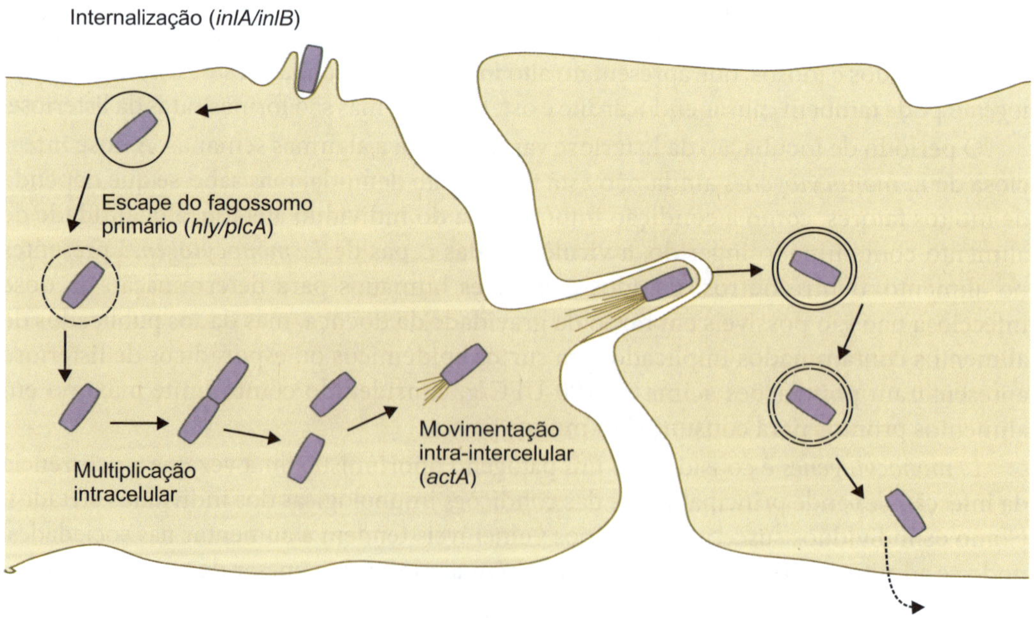

Figura 4.3.1. Infecção da célula hospedeira por *L. monocytogenes*, liberação do vacúolo e invasão da célula vizinha. (Criado com Power Point por Emília Maria França Lima.)

A listeriose é desafiadora como processo infeccioso porque *L. monocytogenes,* além de vencer as barreiras de proteção do TGI, é também capaz de atravessar as barreiras materno-fetal e hematoencefálica, o que explica seus efeitos sobre as gestantes e os casos de meningite que causa.

Aspectos epidemiológicos

Por ser uma bactéria ubiquitária, tanto o ser humano como os animais e o ambiente podem ser reservatórios de *L. monocytogenes.* No ser humano, a ocorrência em indivíduos assintomáticos é, provavelmente, consequência da colonização do trato intestinal. A bactéria já foi isolada de uma grande variedade de animais, como ovinos, bovinos, caprinos, suínos, aves selvagens e domésticas (galinhas, perus, patos e gansos), caninos e lebres. Também já foi detectada em pescado, artrópodes, larvas de insetos e rãs.

L. monocytogenes tem sido detectada em quase todos os tipos de alimentos, tanto crus como processados, em todos os países, inclusive Brasil. É comum observar relatos de ocorrência em leite cru e pasteurizado, queijos, carne bovina, carne suína, carne de aves, pescados, embutidos e outros produtos cárneos, produtos de origem vegetal e refeições preparadas.

L. monocytogenes já foi causa de surtos de listeriose, tanto em países industrializados como em países em desenvolvimento. O primeiro surto que despertou o interesse dos microbiologistas de alimentos ocorreu no Canadá, em 1980, no qual o alimento incriminado foi salada de repolho cru tipo *coleslaw.* O estudo epidemiológico indicou que os repolhos utilizados na fabricação da salada haviam sido cultivados em um campo fertilizado com esterco de ovelhas infectadas com listeriose. O pior surto de listeriose do mundo, até o momento, foi reportado na África do Sul entre 2017 e 2018, com 1.060 casos confirmados e 216 mortes, no qual o alimento implicado foi um produto à base de carne processada pronto para consumo.

Medidas de prevenção e controle

Com a finalidade de prevenir as doenças de origem alimentar causadas por *Listeria monocytogenes* é necessário um controle rigoroso da higiene nos locais de produção de alimentos. Uma vez que este patógeno está amplamente distribuído na natureza (solo, água, vegetais, animais, insetos, seres humanos) e tem capacidade de multiplicar-se em ampla faixa de temperatura e de pH, deve-se prevenir sua entrada no ambiente produtivo e evitar a formação de biofilmes. Para tanto, deve-se fazer o controle da matéria-prima e da cadeia de produção, da distribuição e do varejo, através de medidas que minimizem a possibilidade de contaminação e de multiplicação.

Algumas medidas a serem tomadas no local de produção são:

- Construção da planta produtiva e adoção de medidas preventivas, de forma a impedir a atração, o acesso, o abrigo e/ou a proliferação de pragas urbanas.
- Utilização de equipamentos que permitam a higienização efetiva, sem pontos que permitam acúmulo de resíduos e outras sujidades.
- Higienização criteriosa dos equipamentos e utensílios que entram em contato com os alimentos, evitando a formação de biofilmes.
- Manipulação cuidadosa das mangueiras de água, para evitar formação de aerossóis a partir do piso, drenos ou ralos.
- Desenvolvimento e implementação das Boas Práticas de Fabricação, dos Procedimentos Padrões de Higiene Operacionais (PPHO/SSOP), e do plano HACCP.

No comércio, os principais cuidados para prevenir a contaminação e a multiplicação do patógeno nas superfícies de trabalho e nos alimentos são:

- Limpeza e sanitização dos equipamentos e de todas as superfícies em contato com alimentos, não permitindo a formação de biofilmes e a contaminação cruzada.
- Implantação das boas práticas, com controle efetivo da temperatura de manutenção dos alimentos, respeitando-se a cadeia do frio.
- Atenção ao prazo de validade dos alimentos.

Um importante elo da cadeia é o consumidor final que também deve agir de maneira correta para prevenir a disseminação de listeriose. Atitudes simples e corretas durante a compra e o preparo dos alimentos são fundamentais para garantir a inocuidade do produto até a hora do consumo. Exemplos dessas boas práticas são: manter o alimento refrigerado fora do frio o menor tempo possível, evitar a contaminação cruzada no refrigerador e na hora do preparo, e, muito importante é a escolha do alimento correto, evitando alimentos de risco para a população mais suscetível.

Leitura sugerida

Buchanan RL, Gorris LGM, Hayman MM, Jackson TC, Whiting RC. A review of *Listeria monocytogenes*: An update on outbreaks, virulence, dose-response, ecology, and risk assessments. Food Control 2017;75:1-13. https://doi.org/10.1016/j.foodcont.2016.12.016

den Bakker HC, Warchocki S, Wright EM, Allred AF, Ahlstrom C, Manuel CS, Stasiewicz MJ, Angela Burrell A, Roof, Laura K, Strawn LK, Esther Fortes E, Nightingale KK, Kephart D,Wiedmann M. *Listeria floridensis* sp. nov., *Listeria aquatica* sp. nov., *Listeria cornellensis* sp. nov., *Listeria riparia* sp. nov. and *Listeria grandensis* sp. nov., from agricultural and natural environments. International Journal of Systematic and Evolutionary Microbiology 2014;64:1882–1889. https://doi.org/10.1099/ijs.0.052720-0

Leclercq A, Clermont D, Bizet C, Grimont PAD, Le Flèche-Matéos A, Roche SM, Buchrieser C, Cadet-Daniel V, Le Monnier A, Lecuit M, Allerberger F. *Listeria rocourtiae* sp. nov. International Journal of Systematic and Evolutionary Microbiology 2010;60:2210–221. https://doi.org/10.1099/ijs.0.017376-0

Link de vídeo: *Listeria monocytogenes*, a unique model in infection biology. https://www.youtube.com/watch?v=dlAPOa_QXAo

Orsi RH, den Bakker HC, Wiedmann M. *Listeria monocytogenes* lineages: Genomics, evolution, ecology, and phenotypic characteristics. International Journal of Medical Microbiology 2011;301(2):79-96. https://doi.org/10.1016/j.ijmm.2010.05.002

Radoshevich L, Cossart P. *Listeria monocytogenes*: towards a complete picture of its physiology and pathogenesis. Nature Reviews Microbiology 2018;16:32-46. http://dx.doi.org/10.1038/nrmicro.2017.126

Ryser ET, Buchanan RL, den Bakker HC. *Listeria monocytogenes*. In: Doyle MP, Diez-Gonzalez F, Hill C (Eds.). Food microbiology: Fundamentals and frontiers. 5th ed. Washington DC: ASM Press, 2019. p. 451-86. https://doi.org/10.1128/9781555819972.ch17

Siyun W, Orsi RH. *Listeria*. In: Morris JG, Potter ME (Ed.) Foodborne infections and intoxications. 4th ed. London, Academic, 2013. p. 199-216.

Capítulo 4.4

Staphylococcus aureus

Mariza Landgraf
Bernadette Dora Gombossy de Melo Franco

Características do microrganismo

As bactérias do gênero *Staphylococcus* são cocos Gram-positivos, com diâmetro de 0,5 a 1,0 μ, pertencentes à família *Staphylococcaceae* e por dividirem-se em planos diferentes, quando vistos ao microscópio aparecem na forma de cacho de uva. São facultativas anaeróbias, com maior multiplicação sob condições aeróbias, quando, então, produzem catalase. Embora o gênero compreenda atualmente 53 espécies, as de interesse em alimentos estão apresentadas na Tabela 4.4.1, sendo *S. aureus* a mais frequentemente associada às doenças estafilocócicas, quer sejam de origem alimentar ou não. As doenças de origem alimentar são causadas pelas toxinas (enterotoxinas) estafilocócicas (SE) que o microrganismo produz nos alimentos.

Os estafilococos são bactérias mesófilas que apresentam temperatura de multiplicação na faixa de 6 °C a 48 °C, com ótimo entre 35 °C e 41 °C. As enterotoxinas são produzidas entre 10 °C e 46 °C, com ótimo entre 40 °C e 45 °C. Os extremos de temperatura estão na dependência dos demais parâmetros que devem se encontrar em condições ótimas. Em geral, quanto mais baixa for a temperatura, maior será o tempo necessário para a produção de enterotoxina. Em condições ótimas, a enterotoxina torna-se evidente em 4 a 6 horas.

As bactérias deste gênero são tolerantes a concentrações de 10% a 20% de NaCl e a nitratos. Essas características fazem com que os estafilococos sejam contaminantes importantes em alimentos curados, como os embutidos cárneos. Em relação ao pH, multiplicam-se na faixa de 4 a 10, com ótimo entre 6 e 7 e as enterotoxinas são produzidas em pH entre 4,5 e 9,6 com ótimo entre 7 e 8. Quanto à Aa, o valor mínimo para sua multiplicação é 0,86 em aerobiose, embora haja relatos de multiplicação em Aa igual a 0,83, quando as demais condições são ideais. Em anaerobiose, as células não se multiplicam em Aa inferior a 0,90. Para a produção de enterotoxina, no entanto, a faixa de Aa é de 0,87 a >0,99 com ótimo de 0,88, sempre considerando as condições ideais, porém as enterotoxinas raramente são produzidas em alimentos com Aa inferior a 0,93. *S. aureus* destaca-se entre os patógenos de importância em alimentos por essa capacidade de multiplicação em valores de Aa inferiores aos normalmente considerados mínimos para as bactérias não halófilas.

Características da doença

A intoxicação alimentar causada por *S. aureus* é decorrente da ingestão de alimentos contendo enterotoxina(s) pré-formada(s) (SE). Portanto, o agente causal não é a bactéria *per se*. Essas enterotoxinas são conhecidas como clássicas (SEA, SEB, SEC, SED e SEE), não clássicas (SEG, SEH, SEI, SEK, SEL, SEM, SEN, SEO, SEP, SEQ, SER, SES e SET) e enterotoxinas estafilocócicas-*like* (SElJ, SElU, SElV, SEIW/SEIU$_2$, SElX, SElY e SEIZ). Depois que foi constatado que a enterotoxina estafilocócica F (SEF) não causa êmese, mas funciona como um superantígeno que causa choque tóxico, essa toxina foi reclassificada como Toxina 1 da Síndrome do Choque Tóxico (TSST-1). Atualmente, sabe-se que outras espécies de *Staphylococcus*, além de *S. aureus*, são capazes de produzir essas toxinas (Tabela 4.4.1). O período de incubação de um surto varia, geralmente, de 30 minutos a 8 horas, sendo a média de 2 a 4 horas, após a ingestão do alimento contaminado.

Os sintomas variam com o grau de suscetibilidade do indivíduo, concentração da enterotoxina no alimento e a quantidade de alimento consumida.

Os principais sintomas são náuseas, vômitos, cãibras abdominais geralmente bem dolorosas, diarreia e sudorese. Podem ocorrer ainda dores de cabeça, calafrios, queda de pressão arterial e, raríssimas vezes, febre, quando a quantidade de toxina ingerida é grande. A doença não é fatal, a menos que o indivíduo esteja debilitado. A recuperação é rápida, geralmente com duração de dois dias, e autolimitada. Quando há choque, desidratação e muito vômito, é necessária a hospitalização para reposição hidreletrolítica.

A quantidade de toxina que causa a doença depende do peso e da sensibilidade do indivíduo, mas geralmente está entre 0,1 e 1,0 µg/kg. Segundo a Food and Drug Administration dos Estados Unidos, as doses de SE para causar a doença são atingidas quando a população de *S. aureus* é $\geq 10^5$ UFC/g ou mL do alimento.

Tabela 4.4.1. Algumas características bioquímicas de espécies de *Staphylococcus* de interesse em alimentos

Microrganismo	*Coagulase*	*Termonuclease*	*Enterotoxina*	*Manitol*	*Pigmento amarelo*	*Hemólise*
S. aureus subsp. *aureus*	+	TE	+	+	+	+
S. intermedius	+	TE	+	(+)	−	+
S. hyicus	(+)	TE	+	−	−	−
S. delphini	+	−		+	−	+
S. schleiferi subsp. *coagulans*	+	TE		(+)	−	+
S. schleiferi subsp. *schleiferi*	−	TE		−	−	+
S. caprae	−	TL	+	−	+	(+)
S. chromogenes	−	−f	+	v	v	−
S. cohnii	−	−	+	v	v	−
S. epidermidis	−	−	+	−	v	v
S. haemolyticus	-	TL	+	v	v	+
*S. lentus**	−		+	+	v	−
S. saprophyticus	−	−	+	+	+	−
*S. sciuri**	−		+	+	+	−
S. simulans	−	v		+		v
S. warneri	−	TL	+	+		−f
S. xylosus	−	−	+	v		+

+: positivo; −: negativo; −f: negativo a fracamente positivo; (+): reação positiva fraca; v: variável; TE: termoestável; TL: termolábil. *Atualmente *Mammaliicoccus lentus* e *Mammaliicoccus sciuri*. Madhaivan, et al., 2020. Adaptada de Versalovic et al., 2011 e Jay, 2005.

Epidemiologia

O ser humano e os animais são os principais reservatórios de *S. aureus*. A cavidade nasal é o principal *habitat* dos estafilococos no ser humano e, a partir deste foco, o microrganismo pode atingir a epiderme, o ar, a água, o solo, o esgoto e qualquer superfície ou objeto que tenha entrado em contato com o ser humano, além dos alimentos.

Os portadores nasais e os manipuladores de alimentos com mãos e braços que apresentem feridas infectadas com *S. aureus* são importantes fontes de contaminação dos alimentos. Estudos recentes revelaram a presença de genes de enterotoxinas estafilocócicas em cepas de *S. aureus* isoladas do trato gastrointestinal, mostrando a importância do TGI como fonte de *S. aureus* produtor dessas enterotoxinas.

S. aureus é conhecido por sua capacidade de adquirir e desenvolver resistência a múltiplos antibióticos, sendo as cepas resistentes à meticilina, denominadas MRSA (*Methicillin Resistant S. aureus*), um problema de saúde pública mundial. No entanto, como a intoxicação estafilocócica não é tratada com antibióticos, e ocorre mesmo sem a presença da bactéria, o papel destas cepas resistentes nas intoxicações alimentares é irrelevante.

Os animais são também reservatórios de *S. aureus*, e entre as patologias que podem causar, destaca-se a mastite estafilocócica do gado leiteiro, que pode ser perceptível em um exame veterinário (mastite clínica) ou passar desapercebida (mastite subclínica). Caso o leite obtido destes animais esteja contaminado com *S. aureus*, poderá haver produção de enterotoxina se o leite cru não for mantido em refrigeração. Caso o leite cru seja empregado como matéria-prima para produção de derivados lácteos, enterotoxinas poderão estar presentes nos produtos. Leite, creme de leite, tortas e doces recheado(a)s com creme são frequentemente associados à intoxicação estafilocócica. Queijos fabricados com leite cru contaminados com *S. aureus* também já causaram vários surtos. Em queijos fabricados com leite pasteurizado, pode ocorrer contaminação pós-processamento ou utilização de fermentos (culturas *starters*) contaminados por *S. aureus*.

Por ser amplamente presente nos seres humanos e nos animais, *S. aureus* é um contaminante frequentemente presente nos alimentos, particularmente naqueles que são manipulados. Consequentemente, é comum ver relatos de sua presença em todos os tipos de alimentos. Além de serem potencialmente causadores de intoxicação estafilocócica, são também indicadores das condições de higiene de produção.

Mecanismo de patogenicidade

S. aureus é capaz de produzir inúmeras toxinas e compostos com atividade biológica, mas apenas as enterotoxinas são causadoras de doenças de origem alimentar. As enterotoxinas estafilocócicas (SE) fazem parte da família das exotoxinas pirogênicas, juntamente com a toxina da síndrome do choque tóxico (TSST-1) e toxina pirogênica estreptocócica com atividade de superantígenos. Superantígenos são moléculas que ativam as células T do sistema imunológico, resultando em liberação substancial de citocinas, responsáveis por modular a resposta imune celular.

As enterotoxinas estafilocócicas são denominadas pelas letras do alfabeto. Até o momento são conhecidas 25 enterotoxinas, sendo 5 clássicas, incluindo os 3 subtipos da SEC (SEA, SEB, SEC_1, SEC_2, SEC_3, SED, SEE), 13 não clássicas (SEG, SEH, SEI, SEK, SEL, SEM, SEN, SEO, SEP, SEQ, SER, SES, SET) e 7 enterotoxinas estafilocócicas-*like*

SEl (SElJ, SElU, SElV, SElX, SElY, SElW, SElZ). As enterotoxinas não clássicas apresentam atividade emética comprovada em modelo animal, enquanto as enterotoxinas estafilocócicas-*like* são proteínas relacionadas com as enterotoxinas, mas sem atividade emética comprovada até o momento nos modelos animais estudados, e por isso receberam essa denominação pela Internacional Nomenclature Committee for Staphylococcal Superantigens (INCSS).

Testes imunológicos, disponíveis apenas para as cinco enterotoxinas clássicas, indicam que a SEA é a principal causa dos surtos de intoxicação estafilocócica no mundo (80%), seguido por SED, SEB, SEC e SEE. No Brasil, SEA e SEB são as mais frequentes. A falta de métodos mais sensíveis que os imunológicos ou de métodos capazes de detectar as demais enterotoxinas nos alimentos dificulta avaliar corretamente seu papel nos surtos.

Os genes que codificam as SEs e SEls podem estar localizados em ilhas genômicas (SEB, SEC_1, SEC_2, SEC_3, SEG, SEH, SEI, SEK, SEL, SEM, SEN, SEO, SEP e SEQ), em bacteriófagos (prófagos) ou plasmídeos (SEA, SEB, SEC_1, SEC_2, SEC_3, SED, SElJ, SEP, SER, SES, SET) e também no DNA cromossômico (SEB, SEE, SEG, SEI, SEM, SEO, SElU, SElV, SElX, SElY, SElW, SElZ) (Tabela 4.4.2). Como a maioria dos genes está em elemento genético móvel (plasmídeos, transpósons etc.), eles podem ser transferidos entre os isolados de *S. aureus*.

As enterotoxinas são proteínas de cadeia única, globulares, com baixo PM, que varia entre 26 kDa e 30 kDa. São higroscópicas e facilmente solúveis em água e soluções salinas. Apresentam ponto isoelétrico entre 7,0 e 8,6, e são resistentes à tripsina, quimotripsina, renina, papaína e pepsina, com exceção da enterotoxina B que é destruída por esta última enzima, em valores de pH ao redor de 2.

As enterotoxinas são termorresistentes. Essa característica é especialmente importante para a indústria de alimentos, porque a maioria dos alimentos processados sofre algum tratamento térmico durante o processamento. Por exemplo, a pasteurização do leite destrói o microrganismo, mas não inativa as toxinas, caso estejam presentes.

Não existe concordância sobre a quantidade mínima de enterotoxina necessária para causar sintomatologia em seres humanos, mas estima-se que esteja entre 0,015 e 0,375 µg de enterotoxina por quilo de peso corpóreo.

As enterotoxinas estafilocócicas não apresentam ação única, mas várias, descritas a seguir:

- *Ação emética:* a êmese é a reação mais frequente neste tipo de intoxicação, embora existam relatos de diarreia como sintoma mais comum. Vários estudos têm tentado elucidar o modo pelo qual as SEs induzem o vômito, sem muito sucesso devido à necessidade de uso de macacos, que são o melhor modelo animal, mas têm alto custo e limitada disponibilidade, além de entraves éticos. As hipóteses mais aceitas são que a SE ingerida chega ao duodeno e adere às células da mucosa ou transloca-se pela mucosa e adere aos mastócitos e, em ambos os casos, provoca a liberação de serotonina (5-HT), que por sua vez, liga-se aos receptores $5\text{-}HT_3$ presentes no nervo vago aferente, ativando o centro do vômito no cérebro. Células T e neutrófilos também são ativados, mas suas funções ainda não estão esclarecidas (Figura 4.4.1).
- *Ação diarreica:* a diarreia é o segundo sintoma mais comum na intoxicação alimentar estafilocócica. O mais aceito é que as enterotoxinas estafilocócicas atuam de maneira análoga à da toxina da cólera (Capítulo 4.8). Resumidamente, as toxinas ligam-se ao gangliosídeo GM1 do enterócito, são translocadas para o

Tabela 4.4.2. Atividades emética e de superantígeno das enterotoxinas estafilocócicas e localização dos genes envolvidos				
Enterotoxina	*PM (kDa)*	*Localização genética*	*Atividade*	
			Emética	*Superantígeno*
SEA	27,1	Prófago	Sim	Sim
SEB	28,4	SaPIs[a], plasmídeo, cromossomo	Sim	Sim
SEC1	27,5	SaPI, plasmídeo	Sim	Sim
SEC2	26,9	SaPI, plasmídeo	Sim	Sim
SEC3	26,6	SaPI, plasmídeo	Sim	Sim
SED	26,9	Plasmídeo	Sim	Sim
SEE	26,8	Prófago	Sim	Sim
SEG	27,0	*egc*[b], cromossomo, prófago	Sim	Sim
SEH	25,1	Transpóson	Sim	Sim
SEI	24,9	*egc,* cromossomo	Sim	Sim
SEIJ	31,2	Plasmídeo	nd	Sim
SEK	30,0	SaPIs, prófago	Sim	Sim
SEL	26,8	SaPIs	Sim	Sim
SEM	24,8	*egc,* cromossomo	Sim	Sim
SEN	26,1	*egc,* cromossomo	Sim	Sim
SEO	26,8	*egc,* cromossomo, transpóson	Sim	Sim
SEP	27,1	Prófago	Sim	Sim
SEQ	25,0	SaPIs, prófago	Sim	Sim
SER	27,0	Plasmídeo	Sim	Sim
SES	26,3	Plasmídeo	Sim	Sim
SET	22,7	Plasmídeo	Sim	Sim
SEIU	27,2	*egc,* cromossomo	nd	Sim
SEIV	25,0	*egc,* cromossomo	nd	Sim
SEIX	19,3	Cromossomo	nd	Sim
SEIW/SEIU$_2$	23,2	*egc,* cromossomo	nd	Sim
SEIY	22,5	Cromossomo	nd	Resultado dependente do tipo de teste
SEIZ	27,2	Cromossomo	nd	Sim
TSST-1	21,9	Cromossomo	Não	Sim

[a]SaPI: Ilha de patogenicidade de *Staphylococcus aureus*; [b]*egc*: *clusters* de genes de enterotoxina; nd: não detectado. Adaptada de Fisher et al., 2018, Park & Seo, 2019 e Etter et al., 2020.

interior da célula onde estimula a adenilciclase, elevando os níveis do cAMP intracelular. Em consequência, há hipersecreção de eletrólitos e água, causando a diarreia e, em alguns casos, desidratação. A diarreia é a principal causa de óbito em indivíduos suscetíveis (bebês, idosos e indivíduos com doenças preexistentes).

- *Estímulo das células T:* as toxinas estafilocócicas são superantígenos, com capacidade de induzir reação exacerbada das células T do sistema imunológico, o que

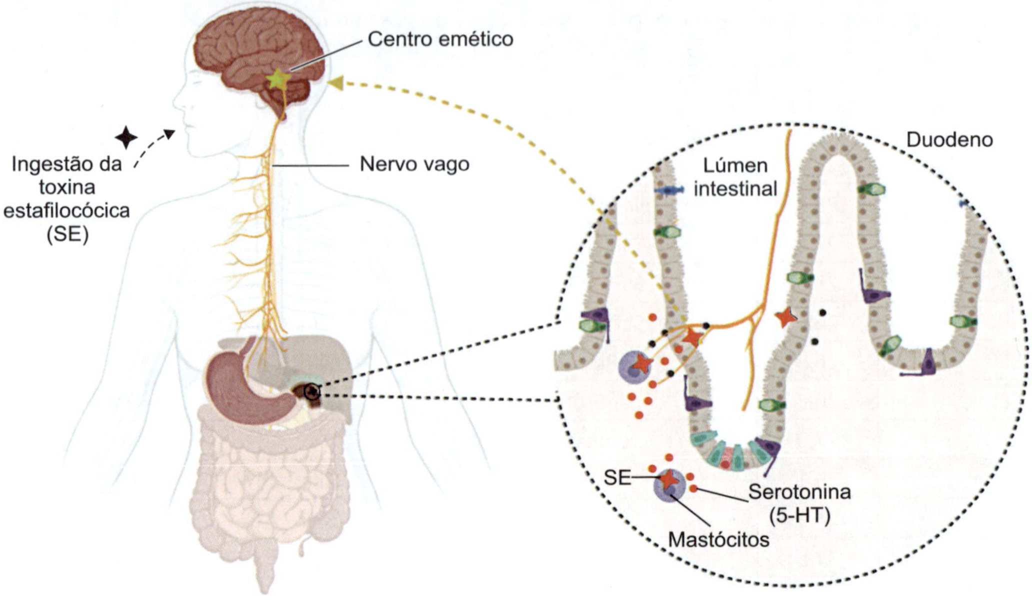

Figura 4.4.1. Prováveis mecanismos de ação emética da toxina de *Staphylococcus aureus*. (Criado com BioRender.com por Emília Maria França Lima.)

resulta em liberação substancial de citocinas, causando choque, imunossupressão e outras anormalidades sistêmicas. Ao contrário de outros superantígenos, as enterotoxinas estafilocócicas são únicas em apresentar a capacidade de induzir resposta emética e por essa razão, considera-se que sejam causadoras da síndrome da intoxicação estafilocócica e não das outras síndromes causadas pelos superantígenos.

Medidas de controle

O controle da contaminação do alimento por estafilococos é realizado através de práticas de higiene apropriadas e sanificação na indústria, principalmente no que refere à manipulação do produto. O armazenamento do alimento suscetível à contaminação e multiplicação de *S. aureus* em refrigeração adequada mantém a população em níveis baixos, o que minimiza o risco de intoxicação.

O aquecimento do alimento logo após sua manipulação destrói a bactéria e ajuda na prevenção da intoxicação. No entanto, se cuidados de higiene apropriados não forem tomados após este aquecimento, o microrganismo poderá recontaminar o alimento, multiplicar-se e produzir a enterotoxina. Para evitar que a multiplicação ocorra, o alimento deverá ser mantido à temperatura inferior a 4,4 °C ou acima de 60 °C, até o momento do seu consumo.

Leitura sugerida

Benkerroum N. Staphylococcal enterotoxins and enterotoxin-like toxins with special reference to dairy products: An overview. Critical Reviews in Food Science and Nutrition 2017;58(12):1943-70. https://doi.org/10.1080/10408398.2017.1289149

Etter D, Schelin J, Schupple M, Johler S. Staphylococcal enterotoxin C — An Update on SEC variants, their structure and properties, and their role in foodborne intoxications. Toxins 2020;12(9):584. https://doi.org/10.3390/toxins12090584

Fisher EL, Otto M, Cheung GY. Basis of virulence in enterotoxin-mediated staphylococcal food poisoning. Frontiers in Microbiology 2018;9:436. https://doi.org/10.3389/fmicb.2018.00436

Hennekinne JA, Buyser Ml, Drgacci S. *Staphylococcus aureus* and its food poisoning toxins: characterization and outbreak investigation. FEMS Microbiology Reviews 2012;36:815-36. https://doi.org/10.1111/j.1574-6976.2011.00311.x

Jay JM, Loessner MJ, Golden DA. Modern food microbiology. 7th ed. New York: Springer; 2005. 790p.

Madhaiyan M, Wirth JS, Saravanan VS. Phylogenomic analyses of the *Staphylococcaceae* family suggest the reclassification of five species within the genus *Staphylococcus* as heterotypic synonyms, the promotion of five subspecies to novel species, the taxonomic reassignment of five *Staphylococcus* species to *Mammaliicoccus* gen. nov., and the formal assignment of *Nosocomiicoccus* to the family *Staphylococcaceae*. International Journal of Systematic and Evolutionary Microbiology 2020;70:5926-36. https://doi.org/10.1099/ijsem.0.004498

Park JY, Seo KS. *Staphylococcus aureus*. In: Doyle MP, Diez-Gonzalez F, Hill C (Eds.). Food microbiology: Fundamentals and frontiers. 5th ed. Washington, DC: ASM Press, 2019. p. 555-84. https://doi.org/10.1128/9781555819972. cap. 21

Schleifer KH, Bell JA. Family VIII. Staphylococcaceae fam. nov (2nd ed.) de In: Vos P, Garrity GM, Jones AD, Krieg NR, Ludwig W, Rainey FA, Schleifer KH, Whitman WB (Eds.). Bergey's Manual of systematic bacteriology, 3. Dordrecht, Heidelberg, London, New York: Springer; 2009. p. 392.

Versalovic J, Carroll KC, Funke G, Jorgensen JH, Landry ML, Warnock DW (ed.) Manual of clinical microbiology. 10th ed. Washington, DC: ASM, 2011.

Capítulo 4.5

Campylobacter jejuni e *Campylobacter coli*

Vanessa Bíscola
Bernadette Dora Gombossy de Melo Franco
Mariza Landgraf

Características do microrganismo

Campylobacter spp. são microrganismos pertencentes à família *Campylobacteriaceae*, que também abriga o gênero *Sulfurospirillum*. Até 2017, o gênero *Arcobacter* também fazia parte desta família, mas foi reclassificado para o gênero *Arcobacter* na nova família *Arcobacteraceae*.

O gênero *Campylobacter* apresenta 40 espécies e 11 subespécies. Entre essas, *C. jejuni* (subespécies *C. jejuni* subsp. *jejuni* e *C. jejuni* subsp. *doylei*), *C. coli*, *C. lari* e *C. upsaliensis* são encontradas em alimentos, mas apenas *C. jejuni* e *C. coli* são considerados importantes patógenos veiculados por alimentos.

Com relação à morfologia, apresentam-se como bacilos Gram-negativos curvos, em forma de S ou espiralados, muito finos e compridos (0,2 a 0,9 µm de largura e 0,5 a 5 µm de comprimento). Não formam esporos, são móveis, por meio de um único flagelo polar que apresenta de duas a três vezes o comprimento da célula ou, algumas vezes, apresentam flagelos múltiplos em uma ou em ambas as terminações, responsáveis pelo movimento característico em saca-rolha ou em vaivém. Em culturas jovens, podem apresentar morfologia em asa de gaivota. Culturas de vários dias, ou expostas a condições ambientais adversas, adquirem morfologia cocoide, permanecendo no *status* de "viáveis porém não cultiváveis" (VBNC) nas condições normais de cultivo.

São quimiorganotróficos, não fermentam nem oxidam açúcares, obtendo energia a partir de aminoácidos ou de componentes intermediários do ciclo do ácido tricarboxílico. São produtores das enzimas oxidase e catalase e redutores de nitrato.

As espécies *C. jejuni* e *C. coli* são muito semelhantes, sendo a diferenciação entre elas baseada apenas em alguns testes bioquímicos, como a hidrólise de hipurato, que é negativa para *C. coli* e positiva para *C. jejuni*.

A característica mais marcante do gênero *Campylobacter* é a microaerofilia. Esses microrganismos requerem pequenas quantidades de oxigênio (3% a 6%, com ótimo a 5%) para a multiplicação, sendo completamente inibidos quando a concentração de O_2 encontra-se abaixo de 3% ou acima de 15%. Além disso, são capnofílicos, ou seja, requerem concentração de aproximadamente 10% (5% a10%) de CO_2 para sua multiplicação.

C. jejuni, *C. coli*, *C. lari* e *C. upsaliensis* multiplicam-se em uma faixa bastante estreita de temperatura, que varia de 30 °C a 47 °C. Embora sejam capazes de se multiplicar a 37 °C, a temperatura ótima de multiplicação é 42 °C, razão pela qual são denominados *campilobacters* termofílicos. Além disso, *C. jejuni* e *C. coli* também podem manter-se viáveis e multiplicar-se na presença de bile a 37 °C.

As bactérias do gênero *Campylobacter* são sensíveis a diversas condições desfavoráveis do ambiente, comprometendo a sua viabilidade fora do hospedeiro. São muito sensíveis ao sal, mas esta sensibilidade varia com a temperatura de incubação: a 30-35 °C não há multiplicação na presença de 2% de NaCl, enquanto a 4 °C são inibidos por teores inferiores (1%) de NaCl. Também são bastante sensíveis à desidratação e ao pH ácido, sendo rapidamente inativados em pH 2,3. Quando em temperatura ótima (42 °C), são capazes de multiplicar-se em pH entre 5,5 e 8,0 e na presença de até 1,75% de NaCl.

Com relação à resistência térmica, são bastante sensíveis tanto ao frio quanto ao calor. Durante o congelamento, normalmente, ocorre a redução brusca da população no início do congelamento, mas as células sobreviventes podem permanecer viáveis por várias semanas. O tempo de redução decimal de *C. jejuni* nos alimentos varia de acordo com o tipo de alimento e a temperatura, mas sabe-se que este microrganismo não é capaz de sobreviver aos processos de pasteurização e cocção. Sendo assim, sua presença em alimentos pasteurizados ou cozidos indica falha no processamento térmico ou recontaminação pós-processamento.

Características da doença

Apesar de a grande maioria dos casos de campilobacteriose ser atribuída a *C. jejuni* e, em menor número, a *C. coli*, não é possível distinguir, clinicamente, a doença entérica causada por esses dois microrganismos.

Dependendo da suscetibilidade do paciente, as campilobacterioses podem ser assintomáticas, apresentar sintomas brandos e, mais raramente, sintomas graves. A enterocolite é a forma mais comum da doença, com sintomatologia muito semelhante à causada por outros patógenos entéricos. Os sintomas típicos incluem mal-estar, febre baixa, forte dor abdominal e diarreia profusa e aquosa. O período de incubação típico varia entre dois e onze dias, sendo mais comum de três a cinco dias. A fase aguda da diarreia dura de dois a três dias, mas as dores abdominais podem persistir por até três semanas. A doença é, geralmente, autolimitada, mas podem ocorrer recaídas com sintomas brandos. Em casos mais graves, pacientes podem apresentar febre alta e disenteria, com sangue e muco nas fezes. Vômitos são raros.

A maioria das infecções sintomáticas ocorre na infância. Após a infecção por *Campylobacter* spp., o indivíduo adquire proteção imunológica mediada por anticorpos, e os sintomas em adultos são mais leves ou inexistentes. As crianças entre 1 e 4 anos de idade e os jovens entre 15 e 24 anos são os mais suscetíveis à infecção por esse patógeno.

Uma vez que *C. jejuni* é sensível a pH baixo, a acidez gástrica geralmente é suficiente para inativar estes microrganismos. Alguns pesquisadores consideram que menos de 1.000 células, geralmente entre 400 e 500 células são suficientes para causar a campilobacteriose mas, assim como ocorre com outros patógenos, a dose infectante depende da virulência da cepa, do tipo de alimento e da suscetibilidade do indivíduo.

Em casos mais extremos, as infecções por *C. jejuni* e *C. coli* podem provocar sintomas graves como diarreias persistentes, com presença de sangue e muco nas fezes. Esta ocorrência é mais comum em indivíduos imunocomprometidos, sendo de difícil tratamento. Quando a doença se torna invasiva, pode ocorrer bacteriemia, principalmente em indivíduos idosos. Estima-se que a bacteriemia ocorra em 1,5 a cada 1.000 casos de infecções intestinais. Óbitos decorrentes de infecções por *C. jejuni* são raros, mas já foram reportados.

As sequelas das infecções por *C. jejuni* são extremamente graves podendo ocorrer o desenvolvimento de artrite reativa, inflamação muito dolorida das articulações com duração de alguns meses, e distúrbios neurológicos como a síndrome de Guillain-Barré (GBS), uma forma de paralisia que resulta em alteração neurológica grave e respiratória em um pequeno número de casos. O desenvolvimento dessa síndrome é considerado um evento raro e ainda não está esclarecido como isso ocorre.

Outros indivíduos podem apresentar síndrome de pseudoapendicite sem diarreia, ou síndrome do intestino irritável e doença do intestino inflamado, inclusive doença de Crohn e colite ulcerativa.

O tratamento da campilobacteriose com antimicrobianos é recomendado somente nos casos graves e/ou de gastroenterite prolongada, septicemia ou complicações extraintestinais com os antibióticos da classe dos macrolídeos, como eritromicina, sendo os de escolha.

Mecanismo de patogenicidade

Em muitos países, *C. jejuni* é reconhecido como um dos principais microrganismos patogênicos veiculados por alimentos. A infecção se desenvolve tanto no intestino delgado como no grosso em consequência da adesão, invasão e produção de toxina.

Após ingerido com o alimento, as células de *C. jejuni* que chegam ao intestino conseguem, por meio do seu movimento típico (saca-rolha) atravessar a barreira mucosa que reveste o epitélio intestinal, e em consequência da atração quimiotática exercida pela mucosa intestinal sobre a bactéria, aderir à mucosa. A adesão é mediada pelo flagelo, por proteínas de membrana externa e pelo LPS. A invasão da célula hospedeira envolve tanto fatores do hospedeiro como da própria bactéria, que ainda não são totalmente conhecidos. Sabe-se que várias proteínas sintetizadas por *C. jejuni* parecem estar envolvidas no processo, assim como um sistema de secreção tipo VI, que pode estar associado à capacidade de adesão e invasão, além da resistência a sais biliares e ao estresse oxidativo.

Apesar de o principal sintoma da infecção por *C. jejuni* ser a diarreia aquosa, a única enterotoxina que se conhece é a CDT – *cytoletal distending toxin* – que inibe a divisão mitótica e induz à distensão da célula epitelial intestinal do hospedeiro, levando-a à morte celular. Porém, a função da CTD na patogenicidade desse microrganismo ainda não está totalmente compreendida.

Epidemiologia

A incidência de infecções por *Campylobacter* spp. é caracterizada pela ocorrência de vários casos esporádicos, ao invés de surtos relacionados a uma fonte em particular, sendo *C. jejuni* a principal espécie envolvida, seguida por *C. coli*. Em vários países, como os da União Europeia, o número de casos de DTA causado por *Campylobacter* é maior do que o de *Salmonella* spp. No Brasil, *C. jejuni* é também um importante agente de gastroenterite aguda e crônica, afetando principalmente crianças. Nos países em desenvolvimento, a enterocolite é endêmica e a frequência de casos assintomáticos é elevada.

Com relação aos reservatórios desse microrganismo, *Campylobacter* spp. têm como habitat primário o trato gastrointestinal de animais de sangue quente, não sendo comum no ambiente, devido à baixa resistência em condições adversas fora do hospedeiro. Estes microrganismos são comensais do trato gastrointestinal de uma grande variedade de animais domésticos e silvestres, sendo frequentemente isolados de amostras de fezes de bovinos, suínos, gatos, cães, roedores e principalmente de aves (frangos, patos, perus, gansos e pombos). No caso das aves, a frequência de isolamento de *C. jejuni* varia de 30% a 100%. *C. coli* é mais comum em suínos. Portanto, os animais representam a fonte mais importante de transmissão direta deste patógeno.

Além da transmissão através do contato direto com animais contaminados, *C. jejuni* e *C. coli* também podem ser transmitidos por portadores com infecção ativa, sintomáticos ou não. No caso de transmissão indireta, esta pode ocorrer através da ingestão de água e alimentos contaminados. Existem relatos de surtos relacionados com o consumo de água contaminada. Entretanto, a infecção através do consumo de alimentos é apontada como a principal causa da transmissão indireta do patógeno.

As carnes de aves malcozidas e o leite cru são os principais alimentos causadores de surtos por *C. jejuni* e *C. coli*, seguidos pelas carnes bovina e suína.

A contaminação das carnes de aves, bovinos e suínos ocorre principalmente devido ao contato da carcaça dos animais com o conteúdo intestinal, nas etapas de abate e evisceração. Quando o ambiente de abate é refrigerado, a contaminação é baixa, uma vez que estes microrganismos são sensíveis ao frio. A refrigeração ou o congelamento dos produtos também reduzem os níveis de contaminação com o patógeno. Segundo estudos epidemiológicos, a principal causa das infecções provocadas por *C. coli* e *C. jejuni* é a contaminação cruzada na cadeia de processamento de frangos. Caso a cocção dessas carnes para o consumo seja realizada de maneira inadequada, pode ocorrer a veiculação do patógeno, causando infecção. Portanto, vale ressaltar a importância na adoção de medidas que visem prevenir esta contaminação.

A associação de *Campylobacter* com as aves pode ser explicada por algumas características do microrganismo, entre elas: a) a natureza microaeróbia que pode ser decorrente da baixa concentração de oxigênio do trato gastrointestinal das aves; b) a temperatura ótima dos campilobacters termofílicos que é igual à do trato gastrointestinal das aves; c) a motilidade e quimiotaxia que direcionam *C. jejuni* para sítios contendo fucose na mucina do trato gastrointestinal de pintainhos. Em relação à contaminação superficial, *Campylobacter* penetra no folículo ou em outros orifícios da pele, nos quais a adesão é irreversível, o que dificulta a sua remoção. Esses locais fornecem condições adequadas para sua sobrevivência.

Quando as condições de higiene durante a ordenha são precárias, o leite cru pode ser um veículo importante de *C. jejuni*, que pode estar presente em grande quantidade nas fezes de bovinos. A ocorrência de mastite por *Campylobacter* também pode resultar na contaminação do leite cru. O leite pasteurizado não é problema, uma vez que *C. jejuni* e *C. coli* são destruídos durante o tratamento térmico. Entretanto, caso ocorra contaminação cruzada entre o leite cru e o pasteurizado após tratamento térmico, pode ocorrer a veiculação do patógeno.

Medidas de controle

As medidas de controle e prevenção devem ser interligadas abrangendo toda a cadeia produtiva, ou seja, desde o produtor até o consumidor.

No campo devem ser adotadas práticas higiênicas durante a produção de frangos incluindo o uso de água clorada, a imunização de animais, a manutenção das camas das aves, entre outras, assim como devem ser evitados a contaminação do lote e a presença de outras espécies de animais na granja, o controle de roedores e pragas e a higiene e desinfecção das instalações.

O emprego de pasteurização ou outro tratamento equivalente, e a manutenção dos alimentos em temperatura de refrigeração podem controlar a presença de *Campylobacter*. O congelamento é outro método eficaz para redução da população desse microrganismo.

Em geral, as principais medidas para evitar a contaminação com este patógeno são as mesmas adotadas para outros patógenos entéricos mesófilos e não esporulados: cuidados de higiene, sanificação e observação das boas práticas de fabricação, com foco especial na prevenção da contaminação cruzada entre alimentos processados e alimentos crus ou ambiente de processamento contaminados. Além disso, recomenda-se o consumo de carnes bem cozidas, principalmente de aves, e evitar a ingestão de leite cru ou produtos lácteos produzidos com leite cru.

Leitura sugerida

Burnham PM, Hendrixson DR. *Campylobacter jejuni*: collective components promoting a successful enteric lifestyle. Nature Reviews Microbiology 2018;16: 551–565. https://doi.org/10.1038/s41579-018-0037-9

Habib I, Lieven De Zutter L, Uyttendaele M. Eleven Campylobacter Species. In: Doyle MP, Diez-Gonzalez F, Hill C. (Ed.) Food microbiology: Fundamentals and frontiers. 5th Washington, DC: ASM Press, 2019. p. 263-287. https://doi.org/10.1128/9781555819972.ch10

Montville TJ, Matthews KR, Kniel KE. Food microbiology: an introduction. 3rd ed. Washington, DC: ASM Press, 2012. 547p. https://doi.org/10.1128/9781555817206

Capítulo 4.6

Escherichia coli produtora de toxina Shiga (STEC) e outras *E. coli* patogênicas

Beatriz Ernestina Cabilio Guth
Mariza Landgraf

Escherichia coli é um bacilo Gram-negativo, anaeróbio facultativo, pertencente à família *Enterobacteriaceae*, que predomina na microbiota do intestino dos seres humanos e de diversos animais. Essa estreita associação às fezes dos seres humanos e também de animais representa a base de testes para verificar a contaminação fecal da água e de alimentos, tão usados em saúde pública.

Assim como outras espécies desta família, *E. coli* apresenta antígenos somáticos O, relacionados com polissacarídeos da membrana externa; antígenos flagelares H, relacionados com proteínas dos flagelos, e antígenos K, associados aos polissacarídeos capsulares. A identificação do antígeno O define o sorogrupo e a combinação dos antígenos O e H define o sorotipo destas bactérias.

E. coli é um microrganismo mesófilo que se multiplica em temperaturas na faixa de 7 °C a 45 °C. Em condições ótimas de temperatura (35 °C a 42 °C) multiplica-se em valores de pH entre 4 e 10 e na presença de até 8% de NaCl. A Aa mínima necessária para sua multiplicação é de 0,95. Contudo, é importante salientar que a alteração de um ou mais fatores de multiplicação pode influenciar os valores mínimo e máximo de outros fatores envolvidos na sua sobrevivência e/ou multiplicação.

Durante a evolução, devido à aquisição genética de fatores de virulência específicos, alguns clones de *E. coli* tornaram-se capazes de causar doenças em animais e seres humanos, principalmente infecções entéricas, infecções do trato urinário, sepse e meningite.

As infecções entéricas causadas por *E. coli* (*E. coli* diarreiogênicas) elicitaram nas últimas décadas um grande número de estudos acerca da etiologia e dos fatores predisponentes às doenças diarreicas. Estas síndromes clínicas manifestam-se como resultado de interações complexas entre patógeno e hospedeiro, e são possíveis apenas quando o patógeno se torna capaz de evadir-se das defesas naturais do hospedeiro. Neste sentido, *E. coli* vem se mostrando um microrganismo extremamente hábil e com grande capacidade de aquisição de novos mecanismos de virulência, o que, ao longo do tempo, favoreceu sua adaptação ao ser humano.

O desenvolvimento das técnicas de cultura celular e dos métodos moleculares possibilitou a definição de características fenotípicas e genotípicas de *E. coli* enteropatogênicas, estabelecendo novos parâmetros para a identificação das cepas associadas à diarreia. Desta maneira, com base na constituição antigênica, propriedades de virulência, interações com a mucosa intestinal, quadro clínico e características epidemiológicas, as *E. coli* diarreiogênicas são atualmente divididas em seis patotipos: *E. coli* enteropatogênica (EPEC), *E. coli* enterotoxigênica (ETEC), *E. coli* enteroinvasora

(EIEC), *E. coli* difusamente aderente (DAEC), *E. coli* enteroagregativa (EAEC) e *E. coli* produtora de toxina Shiga (STEC). Com exceção das DAEC, as demais categorias já foram responsabilizadas por surtos de gastroenterite, veiculadas por diferentes tipos de alimentos.

As características particulares de cada um destes patotipos serão descritas a seguir, porém, maior ênfase será dada à *E. coli* produtora de toxina Shiga (STEC), considerada um importante patógeno responsável por doenças transmitidas por alimentos (DTA). Devido ao caráter de extrema gravidade da infecção causada por STEC e a frequência com que tem sido observada, é considerada uma doença emergente pela Organização Mundial da Saúde.

Escherichia coli produtora de toxina Shiga (STEC)

Características do patógeno

Esta categoria patogênica de *E. coli* caracteriza-se pela capacidade de produzir citotoxinas denominadas toxinas Shiga (Stx), que recebem essa denominação devido a semelhanças com a toxina produzida por *Shigella dysenteriae* 1. Estas toxinas são também chamadas de verotoxinas (VT), por serem ativas sobre a linhagem de células denominadas Vero (células epiteliais de rim de macaco).

Estas bactérias emergiram como importantes patógenos humanos a partir da década de 1980, tendo sido o sorotipo O157:H7 o primeiro a ser descrito associado a infecções graves. Atualmente, mais de 400 diferentes sorotipos de *E. coli* são capazes de albergar os genes *stx* que codificam essa toxina. Contudo, apenas uma parcela destes sorotipos é observada no hospedeiro humano. Algumas características bioquímicas relacionadas particularmente com o sorotipo O157:H7, como a incapacidade de fermentar o sorbitol, serem β-glucoronidase negativas, resistirem a pHs ácidos e apresentarem dificuldades de se multiplicar ou não se multiplicarem em temperaturas normalmente empregadas para pesquisa de *E. coli* em alimentos (44,5 °C/ 45,5 °C), permitem diferenciá-las das demais cepas de *E. coli.*

Ácido-tolerância

Ao contrário de outros patógenos, a maioria das cepas de *E. coli* O157:H7, e outros sorogrupos de STEC toleram ambientes ácidos. O pH mínimo para a multiplicação de *E. coli* O157:H7 é de 4,0 a 4,5, porém esta característica depende da interação com outros fatores. Ácidos orgânicos como ácido acético, lático e cítrico não afetam a população desse microrganismo em carne bovina. Dados indicam que *E. coli* O157:H7 sobrevive à fermentação, dessecação e armazenamento de embutido fermentado (pH 4,5) por até dois meses a 4 °C, quando inoculada em níveis altos.

No entanto, há diferenças entre cepas de *E. coli* O157:H7 previamente adaptadas a condições ácidas e aquelas não adaptadas, quando inoculadas em polpas de frutas, com pH entre 2,51 e 3,26, reconstituídas e armazenadas a 4 °C. Células adaptadas sobrevivem por longos períodos (até 30 dias) quando armazenadas a 4 °C, dependendo não só do pH, mas também da viscosidade da polpa, ao contrário das não ácido-adaptadas. Outros sorogrupos, como O26, O111 e O103 também apresentam resistência em ambientes ácidos, como constatado quando esses isolados foram inoculados em polpas de frutas com pH entre 2,4 e 3,5.

Três sistemas estão envolvidos na ácido-tolerância de *E. coli* O157:H7: um sistema oxidativo ácido induzido, um sistema arginina-dependente e um terceiro sistema glutamato-dependente. Dos três, o menos eficiente é o primeiro. Uma vez induzida, a ácido-tolerância permanece por um longo período ($\geq$ 28 dias) à temperatura de refrigeração. Para a indústria de alimentos, a indução dessa ácido-tolerância em *E. coli* O157:H7 pode também aumentar a tolerância a outros fatores de estresse ambiental, como altas temperaturas, radiação e antimicrobianos.

Resistência a antimicrobianos

Desde que foi associada pela primeira vez à doença transmitida por alimentos, a resistência de *E. coli* O157:H7 a antibióticos vem aumentando. Cepas de STEC não O157, isoladas de seres humanos, de alimentos e de animais também desenvolvem resistência a antimicrobianos, sendo que várias são resistentes a múltiplas drogas, principalmente as utilizadas nas medicinas veterinária e humana. O tratamento das infecções por STEC com antimicrobianos poderia diminuir os sintomas, prevenir as complicações e a transmissão, mas várias evidências mostram que este tratamento é muito mais prejudicial do que benéfico. Estudos *in vitro* mostram que alguns antibióticos aumentam a produção ou a liberação da toxina Stx pelas cepas de STEC, e que os antibióticos que causam a lise das bactérias no lúmen intestinal poderiam, teoricamente, aumentar a liberação da toxina, aumentando consequentemente o risco em desenvolver complicações extraintestinais.

Irradiação e tratamento térmico

STEC não é mais resistente que outros patógenos à irradiação. Diferentemente de outras tecnologias, como o uso de altas temperaturas, a irradiação não altera a característica de "cru" de um alimento. No Brasil, o emprego dessa tecnologia é aprovado pela ANVISA, desde que a dose a ser utilizada atinja o objetivo desejado sem que as características sensoriais dos alimentos sejam afetadas. Para *E. coli* O157:H7, os valores D_{10} (dose necessária para reduzir 1 ciclo logarítmico da população de microrganismos) variam de 0,241 a 0,307 kGy para aplicação em hambúrgueres, dependendo da temperatura em que o processo é aplicado. Nos Estados Unidos, a Food and Drug Administration (FDA) aprovou o uso da dose de 4,5 kGy para carne moída crua refrigerada e de 7,5 kGy para carne moída crua congelada. Para vegetais, os valores de D_{10} variam dependendo do tipo de vegetal, mas de maneira geral são mais baixos do que para carnes (0,12 kGy a 0,15 kGy).

Com relação ao tratamento térmico, STEC também apresenta resistência semelhante a dos demais patógenos. A presença de algumas substâncias nos alimentos, como gordura, pode apresentar efeito protetor para *E. coli* O157:H7, os valores D para carne moída magra (2% de gordura) são 4,1 min a 57,2 °C e 5,3 minutos para carne moída gorda (30,5% de gordura) a essa mesma temperatura. Já à temperatura de 62,8 °C, esses valores diminuem para 0,3 minuto para a carne moída magra e 0,5 minuto para carne moída gorda. O tratamento a 72 °C por 16 segundos (pasteurização) é suficiente para eliminar populações superiores a 10^4 UFC de *E. coli* O157:H7/mL de leite.

Características da doença

Um amplo espectro de doenças está associado a infecções por STEC, desde casos assintomáticos, diarreia branda, até casos mais graves de colite hemorrágica (CH) que podem evoluir para complicações extraintestinais, sendo a de maior gravidade a síndrome hemolítica urêmica (SHU). A SHU é definida pela tríade anemia hemolítica, plaquetopenia ou trombocitopenia e insuficiência renal aguda. Além da SHU, outras complicações graves, como púrpura trombocitopênica trombótica (PTT), apendicite, cistite hemorrágica, pancreatite e até mesmo anormalidades neurológicas também podem ser observadas.

A infecção por STEC tem, geralmente, início após a ingestão de alimentos ou água contaminados, algumas vezes em doses infectantes muito baixas, especialmente nos surtos causados pelo sorotipo O157:H7, onde se estima que menos de 100 células são capazes de causar a doença. O período de incubação é, em média, de 3 a 4 dias, sendo a diarreia não sanguinolenta e dor abdominal os sintomas iniciais. A partir de um ou dois dias, a diarreia torna-se sanguinolenta e a dor abdominal fica mais intensa, caracterizando a CH. O paciente pode permanecer com os sintomas por um período de até dez dias, mas após este período a maioria evolui para a cura sem sequelas. No entanto, em aproximadamente 10% dos pacientes a doença pode progredir para SHU. Em crianças, a taxa de mortalidade varia de 3% a 5% e cerca de 12% a 30% permanece com graves sequelas.

A progressão para a SHU ocorre, mais provavelmente, em pacientes muito jovens ou idosos, infectados por STEC O157:H7, com diarreia sanguinolenta precedente, febre e contagem elevada de leucócitos e que foram tratados com agentes antimicrobianos.

A PTT é uma síndrome clínica definida pela presença de trombocitopenia e anemia hemolítica. Esta manifestação clínica é considerada uma extensão da SHU que inclui sintomas neurológicos e febre. A PTT tem sido reconhecida como a SHU de adulto, com várias possíveis causas para desencadeá-la, incluindo a infecção por STEC O157:H7.

Mecanismo de patogenicidade

A produção de Stx e a capacidade de colonizar o intestino são as duas características fundamentais para a virulência das STEC. Entretanto, a patogênese das infecções por STEC é complexa e dependente de fatores que interferem na relação entre parasita e hospedeiro, ainda não totalmente esclarecidos.

As toxinas Stx compõem uma família de exotoxinas estruturalmente e funcionalmente relacionadas, que apresentam pelo menos três atividades biológicas: citotoxicidade, enterotoxicidade e neurotoxicidade. Essas toxinas apresentam uma estrutura básica comum a várias toxinas bacterianas de natureza proteica, representada pelo modelo 1A:5B. A subunidade A de aproximadamente 32 kDa é composta por 2 subunidades: A1 (25 kDa) que representa a fração ativa da toxina e A2 (4 kDa) que liga a subunidade A às subunidades B, e um conjunto de frações idênticas de 7,7 kDa, responsáveis pela ligação da toxina à célula eucariótica. As toxinas Stx pertencem a dois grupos distintos, Stx1 e Stx2. Enquanto as toxinas do grupo Stx1 apresentam apenas pequenas variações nas sequências de aminoácidos, constituindo um grupo mais homogêneo, as do grupo Stx2 têm diversas variantes com características antigênicas e biológicas bastante diferentes. Os subtipos de Stx1 são Stx1a, Stx1c, Stx1d e Stx1e, enquanto os subtipos de Stx2 são, atualmente, Stx2a, Stx2b, Stx2c, Stx2d, Stx2e, Stx2f, Stx2g, Stx2h, Stx2i, Stx2j, Stx2k e Stx2l.

O mecanismo de ação das toxinas da família Stx envolve a inibição da síntese proteica na célula-alvo, função mediada pela subunidade A1 que apresenta uma atividade de N-glicosidase, causando a remoção de um resíduo de adenina da fração 28 S da subunidade 60 S do ribossomo eucariótico, levando à alteração no sítio aminoacil ribossomal e consequente inibição do processo de tradução do DNA. Os diferentes tipos de Stx apresentam variações quanto à sua potência, possivelmente relacionadas com maior ou menor afinidade pelo receptor na superfície celular e/ou a maior eficiência no transporte intra e intercelular. A informação genética para a produção de Stx1 e para a maioria dos subtipos de Stx2 está localizada no genoma de fagos temperados, ao contrário das toxinas Stx de *S. dysenteriae* 1 e do subtipo Stx2e, codificadas por genes cromossômicos. As cepas de STEC podem apresentar somente um dos genes *stx* ou uma combinação entre eles. Além disso, embora as cepas de STEC possam apresentar mais de um subtipo de Stx2, o mesmo não foi observado para Stx1. É importante também mencionar que a gravidade da doença depende não apenas do tipo de toxina como também do subtipo que é produzido. Assim, o desenvolvimento de SHU tem sido mais frequentemente observado em pacientes infectados com STEC produtoras de Stx2, sendo os subtipos Stx2a e Stx2d mais relacionados a doenças graves do que Stx2c.

A etapa inicial de uma infecção por STEC compreende a adesão bacteriana ao epitélio intestinal. Muitos sorotipos de STEC podem aderir intimamente às células epiteliais do intestino, induzindo profunda alteração no local de aderência, denominada lesão A/E (*attaching and effacing*), semelhante ao que é observado na patogênese das infecções causadas por EPEC. A lesão A/E caracteriza-se pela destruição das microvilosidades dos enterócitos e aderência íntima da bactéria à superfície da célula hospedeira. No local de aderência, ocorre uma reorganização do citoesqueleto, com um grande acúmulo de actina, resultando na formação de uma estrutura denominada pedestal. Todos os genes necessários à formação da lesão A/E estão na ilha de patogenicidade denominada LEE (*Locus of Enterocyte Effacement*). Nesta região estão presentes os genes que codificam um sistema de secreção tipo III, estrutura responsável pela translocação de várias proteínas para a célula hospedeira. Também estão na região LEE os genes *eae, tir* e *esp*, responsáveis, respectivamente, pela codificação da intimina, da Tir (*translocated intimin receptor*) e de várias proteínas, entre elas a EspA, EspB e EspD (*EPEC-secreted proteins*), envolvidas na sinalização celular.

Um número considerável de cepas de STEC não apresenta o aparato genético responsável pela lesão A/E. Inicialmente estas bactérias foram consideradas meros colonizadores da mucosa intestinal de ruminantes, com capacidade reduzida de causar infecções humanas. Entretanto, amostras STEC LEE-negativas também têm sido isoladas de casos esporádicos e surtos de CH e SHU em diferentes países, demonstrando assim que, apesar da importância da lesão A/E, ela não é essencial para a patogênese da doença.

Outros mecanismos de aderência que permitem a colonização da mucosa intestinal de forma tão eficiente como o responsável pela lesão A/E parecem estar presentes nas cepas desprovidas de LEE. Além disso, várias adesinas, distintas da intimina, têm sido descritas em amostras STEC LEE-positivas, cujos genes estão localizados em outras ilhas de patogenicidade (não LEE) ou em plasmídeos. Estes fatores de aderência descritos em amostras STEC O157 e não O157 poderiam explicar a colonização e a permanência destas bactérias tanto no hospedeiro humano como no reservatório animal.

Além da toxina Stx, outros fatores citotóxicos também podem estar presentes em STEC, como por exemplo a êntero-hemolisina (Ehx), considerada um marcador de alta virulência de STEC. Acredita-se que a contribuição de Ehx na patogênese das doenças causadas por STEC seja semelhante à de outras hemolisinas, ou seja, promovem o acesso ao ferro necessário ao metabolismo bacteriano. Outras exotoxinas, como a toxina citoletal distensora (CDT) e uma toxina do tipo subtilase (SubAB), podem ser marcadores de prognóstico desfavorável, devido à maior frequência na SHU.

Aspectos epidemiológicos

Historicamente, o termo *E. coli* êntero-hemorrágica (EHEC) foi utilizado para designar um subgrupo de STEC associado a casos de colite hemorrágica (CH). Cepas de EHEC eram geralmente portadoras da ilha de patogenicidade LEE, embora o subgrupo tenha englobado algumas amostras LEE-negativas dos sorotipos O91:H21, O104:H4 e O113:H21 associadas à CH. Entretanto, esta designação se baseava na opinião de que somente alguns tipos de STEC eram capazes de causar doenças graves, que eram homogeneamente identificados pela presença do gene *eae* e de determinados LPSs. Assim, considerando a literatura recente, o termo EHEC está desatualizado e deve ser substituído por STEC. *E. coli* O157 é o sorogrupo de maior relevância no contexto das infecções por STEC. Este sorogrupo é altamente prevalente em países desenvolvidos, e apresenta a capacidade de causar quadros clínicos de extrema gravidade, com frequente evolução para SHU. Entretanto, vários outros sorogrupos de STEC vem sendo implicados em processos infecciosos comparáveis aos causados por *E. coli* O157:H7, principalmente os sorogrupos O26, O103, O111, O113 e O145. No Brasil, a incidência de infecções por STEC é comparável a de alguns países da Europa. Casos de SHU, anemia hemolítica e diarreias, sanguinolentas ou não, relacionados tanto a STEC O157:H7 como aos sorotipos não-O157 têm sido diagnosticados em diferentes regiões do Brasil.

STEC representa o único patotipo de *E. coli* com origem comprovadamente zoonótica. Os animais ruminantes, especialmente os bovinos, constituem um reservatório natural destas bactérias. Assim, a carne bovina, em especial a carne moída, leite cru e derivados, vegetais e água, contaminados por material fecal, ingeridos crus ou com cozimento insuficiente, são os principais veículos. Sucos não pasteurizados também já estiveram envolvidos em surtos. A transmissão pessoa a pessoa, especialmente do sorotipo O157:H7, está bem estabelecida, sendo facilitada pela baixa dose infectante. Porém, outros modos de transmissão, como aqueles associados à água de recreação de lagos e de piscinas ou contato com ambientes contaminados, como, por exemplo, de fazendas, têm sido também descritos.

Medidas de controle

As medidas de controle envolvem práticas de higiene em toda a cadeia de produção de alimentos, cuidados no manuseio e descarte de dejetos animais, boas práticas de higiene no contato com animais, especialmente de crianças que visitam minizoológicos e fazendas. Outras medidas preventivas incluem evitar a contaminação cruzada entre alimentos crus e aqueles prontos para o consumo, bem como evitar a ingestão de produtos não pasteurizados e especialmente de carnes cruas ou malcozidas.

Escherichia coli **enteroagregativa (EAEC)**

Características do patógeno

Esse grupo de bactérias é capaz de aderir a linhagens celulares epiteliais, formando agregados bacterianos, em um arranjo característico, semelhante a tijolos empilhados (*stacked bricks*), daí a denominação de aderência agregativa.

Características da doença

Embora a duração da diarreia provocada por EAEC possa variar de 1 até 8 dias, essa categoria tem sido responsabilizada por quadros de diarreia persistente, com duração superior a 14 dias. Outros sintomas podem estar presentes, como febre, vômitos e fezes líquidas com muco mas sem sangue.

Mecanismo de patogenicidade

A patogênese das infecções causadas por EAEC ainda não está bem esclarecida. Diferentes adesinas, toxinas e proteínas extracelulares, codificadas em plasmídeos ou no cromossomo, figuram como potenciais fatores de virulência. O modelo de patogênese das EAEC compreende: i) intensa aderência à mucosa intestinal, ii) elaboração de toxinas e citotoxinas, e iii) indução de inflamação da mucosa. Vários fatores de virulência de EAEC são regulados por um único ativador transcricional, denominado aggR, considerado um regulador universal de virulência. Assim, convencionou-se designar de EAEC típicas as cepas detentoras do gene *agg*R e de atípicas as amostras que não apresentam esse gene. A associação de *aggR* e diarreia tem sido observada em várias análises epidemiológicas, reforçando maior potencial de virulência nas cepas consideradas típicas.

Aspectos epidemiológicos

EAEC tem causado surtos de diarreia em várias regiões geográficas, associada à diarreia do viajante e também em pacientes com a síndrome da imunodeficiência adquirida. Causa diarreias persistentes, contribuindo para as altas taxas de mortalidade em crianças em países em desenvolvimento. Diferentemente do que ocorre para alguns outros patotipos de *E. coli*, EAEC pode pertencer a uma grande diversidade de sorotipos, portanto a sorotipagem não constitui uma ferramenta útil na sua identificação.

Embora EAEC seja detectada em diferentes animais, como cães, bovinos, macacos, cavalos e porcos, o papel destes animais como reservatório de EAEC para o ser humano ainda não foi comprovado. Por outro lado, EAEC tem sido detectada em diversos tipos de alimentos, o que sugere a possibilidade de estar envolvida em casos ou surtos de doenças transmitidas por alimentos.

Escherichia coli enterotoxigênica

Características do patógeno

E. coli enterotoxigênica (ETEC) é capaz de produzir as enterotoxinas termolábil (LT) e/ou termoestável (ST) e colonizar o epitélio do intestino delgado por meio de diferentes estruturas de aderência, coletivamente denominadas fatores de colonização (CFs).

Características da doença

A infecção por ETEC pode resultar em um amplo espectro de sintomas, desde uma diarreia branda até uma diarreia grave, semelhante à cólera. Essa infecção caracteriza-se por uma diarreia aquosa intensa, acompanhada por febre baixa, dores abdominais e náuseas. A infecção é autolimitada, com duração média de 1 a 2 dias. Nos casos mais graves, a diarreia pode levar à desidratação, com fezes que lembram "água de arroz", podendo em casos extremos levar ao choque. A dose infectante é alta, variando de 10^6 a 10^8 bactérias.

Mecanismo de patogenicidade

A patogenicidade das ETEC está associada à colonização da mucosa intestinal, através da presença dos CFs, e da produção das enterotoxinas LT e/ou ST. A colonização bacteriana é uma etapa importante da patogênese, pois estabelece a região da infecção, determina a interação enterotoxina-receptor, e evita a degradação da enterotoxina pelas enzimas proteolíticas. Os CFs são estruturas filamentosas distribuídas na superfície bacteriana, de natureza proteica e antigênicas. Vários tipos de CFs já foram descritos em ETEC, mas seus receptores na membrana celular eucariótica ainda não estão totalmente caracterizados. Os genes envolvidos na biossíntese do CFs estão localizados em plasmídeos de alto peso molecular, que geralmente também albergam os genes para enterotoxinas.

As enterotoxinas LT e ST compreendem duas grandes famílias de toxinas de natureza proteica, que diferem quanto a sua tolerância à temperatura, estrutura, imunogenicidade e mecanismos de ação. A termolabilidade está relacionada com a perda da atividade tóxica após aquecimento a 100 °C durante 30 minutos, enquanto a termoestabilidade significa a manutenção da atividade da toxina nestas condições. Algumas cepas de ETEC são capazes de produzir as duas toxinas, enquanto outras produzem apenas uma delas.

As toxinas LT são proteínas oligoméricas de aproximadamente 86 kDa, compostas por cinco subunidades B idênticas de 11,5 kDa, arranjadas em uma estrutura em anel, e em associação a uma subunidade A central de 28 kDa. As subunidades B são responsáveis pelo reconhecimento e ligação da toxina ao receptor gangliosídico presente na mucosa intestinal. A subunidade A é formada por dois domínios distintos, A1 e A2, ligados por uma ponte de dissulfeto. O domínio A1 (componente tóxico) apresenta atividade de ADP-ribosiltransferase, enquanto o domínio A2 é responsável pela interação de A1 com o pentâmero da subunidade B. Reações de identidade imunológica e análise da similaridade da sequência de aminoácidos das subunidades A e B permitiram a subdivisão das toxinas LT em duas classes distintas: LT-I e LT-II. As toxinas LT-I apresentam alta similaridade (79%) com a toxina CT da cólera, enquanto as toxinas LT-II, embora semelhantes à LT-I, são imunologicamente distintas destas. Os receptores para as toxinas LT-I e LT-II são os monosialogangliosídeos GM1 e GD1, respectivamente. O mecanismo de ação das toxinas LT compreende a ADP-ribosilação da proteína Gsα, uma GTPase que ativa o sistema adenilato-ciclase. Esta ativação permanente do complexo adenilato ciclase leva à subsequente elevação intracelular nos níveis de AMP cíclico (AMPc). Em consequência, tem-se ativação da proteína quinase A AMPc-dependente e fosforilação dos canais de cloro, que estimulam a secreção de íons Cl^- e a redução na absorção de Na^+. Esta profunda alteração no metabolismo hidrossalino da célula leva ao acúmulo de água no lúmen intestinal e diarreia.

Por sua vez, as enterotoxinas ST são proteínas monoméricas, de baixo peso molecular (5kDa) e contêm múltiplos resíduos de cisteína, formando pontes de dissulfeto, o que lhes confere a termoestabilidade. São classificadas em dois subgrupos: STa (ou ST-I) e STb (ou ST-II) de acordo com suas propriedades químicas e biológicas. As toxinas STa são solúveis em metanol, resistentes a ácidos, detergentes e diversas proteases. Os genes responsáveis pela produção de STa estão localizados em plasmídeos que são ladeados por sequências de inserção. A toxina STb é insolúvel em metanol e sua produção é codificada por genes plasmidiais. Embora STb tenha sido originalmente relacionada à diarreia em suínos, sua ocorrência tem sido também relatada em amostras de ETEC de origem humana.

O receptor-alvo da enterotoxina STa pertence à família de receptores de ciclase, a guanina ciclase tipo C, localizado na membrana apical dos enterócitos. A ligação de STa no domínio extracelular da guanina ciclase induz sua atividade enzimática, o que provoca aumento de níveis de guanosina monofosfato cíclico (GMPc), que é uma molécula sinalizadora de eventos intracelulares de células eucarióticas. No caso dos enterócitos, ocorre alteração na absorção e secreção de eletrólitos, ou seja, a estimulação da secreção de cloreto e o bloqueio da absorção de sódio, resultando no acúmulo de água e eletrólitos no lúmen intestinal. Por outro lado, o mecanismo de ação de STb não envolve a ativação de nucleotídeos cíclicos. STb se liga a sulfatídeos e glicoesfingolipídeos acídicos, e após ser internalizada, interfere nos níveis intracelulares de cálcio, promovendo a secreção de líquidos. O aumento de cálcio também regula atividade das fosfolipases A2 e C, que liberam ácido araquidônico, causando formação de prostaglandinas e leucotrienos, que atuam no transporte de água e eletrólitos através das células intestinais.

Aspectos epidemiológicos

ETEC causa diarreia aguda em crianças menores de cinco anos de idade em todo o mundo. É também considerada o principal agente da "diarreia do viajante", acometendo adultos que viajam de países industrializados para regiões tropicais e subtropicais menos industrializadas. Nas regiões onde as condições de saneamento básico são precárias, a doença atinge pessoas de todas as faixas etárias. ETEC figura ainda como um importante patógeno em animais, sendo causador de disenteria em bovinos e diarreia neonatal e pós-desmame em suínos, causando perdas financeiras expressivas na indústria agropecuária.

As ETEC pertencem a uma grande diversidade de sorotipos, porém alguns têm distribuição universal, além de serem mais prevalentes, destacando-se os sorotipos: O6:H16, O8:H9, O25:H42, O27:H7, O78:H12, O128:H12, O128:H21, O148:H28 e O153:H45. Há uma estreita relação entre o sorotipo, fenótipo toxigênico e a presença de CFs. Estudos epidemiológicos realizados em diferentes regiões geográficas indicam que os casos de diarreia causados por ETEC são mais frequentemente associados a cepas produtoras apenas de ST-I ou de LT-I e ST-I, sendo a produção de LT-II e ST-II mais rara.

As diarreias por ETEC são causadas principalmente pela ingestão de água e alimentos contaminados, contudo a transmissão por contato pessoal, em berçários e enfermarias pediátricas, também tem sido relatada.

Escherichia coli enteropatogênica

Características do patógeno

Escherichia coli enteropatogênica (EPEC) foi o primeiro patotipo de *E. coli* associado à diarreia infantil, atingindo, principalmente, crianças com menos de 2 anos de idade, sendo considerado por décadas a principal causa de gastroenterites em crianças em todo mundo. As EPEC costumavam ser classificadas em 12 sorogrupos (O26, O55, O86, O111, O114, O119, O125, O126, O127, O128, O142 e O158), mas com os avanços nos conhecimentos sobre os fatores de virulência e dos mecanismos de interação com a célula eucariótica, as EPEC passaram a ser subdivididas em EPEC típicas e atípicas. As principais diferenças entre elas estão relacionadas com o sorotipo e com a presença do plasmídeo EAF (*EPEC adherence factor*), que ocorre apenas nas EPEC típicas. As EPEC se caracterizam pela ausência dos genes responsáveis pela produção da toxina Shiga e pela capacidade em causar a lesão A/E.

Características da doença

A diarreia provocada por EPEC típicas acomete crianças, principalmente no primeiro ano de vida e caracteriza-se por ser aquosa, com grande quantidade de muco e sem sangue. A infecção de EPEC típicas em adultos, embora menos frequente, está associada a altas doses infectantes. Por outro lado, as EPEC atípicas vêm sendo, recentemente, responsabilizadas por causar surtos de diarreia em crianças e adultos de várias faixas etárias e em pacientes com AIDS. Alguns estudos têm inclusive sugerido o envolvimento de EPEC atípicas como agentes de diarreia persistente.

Mecanismo de patogenicidade

O mecanismo de patogênese das EPEC típicas e atípicas está associado à capacidade de causar a lesão A/E, à semelhança do descrito para as cepas de STEC. Nas EPEC típicas, a capacidade de colonizar o epitélio intestinal tem sido atribuída à presença de uma adesina fimbrial denominada BFP (*bundle forming pilus*), codificada pelo gene *bfpA* presente no plasmídeo EAF. No entanto, alguns trabalhos sugerem que a adesina BFP não é responsável pela colonização da mucosa, mas promove a ligação entre as bactérias, formando microcolônias, como ocorre na aderência localizada (AL). Devido à ausência de EAF e a expressão de BFP nas EPEC atípicas, a maioria destas cepas apresenta um padrão de aderência semelhante à AL, denominado *AL-like*, e que se caracteriza pela formação de microcolônias mais frouxas em ensaios de aderência mais prolongados.

Aspectos epidemiológicos

As infecções por EPEC típicas são mais frequentes em crianças de baixo nível socioeconômico de grandes centros urbanos. Embora tenham figurado como agentes importantes de diarreia no primeiro ano de vida em países desenvolvidos, atualmente raramente são isoladas. AS EPEC típicas têm como principal reservatório os seres humanos. Por outro lado, as EPEC atípicas têm sido também encontradas em bovinos, ovinos, suínos, aves e também em animais domésticos, como cães e gatos. Entretanto, a transmissão direta de EPEC atípicas entre animais e seres humanos ainda não foi comprovada. Os casos e surtos de doenças de origem alimentar atribuídos a EPEC (típicas ou não típicas) são muito raros, sendo o contato pessoa a pessoa a via mais importante de transmissão.

Escherichia coli enteroinvasora

Características do patógeno

Escherichia coli enteroinvasora (EIEC) são bactérias capazes de invadir células intestinais e provocar uma infecção muito semelhante à causada por *Shigella* spp. A maioria das cepas de EIEC apresenta características bioquímicas diferentes das demais cepas de *E. coli*, e semelhantes às de *Shigella*, como por exemplo, incapacidade de descarboxilar a lisina, incapacidade de fermentar (ou fermentar tardiamente) lactose e motilidade negativa (com exceção do sorotipo O124:H30). Contudo, todos os sorotipos são positivos para o gene *fli*C, responsável pela expressão da flagelina.

Características da doença

EIEC atua na mucosa do cólon provocando diarreia aquosa seguida de disenteria, que consiste em poucas fezes com muco e sangue, que é acompanhada de febre, mal-estar e cólicas abdominais.

Mecanismo de patogenicidade

EIEC tem como mecanismo principal de patogenia a capacidade de invadir células intestinais, sendo esta característica dependente da presença de um plasmídeo (pInv) de aproximadamente 140 MDa, que codifica a produção de várias proteínas de membrana externa envolvidas neste processo. Como consequência, ocorre intensa reação inflamatória local, além de ulceração da mucosa intestinal.

Aspectos epidemiológicos

Cepas de EIEC são responsáveis por casos esporádicos e surtos epidêmicos de diarreia em crianças com mais de 2 anos de idade e em adultos em todo mundo, inclusive no Brasil. O reservatório é o próprio ser humano, sendo a infecção transmitida pela via fecal-oral. Os casos de doença atribuídos a EIEC contaminando alimentos ou água são muito raros.

Tratamento

De modo geral, as infecções intestinais causadas por *E. coli* dispensam, o uso de antibioticoterapia. Contudo, quando houver indicação, o antimicrobiano deve ser selecionado a partir do antibiograma, uma vez que as *E. coli* enteropatogênicas podem apresentar, com frequência, resistência múltipla. Por outro lado, a reposição hidreletrolítica é essencial na maioria dos casos e deve ser realizada o mais breve possível.

Leitura sugerida

Boisen N, Østerlund MT, Joensen KG, Santiago AE, Mandomando I, Cravioto A et al. Redefining enteroaggregative *Escherichia coli* (EAEC): Genomic characterization of epidemiological EAEC strains. PLOS Neglected Tropical Diseases 2020;14(9):e0008613. https://doi.org/10.1371/journal.pntd.0008613

Fleckenstein JM, Hardwidge PR, Munson GP, Rasko DA, Sommerfelt H, Steinsland. Molecular mechanisms of enterotoxigenic *Escherichia coli* infection. Microbes and Infection 2010;12:89-98. https://doi.org/10.4161/gmic.25861

Gomes TAT, Elias WP, Scaletsky IC, Guth BEC, Rodrigues JF, Piazza RM, Ferreira LC, Martinez MB. Diarrheagenic *Escherichia coli*. Brazilian Journal of Microbiology 2016;47(Supp. 1):3-30. https://doi.org/10.1016/j.bjm.2016.10.015

Gonzalez-Escalona N, Meng J, Doyle MP. Shiga toxin-producing *Escherichia coli*. In: Doyle MP, Diez-Gonzalez F, Hill C (Ed.). Food microbiology: Fundamentals and frontiers. 5th ed. Washington, DC: ASM Press, 2019. p. 289-315. https://doi.org/10.1128/9781555819972.ch11

Hernandes RT, Elias WP, Vieira MAM, Gomes TAT. An overview of atypical enteropathogenic *Escherichia coli*. FEMS Microbiology Letters 2009;297:137-49. https://doi.org/10.1155/2014/845147

Johnson KE, Thorpe CM, Sears CL. The emerging clinical importance of non-O157 Shiga toxin-producing *Escherichia coli*. Clinical Infectious Diseases 2006;43:1587-95. https://doi.org/10.1086/509573

Kaper JB, Nataro JP, Mobley HL. Pathogenic *Escherichia coli*. Nature Reviews Microbiology 2004;2:123-40. https://doi.org/10.1038/nrmicro818

Koutsoumanis K, Allende A, Alvarez-Ordonez A, Bover-Cid S et al. Pathogenicity assessment of Shiga toxin-producing *Escherichia coli* (STEC) and the public health risk posed by contamination of food with STEC. EFSA Journal 2020;18(1):5967. https://doi.org/10.2903/j.efsa.2020.5967

Capítulo 4.7

Salmonella spp.

Rafael Chacon Ruiz Martinez
Daniel Farias Marinho do Monte
Bernadette Dora Gombossy de Melo Franco
Mariza Landgraf

Características do microrganismo

O gênero *Salmonella* é constituído por bacilos Gram-negativos, anaeróbios facultativos e não esporulados pertencentes à família *Enterobacteriaceae*. São microrganismos ubíquos e capazes de infectar diversos hospedeiros. Embora a maioria seja móvel, em razão da presença de flagelos peritríquios, há exceções (*S.* Gallinarum e *S.* Pullorum).

Salmonelas são quimiorganotróficas e capazes de metabolizar nutrientes pelas vias respiratória e fermentativa. Os biótipos clássicos de *Salmonella* utilizam a glicose e outros carboidratos, produzindo ácido e gás. São também oxidase negativas e catalase positivas, podem multiplicar-se quando o citrato é a única fonte de carbono, geralmente produzem sulfeto de hidrogênio (H_2S), descarboxilam lisina e ornitina, não hidrolisam a ureia e não fermentam lactose. Algumas destas características podem variar em consequência da variabilidade genética e aquisição de plasmídeos, resultando em novos biótipos, como os que fermentam lactose e sacarose, não descarboxilam a lisina, têm atividade ureásica, produzem indol e multiplicam-se na presença de KCN. Essa grande variabilidade nas propriedades bioquímicas explica a tendência de uso de métodos moleculares para identificação de *Salmonella*, focados na pesquisa de genes estáveis e mais específicos para esse gênero, como o gene *inv*.

Embora a classificação taxonômica de *Salmonella* spp. esteja em constante atualização, análises de hibridização de DNA e sequenciamento da fração 16S do RNA ribossomal indicam que, atualmente, o gênero é formado por duas espécies apenas: *Salmonella enterica* e *Salmonella bongori*. Enquanto a espécie *Salmonella bongori* não tem subespécies, a espécie *S. enterica* é dividida em seis subespécies:

- *S. enterica* subsp. *enterica*
- *S. enterica* subsp. *salamae*
- *S. enterica* subsp. *arizonae*
- *S. enterica* subsp. *diarizonae*
- *S. enterica* subsp. *houtenae*
- *S. enterica* subsp. *indica*

Cada uma das espécies de *S. enterica* é composta por várias sorovariedades, em um total de 2.636. *S. bongori* tem 23 sorovariedades, perfazendo um total de 2.659 sorovariedades para o gênero *Salmonella*.

As sorovariedades de *Salmonella* são determinadas de acordo com os três principais determinantes antigênicos na estrutura celular bacteriana: somáticos (O), flagelares (H), e capsular (Vi). Resumidamente, os antígenos O são lipopolissacarídeos (LPS) presentes na superfície da membrana externa do microrganismo, composta pelo lipídeo A (endotoxina) e por uma porção polissacarídica. Os antígenos O são designados através de números arábicos (1, 2, 3, 4, 5 etc.) e classificados como principais (específicos para determinadas sorovariedades) ou secundários (encontrados, simultaneamente, em diferentes sorovariedades). Os antígenos H, por sua vez, são proteínas termolábeis associadas aos flagelos, sendo a especificidade determinada pela composição e sequência dos aminoácidos da flagelina presentes nos flagelos. Os antígenos H podem ser expressos em uma ou duas fases: os de fase 1 são específicos e estão associados à identidade imunológica de determinada sorovariedade, enquanto os de fase 2 são antígenos não específicos, associados a diferentes sorovariedades do microrganismo. Os antígenos H são designados por letras minúsculas de nosso alfabeto e por números arábicos. O antígeno Vi é formado por um complexo glicoproteico termolábil, que ocorre apenas em três sorovariedades de *S. enterica* subsp. *enterica*. (*S.* Typhi, *S.* Paratyphi C e *S.* Dublin).

Com base no sistema de nomenclatura moderno, a citação da espécie e subespécie é frequentemente omitida, mantendo-se apenas a sorovariedade, que não é italicizada e é iniciada com letra maiúscula. Assim, por exemplo, *Salmonella enterica* subsp. *enterica* sorovariedade Typhimurium é citada simplesmente como *Salmonella* Typhimurium, ou abreviada como *S.* Typhimurium. As únicas variedades imóveis de *Salmonella* são *S. enterica* subsp. *enterica* serovar Gallinarum, com as biovariedades Gallinarum e Pullorum, que podem ser grafadas como *S.* Gallinarum e *S.* Pullorum, respectivamente.

No esclarecimento da origem e características de surtos relacionados a *Salmonella*, é possível utilizar um sistema de classificação complementar, com base na determinação da suscetibilidade do microrganismo a bacteriófagos, denominado fagotipagem, que permite diferenciar isolados de uma mesma sorovariedade. Atualmente, mais de 200 fagotipos de *Salmonella* são conhecidos, sendo o fagotipo PT4 de *S.* Enteritidis a causa predominante de salmonelose em inúmeros países.

A maioria das sorovariedades de *Salmonella* multiplica-se entre 5 °C e 47 °C, sendo a temperatura ótima entre 35 °C e 37 °C. Salmonelas são normalmente inibidas por cloreto de sódio nas concentrações de 3% a 4%, contudo, a tolerância pode ser maior quando a temperatura está na faixa de 10 °C a 30 °C. O microrganismo é termossensível e destruído pelo aquecimento em temperatura igual ou superior a 70 °C. A faixa de pH para multiplicação está entre 4,0 e 9,0, sendo o valor ótimo de 6,5 a 7,5. A exposição a ambientes moderadamente ácidos (pH entre 5,5 e 6,0), seguida da exposição das células adaptadas ao pH 4,5 (choque ácido), ativa uma complexa resposta de tolerância ácida, que potencializa a sobrevivência do microrganismo em ambientes extremamente ácidos (pH 3,0 a 4,0). *Salmonella* requer Aa entre 0,94 e 0,99 para multiplicação, embora possa sobreviver por algum período em alimentos desidratados.

Características da doença

Nos seres humanos, *Salmonella* pode causar as seguintes doenças: febres entéricas, enterocolites e infecções sistêmicas.

As febres entéricas, causadas por *S.* Typhi (febre tifoide) e *S.* Paratyphi A, *S.* Paratyphi B e *S.* Paratyphi C (febre paratifoide), são doenças graves que acometem apenas os seres humanos, mais comumente crianças. Esses microrganismos são transmitidos pela rota fecal-oral, por meio da ingestão de água e alimentos contaminados com dejetos humanos, e são bem adaptados para a invasão e sobrevivência em tecidos humanos. As manifestações clínicas das febres entéricas se iniciam após um período de incubação que varia entre 7 e 28 dias e podem incluir diarreia, febre elevada (39 °C a 40 °C) e prolongada, dor abdominal, cefaleia e prostração. A sintomatologia da febre paratifoide é similar àquela observada em pacientes diagnosticados com febre tifoide, porém é mais branda. Aproximadamente 10% das pessoas com febre entérica apresentam recaídas, morrem ou desenvolvem complicações sérias, como encefalopatia tifoide, sangramento e perfuração intestinal. A recaída é devida à persistência e multiplicação de *Salmonella* no interior dos macrófagos, que podem ser lisados, liberando o patógeno para a corrente sanguínea. O microrganismo pode então atingir diferentes órgãos, como baço, fígado, vesícula biliar e mesmo causar infecção sistêmica. O diagnóstico da febre entérica consiste na detecção do patógeno em amostras de sangue ou urina nos primeiros estágios da doença ou a partir de amostras de fezes após o início dos sintomas. O tratamento da patologia é fundamentado na utilização de terapia de suporte (reposição hidreletrolítica) e/ou administração de antibióticos (ciprofloxacina, ceftriaxona, cefotaxima, amoxicilina, cloranfenicol e ampicilina).

As enterocolites (ou salmoneloses não tifoides) são causadas por pelo menos 150 sorovariedades de *Salmonella,* sendo *S.* Typhimurium e *S.* Enteritidis as mais prevalentes. A infecção sempre ocorre via ingestão de água e alimentos contaminados com dejetos de origem humana ou animal. Os sintomas aparecem entre 8 e 72 horas após o contato com o patógeno, e são constituídos por febre moderada, dor abdominal, cólicas, náusea, vômitos, diarreia abundante não sanguinolenta e fadiga. A doença é normalmente autolimitada e a remissão das fezes diarreicas e dores abdominais ocorre até cinco dias após o início dos sintomas. O tratamento apropriado dos casos não complicados de enterocolites requer apenas o uso de terapia de suporte, com reposição da água e eletrólitos eliminados nas fezes. Nesses pacientes, a utilização de antibióticos é contraindicada uma vez que há possibilidade de prolongamento do estado de portador assintomático da infecção e da excreção fecal do patógeno. O uso desses medicamentos só é recomendado em casos específicos, por exemplo, em pacientes que apresentam algum grau de imunodeficiência. A persistência assintomática de *Salmonella* no trato intestinal pode estar relacionada com o uso de antibióticos que destroem a microbiota autóctone desse sítio anatômico, a qual tem um papel fundamental por competir com o patógeno por nutrientes e sítios de adesão.

As enterocolites em seres humanos causadas por salmonelas não tifoides podem transformar-se em infecções sistêmicas, resultando em diversas doenças crônicas, como artrite reativa, síndrome de Reiter e espondilite anquilosante, em consequência da capacidade de o microrganismo infectar superfícies de mucosas, da presença de LPS e da propensão à invasão das células do hospedeiro.

As salmoneloses podem ser propagadas através de portadores crônicos que podem infectar um elevado número de pessoas. Alguns estudos indicam que 10% dos pacientes com febre tifoide não tratados podem excretar *S.* Typhi nas fezes durante 1 a 3 meses, enquanto 1% a 4% tornam-se portadores crônicos, excretando o microrganismo por períodos superiores a 1 ano. Por outro lado, 0,1% dos pacientes contaminados com sorovariedades de *Salmonella* não tifoide podem eliminar o microrganismo nas fezes por mais de 1 ano.

Mecanismos de patogenicidade

A gastroenterite causada por *Salmonella* é uma infecção localizada da mucosa intestinal e dos nódulos linfáticos mesentéricos, associada à resposta inflamatória intestinal e ao aumento de secreção de líquido intestinal. A virulência está relacionada com a capacidade de *Salmonella* aderir e invadir o epitélio intestinal, graças a atributos estruturais e fisiológicos, que atuam independentemente ou em sinergia, codificados por um complexo arcabouço de genes localizados no cromossomo bacteriano e em plasmídeos, cuja expressão é controlada por vários mecanismos de regulação.

As infecções por *Salmonella* iniciam-se na mucosa do trato intestinal, mais especificamente no íleo distal, onde as salmonelas precisam atravessar a camada mucosa que reveste o epitélio. Essa camada mucosa é constituída por glicoproteínas produzidas pelas células caliciformes do epitélio, que secretam também alguns peptídeos com atividade antimicrobiana. Ao contato com o epitélio intestinal, as salmonelas produzem apêndices proteicos em sua superfície, denominados adesinas, que promovem sua adesão às microvilosidades do epitélio. As adesinas são fímbrias do tipo I sensíveis à manose. A adesão à mucosa aciona mecanismos de sinalização entre o microrganismo e o hospedeiro, que resultam na invasão dos enterócitos e células M epiteliais, e colonização das placas de Peyer (agrupamentos de folículos linfoides na membrana mucosa). Ocorre o rearranjo do citoesqueleto epitelial, com formação de ondulações na superfície da membrana, em um fenômeno denominado *ruffling*, que resulta no engolfamento da bactéria pelas células fagocíticas.

Os genes associados à virulência estão localizados no cromossomo bacteriano, agrupados em *clusters* denominados SPI (Ilhas de Patogenicidade de Salmonella ou Salmonella Pathogenicity Islands). Pelo menos 21 SPI já foram descritas, relacionadas a importantes fatores de virulência, sendo as mais estudadas a SPI-1 e SPI-2, que codificam a expressão do que se denomina Sistemas de Secreção do Tipo 3 (SST-3 ou TTSS – Type III Secretion System), responsáveis pela translocação de proteínas microbianas para o interior de células eucarióticas. Os SST-3 são estruturas de membrana que, como agulhas, formam poros na célula hospedeira, por onde entram as moléculas efetoras. O SST-3 da SPI-1 é responsável pela invasão das células epiteliais intestinais e também pela resposta inflamatória intestinal. O SST-3 da SPI-2, por sua vez, está relacionado com a invasão de células fagocíticas, como macrófagos e células dendríticas, e a subsequente sobrevivência intracelular de *Salmonella*, no interior de vacúolos denominados SCV (*Salmonella* Containing Vacuoles). Embora as SPI-1 e SPI-2 sejam as mais conservadas em *Salmonella* e também as mais conhecidas, outras SPI também têm papel importante na virulência desta bactéria, como a SPI-3 que contém o gene para uma proteína de membrana interna (MgtC), responsável pela sobrevivência intracelular e multiplicação em ambientes com baixo teor de Mg^{2+}, e a SPI-7, que contém os genes relacionados com a síntese de pili do tipo IV, que atuam na infecção dos macrófagos e na síntese do antígeno capsular Vi, em *S.* Typhi e *S.* Paratyphi C.

Além dos fatores de virulência codificados por genes localizados em SPI, salmonelas podem conter plasmídeos (uma a duas cópias por célula e tamanho estimado entre 50 e 90 Kb). Um plasmídeo de virulência grande, com tamanho de até 285 kD é comum em *S.* Enteritidis, *S.* Typhimurium, *S.* Cholerasuis e *S.* Dublin, mas ausente em *S.* Typhi e *S.* Paratyphi A e B. Este plasmídeo grande contêm o gene *spv*, que codifica fatores necessários à sobrevivência da bactéria dentro do sistema reticuloendotelial do hospedeiro, com a produção das enzimas catalase e superóxido dismutase e a resistência às defensinas (peptídeos tóxicos). Além dos genes *spv*, os plasmídeos de virulência podem conter genes responsáveis por outros fatores de virulência, como a produção de fímbrias, que induzem a resposta pró-inflamatória, auxiliam na adesão às células epiteliais e têm papel importante na formação de biofilme.

As salmonelas também podem produzir várias toxinas, além da endotoxina lipopolissacarídica (LPS), característica das bactérias Gram-negativas (lipídeo A). Entre as exotoxinas, destacam-se a citotoxina, que tem ação semelhante à toxina de Shiga e a enterotoxina estrutural e imunologicamente relacionada à toxina colérica e à enterotoxina termolábil de *E. coli* (LT-1). Condições ambientais adversas, como pH baixo e temperatura elevada (42 °C), favorecem a lise do microrganismo e a liberação da citotoxina, que destrói as células epiteliais do hospedeiro por inibição da síntese proteica, promovendo assim a disseminação do microrganismo para outros tecidos. A enterotoxina, por sua vez, causa a secreção de líquidos em direção ao lúmen intestinal pela ativação da enzima adenil ciclase nas células epiteliais intestinais. No entanto, acredita-se que a diarreia causada por *Salmonella* seja uma resposta das células intestinais à invasão, e a produção de enterotoxina diarreica é apenas um fator de virulência secundário.

O polissacarídeo capsular Vi, característico de *S.* Typhi, é também um importante determinante de virulência, que age por meio da inibição da etapa de opsonização da superfície bacteriana pelo fator C3b do sistema complemento que faz parte das defesas imunológicas do hospedeiro, a qual é crítica na indução do processo de fagocitose de salmonelas invasivas.

Outros fatores que agem na virulência de *Salmonella* incluem as porinas da membrana externa, que agem como canais transmembrana, regulando a entrada de nutrientes, antibióticos e outras moléculas de baixo peso molecular. Mutações nos genes responsáveis pela síntese dessas porinas resultam em redução da virulência do microrganismo. *Salmonella* também é capaz de produzir compostos orgânicos denominados sideróforos, que captam o ferro do meio ambiente, um elemento necessário para a realização de diversas funções celulares vitais. Outro elemento que age na virulência é a capacidade de *Salmonella* formar biofilmes, que aumenta a sua resistência em ambientes ácidos, pobres em nutrientes e temperaturas desfavoráveis à sua sobrevivência.

A dose infecciosa de *Salmonella* é dependente da sorovariedade, linhagem bacteriana, condições de multiplicação do microrganismo e suscetibilidade do hospedeiro, principalmente condição (integridade) do trato intestinal, idade e estado geral de saúde. Estudos recentes estimam que a dose infecciosa de *Salmonella* é 10^3 a 10^4 células, mas sabe-se que 1 a 10 células podem ser suficientes para desencadear a patologia em indivíduos com maior risco, como crianças, idosos, mulheres grávidas e pessoas com comprometimento do sistema imunológico. A virulência de *Salmonella* depende também das características do alimento contaminado. Em alimentos com elevado teor de gorduras, como chocolates, queijos e carnes, as salmonelas ficam aprisionadas dentro das micelas lipídicas hidrofóbicas, o que as protege da ação das defesas naturais do hospedeiro, como a acidez do suco gástrico.

Epidemiologia

Salmonella encontra-se amplamente distribuída na natureza, sendo seu *habitat* primário o trato intestinal de seres humanos e de animais. O microrganismo pode sobreviver por longos períodos no meio ambiente, sendo transmitido por vetores, como ratos, insetos e pássaros, que são capazes de excretar a bactéria pelas fezes durante semanas ou meses. Suínos, bovinos e aves podem ser infectados com o patógeno através da ingestão de água e ração contaminados, atuando como reservatórios para o microrganismo. *S.* Typhi e *S.* Paratyphi, causadoras das febres tifoide e paratifoide, respectivamente, não apresentam reservatórios animais, assim os seres humanos são os responsáveis por sua transmissão, através de água e alimentos contaminados e manipulação inadequada.

O número de casos de febre tifoide vem sendo reduzido, principalmente nos países desenvolvidos, mas os casos de salmonelose não tifoide vêm aumentando mundialmente. A febre tifoide é endêmica na África e na Ásia, e persistente no Oriente Médio e em alguns países das regiões sul e leste da Europa, América Central e Sul. Nos Estados Unidos e na maior parte da Europa, a febre tifoide é predominantemente uma doença associada a viajantes que regressam ao país de origem. A taxa de mortalidade varia entre 5% e 30% em países em desenvolvimento.

Com relação às enterocolites, sabe-se que *Salmonella* é uma das principais causas de doenças de origem bacteriana transmitidas por alimentos (DTA). As sorovariedades predominantes nos casos de DTA têm variado ao longo do tempo, passando de *S.* Agona, *S.* Hadar e *S.* Typhimurium, nas últimas décadas, para *S.* Enteritidis, na atualidade. As modificações nas sorovariedades predominantes são um reflexo das mudanças nas formas de criação de animais e da intensificação do comércio mundial de alimentos. As salmoneloses de origem alimentar podem limitar-se a um único indivíduo ou a um grupo pequeno de pessoas, bem como acometer milhares de indivíduos simultaneamente.

Salmonella é capaz de entrar na cadeia produtiva de alimentos em diferentes pontos, a iniciar pela alimentação do gado, como também no processamento, distribuição, venda e preparo na residência do consumidor. Os alimentos tradicionalmente envolvidos nos surtos de salmonelose são as carnes de aves (frango, peru, pato, ganso), os produtos lácteos (leite cru e pasteurizado, queijo, sorvete), ovos e produtos contendo ovos (maionese não industrializada, saladas), além de peixes e frutos do mar. Contudo, na última década, vegetais, como mamão, manga, melão, tomate, alfafa, alface e broto de feijão, têm sido veículos de disseminação do patógeno. Especificamente com relação às aves, algumas sorovariedades de *Salmonella* spp. são capazes de contaminar os ovos pela via transovariana, além de penetrar pela casca dos ovos durante a passagem pelo oviduto e cloaca. Nesse último caso, o fenômeno é intensificado pela presença de umidade na superfície externa do ovo e de cutícula danificada.

Um aspecto importante na epidemiologia das salmoneloses é o aumento da resistência de *Salmonella* aos antimicrobianos mais comumente utilizados na terapêutica médica e veterinária. Acredita-se que a seleção de cepas resistentes/multirresistentes desse patógeno esteja relacionada com o emprego indiscriminado de antibióticos para combater infecções e como promotores de crescimento em animais de produção.

Medidas de controle

As salmonelas são microrganismos ubiquitários, com vários animais que atuam como hospedeiros. Algumas sorovariedades de *S. enterica* já foram detectadas em águas de superfícies e de tanques de armazenamento, águas de irrigação, solo e superfícies de equipamentos. Essa diversidade de hospedeiros e as inúmeras estratégias para sobrevivência e expressão da virulência explicam a persistência de *Salmonella* na cadeia de alimentos, indicando a necessidade de múltiplas medidas para sua prevenção e controle.

Entre essas medidas incluem-se refrigeração e tratamento térmico (pasteurização e esterilização) dos alimentos, prevenção da ocorrência de contaminação cruzada, higiene pessoal adequada e processos eficazes de tratamento de água e esgoto.

Para o controle de *Salmonella* nos alimentos, é necessário desenvolver e implementar protocolos adequados de operação em toda a cadeia destes alimentos e validar estes protocolos. No caso de ovos, a vacinação de galinhas poedeiras é uma medida que auxilia na redução da incidência do microrganismo, uma vez que as salmonelas podem ser transmitidas para os ovos ainda durante sua formação. Outra medida que pode ser relevante no controle de *Salmonella* nas propriedades avícolas é o uso da exclusão competitiva, ou seja, administração de culturas bacterianas benéficas (probióticas) às aves recém-nascidas, que ocupam os sítios de adesão das salmonelas no epitélio intestinal dos animais, dificultando a colonização do ceco.

Leitura sugerida

Lewis AM, Melendrez MC, Fink RC. *Salmonella*. In: Doyle MP, Diez-Gonzalez F, Hill C (Ed.). Food microbiology: Fundamentals and frontiers, 5th ed. Washington, DC: ASM Press., 2019. p. 225-62. https://doi.org/10.1128/9781555819972.ch9

Montville TJ; Matthews KR, Kniel KE. Food microbiology - An introduction. 3rd ed. Washington DC, USA: ASM Press, 2012. 547p. https://doi.org/10.1128/9781555817206

Capítulo 4.8

Vibrio spp.

Mariza Landgraf

Introdução

Bactérias do gênero *Vibrio* pertencem à família *Vibrionaceae*, são bacilos retos ou curvos, com largura de 0,5 a 0,8 µm e comprimento de 1,4 a 2,6 µm. Não formam esporos, são móveis devido a um único flagelo polar, são aeróbios ou anaeróbios facultativos, com metabolismo fermentativo e respiratório. Seu genoma é dividido em dois cromossomos moldados por recombinação e transferência horizontal de genes, isto é, aquisição de material genético de outros microrganismos. Todos os microrganismos do gênero *Vibrio* são originários de ambientes marinhos e aquáticos, preferindo águas temperadas e salobra. O tamanho da população do microrganismo no ambiente natural, de modo geral, varia com a temperatura, apresentando comportamento sazonal.

O gênero *Vibrio* apresenta, atualmente, mais de 100 espécies, mas apenas 12 são consideradas patogênicas para o ser humano. Entre estas espécies, as principais responsáveis por enfermidades transmitidas por alimentos são: *V. cholerae*, responsável pela cólera, *V. parahaemolyticus*, responsável por gastroenterite, e *V. vulnificus*, causador de diversas síndromes. Outras espécies como *V. mimicus*, *V. fluvialis*, *V. alginolyticus*, *V. hollisae*, *V. furnissii* e *V. metschnikovii* são consideradas patógenos ocasionais.

A Tabela 4.8.1 apresenta as principais espécies de *Vibrio* de interesse em alimentos e algumas de suas características bioquímicas.

Tabela 4.8.1 Características bioquímicas de algumas espécies patogênicas de *Vibrio* veiculadas por alimentos*

Características		*V. alginolyticus*	*V. cholerae*	*V. fluvialis*	*V. furnissii*	*V. hollisae***	*V. metschnikovii*	*V. mimicus*	*V. parahaemolyticus*	*V. vulnificus*
Ágar TCBS		A	A	A	A	NC	A	Ve	Ve	Ve
Ágar mCPC		NC	P	NC	NC	NC	NC	NC	NC	A
Ágar CC		NC	P	NC	NC	NC	NC	NC	NC	A
Ágar AGS		KA	Ka	KK	KK	Ka	KK	KA	KA	KA
Oxidase		+	+	+	+	+	−	+	+	+
Arginina desidrolase		−	−	+	+	−	+	−	−	−
Ornitina decarboxilase		+	+	−	−	−	−	+	+	+
Lisina decarboxilase		+	+	−	−	−	+	+	+	+
Multiplicação em:										
0% NaCl		−	+	−	−	−	−	+	−	−
3% NaCl		+	+	+	+	+	+	+	+	+
6% NaCl		+	−	+	+	+	+	−	+	+
8% NaCl		+	−	V	+	−	V	−	+	−
10% NaCl		+	−	−	−	−	−	−	−	−
42 °C		+	+	V	−	nd	V	+	+	+
Produção de ácido	Sucrose	+	+	+	+	−	+	−	−	−
	D-Celobiose	−	−	+	−	−	−	−	V	+
	Lactose	−	−	−	−	−	−	−	−	+
	Arabinose	−	−	+	+	+	−	−	+	−
	D-Manose	+	+	+	+	+	+	+	+	+
	D-Manitol	+	+	+	+	−	+	+	+	V
	ONPG	−	+	+	+	−	+	+	−	+
	Voges-Proskauer	+	V	−	−	−	+	−	−	−
Sensibilidade	10 µg O/129	R	S	R	R	nd	S	S	R	S
	150 µg O/129	S	S	S	S	nd	S	S	S	S
	Gelatinase	+	+	+	+	−	+	+	+	+
	Urease	−	−	−	−	−	−	−	V	−

*Adaptada de https://www.fda.gov/food/laboratory-methods-food/bam-chapter-9-vibrio
Também conhecido como ***Grimontia hollisae* (DOI 10.1099/ijs.0.02660-0)
TCBS: ágar tiossulfato-citrato-sais biliares-sacarose; mCPC: ágar celobiose-polimixina B-colistina modificado; CC: ágar celobiose-colistina; AGS: ágar inclinado arginina-glicose; A: amarelo; NC: sem crescimento ou pouco; Ve: verde; P: púrpura; KK: inclinação alcalina/base alcalina; KA: inclinação alcalina/base ácida; Ka: inclinação alcalina/base levemente ácida; V: variável; R: resistente; S: sensível; nd: não determinado.

Epidemiologia de *Vibrio* spp.

Vibrio spp. são habitantes de águas doces e marinhas, de estuários, plâncton e pescados como mariscos (ostras, mexilhões etc.). As populações dos microrganismos, principalmente as de *V. parahaemolyticus* e de *V. vulnificus*, são influenciadas pela estação do ano, sendo mais elevadas nos meses com temperaturas mais altas. Em consequência, o maior número de infecções causadas por esses microrganismos também ocorre nesses meses. Essas infecções podem ser divididas em dois grupos: cólera e não cólera. As infecções causadas por *Vibrio* spp. geralmente se iniciam pelo consumo de pescados crus ou malcozidos contaminados ou, ainda, pelo contato com água contaminada, e causam ampla variedade de sintomas no ser humano. A gravidade dos sintomas varia muito, até mesmo entre infecções causadas por uma mesma espécie. Os pacientes com sintomas mais graves são, geralmente, os que apresentam uma doença subjacente preexistente, com as doenças hepáticas crônicas sendo as mais comuns. A exceção acontece com *V. cholerae* dos sorotipos O1 e O139 que causam doença em indivíduos sem comprometimento imunológico. Observa-se que, praticamente em todos os casos, há relatos de ingestão recente de pescados, principalmente ostras, com exceção dos casos causados por *V. cholerae* O1 e O139 que podem ser veiculados por maior variedade de alimentos.

Como os vibrios fazem parte do ambiente marinho, não sendo resultado de contaminação fecal, os programas de sanitização não controlam esses microrganismos. Portanto, é importante que o pescado (peixes, mariscos etc.) seja refrigerado de maneira adequada para retardar a multiplicação desses microrganismos.

Sensibilidade aos tratamentos físicos e químicos

Os estudos sobre a sensibilidade de *Vibrio* spp. aos tratamentos físicos são principalmente relacionados com as espécies *V. cholerae* e *V. parahaemolyticus*. De maneira geral, os vibrios são sensíveis ao frio, porém os alimentos marinhos como ostras e outros moluscos podem agir como protetores para esses microrganismos quando em temperatura de refrigeração e até mesmo em congelamento. O tratamento térmico é eficiente na destruição desses microrganismos. A Food and Drug Administration dos Estados Unidos recomenda o aquecimento de ostras em suas conchas e outros moluscos a temperaturas de 190,6 °C por 15 min, ou a 232,2 °C durante 10 minutos no caso de assá-las. No entanto, a temperatura interna de 60 °C, por alguns minutos, em moluscos, é suficiente para eliminar os vibrios patogênicos. A irradiação e a alta pressão são tratamentos físicos que também reduzem a população de vibrios em ostras em sua concha.

A depuração, processo muito usado para remover microrganismos de bivalvos filtradores como ostras, é eficiente para os microrganismos externos ao ambiente marinho, como *Salmonella*, *Escherichia coli* e outros, mas não para *Vibrio* spp.

V. cholerae

Características do microrganismo

V. cholerae apresenta antígenos de parede O, sendo a espécie dividida em mais de 200 sorogrupos diferentes, denominados O1, O2, O3 etc. O sorogrupo O1 apresenta três frações antigênicas A, B e C, cujas combinações originam os seguintes sorotipos: sorotipo Inaba, com os fatores A e C; sorotipo Ogawa, com os fatores A e B, e o sorotipo Hikojima, que apresenta os três fatores simultaneamente. Já foi relatada a conversão do sorotipo Ogawa em Inaba e de Inaba em Ogawa.

Até 1993, somente o sorogrupo O1 era associado a epidemias de cólera. Nesse ano, um surto, que envolveu grande número de pessoas apresentando sintomas típicos de cólera clássica, cólera *gravis*, ocorreu na Índia/Bangladesh, mas o microrganismo causador pertencia ao sorogrupo O139, até então desconhecido. O sorogrupo O139 apresenta características praticamente idênticas às de *V. cholerae* causador da sétima pandemia de cólera. Os isolados clínicos bioquimicamente semelhantes, mas que não aglutinam com os antissoros O1 ou O139, são denominados *V. cholerae* não O1/O139.

Os isolados de *V. cholerae* são, ainda, caracterizados em vários biótipos, sendo dois os mais importantes, ambos responsáveis por infecções clinicamente semelhantes: biótipos clássico e o El Tor. Esses biótipos são, geralmente, diferenciados através da aglutinação de eritrócitos de galinhas, hemólise, reação de Voges-Proskauer e sensibilidade à polimixina B. O biótipo clássico foi o responsável pelas seis primeiras pandemias de cólera. A sétima pandemia (atual) é causada pelo biótipo El Tor de *V. cholerae* O1.

V. cholerae multiplica-se em pH na faixa de 5,0 a 9,7 com ótimo em 7,6 e em temperatura entre 10 °C e 44 °C, com ótima em 37 °C. A multiplicação ocorre em atividade de água entre 0,970 e 0,998 com ótimo em 0,984; a concentração de NaCl varia de 0,1% a 4,0%, com ótima para a multiplicação de 0,5%.

Características da doença

O período de incubação da cólera varia de algumas horas a 5 dias.

Os casos graves, de diarreia explosiva, desidratante, característica de cólera ocorrem somente em uma minoria de casos, em pessoas infectadas com *V. cholerae* O1/O139 produtor de toxina (CT). A doença, nestes casos, é caracterizada por diarreia aquosa, sem pus ou sangue, com aspecto de "água de arroz". Outros sintomas são câimbras musculares, tontura e pressão arterial baixa. Em pacientes hospitalizados pode haver perda de mais de 1 litro de fezes por hora, levando à perda rápida de líquido, colapso circulatório e à morte, quando na ausência de terapia adequada.

No entanto, a maioria das pessoas infectadas com *V. cholerae* O1 pode não apresentar sintomatologia ou ter sintomatologia moderada. Nesses casos, o sintoma é de diarreia aquosa que pode ou não ser precedida por perda de apetite, dor abdominal e diarreia simples. Pode haver ocorrência de vômito.

Nos casos causados por *V. cholerae* não O1/O139, a diarreia tende a ser mais moderada do que a provocada por cepas do sorogrupo O1/139, devido à ausência do gene *ctxAB* que codifica para a toxina Ctx. O período de incubação varia de 6 horas a 3 dias. Cepas do sorotipo não O1 já foram isoladas do sangue, ferida, bile, líquido cefalorraquidiano. As do sorogrupo O1, ao contrário, só têm sido isoladas de fezes. A maioria dos isolados não O1 não produz Ctx e não está associada a surtos epidêmicos.

A dose infecciosa de *V. cholerae* depende da cepa e das condições do hospedeiro. Estudos mostraram que populações de 10^8 a 10^{11} células em solução salina tamponada foram necessárias para colonizar o trato gastrointestinal de voluntários norte-americanos. No entanto, quando se utilizou tampão bicarbonato para neutralizar a acidez estomacal pouco antes da inoculação, essa dose infecciosa diminuiu para 10^4 a 10^8 células. O mesmo foi observado quando os voluntários receberam uma refeição contendo arroz e peixe inoculada com 10^6 células de *V. cholerae*. Neste caso, o arroz e peixe serviram como tampão e o inóculo não sofreu ação da acidez estomacal. Nas áreas endêmicas, a dose infecciosa é desconhecida.

A terapia indicada é a reposição hídrica, através da injeção intravenosa de solução de lactato de Ringer ou outra solução semelhante. Nos casos moderados, usa-se a reidratação oral. O antibiótico de escolha é a tetraciclina.

Mecanismo de patogenicidade

Após a ingestão de água ou alimento contaminado com *V. cholerae* O1/O139 e do microrganismo ter vencido a barreira da acidez estomacal, a bactéria se movimenta em direção à mucosa intestinal por meio de seu único flagelo polar e adere a essa mucosa através de fatores de colonização, entre eles, o Pilus TCP (para *toxin coregulated pilus*). Esse *pilus* foi assim denominado porque os genes que codificam a produção dessa estrutura são regulados de maneira análoga aos genes que codificam a produção da toxina colérica. Outros fatores que auxiliam na aderência do microrganismo à mucosa intestinal são hemaglutinina e proteínas Acf. Após a adesão, o microrganismo multiplica-se atingindo alta densidade ao longo da mucosa sem, no entanto, romper a integridade do epitélio ou causar danos às células epiteliais e produz exotoxina, a toxina da cólera (CT).

A toxina da cólera é do tipo A-B, contendo uma subunidade A enzimática, formada por duas subunidades, A1 e A2, unidas por uma ligação dissulfeto, e 5 subunidades idênticas B que envolvem a subunidade A. Os pesos moleculares são de 27 kDa para a subunidade A e de 11,7 kDa para a B. As subunidades A e B são secretadas no periplasma onde se ligam posteriormente e são liberadas para o meio extracelular através do sistema de secreção do tipo II, denominado sistema Eps (*extracellular protein secretion*).

A toxina adere às células apicais da mucosa no receptor gangliosídeo GM1 da célula hospedeira por meio da subunidade B e, após essa interação, a subunidade A é internalizada via endossomo (Figura 4.8.1). Uma vez no interior do enterócito, a subunidade A_1 é liberada da toxina, no retículo endoplasmático, pela redução da ligação sulfeto que a liga ao fragmento A_2. A subunidade A_1 interfere na atividade das proteínas G_s provocando aumento nos níveis da adenilciclase, causando descontrole na produção de AMP cíclico e proteína quinase A (PKA). O efeito mais importante dessa alteração ocorre na secreção dos íons sódio (Na^+), cloreto (Cl^-), potássio (K^+), bicarbonato ($HCO3^-$) e água (H_2O) no lúmen intestinal produzindo o desequilíbrio hidrolítico associado à toxina colérica, responsável pela diarreia profusa e desidratação.

Determinadas proteínas da membrana externa parecem ser também importantes na colonização, uma vez que cepas mutantes nas quais essas proteínas estão ausentes apresentam menor capacidade de colonização do trato intestinal de animais. Tais proteínas são codificadas por um grupo de genes denominado genes de fator acessório de colonização (*Acf*).

V. cholerae secreta uma protease dependente de Ca e Zn, denominada mucinase, que degrada diversos tipos de proteínas, inclusive a fibronectina, lactoferrina e a própria toxina colérica. A provável função dessa proteína é permitir o desligamento do *V. cholerae* da célula hospedeira ao qual a bactéria se encontra aderida. Esse desligamento pode ser importante, pois pode permitir a adesão da célula bacteriana a novas células da mucosa.

Outras toxinas produzidas por *V. cholerae* já foram descritas:

- Zot (*zonula occludens toxin*): essa enterotoxina rompe as junções (*zonula occludens*) que ligam fortemente as células da mucosa intestinal e são responsáveis pela integridade da sua membrana. Essas junções formam uma barreira tão eficiente que mesmo os íons

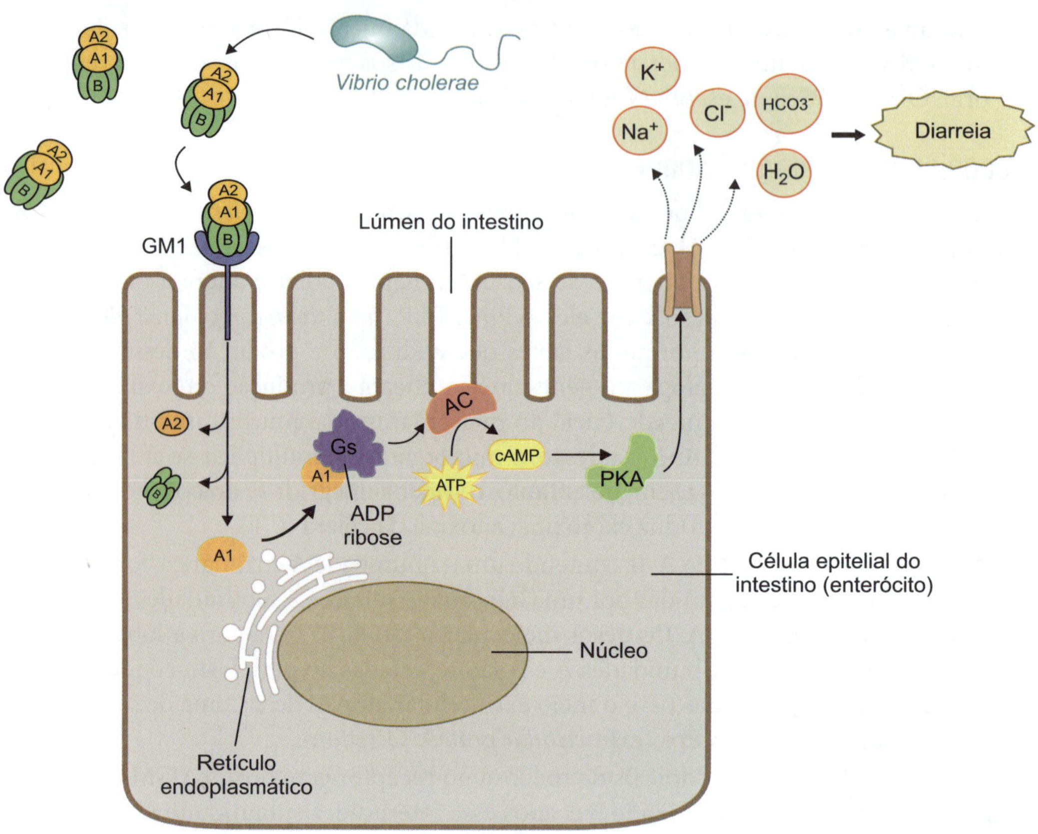

Figura 4.8.1. Patogênese da toxina colérica. (Criado com BioRender.com por Emília Maria França Lima.)

não conseguem se difundir facilmente entre as células da mucosa. Consequentemente, os íons necessitam ser transportados por bombas de íons específicas através das membranas, o que permite o controle do fluxo de íons e água através da mucosa intestinal, responsável pela capacidade do corpo de reter água. A ruptura dessas junções permite, portanto, o rompimento do balanço iônico causando a diarreia.

- Toxina ACE (*acessory cholera enterotoxin*): contribui para a secreção intestinal.
- Toxina RtxA (*repeat in toxin*): apresenta efeito citotóxico em células HEp-2 *in vitro*.

O papel dessas toxinas na patogênese das doenças causadas por *V. cholerae* é, no geral, desconhecido, embora possam ter participação em um mecanismo secundário quando as condições para a produção da toxina colérica não forem ótimas.

Epidemiologia

Cólera é uma doença presente na Índia desde tempos imemoriais. No entanto, só foi reconhecida em 1817, quando se espalhou por outros países, causando a Primeira Pandemia. A Segunda Pandemia teve início em 1829, quando a bactéria se disseminou através da Europa, atingindo, em 1832, a América do Norte. A Terceira Pandemia, iniciada em 1852, foi estudada por John Snow, em Londres, que esclareceu vários fatos associados à doença, inclusive sua veiculação hídrica. A Quarta Pandemia durou de 1864 a 1875; a Quinta, de 1887 a 1896; e a Sexta foi de 1902 a 1923.

Em 1961, teve início a Sétima Pandemia, que dura até o momento. Nesta, o agente causador é o *V. cholerae* O1, biótipo El Tor, sorotipo Inaba. Casos esporádicos vêm ocorrendo em todo o mundo, sendo considerada a pandemia que atingiu a maior extensão geográfica e teve a mais longa duração. Em 1991, atingiu a América do Sul, com os primeiros casos ocorrendo no Peru e posteriormente disseminando-se para outros países, como Brasil, Argentina, Bolívia, Equador, Colômbia e Chile. Em 2010, após o terremoto no Haiti, teve início uma epidemia de cólera nesse país com centenas de milhares de hospitalizações e óbito de 7.900 pessoas. Somente entre fevereiro de 2019 e outubro de 2020 é que não houve registro laboratorial de cólera no país.

A epidemia de cólera causada por *V. cholerae* O139 não foi considerada a Oitava Pandemia, pois o microrganismo não se disseminou para além da Ásia. Surtos esporádicos surgiram até 2005, mas desde então o sorotipo O139 não foi associado a nenhum grande surto.

Em algumas regiões do globo terrestre, a cólera ainda é uma doença endêmica, como ocorre na Índia e partes da Ásia e África.

O reservatório da bactéria, comprovado até o momento, é o ser humano, sendo que o ciclo de transmissão homem-meio ambiente mantém a doença. *V. cholerae* é transmitido principalmente pela via fecal-oral por meio de água e alimentos contaminados, embora a transmissão pessoa-pessoa também ocorra.

Em áreas endêmicas, a água contaminada com fezes torna-se, provavelmente, o veículo de infecção. Em surtos, no entanto, pode haver associação a uma fonte comum de alimento.

Tanto o sorogrupo O1 como o não O1 encontram-se amplamente distribuídos na natureza, já tendo sido isolados de águas de estuário e pântanos salgados de áreas litorâneas com clima temperado. Além disso, *V. cholerae* sobrevive por longos períodos em água de mar não esterilizada (7 dias) e esterilizada (25 dias). Em frutos do mar sobrevive por 45 dias. Esses períodos, no entanto, variam conforme a temperatura de armazenamento, sendo que a refrigeração tende a prolongá-los.

Medidas de controle

A prevenção de epidemias de cólera é baseada principalmente na infraestrutura de saneamento básico adequado, além das boas práticas de higiene pessoal do indivíduo.

A cocção adequada de alimentos marinhos e a prevenção de recontaminação desses alimentos após o processamento também auxilia na prevenção da doença.

Os indivíduos altamente suscetíveis, como aqueles com doenças hepáticas ou que estejam em tratamento com drogas imunossupressoras ou quimioterapia, devem evitar o consumo de alimentos marinhos crus e águas recreacionais onde os vibrios fazem parte da microbiota normal.

Vibrio parahaemolyticus

Características do microrganismo

V. parahaemolyticus é classificado, com relação às suas características antigênicas, de acordo com os três tipos de antígenos que apresenta: somático termoestável – O (12), capsular termolábil – K (mais de 70) e o antígeno flagelar H. Estudos sorológicos realizados com um grande número de cepas demonstraram que, com poucas exceções, em uma cepa, cada antígeno K associa-se a um único antígeno O.

Uma característica especial apresentada por quase todos os isolados clínicos de gastroenterite por *V. parahaemolyticus* é a produção de β-hemolisina quando cultivados em ágar sangue especial, ágar Wagatsuma. Por outro lado, a porcentagem de isolados de outras fontes que apresentam essa reação é extremamente baixa (1% a 2%). Essa característica, denominada de fenômeno de Kanagawa, está relacionada com a virulência dessa espécie. O ágar Wagatsuma é composto por hemácias humanas e ágar, entre outras substâncias. A hemólise ocorre por causa da produção de uma hemolisina extracelular termoestável que recebeu o nome de fenômeno de Kanagawa, distinguindo-a de outros fatores hemolíticos presentes em *Vibrio* spp.

A temperatura ótima de crescimento de *V. parahaemolyticus*, em meio de cultura, é de 37 °C. No entanto, esta bactéria se multiplica na faixa de 5 °C a 43 °C, dependendo do pH do meio de cultura. O pH mínimo de crescimento a 5 °C em caldo tripticase-soja com 3% de NaCl é de 7,3, mas este valor eleva-se para 7,6 na concentração salina de 7%. O crescimento ocorre em ampla faixa de pH no valor de 5 a 11, sendo o ótimo entre 7,5 a 8,5.

Na identificação bioquímica de *V. parahaemolyticus* é utilizado, além dos testes padrões, a verificação da produção ou não de urease pelo isolado, usado como teste de triagem fenotípico de isolados potencialmente patogênicos. É importante ressaltar que os meios de cultivo utilizados no isolamento e na identificação do microrganismo devem conter 2% ou 3% de NaCl para melhor desempenho dos mesmos.

A presença de NaCl é imprescindível à multiplicação desta bactéria, ao contrário do que ocorre com *V. cholerae*, sendo 0,5% a concentração limitante nos substratos. A concentração de 3%, correspondente a uma atividade de água de 0,983, propicia excelente multiplicação desta bactéria. A atividade de água para a multiplicação de *V. parahaemolyticus* encontra-se na faixa entre 0,940 a 0,996 com a ótima sendo de 0,981.

O tempo de geração é curto, tanto quando se desenvolve em meio de cultura como em alimentos. A 37 °C em caldo infusão de cérebro e coração, suplementado com 2,5% de NaCl, apresenta tempo de geração de 8 a 9 minutos; em frutos do mar verificou-se que a multiplicação foi igualmente rápida. Em polvo cozido, este tempo foi de 12 minutos, a 30 °C.

Características da doença

O consumo de peixes, crustáceos e moluscos contaminados com *V. parahaemolyticus*, na maioria das vezes, provoca no ser humano gastroenterite branda, com duração de dois a três dias. Nestes casos, os sintomas são: diarreia, câimbras abdominais, náuseas, vômito, dor de cabeça, febre baixa e calafrios. Nos casos mais graves, em vez de diarreia, ocorre disenteria com fezes mucoides e sanguinolentas, podendo haver então nos casos mais graves, necessidade de hospitalização. O uso do antibiótico tetraciclina aliado a uma terapia de suporte com reidratação é recomendado.

O período de incubação varia de 4 a mais de 30 horas, com média de 23,6 horas.

A dose infecciosa é de 10^5 a 10^7 células de *V. parahaemolyticus* apresentando reação Kanagawa-positiva. Contudo, devido aos baixos índices de contaminação dos alimentos, para que este número seja atingido é necessário que o alimento tenha sido manipulado em temperaturas abusivas. Neste caso pode ter ocorrido ou a multiplicação de toda a população ou ter havido aumento apenas na população formada por células virulentas, quer por transformação genética de cepas avirulentas (Kanagawa-negativas) ou por seleção e colonização das cepas virulentas (Kanagawa-positivas) *in vivo*.

V. parahaemolyticus pode causar infecções extraintestinais, tendo sido isolado de feridas das extremidades dos olhos, ouvido e do sangue.

Mecanismo de patogenicidade

Pesquisas realizadas demonstraram a existência de, pelo menos, três constituintes hemolíticos em *V. parahaemolyticus*: hemolisina termoestável direta (*thermostable direct hemolysin* – TDH), hemolisina termolábil (TLH) e termolisina relacionada com a TDH (TRH). Enquanto a hemolisina termolábil é encontrada em diferentes cepas de *V. parahaemolyticus*, a TDH é responsável pelo fenômeno de Kanagawa.

A hemolisina de Kanagawa é uma molécula proteica termoestável, suscetível à tripsina, com PM de 42 kDa e ponto isoelétrico de 4,9. Para a sua produção, o pH do meio deve estar entre 5,5 e 6,5. O meio de Wagatsuma contém manitol que, após sua fermentação pelas cepas bacterianas, provoca a redução do valor do pH.

A dose mínima da hemolisina de Kanagawa purificada é de 0,1 ug, sua atividade tóxica foi observada tanto *in vivo* como *in vitro*. Apesar de a TDH purificada apresentar vários efeitos biológicos, como lise de eritrócitos, indução de secreção de íon cloreto e indução de acúmulo de líquido em alça ligada de coelho, e ser considerada o principal fator de virulência para esta bactéria, a presença de vários sistemas de secreção sendo dois do tipo III (T3SS1 e T3SS2) e dois do tipo VI (T6SS1 eT6SS2) foram descritos em *V. parahaemolyticus* que contribuem para a virulência do microrganismo. Ainda assim, o entendimento de como esse patógeno causa doença no ser humano é considerado limitado.

Epidemiologia

O primeiro surto de enfermidade transmitida por alimentos causado pela ingestão de alimento contaminado com *V. parahaemolyticus* data de 1950, quando o microrganismo foi isolado de um alimento japonês *shirasu* constituído por sardinha fervida em salmoura, parcialmente desidratada, e das fezes de pacientes na cidade de Osaka, Japão. Neste surto ocorreram 20 óbitos entre os 272 casos.

Vários são os relatos sobre o isolamento dessa bactéria a partir de amostras de água do mar e estuários, peixes e frutos do mar. Por outro lado, raros são aqueles sobre seu isolamento a partir de águas fluviais e peixes de água fluvial, concluindo-se que o teor salino destas amostras provavelmente é abaixo do exigido pelo microrganismo.

No Brasil, cepas de *V. parahaemolyticus* Kanagawa-negativa e Kanagawa-positiva foram isoladas de ostras coletadas no litoral de São Paulo. As isoladas de crustáceos e moluscos provenientes da baía de Sepetiba, RJ, e as isoladas de caudas de lagostas, coletadas na feira do pescado de Fortaleza, Ceará, apresentaram reação positiva de Kanagawa, assim como as isoladas de água do mar, ostras e mexilhões no litoral de Santa Catarina.

A frequência de isolamento é maior durante os meses de verão, quando a temperatura da água é mais elevada. O índice de contaminação de um alimento é relativamente baixo, tendo sido relatados índices inferiores a 10^2/g em peixes recém-pescados.

Com relação aos surtos, a maioria resultou do consumo de alimentos marinhos crus ou parcialmente cozidos ou ainda de alimentos marinhos cozidos recontaminados. Entre eles podem ser citados os alimentos de origem japonesa como sushi, caranguejo, camarão e moluscos.

Desde 1996, constata-se a presença de um clone de *V. parahaemolyticus* do sorotipo O3:K6, que surgiu na Índia e se espalhou por países da Ásia, Estados Unidos, América Central, América do Sul, Europa e África, tornando-se a primeira pandemia desse microrganismo.

Medidas de controle

As medidas de controle baseiam-se, no que diz respeito a produtos de origem marinha, no cozimento, na refrigeração e no congelamento adequados, de maneira a impedir que a bactéria atinja números elevados pela sua multiplicação. Se, por acaso, cepas patogênicas encontram-se presentes, existe a possibilidade de haver produção de hemolisina de Kanagawa, a qual uma vez formada permanecerá intacta, com pouca perda de sua atividade hemolítica ou letal.

Vibrio vulnificus

Ao contrário de *V. cholerae* e *V. parahaemolyticus*, *V. vulnificus* é considerado um patógeno oportunista. É responsável pela maioria dos óbitos associados à ingestão de pescado no mundo.

Características do microrganismo

V. vulnificus, anteriormente conhecido como vibrio lactose-positivo, recebeu essa denominação (do termo latino *vulnifica* que significa ferida), após estudos de hibridização de DNA, quando foram observadas características que o diferenciava das espécies *V. parahaemolyticus* e *V. alginolyticus*. Atualmente, os isolados de *V. vulnificus* são classificados em três diferentes biótipos de acordo com suas características bioquímicas associadas ao potencial de virulência em hospedeiros específicos: biótipo 1 responsável pela maioria dos casos de septicemia primária em razão da ingestão de alimentos marinhos contaminados e pela maioria das infecções de feridas; biótipo 2 associado a infecções em enguias e raramente em seres humanos e, biótipo 3 envolvido em casos de infecções de feridas em manipuladores de peixes.

V. vulnificus é uma bactéria que se desenvolve facilmente em vários meios de cultura. É um microrganismo halófilo e suas necessidades com relação aos sais são satisfeitas pela adição de NaCl ao meio, em concentrações na faixa de 1% a 3%; em concentrações superiores a 6% não há multiplicação. A atividade de água ótima é 0,98, com faixa de 0,96 a 0,997, correspondendo à concentração ótima de NaCl de 2,5%, faixa de NaCl 0,5-5,0%. A temperatura ótima de multiplicação é de 37 °C, com tempo de geração de 22 a 30 minutos.

Como o ambiente marinho é o hábitat natural de vibrios causadores de doença, estas bactérias são, portanto, contaminantes naturais de alimentos de origem marinha, o que torna impossível a prevenção da contaminação de produtos crus.

Características da doença

V. vulnificus é um dos patógenos humanos que apresenta maior poder de invasão e mortalidade. Apresenta duas vias de entrada no organismo humano. Uma delas é por meio da ingestão de alimentos marinhos, sendo as ostras o principal alimento envolvido em casos de septicemia primária, com alta taxa de mortalidade. A segunda via de entrada é através de lesões presentes na epiderme. Tais lesões podem ser tão pequenas quanto uma picada de inseto. Contrariamente à septicemia primária, as infecções das feridas apresentam baixa taxa de mortalidade, podendo, porém, levar à amputação do membro afetado.

- *Septicemia primária:* o reservatório primário de *V. vulnificus* é a água do mar, e os indivíduos acometidos pela doença relatam a ingestão de alimentos marinhos crus, principalmente ostras, conforme citado anteriormente.

A septicemia primária apresenta taxa de letalidade média superior a 50%. Os indivíduos que desenvolvem a septicemia primária normalmente apresentam doenças crônicas, sendo as mais comuns aquelas relacionadas a problemas hepáticos ou hematológicos. Os agentes imunossupressores e doenças crônicas renais também são fatores de risco.

O período de incubação da doença pode ser muito curto, variando de 7 horas a alguns dias, com período médio entre 16 e 38 horas.

Os sintomas mais importantes são febre, calafrios, náuseas e choque séptico hipotensivo, e a formação de lesões secundárias nas extremidades do paciente que tendem a necrosar. Portanto, diferente dos sintomas normalmente relacionados com as enfermidades transmitidas por alimentos.

O isolamento de *V. vulnificus* de culturas de fezes de indivíduos infectados é raro e, quando ocorre, é frequentemente de indivíduos sem diarreia.

Existem relatos de que a morte ocorra entre 2 e 24 horas após a admissão hospitalar, mas às vezes demora até 6 semanas. A maioria dos casos acontece mesmo após intenso uso de antibióticos, com a tetraciclina sendo o mais eficiente.

A faixa etária dos indivíduos acometidos encontra-se na faixa de 50 anos, sendo os do sexo masculino os mais atingidos. Em relação às mulheres, o hormônio estrógeno parece protegê-las da endotoxina (LPS) desse microrganismo.

- *Gastroenterite:* casos de gastroenterite caracterizados por vômito, diarreia ou dores abdominais com culturas positivas de fezes e negativas de sangue foram descritos. Não há relatos de morte devido à essa forma de infecção.
- *Infecções de feridas:* como já citado anteriormente, além de provocar doenças de origem alimentar, *V. vulnificus* causa infecções em feridas ao penetrar em lesões da pele que se encontram abertas. Tais lesões estão, em 89% dos casos, associadas a atividades recreacionais na água do mar, como natação e pescaria, e manuseio de pescados (peixes, frutos do mar). Pequenos orifícios em virtude de mordidas de caranguejos ou qualquer outro animal marinho, além dos provocados por utensílios utilizados na limpeza de frutos do mar ou de conchas são considerados excelentes portas de entrada para esse microrganismo.

O período médio de incubação é de 12 horas, 4 horas sendo o mais curto.

Os primeiros sintomas são dor intensa, eritema e edema no local de entrada que rapidamente evolui para lesões e vesículas. Outros sintomas são semelhantes àqueles da septicemia primária, como febre e calafrios. Partes das lesões tornam-se necrosadas, envolvendo o tecido subcutâneo acompanhado por toxicidade sistêmica grave ou celulite. A taxa de mortalidade é de 25%, inferior à da doença sistêmica.

Neste caso particular das infecções por *V. vulnificus*, a necrose frequentemente estende-se para o músculo esquelético causando extenso dano ao tecido, o que leva à amputação do membro. Contrariamente à septicemia primária, neste caso não se verifica o desenvolvimento de lesões secundárias, no entanto, pode haver o desenvolvimento de septicemia secundária.

A dose infecciosa de *V. vulnificus* depende, provavelmente, da combinação da variante do patógeno ingerido e da condição de saúde do consumidor, isto é, em pessoas saudáveis, a doença é autolimitante, mas na população suscetível uma população inferior a 100 células poderá causar septicemia.

Mecanismo de patogenicidade

O mecanismo de patogenicidade de *V. vulnificus* é o de invasão, porém os fatores de virulência envolvidos nesse processo ainda precisam ser mais bem compreendidos.

O processo de infecção de *V. vulnificus* pode ser dividido em três etapas: colonização, invasão e disseminação, e sepse. Em uma descrição bem simplificada do processo, na colonização, os microrganismos sobreviventes à fagocitose, devido à presença de cápsula, e ao pH do estômago, chegam ao intestino onde aderem, fracamente, ao epitélio intestinal pela interação da bactéria com diferentes receptores de mucina existentes nos enterócitos. Posteriormente, essa adesão torna-se mais forte por meio de diferentes adesinas como flagelinas e outros fatores de adesão.

Na segunda etapa, que compreende à invasão e à disseminação, *V. vulnificus* produz a proteína *multifunctional-autoprocessing repeats-in toxin* (MARTX), importante para a disseminação da bactéria a partir do intestino. A enorme destruição de tecidos característica das infecções de feridas e gastrointestinal ocorre, muito provavelmente, devido às diversas enzimas produzidas pelo microrganismo, entre elas colagenases, metaloproteinases e lipases. No sangue, *V. vulnificus* utiliza o ferro livre em paciente com sobrecarga de ferro ou, nos pacientes saudáveis, utiliza um sideróforo, vulnibactina, e um receptor heme. Já foi relatado que MARTX pode atuar em células endoteliais favorecendo a disseminação, invasão e lesionando órgãos internos, ocasionando, então, a terceira etapa, que é a sepse.

Tratamento

No caso da infecção por *V. vulnificus,* recomenda-se a terapia com antibiótico que inclui doxiciclina e ceftazidima ou outras cefalosporinas de terceira geração. Geralmente, o microrganismo é sensível à maioria dos antibióticos usados na clínica médica. Mas, devido ao uso indiscriminado desses medicamentos na clínica médica e agricultura, principalmente nos sistemas de aquicultura, tem-se constatado o aumento da resistência a antibióticos também em isolados de *V. vulnificus.*

Medidas de controle

Como a população de *V. vulnificus* na água aumenta quando a temperatura está na faixa de 13 °C a 22 °C, deve-se evitar o consumo de alimentos marinhos crus durante os meses de verão. Para que o número desta bactéria seja mantido baixo, é necessário que, logo após a captura de ostras e outros alimentos marinhos, eles sejam mantidos em refrigeração ou ainda colocados em gelo, de forma a mantê-los em temperaturas inferiores a 5°C até serem consumidos.

O aquecimento a temperaturas internas de 70 °C destrói rapidamente todos os víbrios. Portanto, o cozimento adequado de todos os alimentos marinhos para consumo garante a segurança destes alimentos, não havendo relatos que associem o consumo de frutos do mar cozidos com casos humanos de infecções por *V. vulnificus*. A prevenção de infecções de feridas, por outro lado, parece ser mais difícil, uma vez que estas infecções podem ocorrer em pessoas aparentemente saudáveis.

Outros Vibrios

Na Tabela 4.8.2 encontram-se outras espécies importantes de *Vibrio* causadoras de infecções em seres humanos.

Tabela 4.8.2. Outras espécies de *Vibrio* causadoras de infecções em seres humanos

Espécie	*Fonte da infecção*			*Via de infecção*		*Manifestação clínica*
	Pescado	*Água marinha*	*Água fluvial*	*Oral*	*Exposição de ferida*	
Vibrio alginolyticus	Não	Sim	Não	Não	Sim	Mais comum: infecções de ferida e ouvido. Poucos casos de gastroenterite, raramente sepse
Vibrio fluvialis	Não	Sim	Não	Sim	Sim	Gastroenterite, raramente infecções de ferida, olho e ouvido
*Vibrio hollisae**	Sim	Sim	Não	Sim	Não	Gastroenterite, infecções de ferida, sepse (raro)
Vibrio mimicus	Raramente	Sim	Não	Sim	Sim	Gastroenterite, raramente infecções de ferida, olho e ouvido
Vibrio metschnikovii	Não	Sim	Não	Provavelmente	Não	Gastroenterite e sepse

*Também conhecido como *Grimontia hollisae* (DOI 10.1099/ijs.0.02660-0).
Adaptada de Baker-Austin et al., 2018 e Ceccarelli et al., 2019.

Leitura sugerida

Baker-Austin C, Oliver JD, Alam M, Ali A, Waldor MK, Qadri F, Martinez-Urtaz J. *Vibrio* spp. infections. Nature Review Disease Primers 2018;4:1-19. https://doi.org/10.1038/s41572-018-0005-8

Baker-Austin C, Oliver JD. *Vibrio vulnificus*: new insights into a deadly opportunistic pathogen. Environmental Microbiology 2018;20(2):423-30. https://doi.org/10.1111/1462-2920.13955

Ceccarelli D, Amaro C, Romalde JL, Suffredini E, Vezzulli L. *Vibrio* species. In: Doyle MP, Diez-Gonzalez F, Hill C (Ed.) Food microbiology: Fundamentals and frontiers, 5th ed. Washington, DC: ASM Press, 2019. p. 347-88. https://doi.org/10.1128/9781555819972.ch13

Letchumanan V, Chan K-H, Lee H-L. *Vibrio parahaemolyticus*: a review on the pathogenesis, prevalence, and advance on molecular identification techniques. Frontiers in Microbiology 2014;5:705. https://doi.org/10.3389/fmicb.2014.00705

Capítulo 4.9

Outras bactérias patogênicas de interesse em alimentos

Lina Casale Aragon Alegro
Mariza Landgraf

Shigella spp.

Características do microrganismo

Bactérias do gênero *Shigella* são bacilos Gram-negativos, imóveis, não formadores de esporos, pertencentes à família *Enterobacteriaceae*. Este gênero é constituído por quatro espécies que agrupam 49 sorotipos baseados em antígenos somáticos O: *S. dysenteriae* (sorogrupo A: 15 sorotipos), *S. flexneri* (sorogrupo B: 14 sorotipos e subsorotipos), *S. boydii* (sorogrupo C: 19 sorotipos) e *S. sonnei* (sorogrupo D: 1 sorotipo). Estudos com DNA, no entanto, revelam que as quatro espécies estão intimamente relacionadas com *E. coli*, principalmente *E. coli* enteroinvasora, dificultando a separação entre elas. Membros do gênero *Shigella* são microrganismos oxidase-negativa, não fermentadores de lactose e a maioria não produz gás pela fermentação da glicose.

A temperatura ótima de multiplicação é 37 °C, mas multiplicam-se na faixa de 10 °C a 48 °C, dependendo da espécie, com Aa mínima de 0,96. Os valores de pH de multiplicação estão na faixa de 4,8 a 9,3, com ótimo entre 6 e 8. Toleram concentrações de sal de 5% a 6% e são relativamente sensíveis ao calor.

São microrganismos adaptados ao ser humano e primatas. A doença é disseminada através da via fecal-oral, mas algumas vezes o alimento e a água entram nessa rota.

Características da doença

Shigella spp. causam shigelose, também chamada disenteria bacilar. O período de incubação da doença é de um a sete dias, mas geralmente os sintomas aparecem em três dias. A dose infecciosa é de 10 a 10^2 células.

Os sintomas variam muito em intensidade: a infecção pode ser assintomática, mas podem ocorrer episódios benignos de diarreia aquosa, diarreia sanguinolenta até disenteria severa, quando o paciente apresenta fezes mucossanguinolentas, fortes dores abdominais e no reto, cólicas e, em alguns casos, febre.

A severidade da doença depende da cepa envolvida, podendo ocorrer complicações, como desidratação grave, perfuração intestinal, septicemia, convulsões, síndrome urêmica hemolítica e artrite reativa. A doença é autolimitada e a cura de pacientes com shigelose nas suas formas leves é espontânea, só necessitando de reposição de líquidos e eletrólitos por via oral ou parenteral. Em casos muito graves, a associação trimetoprim-sulfametoxazol é a terapia de escolha quando há necessidade de antibioticoterapia.

Epidemiologia

Apesar de a maioria dos casos de shigelose ser disseminada através da transmissão pessoa a pessoa, já foram relatados muitos surtos de infecção ocasionados pela ingestão de alimentos crus ou malcozidos contaminados ou água contaminada. Entre os alimentos envolvidos em surtos são citados alface picada, salada de batata, sanduiches frios, tomate, cenoura, cebola e salsinha.

A shigelose está sempre associada à higiene pessoal e a condições sanitárias deficientes. Além dos alimentos, o microrganismo pode ser disseminado através das mãos, fezes, fômites e também por moscas. As instituições para doentes mentais, comunidades urbanas com baixas condições socioeconômicas e creches são considerados locais de alto risco. No Brasil, as espécies *S. flexneri* e *S. sonnei* são as mais frequentemente isoladas de infecções, sem que se tenha conhecimento do envolvimento de alimentos.

Mecanismo de patogenicidade

O mecanismo de patogenicidade de *Shigella* spp. é muito semelhante ao de *Escherichia coli* enteroinvasora (EIEC), descrita no Capítulo 4.6. Em resumo, após a chegada no intestino grosso (íleo terminal e cólon), *Shigella* spp. adere ao epitélio intestinal e o invade através das células M das placas de Peyer, onde são fagocitadas por macrófagos. Rapidamente, a célula bacteriana lisa o fagossomo, sendo liberada no citoplasma, onde se multiplica e causa a morte do enterócito. Em seguida, o microrganismo invade os enterócitos vizinhos pela superfície basolateral, é fagocitado, escapa do vacúolo, multiplica-se e, através de filamentos de actina que se formam em uma de suas extremidades, movimenta-se para a célula vizinha que também é infectada. Durante esse processo ocorre intensa reação inflamatória da mucosa intestinal, com os sintomas anteriormente descritos.

S. dysenteriae produz ainda uma exotoxina termolábil, denominada toxina de Shiga, que danifica a mucosa e as microvilosidades do epitélio intestinal. O peso molecular está entre 50 e 1.000 kDa. A toxina difunde-se extracelularmente e apresenta potente ação enterotóxica, citotóxica e neurotóxica.

Medidas de controle

A presença de *Shigella* spp. nos alimentos ou água é consequência da contaminação recente com fezes humanas. As medidas de controle e prevenção da shigelose de origem alimentar estão relacionadas com a boa higiene pessoal e educação dos manipuladores de alimentos.

Yersinia enterocolitica

Características do microrganismo

Bactérias do gênero *Yersinia* são bacilos Gram-negativos, anaeróbios facultativos, não formadores de esporos e pertencentes à família *Yersiniaceae* e ordem *Enterobacteriales.* O gênero compreende, atualmente, 18 espécies, sendo três delas patogênicas para seres humanos: *Y. pestis*, agente da peste, *Y. pseudotuberculosis* cujos principais reservatórios são roedores, pássaros selvagens, suínos e ruminantes, mas que, eventualmente, causa doença no ser humano e *Y. enterocolitica* patógeno intestinal. Uma quarta espécie, *Y. ruckeri,* é patogênica para peixes, causando doença entérica em salmonídeos e outros peixes de águas fluviais.

Enquanto *Y. pestis* é transmitida por pulgas, *Y. enterocolitica* e *Y. pseudotuberculosis* são transmitidas pela água e alimentos de origem animal contaminados. Neste capítulo, apenas *Y. enterocolitica* será abordada, por ser a espécie de maior importância em alimentos.

Com base nas características bioquímicas, antígenos somáticos O (76) e antígenos flagelares H (44), os isolados de *Y. enterocolitica* são classificados em seis biótipos: 1A, 1B, 2, 3, 4 e 5.

A temperatura de multiplicação de *Y. enterocolitica* está na faixa de –2 °C a 42 °C, com ótimo de 28 °C, quando cultivada *in vitro*. Esta capacidade de multiplicação em temperatura de refrigeração torna esse microrganismo uma preocupação para a segurança dos alimentos. Em relação à Aa, o mínimo para sua multiplicação é 0,96. Os valores de pH para multiplicação estão na faixa de 4,2 a 9,0, com ótimo em 7,2 a 7,6. *Y. enterocolitica* é facilmente destruída pela pasteurização a 71,8 °C por 18 s ou a 62,8 °C por 30 min e por irradiação ionizante e luz ultravioleta (UV).

Características da doença

Assim como outros microrganismos que acometem o trato gastrointestinal, *Y. enterocolitica* infecta o indivíduo pela ingestão de alimento ou água contaminados. Embora menos frequente, a infecção também pode ocorrer pelo contato direto com animais doentes.

Apesar da dose infecciosa ser ainda desconhecida, acredita-se que seja superior a 10^4 células viáveis. O período de incubação da doença varia de 4 a 7 dias.

A região do trato intestinal afetada é a ileocecal, provocando enterite, ileíte terminal e linfadenite mesentérica. No caso de enterite, os sintomas mais comuns são febre, náuseas, vômito e diarreia, às vezes sanguinolenta, e dores abdominais.

Em crianças com idade inferior a 5 anos de idade, a yersiniose se caracteriza por diarreia, que pode variar de aquosa à mucoide, acompanhada ou não por febre baixa, e dor abdominal, que podem durar de poucos dias a 3 semanas ou, mais raramente, permanecer por alguns meses. Em crianças com idade superior a 5 anos e em adolescentes, a doença na fase aguda frequentemente causa dor abdominal que pode ser confundida com apendicite. Em alguns desses casos, há febre, mas sem diarreia.

Infecções extraintestinais por *Y. enterocolitica*, como septicemia, artrite, síndrome de Reiter, eritema nodoso, endocardite, glomerulonefrite e lúpus eritematoso, também podem ocorrer.

Epidemiologia

Apesar de amplamente distribuída na natureza, apenas alguns bio-sorogrupos de *Y. enterocolitica* são patogênicos para o ser humano. *Y. enterocolitica* biótipo 4 é o mais comumente isolado de amostras clínicas humanas enquanto o biótipo 1B é mais comum em pacientes nos Estados Unidos e referido como cepa americana. No Brasil, o bio-sorotipo 4/O:3 é o mais comum nas infecções em seres humanos. Outros bio-sorotipos de importância clínica são 1B/O:8; 2/O:9; 2/O:5,27; 3/O:1,2,3 e 3/O:5,27.

Os suínos são a principal fonte dos sorotipos de *Y. enterocolitica* patogênicos para o ser humano, uma vez que o intestino e a faringe dos animais recém-nascidos são facilmente colonizados, tornando-os portadores. Outros animais dos quais *Y. enterocolitica* já foi isolada são vacas, chinchilas, coelhos, cobaias, macacos, peixes, aves, carneiros e cavalos.

Devido à sua natureza psicrotrófica, os alimentos refrigerados de origem animal contaminados com *Y. enterocolitica* são um importante fator de risco para o consumidor. Dois dos maiores surtos de yersiniose de origem alimentar foram causados por consumo de leite pasteurizado e leite achocolatado contaminados. A presença de *Y. enterocolitica* nestes produtos foi provavelmente causada por contaminação pós-processamento, e não devido à sua resistência à temperatura de pasteurização. *Y. enterocolitica* tem sido isolada de diversos tipos de alimentos em diferentes países, inclusive no Brasil, como carnes de diferentes origens e seus derivados, leite cru e pasteurizado, produtos de laticínios e verduras. Entre as carnes, as línguas suínas apresentam alto índice de positividade para *Y. enterocolitica* sorotipo O3, que é patogênico para os seres humanos. Evidências epidemiológicas indicam que água de consumo humano também já foi envolvida em surtos de infecção.

Mecanismo de patogenicidade

A patogenicidade e os mecanismos de virulência de *Y. enterocolitica* já estão bem estabelecidos. Os vários biótipos apresentam diferentes padrões de virulência, e os biótipos 1B, 2, 3, 4 e 5 incluem as linhagens comprovadamente patogênicas para seres humanos e animais, enquanto o biótipo 1A consiste, majoritariamente, de linhagens de origem ambiental e consideradas não patogênicas.

Ao atingir o intestino, *Y. enterocolitica* atravessa a mucosa intestinal pelas células M das placas de Peyer e, ao chegar aos tecidos subjacentes, penetra nos nódulos linfáticos mesentéricos, onde se multiplica, provocando resposta inflamatória e consequente dor abdominal.

A maioria das infecções é autolimitada, devido à rápida ação das células polimorfonucleares de defesa do hospedeiro. No entanto, algumas cepas de *Y. enterocolitica* são capazes de causar dor abdominal tão intensa que a infecção pode ser confundida com uma apendicite. Essas infecções são causadas por cepas capazes de se multiplicar rapidamente nas placas de Peyer, provocando uma resposta inflamatória muito intensa.

A entrada do microrganismo no intestino é mediada por várias proteínas de adesão e invasão, denominadas Inv, codificada pelo gene *inv* (invasina), Ail, codificada pelo gene *ail* (accessory invasion locus) e YadA, codificada pelo gene *yad* (Yersinia adhesin A). O receptor da proteína Inv na célula do hospedeiro é uma β-1-integrina. O sistema de secreção do tipo III também contribui para a infecção por meio de uma série de proteínas denominadas Yop (*Yersinia outer membrane proteins*), que têm várias atividades relacionadas com a formação de poros na membrana citoplasmática da célula hospedeira e com a resistência à fagocitose, atuando na resposta imune inata e adquirida do hospedeiro.

Cepas de *Y. enterocolitica* são também capazes de produzir uma enterotoxina termoestável (Yst), semelhante à enterotoxina termoestável de *E. coli*, que estimula a atividade da guanilciclase presente nas células epiteliais intestinais. O papel da toxina Yst na patogenicidade de *Yersinia* foi questionado por algum tempo, mas atualmente sabe-se que é produzida a 37 °C e causa diarreia.

Medidas de controle

Os animais são os reservatórios mais importantes de *Yersinia* spp., e no caso de *Y. enterocolitica* os principais reservatórios são os suínos. Portanto, a medida de controle mais efetiva é a minimização da disseminação desse microrganismo entre os animais, com o emprego de boas práticas de higiene. A água também pode ser um veículo importante de transmissão do patógeno, e, portanto, a água utilizada nos abatedouros e na produção de alimentos deve ser tratada corretamente.

Outras medidas incluem manter carnes e produtos cárneos em refrigeração, cozinhar os alimentos em temperatura adequada, evitar o consumo de leite cru e produtos derivados de leite cru e de carne suína crua e produtos derivados, além da manutenção da higiene durante toda a cadeia produtiva do alimento (*farm to fork*).

***Cronobacter* spp.**

Características do microrganismo

O gênero *Cronobacter* é composto por bacilos Gram negativos, não formadores de esporos, anaeróbios facultativos, pertencentes à família *Enterobacteriaceae*. São oxidase-negativos, catalase-positivos e móveis por meio de flagelos peritríquios. Fazem parte desse gênero as espécies *C. sakazakii* (antes denominada *Enterobacter sakazakii*), *C. malonaticus*, *C. muytjensii*, *C. dublinensis*, *C. turicensis*, *C. universalis* e *C. condimenti*. As espécies de maior relevância em alimentos são *C. sakazakii*, *C. malonaticus* e *C. turicensis*, responsáveis por causarem infecções graves em certos grupos de indivíduos.

A temperatura de multiplicação de *Cronobacter* spp. está na faixa de 5,5 °C a 47 °C, com ótimo entre 37 °C e 43 °C. Os valores de pH ótimo estão na faixa entre 5 e 9, com um mínimo de 3,9. Esse microrganismo é capaz de sobreviver bem em alimentos com Aa baixa, como as fórmulas infantis desidratadas (FID), que têm Aa em torno de 0,2, e ainda suportar temperaturas entre 54 °C e 64 °C. Estas características podem constituir um risco para recém-nascidos com 4 a 6 semanas e crianças imunocomprometidas de qualquer idade, alimentados com FID reconstituídas contaminadas com esse microrganismo e mantidas em temperatura favorável à sua sobrevivência.

Características da doença

As espécies do gênero *Cronobacter* são patógenos oportunistas. A primeira espécie a se tornar de interesse em saúde pública foi *C. sakazakii*, identificada como causadora de meningite neonatal decorrente da ingestão de fórmulas infantis desidratadas (FID) reconstituídas. O grupo de pessoas mais suscetíveis a esse patógeno é formado por neonatos e bebês com menos de 28 dias de idade e/ou abaixo do peso e indivíduos imunocomprometidos, com índices de mortalidade que podem chegar a 80%.

As várias síndromes causadas por *C. sakazakii*, e também por *C. malonaticus* e *C. turicensis*, são enterocolite necrotizante, meningite e septicemia. Em neonatos e bebês, a meningite é a síndrome mais comum, que aparece entre o quarto e quinto dia após o nascimento, podendo ser fatal em poucas horas. O índice de mortalidade nas infecções neonatais está entre 40% e 80% e os sobreviventes podem apresentar sequelas neurológicas severas e irreversíveis, como hidrocefalia e abcessos cerebrais, além de outras infecções, como urinária e pulmonar. Na enterocolite necrotizante, a patologia varia de suave a severa, afetando tanto o intestino delgado quanto o grosso. A septicemia ocorre em decorrência do acesso do patógeno ao sistema circulatório, resultando em sepse e infecções extraintestinais, como meningite.

Os adultos, principalmente idosos e indivíduos imunocomprometidos, também podem apresentar infecções por *Cronobacter*, principalmente extraintestinais, como infecções do trato urinário e de feridas, além de septicemia e pneumonia. A maioria dessas infecções é de origem nosocomial.

Mecanismo de patogenicidade

O mecanismo de patogenicidade de *C. sakazakii* ainda é pouco conhecido. Após a chegada ao trato gastrointestinal, o patógeno invade as células epiteliais intestinais por meio da ação de pelo menos duas proteínas da membrana celular microbiana, denominadas OmpA e OmpX. Após a invasão, o patógeno chega à corrente sanguínea, causando septicemia. Por meio do sistema circulatório, atravessa a barreira hematoencefálica causando meningite. *C. sakazakii* é capaz de invadir os macrófagos e replicar em seu interior, escapando assim da ação dos mecanismos de defesa do hospedeiro. Estudos sugerem também a possível produção de uma enterotoxina termoestável.

Aspectos epidemiológicos

A epidemiologia das infecções causadas por *Cronobacter* spp. é pouco conhecida, devido ao pequeno número de casos relatados. Sabe-se, no entanto, que fórmulas infantis desidratadas contaminadas com o patógeno causaram vários surtos de meningite em crianças e neonatos. A contaminação destes produtos pode ocorrer durante seu processamento, vinda do ambiente de produção ou das matérias-primas, ou ser proveniente de fontes externas, decorrentes de falta de higiene durante o preparo das fórmulas para consumo. Um ponto importante a ser considerado é o abuso de temperatura de manutenção das fórmulas infantis após sua reconstituição.

Cronobacter spp. são ubíquos, podendo ser encontrados no ambiente, como solo, água e superfície de plantas. Já foram reportados em diversos alimentos, como carnes, vegetais, leite e derivados, alimentos desidratados, ervas e também água, e em utensílios e equipamentos para preparo de fórmulas infantis desidratadas em berçários e cozinhas, e mamadeiras. Ainda não se tem conhecimento de existência de um determinado reservatório ou de vários reservatórios.

Medidas de controle

As medidas de controle mais importantes são relacionadas com a preparação, armazenamento e manuseio das fórmulas infantis desidratadas e reconstituídas, para consumo de neonatos e bebês, devendo ser seguidas as recomendações da Organização Mundial da Saúde. Como medida preventiva adicional, mães devem amamentar seus filhos e serem alertadas quanto aos riscos associados à alimentação com fórmulas infantis.

Aeromonas spp.

Características do microrganismo

Embora o envolvimento de *Aeromonas* spp. na etiologia de várias manifestações clínicas, como infecções de pele, conjuntivites, meningites, peritonites e otites, seja conhecido, seu papel em casos de doenças gastrointestinais em seres humanos continua controversa, principalmente devido à falta de modelo animal adequado capaz de reproduzir os sintomas de enterite. Assim, também o papel dos alimentos nas doenças gastrointestinais permanece pouco conhecido.

A família *Aeromonadaceae* inclui os gêneros *Aeromonas*, *Oceanomonas* e *Tolumonas*. Atualmente, o gênero *Aeromonas* é composto por 31 espécies já validadas, com proposta de quatro espécies novas. As bactérias do gênero *Aeromonas* são bacilos Gram-negativos, anaeróbios facultativos, com comprimento de 1-4,4 μ e largura de 0,4-1,0 μ. Algumas espécies são móveis por meio de flagelo polar, geralmente monotríquio, com comprimento de 1,7 μ. São heterotróficas, produtoras de oxidase e catalase e fermentadoras de carboidratos, com produção de ácido e gás.

O gênero inclui espécies mesofílicas, que se multiplicam na faixa de temperatura entre 10 °C e 42 °C, com ótima em 28 °C, e espécies psicrotróficas, que se multiplicam a 5 °C, o que torna esse microrganismo preocupante para a saúde pública. Além disso, essas bactérias produzem lipases e proteases, que reduzem a vida útil de alimentos armazenados em refrigeração.

As espécies de *Aeromonas* multiplicam-se bem em uma ampla faixa de pH, entre 4 e 10, sendo mais tolerantes a ácidos a 28 °C do que a 4 °C. Estas bactérias são tolerantes ao sal, multiplicando-se bem na presença de 4% de NaCl quando a temperatura é 28 °C. Sabe-se, no entanto, que em concentrações de NaCl superiores a 1,5%, a velocidade de multiplicação é menor. A tolerância ao sal é também mais baixa quando a temperatura é 5 °C.

Características da doença

As espécies de *Aeromonas* que causam gastroenterite são *A. hydrophila*, *A. caviae* e *A. veronii* subsp. *sobria*. Essas infecções podem afetar crianças pequenas, idosos e pacientes com fatores predisponentes, por exemplo, imunodeprimidos. Os sintomas incluem diarreia, dor abdominal, febre, náuseas e vômitos. Pode haver casos assintomáticos, mas também já foram descritos casos severos, com diarreia não sanguinolenta e com aspecto de "água de arroz", como na cólera. A diarreia pode ser crônica, podendo ocorrer outras complicações, como obstrução do intestino delgado, enterocolite, e síndrome urêmica hemolítica. Pessoas saudáveis são menos propensas a adquirir gastroenterites por *Aeromonas* sp.

Aeromonas spp. também podem causar outras infecções, como septicemia, meningite e infecções em feridas e nos tratos respiratório e urinário.

Epidemiologia

As espécies móveis de *Aeromonas* spp. são microrganismos aquáticos que ocorrem em águas doces, marinhas e estuários. *A. hydrophila* foi isolada de amostras de água com pH na faixa de 5,2 a 9,8 e temperaturas de 4 °C a 45 °C.

Essa bactéria também tem sido detectada em água clorada, indicando ser mais resistente ao cloro livre do que outros enteropatógenos aquáticos. É encontrada em fezes de animais, como gado, carneiros, cavalos e porcos, e tem sido reportada em vários alimentos de origem animal, como carnes, leite cru, peixes, camarões, ostras e caranguejos, além de saladas pré-preparadas e também em água mineral engarrafada.

Alguns surtos relatados na literatura indicam *A. hydrophila* como agente etiológico de gastroenterites no Butão, envolvendo o consumo de carne bovina e apresentando sinais de deterioração, saladas de vegetais na China e um prato típico sueco (*landgang*) à base de camarões, maionese, patê de fígado, presunto, salsicha e salada de legumes.

Mecanismo de patogenicidade

A patogenicidade de *Aeromonas* spp. é multifatorial e complexa. Ao chegarem à mucosa intestinal, as espécies causadoras de gastroenterite aderem aos enterócitos por meio de flagelos, *pili* e também adesinas não filamentosas, que são proteínas de membrana externa. Posteriormente, ocorre a invasão com o auxílio do flagelo e, no interior da célula, o microrganismo passa a produzir diversas enzimas como proteases, lipases, colagenase, elastase, nucleases, e toxinas extracelulares.

São conhecidas três enterotoxinas produzidas por *Aeromonas* spp.: enterotoxina citotóxica (Act), enterotoxina citotônica termolábil (Alt) e enterotoxina citotônica termoestável (Ast). A enterotoxina Act é codificada pelos genes *act, hlyA e aerA* e tem peso molecular de 52 kDa, apresentando atividades hemolítica, citotóxica e enterotóxica. É uma toxina formadora de poros, que causa acúmulo de fluido no teste de alça ligada de coelho e é letal em camundongo. A enterotoxina Act, também chamada β-hemolisina e/ou aerolisina, é considerada um dos fatores de virulência mais bem estudados desse microrganismo. As enterotoxinas Alt e Ast agem primariamente no epitélio intestinal, aumentando os níveis de AMP cíclico (cAMP), de modo semelhante à toxina da cólera.

Além desses fatores, já foi descrita a presença de sistemas de secreção tipos I, III e IV em isolados mesófilos patogênicos de *Aeromonas.*

Medidas de controle

Devido às características psicrotróficas de *A. hydrophila,* o armazenamento em temperatura de refrigeração não é, por si só, um método eficiente de prevenção da transmissão dessa bactéria pelos alimentos. Consequentemente, outros métodos são necessários, como o termoprocessamento dos alimentos. A capacidade de *A. hydrophila* formar biofilmes em superfícies no ambiente de processamento da indústria de alimentos é uma preocupação extra, pois serve como fonte de recontaminação.

Plesiomonas shigelloides

Características do microrganismo

O gênero *Plesiomonas* pertence à família *Enterobacteriaceae* e é composto por bacilos Gram-negativos, anaeróbios facultativos, catalase e oxidase-positivos e fermentadores de açúcares sem produção de gás. O gênero é composto por apenas uma espécie, *P. shigelloides,* que possui de dois a sete flagelos polares, e apresenta diversos antígenos somáticos (O) e flagelares (H) diferentes, permitindo sua classificação em mais de 100 sorotipos.

A temperatura mínima para multiplicação está entre 8 °C e 10 °C e a máxima entre 42 °C e 45 °C, com ótimo entre 35 °C e 38 °C. A maioria dos isolados não se multiplica em temperatura inferior a 8 °C. A faixa de pH para sua multiplicação encontra-se entre 4,0 e 9,0. A concentração de NaCl deve estar entre 2% e 3%, com alguns isolados se multiplicando em 5%. Deve ser ressaltado, no entanto, que a presença de NaCl não é um requisito essencial para sua multiplicação.

Características da doença

Para a maioria dos pacientes, os sintomas da gastroenterite por *P. shigelloides* são similares aos das enterocolites causadas por outros patógenos intestinais, com fezes sanguinolentas contendo muco e leucócitos, dores abdominais intensas com cãimbras, vômito, febre e desidratação.

Além da gastroenterite, *P. shigelloides* pode causar diversas infecções extraintestinais em crianças e pacientes imunocomprometidos, tais como septicemia, celulite, peritonite, infecções do trato urinário, conjuntivite, endocardite, pneumonia e artrite.

Epidemiologia

Além dos seres humanos, os reservatórios de *P. shigelloides* são os peixes, répteis, crustáceos, aves e outros mamíferos. Os alimentos que têm sido incriminados em surtos de enterite por bactérias desse gênero são peixe salgado, caranguejos e ostras cruas ou assadas. A água, não só para beber, como também para fins recreacionais, também tem sido relacionada a surtos, causando não apenas enterite, como também outras infecções.

As infecções causadas por *P. shigelloides* geralmente apresentam-se associadas a algum outro patógeno: uma revisão dos casos ocorridos no Equador entre 2004 e 2008 mostrou haver uma forte evidência de co-infecção de rotavírus e *P. shigelloides*.

Patogenicidade

Apesar de vários fatores de virulência já terem sido descritos em *P. shigelloides*, entre eles produção de endotoxina e enterotoxinas, formação de biofilme, presença de fatores de adesão e invasão e produção de β-hemolisina, a associação destes fatores à patogenicidade ainda não está esclarecida. Até o momento, considera-se que *P. shigelloides* tem baixo potencial de patogenicidade.

Leitura sugerida

Abdesselam K, Pagotto F. *Cronobacter* (*Enterobacter*) *sakazakii* and other *Cronobacter* spp. In: Montajermi Y, Moy G, Todd E. (Eds.). Encyclopedia of food safety, history, science and methods. London: Academic Press, 2014. p. 424-32. https://doi.org/10.1016/B978-0-12-378612-8.00097-4

Ekundayo TC, Okoh AI. Pathogenomics of virulence traits of *Plesiomonas shigelloides* that were deemed inconclusive by traditional experimental approaches. Frontiers in Microbiology 2018;9:3077. https://doi.org/10.3389/fmicb.2018.03077

Igbinosa IH, Ehimario UI, Aghdasi F, Tom M, Okoh AI. Emerging *Aeromonas* species infections and their significance in Public Health. Scientific World Journal Article ID 625023, 13 p. https://doi.org/10.1100/2012/625023

Levin RE. *Plesiomonas shigelloides*. In: Montajermi Y, Moy G, Todd E. (Eds.). Encyclopedia of food safety, history, science and methods. London: Academic Press, 2014. p. 480-5. https://doi.org:10.1016/B978-0-12-378612-8.00107-4

Skwor T, Králová S. *Aeromonas*. In: Doyle MP, Diez-Gonzalez F, Hill C. (Ed.). Food microbiology: fundamentals and frontiers, 5th ed. Washington, DC: ASM Press, 2019. p. 415-35. https://doi.org/10.1128/9781555819972.ch15

Tall BD; Gopinath G, Gangiredla J, Patel IR, Fanning S, Lehne A. *Cronobacter* species. In: Doyle MP, Diez-Gonzalez, F, Hill C. (Ed.). Food microbiology: fundamentals and frontiers, 5th ed. Washington, DC: ASM Press, 2019. p. 389-414. https://doi.org/10.1128/9781555819972.ch14

Ukuku DO, Bari ML. *Yersinia enterocolitica*. In: Doyle MP, Diez-Gonzale, F, Hill C. (Ed.). Food microbiology: fundamentals and frontiers, 5th ed. Washington, DC: ASM Press, 2019. p. 437-50. https://doi.org/10.1128/9781555819972.ch16

Capítulo 4.10

Fungos e micotoxinas

Benedito Corrêa

Micotoxinas

Características gerais

Entre os fatores capazes de comprometer a qualidade e a segurança dos alimentos, estão as micotoxinas, produzidas por alguns fungos filamentosos (bolores), cuja ingestão pode provocar sérios danos à saúde humana e animal.

A palavra micotoxina é derivada dos termos gregos *mikes*, que significa fungos, e *toxikon*, que significa veneno ou toxina. As micotoxinas são consideradas metabólitos secundários de baixo peso molecular e não imunogênicos, cuja ingestão, contato ou inalação pode ocasionar doenças ou, eventualmente, a morte. São produzidas por fungos passíveis de contaminar alimentos de origem vegetal, como grãos e cereais, desde o cultivo, passando pela colheita, transporte e armazenamento e até o processamento, desde que satisfeitas as condições ideais de umidade e de temperatura. Os efeitos da invasão fúngica em elevado grau de contaminação incluem a diminuição do poder de germinação, descoloração, odor desagradável, perda de matéria seca, mudanças químicas e nutricionais, perda de qualidade e produção de micotoxinas.

A contaminação de alimentos por fungos toxigênicos pode resultar em produtos de baixa qualidade e potencialmente prejudiciais para o consumo. Uma vez produzidas, as micotoxinas dificilmente são degradadas, devido à sua estabilidade física e química. A maioria delas é termorresistente, mantendo sua toxicidade mesmo após os processos de peletização de rações, preparação de alimentos e pasteurização. Portanto, elas não são significativamente removidas dos alimentos pelas técnicas convencionais de tratamento dos alimentos.

Embora até o momento entre 300 e 400 micotoxinas já tenham sido identificadas, apenas cerca de 20 delas têm impacto significativo na saúde humana e animal.

As micotoxicoses são caracterizadas por síndromes difusas, porém, com lesões em determinados órgãos, como fígado, rim, tecido epitelial e sistema nervoso central, dependendo do tipo de toxina. Também é possível a ocorrência simultânea de duas ou mais micotoxinas em um mesmo produto, o que pode levar à potenciação dos efeitos tóxicos sobre o organismo suscetível.

Os efeitos tóxicos das micotoxinas são dependentes da dose e do tempo de exposição e se caracterizam por intoxicações agudas ou crônicas. A intoxicação aguda ocorre pela ingestão de alimentos contendo altos níveis de micotoxinas nos quais os efeitos são constatados em curto período. Por sua vez, a intoxicação crônica ocorre após a ingestão de baixas doses de micotoxinas por um longo período. Em condições naturais, esta última forma é a mais frequente, porém, de difícil diagnóstico.

A gravidade das micotoxicoses depende da toxicidade da micotoxina, idade e estado nutricional do indivíduo afetado, e dos possíveis efeitos sinérgicos de outros agentes químicos aos quais o indivíduo está exposto. Além dos vários efeitos em seres humanos e animais, as micotoxinas podem causar importantes prejuízos econômicos, decorrentes de perdas diretas de produtos agrícolas, diminuição da produtividade agrícola e pecuária, custos indiretos de sistemas de controle, rejeição ou desvalorização de produtos pelo mercado, efeitos no comércio nacional e internacional, entre outros.

As micotoxinas são de ocorrência mundial e declaradas de alta prioridade pela Organização das Nações Unidas para a Alimentação e Agricultura (FAO) e pela Organização Mundial da Saúde (OMS), devido aos seus efeitos biológicos. Segundo a FAO, cerca de 25% dos produtos agrícolas produzidos no mundo estão contaminados com micotoxinas e provocam enormes gastos com a saúde humana, animal e com produtos agrícolas condenados. De acordo com o Banco Mundial, 40% do tempo de vida de indivíduos de países em desenvolvimento são perdidos em função de doenças causadas por estas toxinas.

No Brasil, dados sobre a ocorrência de micotoxinas em alimentos têm sido apresentados por vários autores. Grande parte dos artigos publicados relata a contaminação por aflatoxinas, fumonisinas, ocratoxinas e zearalenona. No tocante aos tricotecenos, principalmente o deoxinivalenol, os dados são mais escassos. Produtos como amendoim e derivados, milho e derivados, café e rações foram os mais investigados. Os limites máximos de tolerância (LMT) para micotoxinas em alimentos são estabelecidos por órgãos nacionais e internacionais.

Aspectos históricos

A partir de 1960, quando foram descritos episódios de intoxicação de aves na Inglaterra, evidenciou-se a importância das micotoxinas no estabelecimento de quadros patológicos desconhecidos até então. Em diversos criadouros avícolas daquele país verificou-se intensa mortalidade de marrecos, perus e faisões, elevando-se a mais de 100 mil o número de aves mortas, num período de 3 meses. Após intensas investigações, verificou-se que as rações implicadas nos episódios estavam emboloradas, eram à base de amendoim e eram provenientes da África e do Brasil. Os extratos obtidos das rações envolvidas com os surtos foram inoculados experimentalmente em marrecos jovens e reproduziram lesões hepáticas semelhantes à doença natural. As substâncias isoladas destes extratos demonstraram ser extremamente tóxicas e foram apontadas como responsáveis pelo episódio, sendo denominadas aflatoxinas (*Aspergillus flavus toxin*).

A literatura científica registra relatos de casos anteriores ao episódio ocorrido na Inglaterra, que atualmente são considerados micotoxicoses. Um exemplo é o episódio denominado "Fogo de Santo Antonio", ocorrido na Idade Média, no território atualmente correspondente à França, no qual milhares de pessoas foram intoxicadas pela ingestão de pão de centeio e de outros grãos contaminados com *Claviceps purpurea* e *Claviceps paspalii*. A sintomatologia apresentada manifestava-se por sensação de frio nas extremidades (mãos e pés), seguida de extremo calor, fenômenos hemorrágicos, convulsão e morte, conforme a dose ingerida. O episódio ganhou contornos miraculosos, pois os indivíduos intoxicados iam pedir a cura a Santo Antonio através de romarias organizadas ao túmulo deste santo. Devido ao afastamento dos locais onde os pães contaminados eram produzidos, alguns indivíduos curavam-se naturalmente.

No século XX, surtos de ergotismo foram descritos na Rússia (1926), Irlanda (1929), França (1953) e Etiópia (1978), sendo que neste último mais de 140 pessoas foram afetadas por ergotismo gangrenoso relacionado ao consumo de aveia. Em 1930, as substâncias responsáveis pelo envenenamento foram isoladas e identificadas como um grupo de alcaloides derivados do ácido D-lisérgico, como a ergotamina, a ergocriptina e a ergocristina. Estes alcaloides podem estimular a musculatura lisa e causar vasoconstrição e contrações uterinas.

Na época que antecedeu a II Grande Guerra, e durante a mesma, ocorreram diversos episódios de intoxicação em determinadas regiões da Rússia, pela ingestão de cereais contaminados, quando populações famintas e soldados escavavam o gelo à procura de alimentos. O gelo, funcionando como isolante térmico, permitia o desenvolvimento de fungos contaminantes (*Fusarium poae* e *F. sporotrichioides*), que utilizavam os restos de cereais enterrados como meio de cultura. Os fungos produziam substâncias tóxicas (tricotecenos) nestes cereais que, quando consumidos, provocavam inflamação das mucosas (oral e gastrointestinal) e gastroenterite aguda. A moléstia evoluía com alterações do quadro sanguíneo, como diminuição do número de leucócitos, alterações da medula óssea e petéquias hemorrágicas na pele, culminando com síndromes hemorrágicas nos genitais. Paralelamente, foram observados distúrbios dos sistemas nervoso autônomo e central. Na dependência da resistência individual, das condições gerais de nutrição e da concentração de micotoxina ingerida, inúmeros óbitos foram assinalados. Vale ressaltar que os tricotecenos são também produzidos por outras espécies de fungos como *Cephalosporium*, *Myrothecium*, *Trichoderma* e *Stachybotrys*. Os tricotecenos apresentam alto grau de toxicidade e, por isso, são empregados na guerra química, como causadores de hemorragias difusas e lesões disseminadas, que levam o indivíduo rapidamente à morte. Mais recentemente, foram usados no sudeste da Ásia, como arma química na chamada chuva amarela (*yellow rain*).

Fungos

Características gerais

Os fungos são organismos eucarióticos uni ou pluricelulares complexos e heterogêneos que não possuem clorofila ou outro pigmento fotossensibilizante, não apresentam celulose em sua parede celular e não armazenam amido como substância de reserva, condições essenciais aos organismos que constituem o Reino Vegetal. Por outro lado, assemelham-se às células animais por serem capazes de armazenar glicogênio e apresentarem substâncias quitinosas na parede celular. Diferenciam-se dos demais seres vivos por apresentar estrutura somática representada por hifas, cujo conjunto constitui o denominado micélio. Tais hifas podem ser septadas e não septadas (cenocíticas). As colônias dos fungos filamentosos (bolores) podem apresentar aspectos algodonosos, aveludados, pulverulentos e com variados tipos de pigmentação. Por sua vez, as colônias leveduriformes são, em geral, pastosas ou cremosas.

As estruturas de reprodução dos fungos são chamadas esporos (propágulos) que, em condições ambientais favoráveis, são capazes de se reproduzir e gerar novas células. Os esporos, de acordo com sua origem, podem ser sexuados ou assexuados. Os esporos assexuados são produzidos por processo de mitose e divisão celular, sendo geneticamente idênticos ao seu progenitor. Na reprodução sexuada, os esporos são gerados por uma alternância entre o estágio diploide (no qual cada núcleo contém dois conjuntos de cromossomos) e o estágio haploide (cada núcleo contém um conjunto de cromossomos). Um dos eventos característicos da reprodução sexuada é a fusão de dois núcleos haploides para formar um núcleo diploide, o que requer a presença de núcleo haploide sexuadamente compatível. Nos fungos que produzem somente um tipo de núcleo, a reprodução ocorre somente quando o fungo entra em contato com outra cepa geneticamente diferente. Muitos fungos podem apresentar ambos os tipos de reprodução (sexuada e assexuada).

Os fungos encontram-se amplamente distribuídos na natureza, sendo encontrados na água, ar atmosférico, solo, e sobre animais e vegetais vivos. Alguns fungos crescem em um relacionamento simbiótico com algas fotossintéticas ou cianobactérias na forma de liquens. O vento funciona como principal veículo de dispersão de esporos, escleródios, clamidósporos e micélio. Quando encontram um substrato adequado e condições ambientais favoráveis eles germinam, multiplicam-se e colonizam, mas podem permanecer em latência por longos períodos sem a perda da viabilidade. O micélio exerce a função de assimilar, nutrir e fixar, podendo diferenciar-se em estruturas de frutificação, que servem à sua propagação.

Os fungos produzem muitos metabólitos, que podem ser divididos em duas categorias: 1. moléculas derivadas do metabolismo primário, de importância estrutural ao fungo; 2. moléculas derivadas do metabolismo secundário que, aparentemente, não possuem função especial para a vida ou crescimento do microrganismo. Neste grupo estão incluídas as quinonas, os pigmentos, os antibióticos e as toxinas. A biossíntese dos metabólitos depende do acúmulo dos precursores do metabolismo primário, como malonatos, acetatos, piruvatos e aminoácidos. Ela ocorre após a fase de crescimento do fungo produtor, por meio das vias metabólicas catalisadas por reações enzimáticas.

Nutrição e crescimento

Os fungos são seres heterotróficos que utilizam os nutrientes do meio ambiente circundante. Através de digestão enzimática externa transformam as substâncias de maneira que possam ser absorvidas. Assim, a nutrição da maioria dos fungos ocorre por absorção. De maneira geral, para seu crescimento, necessitam de fontes de carbono e de nitrogênio. A glicose é a principal fonte de carbono, porém outros açúcares como sacarose e maltose e fontes mais complexas como amido e a celulose também podem ser utilizadas. Fontes de nitrogênio inorgânico (sais de amônia ou nitratos), orgânico (peptona) e sais minerais (sulfatos e fosfatos) são utilizadas por fungos, dentre estas, a peptona é a mais utilizada. Também são necessários, em menor quantidade, oligoelementos como ferro, zinco magnésio, manganês, cobre, molibdênio, sendo que alguns necessitam de determinados fatores de crescimento que não conseguem sintetizar, em especial vitaminas como tiamina, riboflavina, ácido pantotênico etc.

A atividade de água (Aa) do substrato também desempenha papel importante no crescimento fúngico. A Aa mínima para o crescimento da maioria dos fungos, principalmente os toxigênicos, é 0,77. Em geral, os fungos não se reproduzem em Aa abaixo de 0,60 (Tabela 4.10.1).

A temperatura de crescimento dos fungos varia, havendo espécies psicrófilas, mesófilas e termófilas. Os fungos contaminantes de alimentos são, em geral, mesófilos, apresentando temperatura ótima entre 20 °C e 30 °C.

Tabela 4.10.1. Temperatura (°C) e atividade de água (Aa) mínima para o crescimento e produção de aflatoxinas por espécies do gênero *Aspergillus*					
Fungos	*Temperatura*		*Aa mínima*		*Aflatoxinas (grupos)*
	Faixa	*Ótima*	*Crescimento*	*Produção de aflatoxinas*	
A. flavus	10-45	33	0,78-0,80	0,83-0,87	B
A. parasiticus	12-42	32	0,78-0,82	0,87	B-G

Autor: Benedito Corrêa.

Os fungos filamentosos crescem numa ampla faixa de pH (1,5 a 11), com pH ótimo em torno de 5,6. A pigmentação das culturas, muitas vezes, está relacionada com o pH do meio.

Tendo em vista que o crescimento fúngico raramente ocorre como cultura pura, alguns microrganismos presentes podem influenciar o crescimento fúngico, devido à competição que se estabelece no substrato de cultivo. Tais interações podem ser classificadas como antagônicas (ativas ou passivas) ou sinérgicas. O antagonismo ativo ocorre quando há inibição por contato ou produção de antibióticos, ácidos etc. No antagonismo passivo não há inibição de um microrganismo pelo outro, mas sim competição por espaço ou por nutrientes essenciais ao desenvolvimento. Nas interações sinérgicas há o favorecimento de um ou ambos os microrganismos que colonizam o mesmo substrato. Vale frisar que diferentes espécies fúngicas podem produzir a mesma micotoxina, assim como uma única espécie fúngica pode produzir mais de um tipo de micotoxina.

Ecologia de fungos toxigênicos

As principais espécies fúngicas produtoras de micotoxinas em alimentos pertencem aos gêneros *Aspergillus*, *Penicillium* e *Fusarium*. Há também fungos de outras espécies capazes de produzir micotoxinas, como os pertencentes aos gêneros *Alternaria, Claviceps, Myrothecium, Stachybotrys, Phoma, Trichotecium, Cephalosporium, Trichoderma, Cladosporium* e *Pithomyces.*

As espécies de fungos são ubiquitárias, observando-se a presença de micotoxinas em alimentos em todas as partes do mundo, embora algumas ocorram com maior frequência em determinados países, em consequência de fatores climatológicos. No Brasil, as micotoxinas mais detectadas em alimentos são as aflatoxinas, fumonisinas, ocratoxina A, zearalenona e desoxinivalenol.

Geograficamente, as espécies *Aspergillus flavus, A. parasiticus e A. nomius,* produtoras de aflatoxinas, são comuns em países tropicais e subtropicais, pouco frequentes em regiões de clima temperado e raramente observadas em regiões de clima frio.

As espécies do gênero *Aspergillus* apresentam, macroscopicamente, colônias com aspecto aveludado, de coloração amarela, verde, branca, marrom ou preta. As variações morfológicas das cepas de uma mesma espécie são bastante extensas. Alterações ambientais sutis, como mudanças na exposição à luz, nível de oxigenação ou modificações no volume do meio de cultura, podem afetar a morfologia da colônia em cultivo. Algumas espécies produzem esclerócio, que são massas de hifas de diversas cores e consistência firme. Microscopicamente, as hifas são septadas, com conidióforos perpendiculares ao eixo das células. Os conidióforos se desenvolvem a partir das células pé, e se dilatam no ápice, formando uma vesícula, que pode ter diferentes formas e tamanhos. A área fértil da vesícula pode dar origem à fiálide, que produz longas cadeias de esporos formadas por mitose, chamados de conídios (Figura 4.10.1).

No gênero *Penicillium,* os esporos assexuais (conídios) são produzidos em cadeia a partir das fiálides, formando uma estrutura típica denominada *penicillus* (do latim: pequeno pincel), que caracteriza o grupo (Figura 4.10.2). Os conídios são formados por mitose e podem surgir diretamente das vesículas (unisseriados) ou são produzidos em uma segunda camada de células, chamadas de "métulas" (bisseriados), sendo ambas (fiálides e métulas) formadas simultaneamente. Os padrões de ramificação dos conidióforos também são importantes na classificação e podem ser monoverticilados, biverticilados,

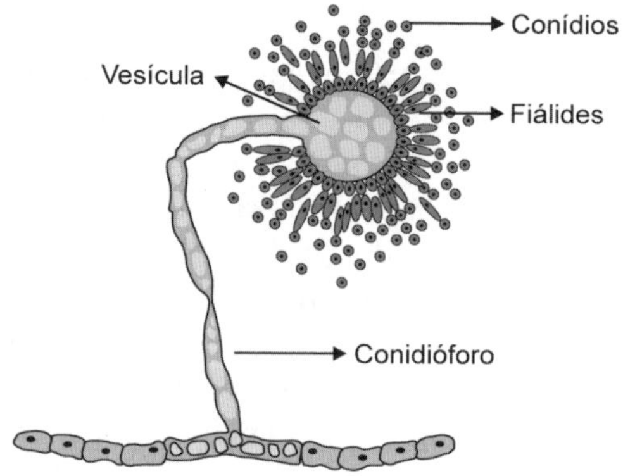

Figura 4.10.1. Representação esquemática de *Aspergillus* spp. Adaptada de "Aspergillus, Fusarium, Penicillium", por BioRender.com (2022). Recuperada de https://app.biorender.com/biorender- templates.

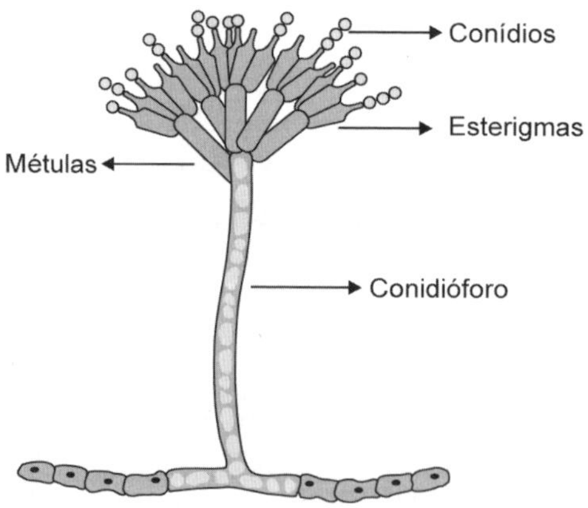

Figura 4.10.2. Representação esquemática de *Penicillium* spp. Adaptada de "Aspergillus, Fusarium, Penicillium", por BioRender.com (2022). Recuperada de https://app.biorender.com/biorender-templates.

terverticilados ou quaterverticilados. As colônias, do ponto de vista macroscópico, inicialmente são brancas e, dependendo da espécie e de outros fatores, podem adquirir cores verde, verde-azulado, cinza ou rosa, entre outras.

Por sua vez, as espécies do gênero *Fusarium* destacam-se pela adaptação a diferentes condições ambientais. Assim sendo, a espécie *F. verticillioides* predomina em regiões tropicais e temperadas úmidas, mas é pouco frequente em zonas temperadas frias; *F. graminearum*, em regiões de clima tropical a temperado; *F. poae*, em clima temperado a frio e *F. sporotrichioides* em clima frio.

A característica que define o gênero *Fusarium* é a produção de conídios septados, de forma fusiforme, denominados macroconídios, que podem ser produzidos em pústulas, chamados esporodóquios, ou em massas viscosas, conhecidas como fiálides. Muitas espécies de *Fusarium* produzem conídios menores, microconídios, de várias formas. Clamidoconídios, terminais ou intercalados, são característicos de algumas espécies. Colônias de *Fusarium* spp. geralmente são de crescimento rápido e consistem em micélio claro ou brilhantemente colorido, em tons de rosa, vermelho, violeta ou marrom (Figura 4.10.3).

Os fungos de importância em grãos podem ser divididos em dois grupos ecológicos conforme suas necessidades de água: de campo e de armazenamento. Os fungos de campo invadem os grãos antes da colheita, enquanto as plantas estão em crescimento no campo, ou depois de estarem cortadas em espigas, antes de serem debulhadas. Requerem altos teores de umidade nos grãos para se desenvolverem (20%-21%) e pertencem aos gêneros *Fusarium*, *Alternaria*, *Cladosporium* e *Helminthosporium*. Os fungos de armazenamento, por sua vez, necessitam de teores de umidade mais baixos, entre 13% e 18% e correspondem a várias espécies dos gêneros *Aspergillus* e *Penicillium*. Alguns pesquisadores incluíram um terceiro grupo na classificação, chamado de intermediário, que alberga espécies encontradas no campo, durante o processo de cultivo da planta, na colheita e durante o armazenamento.

O desenvolvimento de fungos toxigênicos e a produção de micotoxinas são dependentes de um complexo conjunto de fatores: 1. suscetibilidade do substrato à colonização do fungo produtor; 2. fatores físicos, como temperatura, umidade do substrato, umidade relativa do ar, aeração, danos mecânicos e tempo de armazenamento;

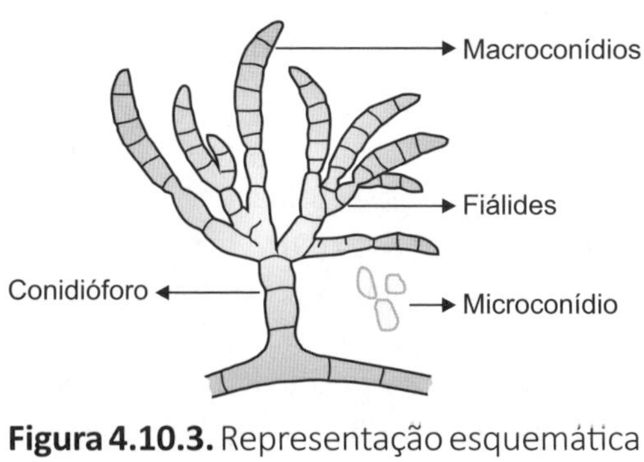

Figura 4.10.3. Representação esquemática de *Fusarium* spp. Adaptada de "Aspergillus, Fusarium, Penicillium", por BioRender.com (2022). Recuperada de https://app.biorender.com/biorender-templates.

3. fatores biológicos, como capacidade genética do fungo em produzir micotoxinas, quantidade de esporos viáveis, interação de diferentes fungos presentes no mesmo substrato, interação de micotoxinas e presença de insetos. Entre esses fatores, o tipo de substrato, a umidade e a temperatura são os que exercem maior influência no crescimento fúngico e na produção de micotoxinas.

De modo geral, os produtos passíveis de veicular micotoxinas são os produtos agrícolas, como cereais, sementes oleaginosas e frutas, os produtos de origem animal, como leite e seus derivados, carnes, embutidos e queijos curados por fungos, os alimentos orientais fermentados e outros produtos fermentados, como cervejas e vinhos. As rações animais industrializadas também podem conter micotoxinas.

O desenvolvimento de fungos em grãos armazenados é desencadeado em teores de umidade acima de 13,5%, sendo 0,77 a atividade de água mínima para o crescimento das principais espécies toxigênicas. Abaixo de 0,60 de atividade de água, em geral, os fungos não se reproduzem. Vale frisar que os valores de Aa para a produção de micotoxinas são, frequentemente, maiores do que aqueles necessários para o crescimento dos respectivos fungos produtores (Tabela 4.10.1). Em temperaturas abaixo de 10 °C, a maioria dos fungos não se desenvolve e os que conseguem, o fazem lentamente. Considera-se que a faixa entre 25° e 30° C é ideal para o crescimento, embora algumas espécies do gênero *Aspergillus* se desenvolvam mais rapidamente em temperaturas acima dos 30 °C.

O conhecimento da micobiota presente em um alimento e do grau de contaminação (UFC/g) são importantes na avaliação das condições de armazenamento do produto, na sinalização da possível presença de micotoxinas, e como referência para medidas governamentais no controle de micotoxinas. Entretanto, estas análises não substituem a determinação química das micotoxinas, a ser feita por métodos cromatográficos ou imunoensaios, essencial para o diagnóstico de uma micotoxicose.

Assim, a simples constatação da presença de fungos toxigênicos em um alimento não significa, automaticamente, a presença de micotoxinas. Todavia, há um risco potencial, que pode aumentar se este alimento for um bom substrato para a produção de micotoxinas e se os fatores abióticos, principalmente umidade e temperatura, forem adequados. É importante ressaltar que a ausência de sinais visíveis de emboloramento não significa que o alimento esteja livre de fungos e de toxinas.

As micotoxinas de maior importância em alimentos são descritas a seguir.

Aflatoxinas

As aflatoxinas (AFs) são metabólitos secundários produzidos por diferentes espécies do gênero *Aspergillus*, principalmente *A. flavus*, *A. parasiticus* e *A. nomius*. Em função de suas características fluorescentes quando expostas à luz ultravioleta (360 nm), as aflatoxinas são divididas em dois grupos: AFB (de Blue, ou azul) e AFG (de Green, ou verde). As aflatoxinas mais comumente produzidas por *A. flavus* são as AFB_1 e AFB_2, enquanto *A. parasiticus* e *A. nomius* produzem também AFG_1 e AFG_2.

Quimicamente, as aflatoxinas possuem estrutura policíclica derivada de núcleo cumarínico, unido a um sistema bifurânico e a pentona (AFB) ou a lactona de seis membros (AFG). São conhecidos 18 compostos distintos, entretanto AFB_1, AFB_2, AFG_1 e AFG_2 são as mais frequentemente identificadas.

A AFB_1 é considerada a mais tóxica, com propriedades hepatotóxicas, teratogênicas e mutagênicas, podendo causar hemorragias, edemas, imunossupressão e carcinoma hepático. Uma das causas da extrema toxicidade da AFB_1 é a sua rápida absorção pelo sistema gastrointestinal, que facilita sua entrada na circulação sanguínea e transporte para o fígado, onde ocorre a biotransformação da toxina (Figura 4.10.4).

O processo de biotransformação da AFB_1 em outros metabólitos é mediado, em grande escala, pelo citocromo P450 presente na membrana do retículo endoplasmático dos hepatócitos, que tem a função de facilitar a hidroxilação, a demetilação, a redução e a epoxidação. O metabolismo da AFB_1 resulta na formação de AFB_1-8,9-epóxido, que é uma molécula altamente eletrolítica e se liga covalentemente aos sítios nucleofílicos de macromoléculas, como DNA, RNA e proteínas. Estas ligações formam adutos, que no caso do DNA, são responsáveis pelos efeitos carcinogênicos e mutagênicos.

As aflatoxinas AFM_1 e AFM_2 são produtos hidroxilados da AFB_1, e AFB_2, excretados no leite de animais expostos à dieta contendo AFB_1 e AFB_2. A taxa de transferência de AFB_1 da ração para o leite varia de 1% a 3%. Esta micotoxina é bastante resistente à temperatura, portanto, tratamentos térmicos como pasteurização e esterilização não são suficientes para inativá-la.

As aflatoxinas apresentam baixo peso molecular, baixa solubilidade em água e alta solubilidade em solventes moderadamente polares, como clorofórmio, metanol e dimetilsulfóxido. São incolores, inodoras e não alteram o sabor dos alimentos. São termoestáveis, mas são destruídas pelo tratamento com hipoclorito.

A exposição humana às aflatoxinas ocorre por meio da ingestão de alimentos contaminados, principalmente amendoim, castanha-do-Brasil, milho, sementes de algodão,

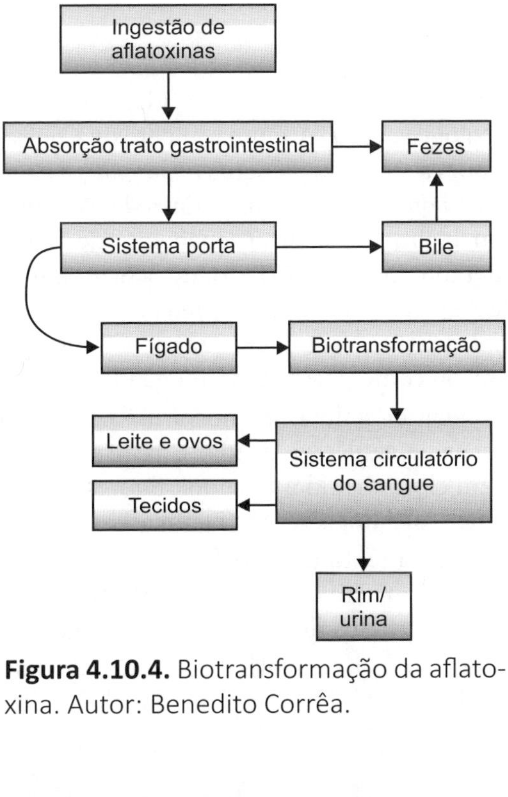

Figura 4.10.4. Biotransformação da aflatoxina. Autor: Benedito Corrêa.

farelo de peixe e coco, ou de outros, como leite, produtos lácteos, carnes e ovos, originários de animais que consumiram ração contaminada.

Nem todas as cepas de *A. flavus* são produtoras de aflatoxinas. Os percentuais de positividade variam de 31% a 93% em cepas isoladas do amendoim, e de 23,5% a 72%, no milho. Em relação ao *A. parasiticus*, 100% dos isolados obtidos até o momento foram aflatoxigênicos.

Ácido ciclopiazônico

A produção de ácido ciclopiazônico (ACP) foi detectada inicialmente em *Penicillium cyclopium* e, posteriormente, também relacionado como metabólito de *Aspergillus flavus*. Assim sendo, espécies dos gêneros *Penicillium* e *Aspergillus são* considerados produtores desta micotoxina. No gênero *Aspergillus, A. flavus e A. tamari,* pertencentes à seção *Aspergillus flavi,* e *A. versicolor,* pertencente à seção *Aspergillus versicolor,* são potencialmente produtores de ACP.

O ACP é inibidor específico da enzima Ca^{2+} ATPase e induz alterações no transporte de íons em membranas celulares. A ingestão de alimentos contendo ACP pode resultar em degeneração e necrose hepática e lesões miocárdicas e neurotóxicas. A toxicidade do ACP foi demonstrada em diferentes espécies animais, incluindo ratos, frangos, cães e cobaias, sendo os principais órgãos atingidos o fígado, rins e sistema digestório.

A presença de ACP foi constatada em alguns alimentos como milho, amendoim, queijo, carnes, sementes de girassol, feno, tomate, queijo e leite. No Brasil, 38% das cepas de *A. flavus* isoladas do amendoim foram produtoras de ACP. Embora seu papel na saúde humana ainda permaneça obscuro, existem fortes evidências de sua participação no surto de intoxicação das aves ocorrido da Inglaterra, em 1960, devido à similaridade dos sinais clínicos descritos na ocasião com a intoxicação por ACP.

Ocratoxinas

Embora uma série de ocratoxinas seja conhecida, somente a ocratoxina A (OTA) possui importância toxicológica. A OTA é uma micotoxina nefrotóxica, carcinogênica e imunotóxica, produzida por espécies dos gêneros *Aspergillus* e *Penicillium*, principalmente *A. ochraceus, A. niger, A. carbonarius* e *A. terreus.* Entre *Penicillium* spp., a espécie *P. verrucosum* está associada principalmente ao armazenamento de cereais sendo muito comum em países de clima temperado ou frio. A OTA pode ocorrer em diversos produtos, como milho, trigo, cacau, café, cevada, centeio, aveia, feijão, uva e rações para animais. OTA tem recebido considerável atenção desde 1993, quando a International Agency for Cancer Research (IARC) a classificou como possível carcinógeno para o ser humano.

A OTA é uma substância cristalina, incolor à luz natural, mas que sob luz ultravioleta apresenta fluorescência azul-esverdeada. É pouco solúvel em água e apresenta solubilidade moderada em clorofórmio e metanol, fluorescendo nas cores verde e azul, quando em soluções ácidas e alcalinas, respectivamente.

A Aa mínima para o crescimento de *A. ochraceus* é 0,76 e para *P. verrucosum* 0,81. Para a produção de OTA, a Aa mínima é de 0,83, para ambas as espécies. A temperatura ótima para o crescimento dos citados fungos é 25 °C (Tabela 4.10.2).

O órgão-alvo da OTA é o rim, onde interfere na síntese de macromoléculas de células do parênquima renal, incluindo DNA, RNA e proteínas. Além disso, afeta o metabolismo

Tabela 4.10.2. Temperatura (°C) e atividade de água (Aa) mínima para o crescimento e produção de ocratoxina A (OTA), patulina e alternariol					
Fungos	*Temperatura*		*Aa mínima*		*Toxinas*
	Faixa	*Ótima*	*Crescimento*	*Produção de toxinas*	
A. ochraceus	10-35	25	0,76	0,83-0,87	OTA
P. verrucosum	4-31	25	0,81	0,83-0,90	OTA
P. expansum	-6-35	*	0,82-0,85	0,90	Patulina
A. alternata	0-35	25	0,88	0,90	Alternariol

Autor: Benedito Corrêa.

dos hidratos de carbono renais, danificando o epitélio dos túbulos renais proximais, o que diminui a absorção de eletrólitos e aumenta a excreção de água através da diurese osmótica. Entre as espécies animais, os suínos apresentam alta sensibilidade à OTA, sendo uma das micotoxinas mais tóxicas para essa espécie. Em alguns países europeus, é comum o soro de indivíduos saudáveis acusar a presença de OTA, o que evidencia ampla e contínua exposição à toxina. No Brasil, levantamentos realizados indicaram baixos níveis de contaminação por OTA.

Fumonisinas

As fumonisinas são um grupo de micotoxinas estruturalmente relacionadas, produzidas por espécies de fungos do gênero *Fusarium*, principalmente *F. verticillioides* (= *F. moniliforme*) e *F. proliferatum*. Por serem amplamente distribuídos na natureza, estes fungos estão frequentemente presentes em milho e rações para animais. Por se tratar de um dos principais fungos contaminantes do milho em todo o mundo, *F. verticillioides* tem sido constantemente associado a doenças nos indivíduos que utilizam este cereal como base da sua alimentação. Esta espécie se desenvolve em temperatura ótima de 22 a 28 °C e atividade de água acima de 0,87 (Tabela 4.10.3).

Tabela 4.10.3. Temperatura (°C) e atividade de água (Aa) mínima para o crescimento e produção de fusariotoxinas por espécies do gênero *Fusarium*					
Fungos	*Temperatura*		*Aa mínima*		*Toxinas*
	Faixa	*Ótima*	*Crescimento*	*Produção de toxinas*	
F. verticillioides	2-37	22-28	0,87	0,90	Fumonisinas Zearalenona Moniliformina
F. graminearum		24-26	0,89	0,98	Zearalenona Moniliformina DON DAS
F. poae	2-39	22-28	0,89	0,99	T-2 DAS Nivalenol

Autor: Benedito Corrêa.

As fumonisinas atraem o interesse da humanidade desde 1901, época em que surgiram os primeiros relatos de "envenenamento por milho mofado", relacionados com a utilização do produto na alimentação de equídeos.

Até o momento, 18 fumonisinas (FB) já foram descritas, mas a FB_1 é a mais importante. Essa micotoxina tem sido a principal causa da síndrome neurotóxica e da leucoencefalomalácia (LEME) em equinos, edema pulmonar em suínos, câncer hepático em ratos, e de redução no desenvolvimento, problemas cardíacos, imunossupressão, degeneração e necrose hepática em aves. Esta toxina também foi associada a casos de câncer de esôfago em seres humanos, na África do Sul, China, nordeste da Itália e sudeste dos Estados Unidos. Estudos demonstram que 100% das cepas de *F. verticillioides* são produtoras de fumonisinas B_1 e B_2.

O mecanismo de ação das fumonisinas está relacionado à inibição das enzimas esfinganina e esfingosina n-acetiltransferase, responsáveis pela formação do complexo esfingolipídeos (esfingomielina e glicoesfingolipídeos) no fígado e no cérebro, essenciais ao crescimento celular, diferenciação e transformação. Estas micotoxinas também são tóxicas para superfícies endoteliais, semelhantes àquelas detectadas nos pulmões e no cérebro.

Levantamentos realizados em diversas partes do mundo indicam a presença de fumonisinas no milho, em níveis variáveis. No Brasil, estudos têm mostrado positividade acima de 90%.

Tricotecenos

Os tricotecenos, frequentemente referidos como micotoxinas imunossupressoras, são um grupo de aproximadamente 170 compostos tóxicos estruturalmente relacionados (tetracíclico 12, 13 – epoxitricotecenos), produzidos, principalmente, por espécies de fungos do gênero *Fusarium*. O crescimento dos fungos e a produção de tricotecenos são estimulados por condições climáticas oscilantes entre calor e frio. Para *F. poae* a temperatura ótima de crescimento varia de 22 °C a 28 °C e a Aa mínima necessária é 0,89 (Tabela 4.10.3).

Os tricotecenos são classificados em quatro tipos, A, B, C e D, de acordo com sua estrutura química, mas os tipos A e B são os mais importantes contaminantes de cereais. Os tricotecenos do tipo A são constituídos pelas micotoxinas diacetoxiscirpenol (DAS), toxina T-2, e HT-20. Os tricotecenos do tipo B incluem as micotoxinas desoxinivalenol (DON) e seus derivados acetilados, como o 3-acetildeoxinivalenol (3ADON) e 15-acetildesoxinivalenol (15ADON) e nivalenol (NIV). Destes, o DON é o mais frequente em alimentos e rações animais no mundo. Os fungos produtores de DON pertencem ao chamado complexo de espécies *Fusarium graminearum* (CEFG), que contempla as espécies *F. graminearum, F. meridionale, F. austroamericanum, F. asiticum* e *F. butiae*. Os tricotecenos são cristais incolores, sendo que os do tipo A são moderadamente solúveis em solventes moderadamente polares, como clorofórmio, éter etílico, acetona, e os do tipo B dissolvem-se em solventes de alta polaridade, como acetonitrila ou metanol aquoso. São estáveis a 120 °C, moderadamente estáveis a 180 °C, porém, se decompõem a 210 °C por 30 minutos.

Os tricotecenos são inibidores potentes da síntese proteica, bloqueando as etapas da tradução, incluindo a iniciação, o alongamento e a terminação. A alteração da síntese proteica afeta os sistemas gastrointestinal, hematopoiético, imunológico e nervoso.

A sintomatologia observada está relacionada com a perda de peso, redução na conversão alimentar e produção de ovos nas aves, recusa de alimentos (anorexia), gastroenterite grave com vômito e diarreia sanguinolenta, dermatites, hemorragias, aborto e distúrbios nervosos.

Os produtos com maior risco de contaminação por tricotecenos são milho, trigo, aveia, centeio, sorgo e rações, porém os levantamentos realizados no Brasil mostram baixa ocorrência deste grupo de micotoxinas. DON é classificado pela International Agency for Cancer Research (IARC) no Grupo 3, ou seja, não há evidências de carcinogenicidade em seres humanos.

Zearalenona

A zearalenona é um importante metabólito fúngico produzido por algumas espécies de *Fusarium*, principalmente *F. graminearum*. A toxina é produzida em ciclos climáticos oscilantes de calor e frio, similares àqueles encontrados para os tricotecenos. Quimicamente, é um derivado do ácido resorcílico, envolvendo nove moléculas de acetato, originadas por biossíntese poliacética. Apresenta baixo peso molecular, é estável em temperaturas elevadas e resistente à radiação ultravioleta. A toxina é insolúvel em água, porém, solúvel em soluções alcalinas, éter, benzeno, clorofórmio, álcoois e pouco solúvel em éter de petróleo.

A toxina se caracteriza notadamente por sua ação estrogênica em suínos, que consomem alimento contaminado com o metabólito. Seu efeito primário é o hiperestrogenismo com infertilidade, e os animais apresentam prolapso vaginal ou retal, aumento das mamas, diminuição da fertilidade ou outros distúrbios reprodutivos. Os produtos agrícolas, principalmente o milho e derivados, são os de alto risco de contaminação pela toxina.

Patulina

A patulina consiste em uma α, β lactona insaturada do grupo dos policetídeos, que forma cristais incolores, tem ponto de fusão entre 105 °C e 108 °C, é solúvel em água, etanol, acetona, acetato de etila, éter e clorofórmio, mas é insolúvel em benzeno e éter de petróleo. Não é destruída por aquecimento e é estável em pH ácido. A toxina vem sendo estudada desde 1941 por sua ação como antibiótico e, mais recentemente, por suas propriedades fitotóxicas e carcinogênicas. A Aa necessária para o crescimento de *P. expansum* e produção de patulina, é 0,82 e 0,90, respectivamente.

Diversas espécies dos gêneros *Aspergillus*, *Penicillium* e *Byssopchlamys* são citadas como produtoras da toxina, porém, *P. expansum* é considerada a mais importante. A toxina tem sido detectada em muitas frutas e sucos, vegetais, cereais e outros alimentos, entretanto, a maçã e seus derivados processados com frutos contaminados são os mais comuns. A ocorrência da toxina tem sido registrada em vários países de clima frio, como Canadá, Estados Unidos, Alemanha e outros. No Brasil, são raros os trabalhos sobre o assunto.

Os principais fungos toxigênicos, os alimentos com maior risco de contaminação por micotoxinas, a suscetibilidade animal e os efeitos biológicos são sumarizados na Tabela 4.10.4.

Tabela 4.10.4. Principais fungos produtores de micotoxinas				
Fungos	***Substrato***	***Toxina***	***Suscetibilidade***	***Principais efeitos biológicos***
Aspergillus flavus *A. parasiticus* *A. nomius*	Cereais, rações, alguns alimentos, leite	Aflatoxinas B_1, B_2, G_1, G_2, M_1 e outras	Suínos, bovinos, aves, camundongos, ratos, macacos, cães, seres humanos	Hepatomas, cirrose hepática, hemorragias do trato gastrointestinal, proliferação do epitélio do ducto biliar, inapetência, prostração e morte
A. ochraceus *A. carbonarius* *Penicillium verrucosum*	Trigo, milho, café, centeio, cevada, aveia, cacau	Ocratoxinas A, B, C	Bovinos, suínos, aves, equinos, ratos, seres humanos	Aumento da ingestão de água e poliúria, diminuição da ingestão alimentar, piora da conversão alimentar e do ganho de peso
Claviceps purpurea	Pastagens, centeio, cevada	Alcaloides de "ergot"	Camundongos, ratos, bovinos, ovinos, suínos, equinos, seres humanos	"Ergotismo" dores musculares, inchamento e prurido dos membros, intensa sensação de calor e frio, gangrena, necrose, convulsões, aborto
Fusarium graminearum *F. oxysporum*	Milho, rações	Zearalenona	Suínos, aves	Estrogenismo: prolapso vaginal e retal, edema vulvar, aumento das glândulas mamárias e aborto
F. poae *F. sporotrichioides*	Trigo, aveia, arroz	Toxina T-2	Camundongos, ratos, gatos, cães, seres humanos	"Aleucia toxina alimentar" vômito, inflamação da pele, diarreia, leucopenia, hemorragias múltiplas, angina necrótica, exaustão da medula óssea
F. graminearum	Cereais	Desoxinivalenol	Camundongos, ratos, coelhos, suínos, bovinos, cães, gatos	Recusa ou diminuição da ingestão de alimentos, vômitos, distúrbios digestivos e diminuição do ganho de peso
F. verticillioides	Milho	Fumonisina B_1, B_2, B_3 e outras	Equinos, asininos, suínos, coelhos, ratos, aves, seres humanos	Leucoencefalomalácia equina, edema pulmonar em suínos, carcinoma em ratos, redução no ganho de peso em aves, câncer de esôfago em seres humanos
P. citrinum	Arroz	Citrinina	Suínos, cães, hamsters, coelhos	Glomerulonefrite aguda e lesões hepáticas
P. expansum	Maçã	Patulina	Camundongos, ratos, bovinos, pintinhos e coelhos	Paralisia dos nervos motores ascendentes, convulsão e reflexo de excitação, hemorragia cerebral

Autor: Benedito Corrêa.

Identificação de fungos e de micotoxinas

Para o isolamento de fungos em alimentos e rações, pode ser feita a homogeneização do produto com um diluente apropriado e a diluição seriada, seguida de semeadura das diluições em meios de cultura sólidos, recomendado para alimentos em pó e líquidos. É possível também fazer a semeadura direta em meios de cultura sólidos, no caso de alimentos sólidos e grãos. A escolha do meio de cultura deverá ser realizada de maneira criteriosa, caso contrário poderá interferir nos resultados obtidos.

Os métodos convencionais utilizados na identificação de fungos são baseados na morfologia macroscópica e microscópica, seguida de técnicas moleculares e/ou proteômicas por MALDI-TOF-MS. Também podem ser utilizadas técnicas cromatográficas, como a Cromatografia em Camada Delgada (CCD), muito empregada até os dias de hoje devido a rapidez na execução, reprodutibilidade, versatilidade e baixo custo, a Cromatografia Líquida de Alta Eficiência (CLAE), que pode ser combinada com sistemas de detecção por ultravioleta e fluorescência, e a Cromatografia Líquida com Detector de Massa (LC-MS), com uso mais restrito devido ao alto custo dos equipamentos.

Além destes, podem ser utilizados imunoensaios, como o Radioimunoensaio (RIA) e o Teste Imunoenzimático de Quantificação de Anticorpos (ELISA), sendo este último bastante utilizado devido à facilidade e rapidez na execução.

Prevenção e controle

As estratégias para o controle das micotoxinas nos produtos de origem vegetal podem ser aplicadas em dois níveis: pré-colheita e pós-colheita. As estratégias pré-colheita destinam-se a impedir a contaminação fúngica e a produção de micotoxinas no campo, fazendo uso da aplicação de fungicidas ou inseticidas, rotação de culturas e o uso de sementes resistentes ou regionalmente adaptadas. As estratégias pós-colheita visam a remoção, a descontaminação ou alteração no metabolismo dos fungos, utilizando métodos físicos, químicos e biológicos. Os métodos físicos incluem a secagem natural ou artificial dos produtos a níveis seguros de umidade e o uso da radiação gama. Os métodos químicos consistem em degradar ou inativar as micotoxinas já produzidas, fazendo uso de ácidos, bases, aldeídos, agentes oxidantes, óleos essenciais e gases (amônia e ozônio). O emprego do plasma frio e de luz pulsada, implantados recentemente, tem trazido resultados animadores. O controle biológico, com o uso de culturas, como *Bacillus thuringiensis* (bt), tem se mostrado uma estratégia promissora, pois além de não causar danos ambientais, pode reduzir a contaminação dos grãos por aflatoxinas, nos períodos pré- e pós-colheita.

Qualquer dessas estratégias deve atender aos seguintes critérios: 1. Destruir, inativar ou eliminar a toxina; 2. Não produzir resíduos tóxicos ou carcinogênicos nos produtos finais, ou em alimentos obtidos a partir de animais que se alimentaram de uma dieta detoxificada; 3. Manter o valor nutritivo e a aceitabilidade do produto; 4. Não alterar as propriedades tecnológicas de forma significativa; 5. Destruir os conídios e micélios fúngicos para que não possam, em condições favoráveis, proliferar e produzir micotoxinas; 6. ser economicamente viável.

Uma vez que a produção de micotoxinas em produtos destinados à alimentação humana e animal é dificilmente evitável, a prevenção é considerada medida de extrema importância. Assim sendo, a adoção das boas práticas durante o cultivo, colheita, secagem, armazenamento e transporte de grãos, é a melhor maneira de se combater a problemática das micotoxinas e micotoxicoses.

Leitura sugerida

Carão ACP, Burbarelli MFP, Policarpo GV, Santos, AR, Albuquerque R, Oliveira CAF. Métodos físicos e químicos de detoxificação de aflatoxinas e redução da contaminação fúngica na cadeia produtiva avícola. Ciencia Rural, Santa Maria, 2014;44:699-705.

Council for Agricultural Science and Technology (CAST). Mycotoxins: risks in plants, animal, and human systems. Task Force Report, n. 139, USA, 2003.

Frisvad JC, Samson RA. Filamentous fungi and feeds: ecology, spoilage and mycotoxins productions. In: Dilip K, Arora KG, Mukerji E, Marth H. (Eds.). Handbook of Applied Mycology, v. 3: Food and Feeds. New York: Marcel Dekker, Inc. 1991, p. 31-68.

Gompertz OF, Gambale W, Paula CR, Corrêa B. Características gerais dos fungos. In: Trabulsi LR, Althertum F. (Eds.). Microbiologia. 6ª ed. Rio de Janeiro: Atheneu, 2015.

Lacey J. Pre- and post-harvest ecology of fungi causing spoilage of food and other products. In: Filamentous Fungi in Food and Feeds. In: Moss MO, Jaruis B, Skinner FA (Eds.). Published for the Society for Applied Bacteriology, Blackwell Scientific Publications; 1989. p. 11-25.

Mir SA, Dar BN, Shah MA, Hamdani AM, Oliveira CAF, Moosavi MH, Khaneghah AM, Sant'Ana AS. Application of new technologies in decontamination of mycotoxins in cereal grains: challenges and perspectives. Food and Chemical Toxicology. 2021;148:111976. https://doi.org/10.1016/j.fct.2021.111976

Neme K, Mohammed A. Mycotoxin occurrence in grains and the role of postharvest management as a mitigation strategies. A review. Food Control. 2017;78:412-425. https://doi.org/10.1016/j.foodcont.2017.03.012

Pitt JI, Hocking AD. Fungi and Food Spoilage. 2nd ed. London: Blackie Academic & Professional, 1997.

Rushing BR, Selim MI. Aflatoxin B1: A review on metabolism, toxicity, occurrence in food, occupational exposure, and detoxification methods. Food and Chemical Toxicology 2019;124;81-100. https://doi.org/10.1016/j.fct.2018.11.047

Capítulo 4.11

Vírus

Maria Crystina Igarashi
Mariza Landgraf
Uelinton Manoel Pinto

Características gerais

Os vírus são considerados parasitas intracelulares obrigatórios, podendo infectar não só células animais e vegetais, mas também bactérias, fungos e algas. Para se reproduzirem, os vírus utilizam os sistemas enzimáticos destes hospedeiros. Cada partícula viral é constituída por um cerne de ácido nucleico (DNA ou RNA, mas não ambos), recoberto por uma camada proteica chamada capsídeo. O conjunto de ácido nucleico-invólucro proteico constitui o nucleocapsídeo. O capsídeo é formado por múltiplas subunidades morfológicas denominadas capsômeros. Alguns vírus apresentam um envoltório de natureza glicoproteica e/ou lipídica que pode apresentar espículas salientes que lembram espinhos (peplômeros). Esses vírus são chamados envelopados, e são mais sensíveis a agentes estressantes do meio ambiente do que os vírus não envelopados. A maioria dos vírus entéricos são do tipo não envelopado.

Os vírus têm tamanho reduzido, variando entre 10 e 200 nm. Na grande maioria dos vírus, os componentes virais são organizados em estruturas helicoidais ou isométricas (Figura 4.11.1). Nos vírus helicoidais (a), os capsômeros organizam-se seguindo uma simetria helicoidal, na qual as proteínas são dispostas em forma circular, como uma mola, formando uma cavidade central, que aloja o ácido nucleico viral. Nos vírus isométricos (b), os capsômeros organizam-se em estruturas icosaédricas, isto é, formando um corpo com 20 faces triangulares equiláteras, 12 vértices e 30 arestas, podendo ou não ser envelopados. A maioria dos vírus de interesse em alimentos tem estrutura icosaédrica.

A multiplicação dos vírus ocorre inteiramente dentro da célula parasitada, uma vez que não apresentam metabolismo próprio. O ciclo de reprodução envolve as seguintes etapas: adsorção, penetração, desnudação, transcrição, tradução, replicação, maturação e liberação. A *adsorção* à célula hospedeira é mediada por receptores específicos na membrana celular, em geral de natureza glicoproteica e pelas estruturas especiais na partícula viral, que podem ser as espículas ou ainda peptídeos na superfície viral. A *penetração* é mediada pela invaginação da membrana celular em volta da partícula viral ou pela fusão do invólucro viral com a própria membrana celular ou, ainda, pela simples penetração direta do vírus através da membrana celular. Na *desnudação*, o envoltório da partícula viral é removido pela ação de enzimas celulares e o ácido nucleico é liberado. Na *transcrição*, a partícula viral utiliza os mecanismos bioquímicos da célula hospedeira para sintetizar m-RNA (RNA mensageiro), necessário para o processo de síntese proteica. Nos vírus RNA, o RNA viral pode funcionar como m-RNA ou ainda ser copiado para formar m-RNA, à custa da ação de uma enzima RNA polimerase RNA-dependente. Um terceiro mecanismo, que pode ocorrer em certos vírus de RNA, envolve a ação de uma enzima chamada transcriptase reversa, que sintetiza DNA a partir de RNA viral. Nos vírus DNA, a molécula precisa ser transcrita para m-RNA, através de mecanismos que dependem das características do genoma viral. Na *tradução*, o m-RNA sintetizado liga-se aos ribossomos celulares, onde ocorre a síntese das proteínas virais. Na *replicação*, o genoma viral dá origem a novos genomas, e, na *maturação*, estes novos genomas acoplam-se às proteínas virais para formar novas partículas do vírus. Na *liberação*, a célula hospedeira pode sofrer lise, liberando grandes aglomerados de partículas virais ou o vírus é liberado por brotamento, no caso dos vírus envelopados. Alguns tipos de vírus não causam a lise celular, podendo permanecer associados indefinidamente à célula hospedeira.

Os vírus podem ser transmitidos diretamente de um hospedeiro para outro, ou pode haver envolvimento de "veículos", como água e/ou alimentos. Podem também ser transmitidos por via indireta, através de "vetores", que podem ser animais (vetores biológicos) ou mecânicos (superfícies inanimadas).

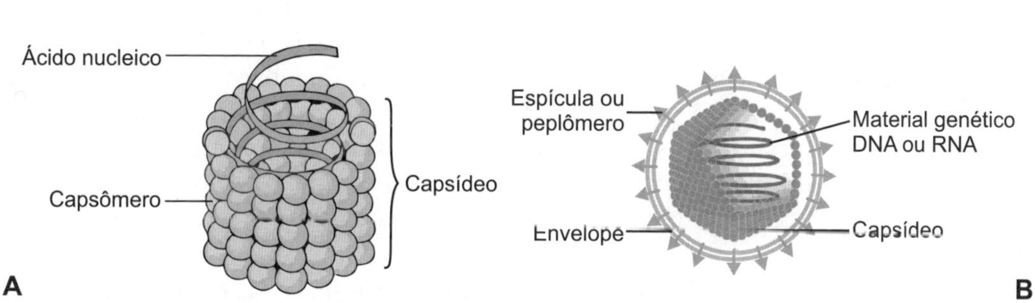

Figura 4.11.1. Vírus helicoidais (**A**) ou isométricos (**B**). Adaptada de lookfordiagnosis.com; https://melhorbiologia.blogspot.com/2013/05/virus.html.

Vírus de importância em alimentos

Rotavírus

Os rotavírus pertencem à família *Reoviridae.* São vírus constituídos por RNA de fita dupla, esféricos, não envelopados, com capsídeo icosaédrico em multicamada e medem de 60 a 100 nm. São divididos em genogrupos de A a G, sendo o genogrupo A o mais prevalente nos casos de gastroenterite de origem alimentar em crianças. Esses vírus são uma causa comum de gastroenterite aguda em crianças com até 5 anos de idade.

Os rotavírus causam alterações no fluxo de água e eletrólitos da mucosa intestinal, e interferem no processo de reabsorção de líquidos intestinais, causando diarreia. Esses vírus também causam lesões nas células epiteliais do intestino delgado, principalmente nas da parede lateral e do topo das vilosidades.

O processo infeccioso instala-se em cerca de 48 horas, regredindo após três a cinco dias. Os vírus, no entanto, podem ser eliminados por muitos dias após terem cessado os sintomas. As principais manifestações são diarreia aquosa, dores abdominais, vômito e desidratação.

A transmissão ocorre pela via fecal-oral e é agravada em locais onde as condições sanitárias são deficientes. Água e alimentos são importantes veículos de transmissão destes vírus. A Organização Mundial da Saúde recomenda a vacinação contra rotavírus, uma medida que já reduziu a mortalidade pelo mundo. Apesar disso, os números ainda indicam que um terço das mortes infantis por diarreia é provocada por infecção por rotavírus, chegando a mais de 128 mil mortes anuais, especialmente nos países mais pobres. Nas nações onde a vacinação foi adotada, houve redução drástica da mortalidade infantil.

Norovírus

Os norovírus pertencem à família *Caliviridae.* São vírus constituídos por RNA de fita simples, esféricos não envelopados e medem cerca de 27 a 40 nm. São divididos em 5 genogrupos, e os pertencentes ao genogrupo III não infectam os seres humanos.

Os norovírus são frequentemente associados a surtos de gastroenterite aguda em crianças e adultos, particularmente em ambientes semifechados, como escolas, hospitais, asilos, navios de cruzeiro e residências. São a principal causa de gastroenterite em todo o mundo, e segundo o Center for Disease and Control and Prevention dos Estados Unidos, mais da metade dos casos de doenças transmitidas por alimentos naquele país são causados por norovírus.

As principais causas desta alta incidência são a baixa dose de infecção, pois entre 10 e 100 partículas virais são suficientes para causar a doença, e a capacidade de transmissão por diferentes vias, incluindo alimentos, água, pessoa-pessoa, superfícies e até gotículas produzidas durante um episódio de vômito. O período de incubação é de 48 horas e a duração é de 6 a 60 horas. Esses vírus são causadores de gastroenterites semelhantes àquelas causadas pelo rotavírus, com sintomas que incluem diarreia aquosa, vômitos, náuseas, dores abdominais e febre baixa. Vários relatos de surtos de origem alimentar indicam que água, vegetais crus, produtos prontos para consumo e ostras são os veículos mais importantes.

As principais medidas de prevenção são a higiene adequada das mãos e dos alimentos, assim como cozimento adequado. O tratamento consiste em hidratar o paciente para repor os líquidos e os eletrólitos perdidos.

Adenovírus

Os adenovírus pertencem à família *Adenoviridae* que compreende quatro gêneros, sendo o gênero *Mastadenovirus* associado a infecções em seres humanos. São vírus constituídos por DNA de fita dupla, com simetria icosaédrica, não envelopados e medem cerca de 90 nm. Os adenovírus associados a infecções de origem alimentar são divididos em genogrupos de A a G, com 57 diferentes sorotipos, sendo os sorotipos 40 e 41 os mais frequentemente associados a surtos de gastroenterite aguda em crianças.

Os adenovírus estão mundialmente distribuídos. No Japão, os adenovírus são responsáveis por 10% das gastroenterites em crianças e são a segunda maior causa de hospitalização no país.

Hepatite A

O vírus da hepatite A pertence ao gênero *Hepatovirus* da família *Picornaviridae*. É um vírus RNA de fita simples, não envelopado, mede cerca de 30 nm e apresenta 7 genótipos (I a VII), sendo os genótipos I, II, III e IV relacionados com a infecção em seres humanos.

Os vírus da hepatite A são transmitidos pela via fecal-oral, através da água, alimentos e objetos contaminados e por contato pessoa a pessoa. Entre os alimentos, merecem destaque os moluscos bivalves, que podem-se contaminar durante seu cultivo em águas contaminadas e saladas cruas.

Na hepatite A, o vírus atinge a mucosa intestinal e passa para o fígado via corrente sanguínea do sistema porta. As lesões hepáticas consistem em necrose celular do parênquima hepático, proliferação nas células Kupfer, com acúmulo de macrófagos, linfócitos e leucócitos nas áreas de necrose. Os sintomas iniciais incluem febre, náusea, vômito, anorexia, fadiga, mal-estar e dor muscular, que evoluem para a fase ictérica, com amarelamento da pele decorrente do acúmulo de bilirrubina no sangue, fezes pálidas e urina escura. O período de incubação varia de dois a seis meses. Os pacientes permanecem infectantes durante um período de duas a três semanas antes do aparecimento da icterícia e duas semanas após a regressão deste sintoma.

Hepatite E

O vírus da hepatite E pertence ao gênero *Hepevirus*, da família *Hepeviridae*. É um vírus RNA de fita simples, não envelopado e mede entre 32 e 34 nm de diâmetro. Os vírus são constituídos por quatro genótipos, denominados I, II, III e IV, sendo os genótipos I e II frequentemente associados a surtos envolvendo o consumo de água contaminada através da via fecal-oral e os genótipos III e IV relacionados com o consumo de carne de porco mal-cozida.

O período de incubação varia de 15 a 60 dias. A hepatite E pode ser assintomática, porém, em grande parte dos casos ocorre gastroenterite leve e aborto espontâneo em gestantes.

Medidas de controle

A contaminação de alimentos por vírus pode ser primária e secundária. Exemplos de alimentos com contaminação primária são os vegetais que se contaminam nas plantações irrigadas com águas contaminadas, carnes provenientes de animais doentes e moluscos cultivados em águas contaminadas. A contaminação secundária ocorre durante o processamento, armazenamento, distribuição e preparação final dos alimentos, podendo ser indireta, através de vetores, ou direta, através de manipuladores. Estes últimos constituem-se no elemento de maior importância na contaminação de alimentos por vírus.

Detecção em alimentos

Embora os vírus estejam frequentemente relacionados às doenças de origem alimentar, os alimentos são raramente testados para avaliar a presença de contaminação de origem viral.

Os problemas decorrem do baixo número de partículas virais presentes no alimento, da dificuldade de extração dos vírus das diferentes matrizes alimentares, bem como da falta de meios de cultura para o enriquecimento dos vírus presentes que precisam ser concentrados e purificados a partir da matriz alimentícia antes que algum método de detecção seja empregado. Atualmente, a maioria dos métodos para detecção de vírus de origem alimentar é baseada na amplificação do material genético viral por PCR. No caso dos vírus entéricos de RNA, a amplificação por PCR é antecedida pela reação da transcriptase reversa (Reverse Transcriptase – RT) que transforma o RNA viral em DNA complementar (cDNA), a ser usado na reação de PCR (RT-PCR). Para detecção de norovírus e vírus da hepatite A em alimentos e rações utiliza-se a metodologia ISO/TS 15216-1 (*real-time* RT-PCR). Apesar dos avanços, a detecção de vírus entéricos é trabalhosa envolvendo várias etapas para extração, concentração e purificação das partículas virais e extração e detecção do RNA, o que requer mão de obra especializada e limita sua aplicação nos laboratórios que analisam alimentos e água.

Leitura sugerida

Bosch A, Gkogka E, Le Guyader FS, Loisy-Hamon F, Alvin Lee F, Lieshout L et al. Foodborne viruses: detection, risk assessment, and control options in food processing. International Journal of Food Microbiology 2018;285:110-28. https://doi.org/10.1016/j.ijfoodmicro.2018.06.001

Gibson KE, D'Souza DH, Hall AJ. Foodborne viral pathogens. In: Doyle MP, Diez-Gonzalez F, Hill C. (Ed.) Food microbiology: Fundamentals and frontiers, 5th ed. Washington, DC: ASM Press, 2019. p. 609-43. https://doi.org/10.1128/9781555819972.ch23

International Committee on Taxonomy of Viruses (ICTV). Disponível em: <http://ictvonline.org/virus Taxonomy.asp>. Acesso em maio de 2022.

Manuel C, Jaykus L-A. Foodborne viruses. In: Batt CA, Tortorello ML. Encyclopedia of food microbiology, 2nd ed. Elsevier, 2014. p. 732-37.

5

Diversidade microbiana nos alimentos – Introdução

Bernadette Dora Gombossy de Melo Franco
Mariza Landgraf

A diversidade microbiana encontrada nos diferentes tipos de alimentos é consequência de um conjunto de fatores que atuam em toda a cadeia do alimento, da produção primária até a mesa do consumidor (*farm to fork*), conforme discutido em vários capítulos deste livro. A ação de cada um destes fatores, isoladamente ou em conjunto, vai determinar quais e quantos microrganismos deteriorantes ou patogênicos estarão presentes nos diferentes tipos de alimentos, em qualquer ponto da cadeia até o momento do consumo.

Os alimentos podem ser ecossistemas de alta complexidade e heterogêneos. Podem representar uma coleção de múltiplos microambientes, com diferentes características e que permitem a sobrevivência e a multiplicação de diferentes tipos de microrganismos. O uso de técnicas avançadas, baseadas na detecção dos elementos genéticos microbianos, que complementam aquelas baseadas em suas propriedades estruturais ou bioquímicas, permitem melhoras no monitoramento da presença, sobrevivência e comportamento dos microrganismos que afetam a qualidade e a segurança dos alimentos. Porém, mesmo com estas inovações, a diversidade microbiana presente em um alimento pode ser apenas estimada.

Um dos fatores determinantes da diversidade microbiana detectada em um alimento é a contaminação inicial das matérias-primas (microbiota autóctone), que pode ser baixa em certos casos e alta em outras. Por exemplo, as populações microbianas em carnes cruas são baixas porque músculos de animais saudáveis não devem conter microrganismos, mas essas populações podem aumentar e diversificar-se em consequência de contaminação ao longo da cadeia de transformação de um músculo de um animal em carne, até sua chegada ao prato do consumidor. Por outro lado, é esperado que vegetais crus tenham microrganismos autóctones, cuja presença é natural e inevitável, já que são provenientes da natureza (solo e água), onde existem microrganismos. As características de cada matéria-prima e os procedimentos adotados ao longo da cadeia de sua transformação em alimento para consumo determinarão quais e quantos destes microrganismos autóctones ainda estarão presentes e quais e quantos contaminantes adicionais podem ser esperados.

Os capítulos seguintes dão uma visão geral sobre a diversidade microbiana encontrada nos principais tipos de alimentos, focando, principalmente, a microbiota autóctone, fontes de contaminação, principais microrganismos patogênicos e deteriorantes, e efeitos do processamento, à luz dos conhecimentos atuais. Dada a complexidade do assunto, o leitor interessado em aprofundar-se nestes temas deve consultar literatura suplementar, como a sugerida ao final de cada capítulo.

Leitura sugerida

Montville TJ, Matthews KR, Kniel KE. Food microbiology – An introduction. 3rd ed. Washington DC, USA: ASM Press, 2012. 547p. https://doi.org/10.1128/9781555817206

Capítulo 5.1

Diversidade microbiana em carnes e produtos cárneos

Ivone Delazari
Maria Crystina Igarashi
Mariza Landgraf
Bernadette Dora Gombossy de Melo Franco

Ao contrário do que ocorre no trato gastrointestinal e nas partes externas de animais saudáveis vivos (couro, pelos, penas, cascos etc.), os músculos e tecidos musculares contêm uma carga microbiana extremamente baixa ou mesmo inexistente. No entanto, durante a transformação dos músculos e tecidos em carne ou produtos cárneos para consumo como alimento, existem inúmeras oportunidades para a contaminação por microrganismos patogênicos, microrganismos causadores de deterioração e outros microrganismos de menor importância. A microbiota presente na carne desses animais, assim como nos derivados, é fundamentalmente dependente das medidas de controle adotadas em toda a cadeia de produção, desde o campo até o consumo. Este capítulo aborda os aspectos microbiológicos das carnes bovina, suína e de aves, e também de seus derivados.

Carnes bovina e suína

Em consequência da complexidade do processo de abate dos animais (bovinos e suínos) para obtenção de carne, uma grande variedade de contaminantes microbianos pode atingir as superfícies externas dos músculos e tecidos adiposos. Esses microrganismos podem ser endógenos, vindos do próprio animal (superfícies externas e trato gastrointestinal), ou exógenos, vindos do ambiente (ar, água, superfícies, manipuladores) e também de outros animais no mesmo processo de abate (contaminação cruzada).

As medidas de controle adotadas em cada uma das etapas do abate vão determinar a qualidade e a segurança do produto. Estas medidas devem incluir a limpeza e descontaminação de equipamentos e utensílios antes do início das operações e a existência de instalações adequadas para a higiene dos funcionários. O abate deve seguir os princípios básicos que asseguram o bem-estar animal, que incluem métodos de manejo que não causem estresse nos animais, equipe treinada, capacitada e cuidadosa no manejo dos animais, equipamentos apropriados e processo eficaz de insensibilização que induza a imediata perda de consciência e sem possibilidade de reversão, e, consequentemente, sem causar sofrimento para os animais.

O abate de bovinos tem início com o transporte dos animais até o abatedouro, que deve ser feito sem causar estresse nos animais. Previamente ao abate, os animais devem ser separados em currais, também evitando causar-lhes estresse. Em seguida, os animais são higienizados com chuveiros de água e são submetidos individualmente a um exame visual veterinário (inspeção *ante mortem*) para verificar se têm alguma doença, se estão em final de gestação ou se estão muito magros. Os animais liberados pelos inspetores seguem para a sala de matança, e no trajeto devem receber um banho de aspersão com bastante água sob pressão a fim de promover a vasoconstrição sanguínea periférica e a vasodilatação interna, que facilita o processo de retirada do sangue (sangria) e garante que a esfola seja higiênica. Os animais devem entrar individualmente na sala de abate, onde são insensibilizados com uma pistola pneumática aplicada à testa (atordoamento), que assegura a continuidade dos batimentos cardíacos, importante para uma sangria mais eficiente. Já insensibilizados, os animais são erguidos pelas patas traseiras e rapidamente submetidos à sangria, feita através de uma incisão nos grandes vasos que saem do coração (carótida e artérias vertebrais). Em seguida, o couro é retirado (esfola), o que pode ser feito com equipamentos especiais ou mesmo manualmente, com facas. Efetua-se a oclusão do reto e do esôfago para evitar extravasamento do conteúdo intestinal e retira-se a cabeça. Na etapa seguinte, faz-se a abertura da cavidade torácica para evisceração, que deve ser cuidadosa a fim de evitar o rompimento das vísceras. As carcaças e todas as partes do animal (pés, cabeça, coração, fígado, baço, pâncreas, trato gastrointestinal, língua, rins etc.) são submetidas à nova inspeção veterinária (inspeção *post mortem*). As carcaças são então serradas longitudinalmente em duas metades, empregando-se serras elétricas. Após a higienização (toalete), as carcaças são encaminhadas para câmaras de refrigeração onde devem atingir a temperatura de no máximo 7 °C, antes de seguir para a expedição ou processamento.

O abate de suínos é bastante semelhante ao de bovinos, com algumas diferenças após a sangria, quando os animais são imersos em tanques de água quente a 65 °C (escaldamento), seguida de passagem por uma máquina de depilação (cilindro giratório, com pás de borracha) para remoção dos pelos por atrito.

O manejo inadequado pré-abate pode influenciar negativamente a qualidade da carne em decorrência das alterações fisiológicas que os animais podem manifestar. Quando o animal é abatido, ocorrem mudanças intensas nos músculos: a circulação sanguínea cessa, o oxigênio e outros componentes provedores de energia (glicose) não chegam às células e os metabolitos celulares não são removidos. O músculo utiliza, então, outras fontes de energia, como o glicogênio, que se converte em ácido lático, com consequente abaixamento do pH. A conversão de glicogênio em ácido lático tem papel importante na qualidade final da carne, pois afeta a coloração, a capacidade de retenção de água e a multiplicação de microrganismos. A maciez da carne também depende do pH ácido, já que algumas enzimas que atuam na maturação são mais ativas em pH ácido. Os suínos e as aves possuem uma queda de pH *post mortem* mais rápida que os bovinos: dependendo do tipo de músculo, os bovinos levam de 18 a 25 horas para atingir o pH ideal para essas enzimas (5,6 a 5,7), enquanto os suínos levam de 6 a 8 horas e as aves, 1,5 hora. Fatores como jejum associado à movimentação excessiva dos animais durante o transporte (particularmente suínos), longos períodos de transporte e tempo de descanso insuficiente, brigas entre os animais e manejo agressivo dos animais afetam negativamente a reserva de glicogênio muscular e, consequentemente, a qualidade da carne.

Carnes cruas refrigeradas

A microbiota predominante em carcaças resfriadas em contato com o ar é formada por bactérias Gram-negativas aeróbias psicrotróficas, principalmente *Pseudomonas*, *Acinetobacter* e *Psychrobacter immobilis*. Estas bactérias não são patogênicas, mas são deteriorantes em potencial. Quando a população atinge 10^7 UFC/cm^2, surgem odores estranhos e quando atinge 10^8 UFC/cm^2 observa-se a formação de limosidade na superfície das carcaças.

Se a temperatura da carne for mantida abaixo de 7 °C a 10 °C, a multiplicação de microrganismos patogênicos é pouco provável. No entanto, é possível encontrar *Salmonella*, certamente proveniente das vísceras, mas em quantidade baixa, que pode aumentar se a temperatura durante a manutenção e o transporte for inadequada. Os sorovares de *Salmonella* mais frequentemente detectados em carne bovina são *S*. Dublin e *S*. Typhimurium. Na carne suína, a prevalência de *Salmonella* é extremamente variável e depende do país e do tipo de criação. *Campylobacter jejuni* pode ser encontrado em carcaças de suínos e também de bovinos, mas o resfriamento causa uma redução substancial na quantidade presente e, mesmo em carcaças muito contaminadas, os números ficam abaixo de 1 UFC/cm^2. Outros patógenos possíveis em carne bovina refrigerada são *Escherichia coli* O157:H7 e outras *E. coli* produtoras de toxina Shiga (STEC), *Yersinia enterocolitica*, *Staphylococcus aureus* e *Listeria monocytogenes*. Os suínos são considerados reservatório de *Y. enterocolitica* e os sorotipos patogênicos para o ser humano são frequentemente encontrados nas tonsilas e fezes desses animais. Embora frequente em carcaças de suínos recém-abatidos, esta bactéria raramente é encontrada em produtos derivados no varejo.

Quando embalados em filmes com baixa permeabilidade à umidade, mas alta permeabilidade ao oxigênio, os cortes refrigerados de carne apresentam vida de prateleira de apenas alguns dias devido à multiplicação rápida da microbiota predominante (*Pseudomonas*, *Acinetobacter* e *Psychrobacter*). Esses microrganismos são capazes de produzir enzimas com atividade proteolítica e agem sobre os compostos nitrogenados da carne (proteínas, peptídeos, aminoácidos e outros), com formação de compostos de odor repulsivo, como gás sulfídrico, ésteres e aminas (putrescina, cadaverina e outros), e também pigmentos, inclusive fluorescentes. Pode ocorrer, também, atividade lipolítica, com produção de lipases e lipoxidases, promovendo a rancificação das gorduras presentes.

Em contraste, quando as carnes são embaladas a vácuo e mantidas refrigeradas entre -1 °C a 0 °C, o oxigênio residual é consumido pela respiração dos tecidos da carne, liberando dióxido de carbono no interior da embalagem, o que favorece a multiplicação de bactérias Gram-positivas, como *Lactobacillus*, *Carnobacterium* e *Leuconostoc* que, por serem aeróbias facultativas, acabam dominando a microbiota, podendo atingir populações entre 10^7 e 10^8 UFC/cm^2. Nestas condições observa-se a produção de ácidos orgânicos, que comprometem a qualidade das carnes embaladas a vácuo. *Lactobacillus* podem produzir H_2S, que reage com o pigmento natural da carne (oximioglobina), formando sulfomioglobina, responsável pelo seu esverdeamento.

O congelamento das carnes cruas causa uma redução apenas discreta na microbiota presente. Abaixo de -8 °C não há multiplicação microbiana, mas microrganismos sobreviventes ao congelamento, inclusive patógenos, podem continuar viáveis nestas carnes.

Carnes estáveis à temperatura ambiente

Esse grupo inclui as carnes cruas secas e salgadas, em que a baixa Aa ou a combinação do baixo pH (5,0–5,2) com baixa Aa (0,91–0,95) garantem a estabilidade microbiológica. A salga, cura e desidratação (secagem) são meios efetivos de controle da microbiota da carne fresca, preservando-a para consumo posterior. As carnes-secas podem ou não ser adicionadas de sais de cura (cloreto de sódio, nitrito de sódio e nitrato de sódio). Os bolores e leveduras podem crescer durante o armazenamento destes produtos, o que pode ser prevenido pela redução da Aa a valores abaixo de 0,80 e embalagem a vácuo. Os clostrídios, *S. aureus*, salmonelas e outras bactérias patogênicas originalmente presentes na carne crua ou que contaminaram o produto durante o processo podem sobreviver à baixa Aa, mas o número de células vegetativas diminui gradativamente com o tempo.

Carnes cozidas

As carnes cozidas devem seguir protocolos de tratamento térmico e de resfriamento de modo a atingir a redução logarítmica recomendada dos patógenos mais importantes. Em geral, os protocolos determinam a destruição de 7 ciclos log de *Salmonella* spp. ou de *L. monocytogenes*, de acordo com o tipo de produto.

Se as carnes cozidas submetidas a esses protocolos forem acondicionadas em embalagem permeável ao O_2, pode ocorrer a deterioração por bactérias Gram-negativas psicrotróficas, como *Pseudomonas* e membros da família das *Enterobacteriaceae* que tiveram acesso aos produtos por contaminação pós-processamento. Se forem acondicionadas em embalagens a vácuo, a deterioração será, principalmente, por bactérias láticas e *Brochotrix thermosphacta*.

Bactérias patogênicas produtoras de esporos, como *C. botulinum* e *C. perfringens*, têm resistência térmica mais elevada que outros patógenos e podem sobreviver ao cozimento, sendo necessário manter as carnes cozidas em refrigeração adequada para assegurar sua segurança. Alguns protocolos para o resfriamento especificam que a temperatura interna máxima no ponto mais central das carnes cozidas não deve permanecer entre 54,4 °C e 26,6 °C por mais de 1 hora e 30 minutos nem entre 26,6 °C e 4,4 °C por mais de 5 horas. Em produtos cozidos mantidos acima de 10 °C pode ocorrer a multiplicação de *C. botulinum*, e naqueles mantidos acima de 15 °C, a multiplicação de *C. perfringens* também é possível.

Carnes esterilizadas

Essa categoria de produto é comercializada em recipientes herméticos após tratamento térmico suficiente para a destruição dos esporos de *C. botulinum* e de outros patógenos presentes. A estabilidade e a segurança destes produtos são determinadas pelo efeito combinado do aquecimento, adição de nitrito de sódio e sal e embalagem hermética, que previne a recontaminação pós-processamento.

Carne de aves

Assim como ocorre com o abate de bovinos e suínos, também o abate de aves apresenta inúmeras etapas em que a entrada de microrganismos pode ocorrer, provenientes dos próprios animais (contaminação endógena), do ambiente do abatedouro e também dos outros animais abatidos simultaneamente, por contaminação cruzada. A qualidade e a segurança dos produtos finais serão determinadas pelas medidas de controle adotadas em cada uma das etapas do abate. Os cuidados com o bem-estar das aves durante o abate são igualmente fundamentais.

Posteriormente ao processo de apanha e carregamento nas granjas, as aves vivas são transportadas em gaiolas ou caixas plásticas até os frigoríficos, de preferência no período da noite. Para diminuir o estresse térmico e garantir o bem-estar animal, as aves vivas devem ser mantidas em ambientes com temperaturas amenas, obtidas com equipamentos como exaustores, ventiladores e nebulizadores de água. No pré-abate, as aves devem ficar confinadas em galpões e mantidas em jejum e com dieta líquida para repleção intestinal. Após a inspeção veterinária *ante mortem,* as aves são penduradas pelas articulações metatarsofalangeanas (pés) em ganchos (nórias) e insensibilizadas por método elétrico (eletronarcose). A etapa seguinte é a sangria, obtida pelo corte dos grandes vasos do pescoço (veias jugulares e artérias carótidas). Em seguida, as aves são submetidas à escaldagem, ou seja, imersão em tanques com água quente, para remover sujeiras da superfície e facilitar a remoção das penas. A escaldagem é feita em duas etapas: inicialmente em água a 53 °C (pré-escaldagem), seguida de transferência para um segundo tanque com água entre 57 °C e 63 °C. As penas são removidas por depenadeiras que apresentam discos giratórios com hastes de borracha em movimento circular, sem causar lesões na pele. Após a remoção das penas, cabeça e pés, as carcaças são transferidas para novas nórias e passam por um chuveiro para lavagem da superfície corporal. Na etapa seguinte, extrai-se a cloaca e realiza-se a abertura da cavidade celomática, expondo as vísceras, que podem ser extraídas com evisceradoras mecânicas, separando-as das carcaças. Terminado o processo de evisceração, as carcaças seguem para o resfriamento, quando são desprendidas das nórias e transferidas para os tanques de refrigeração a $\leq$ 4 °C (*chillers*), em duas etapas, após as quais as carcaças devem estar em temperatura não superior a 7 °C. A água dos *chillers* deve ser tratada e constantemente renovada, em sentido contrário ao das carcaças. As carcaças são novamente penduradas em nórias, para gotejamento da água superficial. O máximo de água que pode ser absorvido pelas carcaças é 8%. Vísceras e carcaças devem ser submetidas à nova inspeção veterinária (inspeção *post mortem*) e direcionadas para as câmaras de refrigeração ou túneis de congelamento, onde as temperaturas variam de acordo com o mercado de destino.

Carne de frango crua e resfriada

A microbiota da carne de frango crua é determinada pelos microrganismos presentes no animal e pela contaminação ocorrida durante as etapas de abate, processamento e manuseio das carcaças. *Salmonella* spp. e *Campylobacter* spp. são os microrganismos patogênicos comumente relacionados com surtos que envolvem o consumo de carne de frango, no entanto, outros patógenos como *C. perfringens* e *L. monocytogenes*, em menor prevalência, também estão associados a carnes cruas de frango.

As bactérias são as principais causadoras da deterioração de carne de frango crua, sendo que a maioria delas encontra-se na superfície (pele, parte interna da cavidade do corpo e qualquer superfície cortada). Os produtos de decomposição decorrentes da atividade microbiana difundem-se vagarosamente para o interior da carne, e quando a população bacteriana atinge aproximadamente $2{,}5 \times 10^6$ UFC/cm^2, aparecem os odores estranhos, indicadores da ação proteolítica e lipolítica destas bactérias. Em frango cru eviscerado, mantido a 10 °C ou abaixo, a deterioração ocorre, principalmente, por *Pseudomonas* spp. e leveduras (*Torulopsis* e *Rhodototula*). Acima dessa temperatura, *Alcaligenes* spp. e *Flavobacterium* spp. assumem importância. Com o tempo, aparece limosidade na superfície da carne e, dependendo da quantidade de íons de ferro na água de lavagem, *Pseudomonas* spp. podem produzir o pigmento fluorescente pioverdina.

Carne de frango congelada

Dependendo da temperatura utilizada e do tempo de manutenção da carne congelada, o congelamento pode causar a morte dos microrganismos ou induzir danos subletais em algumas células, que podem ser revertidos se a temperatura voltar a ser favorável para os microrganismos. Carnes de frango congeladas adequadamente não sofrem deterioração por bactérias, mas algumas espécies de bolores podem alterar suas características, como por exemplo, *Cladosporium herbarum*, responsável pelo aparecimento de manchas negras, *Thamnidium elegans*, de crescimento filamentoso, e o *Sporotrichum carnis*, que forma manchas brancas na superfície.

Os patógenos associados às carnes de frango congeladas são os mesmos das carnes refrigeradas. Apesar de *Campylobacter jejuni, Salmonella* spp. e células vegetativas de *C. perfringens* diminuírem pelo processo de congelamento, a população remanescente poderá multiplicar-se, caso o descongelamento do alimento não seja feito de maneira adequada. Os esporos de *C. perfringens* são extremamente resistentes ao congelamento.

Carne de frango cozida

A microbiota presente na carne de frango cozida está diretamente relacionada com o método utilizado em seu processamento, embalagem e armazenagem. A temperatura e o tempo de cozimento devem garantir a destruição dos microrganismos patogênicos e, assim como para as carnes bovinas cozidas, os protocolos de cozimento estabelecidos pelas autoridades sanitárias são controlados para garantir uma redução de 7 ciclos logarítmicos de *Salmonella* spp. por grama de alimento na área mais fria do produto. O uso desse protocolo é adequado para a eliminação de microrganismos patogênicos comumente associados à carne de frango crua, como *Salmonella* spp., *L. monocytogenes*, *C. jejuni* e *S. aureus*.

O cozimento não garante a eliminação de microrganismos patogênicos formadores de esporos, como *C. perfringens*. Além disso, as boas práticas de fabricação e as boas práticas de manipulação devem ser seguidas para que o produto não sofra contaminação pós-processamento durante as etapas de fatiamento ou porcionamento e durante a embalagem do produto.

Carne de frango desidratada

A carne de frango pode ser desidratada por evaporação da água, através do uso de calor produzido artificialmente em condições de temperatura, umidade e corrente de ar cuidadosamente controladas, ou por liofilização, que ocorre em condições especiais de pressão e temperatura, possibilitando que a água presente na carne previamente congelada passe diretamente ao estado gasoso, ou seja, a mudança de estado físico ocorre por sublimação.

Em ambos os processos o teor de umidade do produto final deve ser inferior a 10%, requerendo que o acondicionamento seja feito em embalagens de baixa permeabilidade ao oxigênio e à água, a fim de garantir a ausência de multiplicação microbiana. Caso o armazenamento seja feito de forma descontrolada e o produto atinja um teor de umidade acima de 10%, a deterioração microbiana poderá ocorrer, principalmente pelo crescimento de bolores.

Assim como ocorre nas carnes de frango congeladas e nas carnes cozidas, as carnes de frango desidratadas podem estar contaminadas com microrganismos patogênicos formadores de esporos, principalmente *C. perfringens,* que sobrevivem ao processo de desidratação. Caso os produtos sejam reconstituídos e mantidos em temperaturas inadequadas, os esporos poderão germinar e as células vegetativas resultantes poderão se multiplicar.

Leitura sugerida

International Commission on Microbiological Specifications for Foods. Microrganismos em alimentos 8. Utilização de dados para avaliação do controle de processo e aceitação de produto. Blucher, 2011.

International Commission on Microbiological Specifications for Foods 6. Microbial Ecology of Food Commodities. Poultry products. New York, USA: Kluwer Academic/Plenum Publishers, 2005. p. 130-78.

Montville TJ, Matthews KR, Kniel KE. Food microbiology – An introduction. 3rd ed. Washington DC, USA: ASM Press, 2013. p. 87-105. https://doi.org/10.1128/9781555817206

Singh M, Thippareddi H. Meat and poultry. In: Doyle MP, Diez-Gonzalez F, Hill C. Food microbiology: fundamentals and frontiers. 5th ed. Washington DC, USA: ASM Press, 2019. https://doi.org/10.1128/9781555819972.ch6

Capítulo 5.2

Diversidade microbiana em leite e derivados

Luís Augusto Nero
Milimani Andretta

Introdução

O leite e seus derivados constituem importantes fontes de nutrientes para os seres humanos. Além de o leite ser a fonte inicial de nutrição dos recém-nascidos, esses produtos fazem parte da dieta dos indivíduos adultos, por sua riqueza nutricional e características sensoriais apreciadas por uma parcela significativa de consumidores. Entretanto, os nutrientes presentes no leite e produtos lácteos atuam também como substratos para os microrganismos. A contaminação microbiana pode ser proveniente dos animais ou ocorrer em qualquer uma das etapas de produção, incluindo beneficiamento e produção de derivados, armazenamento, distribuição e consumo. Uma vez presentes, os microrganismos podem causar a deterioração dos produtos e também representar riscos à saúde dos consumidores. Por outro lado, vários tipos de microrganismos são utilizados pela indústria de laticínios para a produção de diversos tipos de produtos lácteos, como queijos, iogurtes e leites fermentados. Muitos desses microrganismos com potencial tecnológico foram inicialmente isolados do leite e atualmente são utilizados de maneira controlada na produção destes derivados. Além disso, vários microrganismos naturalmente presentes no leite são capazes de produzir diversos compostos com atividade antimicrobiana, que podem ser explorados para o controle de microrganismos patogênicos e deteriorantes em alimentos. Assim, a microbiota de leite e de seus derivados merece especial atenção para estudos científicos, e suas principais características e componentes serão apresentados nesse capítulo.

Composição do leite e seu potencial como meio de cultura para microrganismos

O leite destinado ao consumo e beneficiamento é definido como o produto oriundo da ordenha completa, ininterrupta, em condições de higiene, de vacas sadias, bem alimentadas e descansadas. É um alimento líquido, altamente concentrado, e as concentrações dos diferentes componentes variam conforme o animal produtor (Tabela 5.2.1).

Microbiota do leite cru

A microbiota presente no leite cru logo após a sua obtenção é diretamente influenciada pela contaminação que ocorre durante a ordenha e manipulação nas propriedades rurais. As condições sanitárias do úbere dos animais produtores também exercem fundamental interferência nessa qualidade microbiológica, assim como as condições sanitárias dos equipamentos e utensílios utilizados e as metodologias de armazenamento do leite.

A microbiota autóctone do leite é composta por vários gêneros bacterianos, com destaque para *Micrococcus, Staphylococcus, Enterococcus, Mycobacterium, Corynebacterium, Bacillus, Lactococcus, Lactobacillus, Pseudomonas, Enterobacter, Escherichia, Serratia,*

Tabela 5.2.1. Principais componentes no leite produzido por diferentes espécies animais

Animal produtor	*Componentes (g/100 mL)*			
	Gordura	*Proteínas*	*Lactose*	*MS**
Ser humano	3,60	1,20	7,80	–
Vaca (raça Jersey)	4,7	2,60	4,90	13,50
Búfala	7,50	3,60	4,80	17,50
Cabra	4,50	3,00	4,30	13,30
Ovelha	7,50	4,60	4,60	18,80
Égua	1,70	1,30	6,00	10,80
Mula	1,50	1,00	6,70	10,80
Camela	4,50	2,70	4,50	13,40
Iaque	6,70	5,50	4,60	17,70
Rena	18,00	8,50	2,60	35,00

*Matéria Seca. Adaptada de Walstra et al., 2005.

Acinetobacter, *Flavobacterium*, *Klebsiella* e *Aerobacter*, além de leveduras e bolores. Muitos destes microrganismos são aeróbios mesófilos e importantes indicadores das condições higiênicas gerais de produção e conservação. Em leite obtido em condições adequadas de higiene, são esperadas contagens de aeróbios mesófilos abaixo de 5×10^3 UFC/mL. As proporções dos constituintes da microbiota do leite podem variar de acordo com as condições de conservação e transporte, e dos agentes sanitizantes empregados na higienização de utensílios e equipamentos de ordenha.

De forma ideal, o leite cru deve ser refrigerado até 4 °C logo após a ordenha e mantido em refrigeração até o beneficiamento. Quando essa temperatura não é atingida rapidamente ou oscila, alguns microrganismos, especialmente os pertencentes ao grupo dos psicrotróficos, conseguem se multiplicar e causar alterações relevantes nos componentes do leite. Os principais psicrotróficos presentes no leite cru são as bactérias Gram-negativas do gênero *Pseudomonas*, que são capazes de produzir enzimas lipolíticas e proteolíticas, que degradarão lipídeos e proteínas do leite, respectivamente. Essa degradação compromete a integridade desses componentes e pode causar grandes prejuízos para a indústria de laticínios (Tabela 5.2.2).

As principais fontes de contaminação de leite cru por psicrotróficos são equipamentos e utensílios de ordenha mal higienizados e a sua participação na microbiota autóctone do leite pode ser significativa. As contagens de psicrotróficos são mais altas em leites com altas contagens de aeróbios mesófilos. A importância dos psicrotróficos como constituintes da microbiota do leite e potenciais agentes deteriorantes pode ser grande quando há variações de temperatura durante o armazenamento do leite cru até o beneficiamento. Em leite cru com contaminação de aeróbios mesófilos inicialmente baixa, abaixo de 10^5 UFC/mL, mantido a 7 °C, pode ocorrer desenvolvimento significativo de psicrotróficos já em 24 horas, e quando as contagens iniciais de aeróbios mesófilos estão acima de 10^5 UFC/mL, a temperatura de 4 °C pode ser insuficiente para controlar o desenvolvimento de psicrotróficos. Esses dados mostram a importância da qualidade microbiológica inicial do leite cru e a interferência das condições de armazenamento na dinâmica das populações microbianas presentes.

Tabela 5.2.2. Efeitos dos microrganismos psicrotróficos presentes no leite cru na qualidade de leites e derivados

Produto	*Psicrotróficos no leite cru (Log UFC/mL)*	*Efeitos*
Leite UAT	5,9	Gelatinização em até 20 semanas
	6,9 a 7,2	Gelatinização entre 2 e 10 semanas, sabor amargo
Leite em pó	6,3 a 7,0	Diminuição da estabilidade térmica
Leite pasteurizado	5,5	Alteração de sabor
	7,0 a 8,0	Redução da vida de prateleira, sedimentação no pasteurizador
Queijos duros	6,5 a 7,5	Rancidez
	7,5 a 8,3	Alteração de sabor, rancidez, maturação prejudicada
Queijo *cottage*	5,0 a 7,8	Alteração de sabor (amargo)
Manteiga	ND	Rancidez
Iogurte	7,6 a 7,8	Alteração de sabor (amargo)

ND: Não determinado. Adaptada de Sørhaug & Stepaniak, 1997.

O grupo dos coliformes também merece destaque quando se avalia a qualidade do leite cru, pois esses microrganismos fornecem importantes informações sobre as condições higiênicas das instalações e equipamentos utilizados na ordenha. Os coliformes multiplicam-se rapidamente em locais úmidos contendo resíduos de leite, formando biofilmes na superfície de utensílios e equipamentos, que podem transformar-se em fontes estáveis de contaminação no ambiente de ordenha. Contagens de coliformes acima de 100 UFC/mL em leite cru são consideradas evidências de práticas de produção inadequadas. Adicionalmente, contagens elevadas de coliformes podem ser indicativas de mastite em animais do rebanho. Alguns coliformes associados a leite cru são psicrotróficos e podem determinar os processos de deterioração em leite cru já especificados para esse grupo.

O ambiente de ordenha pode abrigar uma série de microrganismos que podem contaminar o leite e causar diversas enfermidades em decorrência do consumo de derivados sem processamento industrial. O principal microrganismo patogênico que o leite cru pode veicular é *Staphylococcus aureus*, que está presente na pele dos animais e é o principal agente causador de mastite (inflamação dos tecidos do úbere e glândula mamária) em rebanhos leiteiros. As mastites podem ser clínicas, quando são facilmente detectadas por exames clínicos veterinários e laboratoriais, e subclínicas, que passam desapercebidas por estes exames.

Listeria monocytogenes é outro microrganismo patogênico frequentemente associado a leite e derivados, especialmente aqueles prontos para o consumo, como queijos, conforme descrito mais adiante. Dependendo da suscetibilidade do consumidor, esse patógeno pode causar septicemia e gerar problemas graves, como encefalites, meningites e aborto em gestantes. É considerado um microrganismo patogênico oportunista, podendo levar à morte. *L. monocytogenes* possui especial interesse em leite por sua capacidade de se multiplicar em baixas temperaturas, como as utilizadas para armazenamento desse produto, e de formar biofilmes em superfícies de equipamentos e utensílios utilizados nos laticínios.

Bacillus spp. são comuns em leite cru como constituintes de sua microbiota autóctone. *Bacillus cereus* pode estar presente e produzir toxinas em temperaturas de refrigeração, mesmo que isso seja possível somente quando as populações estão acima de 4×10^5 UFC/mL.

Outros patógenos relacionados com o leite cru e derivados são *Salmonella* spp., linhagens patogênicas de *Escherichia coli*, *Yersinia enterocolitica*, *Campylobacter* spp. e *Vibrio cholerae*. O leite cru também pode ser veículo de toxinas fúngicas. Animais de produção podem ser alimentados com rações contendo as aflatoxinas B1, B2, G1 e G2, produzidas por *Aspergillus flavus* e *A. parasiticus*, que resultam na presença da aflatoxina M1 no seu leite. Essas aflatoxinas são termoestáveis e podem não ser afetadas pela pasteurização, continuando ativas nos produtos beneficiados.

O ambiente de ordenha apresenta papel fundamental na determinação da microbiota do leite cru, mas a contaminação proveniente dos animais produtores também é igualmente importante. Nesse contexto, atenção especial deve ser dada aos microrganismos que estejam causando alguma enfermidade no animal e que podem estar presentes no leite produzido por esse animal, produzindo as consequências já descritas anteriormente. Estes microrganismos são denominados agentes zoonóticos, e os de maior importância no leite cru são os causadores de brucelose e tuberculose.

A brucelose é causada por *Brucella abortus* e é caracterizada por sua natureza crônica. A via de transmissão mais comum ao ser humano é o leite cru, inclusive seus derivados, como os queijos fabricados com leite não submetido a tratamento térmico. *B. abortus* é um microrganismo sensível à acidez, porém, é protegido pelas gorduras presentes no leite. Para diagnóstico de brucelose em um rebanho, utiliza-se o *ring test* (ou TAL – Teste do Anel do Leite) que é um teste simples de triagem capaz de detectar um animal positivo. Caso esse teste apresente resultado positivo, todos os animais devem ser testados individualmente por provas sorológicas, como o teste do antígeno acidificado tamponado, 2-mercaptoetanol, polarização fluorescente e teste de fixação de complemento.

A tuberculose é causada por *Mycobacterium bovis*, que afeta, principalmente, bovinos e búfalos, causando lesões em diversos órgãos e tecidos, como pulmões, fígado, baço e até nas carcaças. O microrganismo pode ser encontrado também no úbere das vacas e ser transmitido para o ser humano através do leite de animais infectados, mas é facilmente destruído pela pasteurização. O consumo de leite cru ainda é considerado uma das principais causas de tuberculose em humanos.

Outra micobactéria que pode ser transmitida pelo leite é *Mycobacterium avium* subsp. *paratuberculosis* (MAP), causador da *Johne's disease* em bovinos. MAP vem sendo frequentemente identificado como um possível agente causador de uma doença similar em humanos, a doença de Crohn. Devido à sua resistência à pasteurização, tem despertado o interesse e a preocupação de órgãos oficiais de saúde em diversos países.

Entre os agentes zoonóticos virais que podem ser veiculados pelo leite cru, o vírus da febre aftosa é o mais importante. Os sintomas nos animais portadores do vírus e no ser humano são semelhantes: formação de aftas na cavidade oral, mas a enfermidade pode atingir o úbere e, assim, contaminar o leite. O vírus da raiva é outro que pode ser transmitido pelo leite. Esse vírus afeta o sistema nervoso do animal e é transmitido por sua saliva, podendo atingir o úbere através de terminações nervosas e contaminar o leite.

Algumas rickettsioses também podem ser associadas ao consumo de leite cru contaminado, como a febre Q, causada por *Coxiella burnetii*. É um agente com elevada resistência ao calor e, por essa razão, constitui o indicador microbiológico da eficiência da combinação temperatura-tempo da pasteurização de leite.

Fontes de contaminação

Conforme já discutido, os microrganismos da microbiota do leite cru dependem do estado sanitário dos animais e também das condições de higiene na produção e conservação antes do beneficiamento.

O úbere e a pele dos tetos dos animais podem ter poeira, terra, fezes e outros resíduos, que precisam ser removidos antes da ordenha. A forma de higienização do úbere antes da ordenha possui um papel fundamental no nível de contaminação do leite. Para reduzir a formação de aerossóis e, consequentemente, minimizar a contaminação microbiana, recomenda-se que a lavagem dos tetos seja feita com água sob baixa pressão. Em caso de ordenha manual, os ordenhadores devem adotar práticas que evitem o deslocamento de partículas de sujeira aderidas ao teto ao leite recém-ordenhado, ou mesmo o contato direto de suas mãos com o produto. A água utilizada para higienização do úbere e dos utensílios e equipamentos de ordenha deve ser livre de patógenos e contaminação fecal, e constantemente monitorada quanto à sua qualidade microbiológica.

Os equipamentos e utensílios de ordenha, como latões e mangueiras de ordenhadeiras mecânicas, são as principais fontes de contaminação do leite após a sua saída do úbere dos animais. Sua higienização deve ser feita de maneira adequada após cada ordenha, evitando-se que os microrganismos atinjam populações elevadas entre uma ordenha e a seguinte. Para higienização das tubulações de ordenhadeiras mecânicas, utiliza-se o sistema *clean in place* (CIP) com base na aplicação automatizada de uma combinação de soluções sanitizantes ácidas e alcalinas por todo equipamento, em condições controladas de temperatura, tempo de contato, concentração e pressão.

A conservação correta do leite cru nas propriedades rurais e durante o transporte para beneficiamento é muito importante para o controle dos microrganismos. Latões de metal e tanques de armazenamento (tanques de expansão) devem ser higienizados de forma adequada e a temperatura de armazenamento do leite deve ser mantida em 4 °C a fim de evitar a multiplicação de microrganismos psicrotróficos e ativação de proteases e lipases microbianas.

O melhor indicativo da qualidade microbiológica do leite é a contagem de bactérias aeróbias mesófilas, que representam a maior parte dos microrganismos constituintes da sua microbiota. Outros grupos de microrganismos indicadores podem ser pesquisados para avaliação, por exemplo, das condições de higiene na obtenção do leite.

As contagens de aeróbios mesófilos em leite cru podem variar bastante. Resultados acima de 10^5 UFC/mL são indicativos de condições inadequadas de produção, enquanto contagens abaixo de 2×10^4 UFC/mL refletem boas práticas sanitárias. Os critérios microbiológicos de qualidade do leite cru têm variações regionais, e são usados para o estabelecimento de políticas de pagamento por qualidade aos produtores rurais. Parâmetros mais restritos para a segurança e qualidade do leite vêm sendo estabelecidos gradualmente no Brasil desde 2002. A legislação em vigor determina que a média trimestral de contagem padrão em placas em leite cru refrigerado não pode ser superior a 3×10^5 UFC/mL.

Beneficiamento do leite

O beneficiamento com emprego de calor é a melhor forma de controlar os possíveis microrganismos patogênicos presentes no leite cru, além de reduzir consideravelmente a sua carga microbiana, com consequente prolongamento de sua vida útil. Várias combinações de temperatura e tempo podem ser aplicadas a fim de atingir esses objetivos, causando o mínimo de alterações estruturais de seus componentes.

Uma das formas de beneficiamento do leite é a pasteurização, que visa eliminar microrganismos patogênicos, mas requer que o produto final seja mantido em refrigeração. A pasteurização pode ser de dois tipos: rápida e lenta, sendo que ambos visam eliminar *Coxiella burnetti*, o patógeno mais termorresistente associado ao leite cru. A microbiota remanescente no leite pasteurizado é composta pelos microrganismos oriundos do leite cru resistentes à pasteurização, denominados termodúricos (*Bacillus*, *Microbacterium*, *Micrococcus*, *Enterococcus*, *Streptococcus*, *Arthrobacter*, *Lactobacillus*, *Anoxybacillus* e *Clostridium*) e por aqueles provenientes dos equipamentos e utensílios utilizados após a pasteurização.

Além da pasteurização, o leite cru pode ser submetido a um tratamento térmico em ultra-alta temperatura (UAT), que além de eliminar os patógenos, elimina também os microrganismos deteriorantes, aumentando sua vida útil, podendo ser conservado em temperatura ambiente. Apesar de ser um processo radical para destruição de microrganismos, o processo UAT não destrói as enzimas proteolíticas e lipolíticas previamente produzidas pelos microrganismos (especialmente os psicrotróficos), que continuam ativas durante o armazenamento do leite.

A deterioração do leite pasteurizado também pode ser associada a falhas no processo de pasteurização e quando ocorre contaminação pós-processo. Quando a pasteurização está fora de controle, pode ocorrer contaminação cruzada entre o leite pasteurizado e a matéria-prima, ocorrendo reintrodução de microrganismos típicos do leite cru e presentes em altas concentrações. Contaminações pós-processo usualmente ocorrem por falhas nos equipamentos, como o acionamento automático da válvula para o desvio de fluxo do leite ou do alarme sonoro que indicam falha no controle do tempo e/ou temperatura durante a pasteurização. Além dos equipamentos e utensílios, a manipulação incorreta e higiene inadequada dos funcionários podem ser responsáveis por estas contaminações.

Microbiologia dos derivados lácteos fermentados

O consumo de derivados fermentados do leite data desde o início da civilização humana. Os avanços do conhecimento científico a respeito dos fatores que atuam no processo fermentativo nesses alimentos revelaram a participação fundamental das bactérias láticas, também designadas bactérias do ácido lático (BAL). As BAL estão naturalmente presentes no leite cru, sendo esperado que sejam encontradas também em seus derivados. Além das BAL que fazem parte da microbiota autóctone do leite, outras BAL podem ser empregadas para a produção de derivados lácteos fermentados. Estas BAL são denominadas culturas *starters*.

Várias cepas de BAL são capazes de produzir compostos com atividade bacteriostática e bactericida, como ácidos orgânicos, gás carbônico, peróxido de hidrogênio, diacetil e bacteriocinas, que podem ser exploradas pela indústria para o controle de microrganismos que afetam a qualidade e a segurança dos alimentos. Por outro lado, esses compostos, quando presentes no leite, podem interferir no desempenho das culturas *starter* adicionadas, prejudicando o processo fermentativo.

Os queijos são os mais importantes derivados fermentados de leite, existindo um número muito grande de variedades no mundo, de acordo com as matérias-primas empregadas e as características de produção. A Tabela 5.2.3 apresenta exemplos de microrganismos utilizados para a produção de alguns tipos de queijos.

Os principais microrganismos que causam a deterioração de queijos são os bolores e leveduras, que podem se desenvolver tanto na superfície quanto no interior da massa. A deterioração se caracteriza pela formação de sabores e odores indesejáveis e, dependendo da variedade do queijo, o aspecto final do produto pode ser desagradável para o consumidor. As leveduras podem produzir gás, resultando na formação de rachaduras e olhaduras. Podem ocorrer ainda mudanças de coloração, formação de limosidade na superfície e outras alterações visíveis, principalmente por leveduras dos gêneros *Candida*, *Pichia*, *Debaryomyces* e *Kluyveromyces*, além da produção de aminas biogênicas. Além disso, bolores, principalmente os dos gêneros *Penicillium*, *Aspergillus*, *Cladosporium*, *Mucor* e *Fusarium*, podem produzir micotoxinas, comprometendo também a segurança dos queijos. Por outro lado, a presença de determinadas espécies de fungos pode ser desejável em determinados tipos de queijos, principalmente naquelas variedades que passam por uma etapa de maturação. O controle higiênico do ambiente de produção e

Tabela 5.2.3. Microrganismos utilizados na fabricação de queijos	
Microrganismos	*Exemplos*
Lactococcus lactis subsp. *cremoris*, *Lactococcus lactis* subsp. *lactis* e *Leuconostoc* spp.	Queijos macios, sem maturação: Cottage, Quark, Neufchâtel
Streptococcus thermophilus, *Lactobacillus delbrueckii* subsp. bulgaricus e *Lactobacillus helveticus*	Queijos macios, sem maturação: Muçarela
Lactococcus lactis subsp. *cremoris*, *Penicillium camembertii* e leveduras	Queijos maturados, com bolores superficiais: Camembert, Coulommiers
Lactococcus lactis subsp. *cremoris* e *Lactococcus lactis* subsp. *lactis*	Queijos maturados, com bactérias superficiais: Limburger
Streptococcus thermophilus e *Lactobacillus delbrueckii* subsp. *bulgaricus*	Queijos maturados: Feta
Lactococcus lactis subsp. *cremoris* e *Lactococcus lactis* subsp. *lactis*, ou *Lactococcus lactis* subsp. *cremoris* somente	Queijos duros prensados: Cheddar, Cheshire, Dunlop, Derby, Double Gloucester, Leicester Queijos semiduros: Gouda, Edam, Lancashire
Streptococcus thermophilus com *Lactobacillus delbrueckii* subsp. *bulgaricus* ou *Lactobacillus delbrueckii* subsp. *Lactis*	Queijos duros com olhaduras: Emmental, Gruyère Queijo duros: Parmesão, Asiago
Lactococcus lactis subsp. *lactis*, *Lactococcus lactis* biovar *diacetylactis* *Penicillium roquefortii*	Queijos azuis: Stilton, Danish Blue, Roquefort, Mycelia, Gammelost

Adaptada de Fernandes, 2009.

das salas de maturação é fundamental para o controle adequado dos fungos. Como o ar é uma das principais fontes de contaminação, a instalação de filtros de ar nos ambientes de produção e tratamentos com luz ultravioleta são ferramentas que podem ser aplicadas nesse controle.

Os queijos também são bastante suscetíveis à deterioração por bactérias. Queijos frescos podem ser facilmente contaminados por bactérias psicrotróficas e coliformes provenientes da água utilizada para lavagem da massa ou na etapa de salga. Os principais psicrotróficos associados a essas situações pertencem aos gêneros *Pseudomonas*, *Alcaligenes*, *Achromobacter* e *Flavobacterium*. Devido à multiplicação e produção de enzimas proteolíticas e lipolíticas, ocorre a formação de sabor amargo, putrefação, odor rançoso, liquefação, e limosidade e muco na superfície dos queijos. Algumas espécies de *Pseudomonas* são produtoras de pigmentos, que tornam esses produtos inadequados ao consumo. Ainda, os coliformes podem causar a formação de bolhas de gás no interior do queijo poucos dias após sua produção e durante o armazenamento, dando um aspecto rendilhado ao produto quando é fatiado. A formação tardia de gás, isto é, a partir do 10º dia de produção e durante o armazenamento e a maturação, ocorre devido à multiplicação de clostrídios. Essas alterações ocorrem principalmente em queijos tipo Gouda e Cheddar, e são decorrentes da resistência térmica de *Clostridium butyricum* e *Clostridium sporogenes*. A bacteriocina nisina tem sido utilizada com bastante sucesso no controle desses clostrídios.

Os patógenos presentes em queijos podem ser provenientes do leite utilizado para sua produção, quando ocorrem falhas no tratamento térmico ou contaminação pós-processamento. *L. monocytogenes* é um microrganismo patogênico constantemente associado a queijos por sua natureza ubíqua e pela capacidade de formar biofilmes resistentes em superfícies de equipamentos industriais e de multiplicar em ambientes refrigerados e úmidos. A manipulação que ocorre em diferentes etapas da produção de diversos tipos de queijos facilita a contaminação por *S. aureus*, que é um microrganismo frequentemente associado a casos de intoxicação alimentar pela possibilidade de algumas cepas produzirem enterotoxinas. Este microrganismo é considerado um indicador de boas práticas de fabricação por estar naturalmente presente na pele e nas mucosas dos manipuladores. Em leites fermentados, a deterioração bacteriana é bastante rara. Para que as culturas *starters* adicionadas possam ter desenvolvimento adequado, o leite cru deve ser submetido a um tratamento térmico eficiente que permita a eliminação da microbiota autóctone da matéria-prima. Adicionalmente, a competição por nutrientes e os ácidos e componentes voláteis e não voláteis formados pelas culturas *starters* no leite interferem na multiplicação de eventuais contaminantes pós-processamento. Bolores e leveduras, principalmente as acidotolerantes, psicrotróficas e fermentativas pertencentes aos gêneros *Candida*, *Saccharomyces* e *Pichia* podem contaminar leites fermentados após o processamento e causar estufamento de embalagens devido à formação de gás carbônico. Outras fontes possíveis dessas leveduras em leites fermentados são as polpas de frutas utilizadas em sua produção, o ambiente, as embalagens e as falhas de higiene na produção. Fungos também podem contaminar leites fermentados pelas mesmas vias, com formação de micélios visíveis ao olho nu e facilmente identificados pelos consumidores. O controle rigoroso da higiene na produção e no armazenamento dos leites fermentados é, portanto, fundamental para evitar essas alterações.

Poucos são os relatos associando leites fermentados a casos e/ou surtos de doenças de origem alimentar. As culturas *starters* utilizadas na produção resultam em condições desfavoráveis à multiplicação de patógenos. Entretanto, alguns estudos relatam a capacidade de sobrevivência de *L. monocytogenes, E. coli* O157:H7, *S. aureus, C. botulinum* e *Y. enterocolitica* em iogurtes.

Microbiologia de leites desidratados

Neste tópico, são considerados leite condensado, leite evaporado e leite em pó. Os processos empregados para a produção de leites desidratados devem destruir os microrganismos provenientes do leite cru, assim a contaminação microbiana desses produtos é decorrente de contaminação pós-processamento ou de ingredientes adicionados posteriormente ao processamento. O açúcar utilizado na produção de leite condensado, por exemplo, é importante fonte de bolores e leveduras, além de esporos bacterianos, mas a Aa de 0,85 deste produto inviabiliza sua multiplicação. No caso de leites evaporados, a contaminação e a consequente multiplicação bacteriana são decorrentes de falhas no processo industrial de produção, com destaque para os microrganismos termorresistentes, como *Bacillus stearothermophilus*, *B. coagulans* e *B. licheniformis*, responsáveis pela coagulação ácida, aromas desagradáveis e acidez. Em leite em pó, pouco são os microrganismos que conseguem sobreviver ao processo de desidratação. No entanto, quando ocorre absorção de umidade durante a produção e armazenamento inadequado, pode ocorrer a multiplicação dos microrganismos que sobreviveram ao processamento ou contaminantes pós-processamento, causando alterações indesejáveis no produto.

Devido à baixa Aa, os leites desidratados não favorecem a multiplicação de bactérias patogênicas. Mesmo assim, produtos à base de leite em pó destinados à alimentação de crianças, incluindo as fórmulas infantis para recém-nascidos, devem ser exaustivamente analisados quanto à presença de patógenos. Mesmo não tendo condições de se multiplicar nestes produtos, sua presença pode causar problemas quando são hidratados e mantidos em temperatura inadequada até serem consumidos. Os patógenos mais importantes em leite em pó são *Salmonella* spp., *S. aureus*, *L. monocytogenes*, *Bacillus* spp. e *Cronobacter sakazakii*.

Microbiologia de derivados da gordura do leite

Os microrganismos que podem estar presentes nos derivados da gordura do leite (creme de leite e manteiga) são oriundos da matéria-prima utilizada na sua produção. Considerando que a refrigeração é a principal forma de conservação desses produtos, a maior preocupação é a presença de microrganismos psicrotróficos lipolíticos, como *Pseudomonas fluorescens* e *P. fragi*. Enterobactérias psicrotróficas também podem estar envolvidas em processos de deterioração. Bolores e leveduras raramente são associados à deterioração de derivados de gordura. Em manteigas, *Pseudomonas* podem causar rancidez, degradação de proteínas e formação de odores desagradáveis, enquanto fungos podem causar alterações de coloração. A contaminação pós-processamento pode resultar na presença de patógenos, como *L. monocytogenes*, *S. aureus*, *Salmonella* spp. e *Campylobacter jejuni*.

Leitura sugerida

Ballard O, Morrow AL. Human milk composition: nutrients and bioactive factors. Pediatric Clinic 2013;60:49-74. https://doi.org/10.1016/j.pcl.2012.10.002

Brasil, 2018. Ministério da Agricultura, Pecuária e Desenvolvimento. Regulamentos Técnicos que fixam a identidade e as características de qualidade que devem apresentar o leite cru refrigerado, o leite pasteurizado e o leite pasteurizado tipo A. Instrução Normativa nº 76, de 26 de novembro de 2018. MAPA, Brasília, DF, Brasil.

Fernandes R. The Microbiology Handbook - Dairy Products. Leatherhead Food International Ltd., Cambridge, 2009.

International Commission on Microbiological Specifications for Foods 6. Microbial Ecology of Food Commodities. Milk and dairy products. New York, USA: Kluwer Academic/Plenum Publishers, 2005. p. 643-715.

Sørhaug T, Stepaniak L. Psychrotrophs and their enzymes in milk and dairy products: Quality aspects. Trends in Food Science & Technology 1997;8:35-41. https://doi.org/10.1016/S0924-2244(97)01006-6

Vinderola G, Ouwehand A, Salminen S, von Wright A. Lactic acid bacteria: microbiological and functional aspects. Boca Raton: CRC Press, 2019.

Walstra P, Wouters JTM, Geurts TJ. Dairy science and technology. 2nd ed. Boca Raton: Taylor & Francis Group, CRC Press, 2005.

Diversidade microbiana em pescado

Maria Crystina Igarashi
Mariza Landgraf

Entende-se por pescado os peixes, crustáceos, moluscos, anfíbios, répteis, equinodermos e outros animais aquáticos usados na alimentação humana (Brasil, Decreto 9013, Art. 205, 29 de março de 2017). Os peixes constituem uma das principais fontes de proteínas para o ser humano, mas são também um dos alimentos mais suscetíveis à multiplicação de microrganismos deteriorantes e patogênicos, devido ao pH próximo à neutralidade, Aa elevada e composição química favorável à multiplicação da maioria dos microrganismos. Algumas espécies de pescado contêm alto teor de gorduras insaturadas, facilmente oxidáveis.

A composição química do pescado varia em função da espécie, época do ano e alimentação. Com exceção dos moluscos, na maioria dos pescados o teor de carboidratos é muito baixo e, consequentemente, a deterioração microbiana é caracterizada pela metabolização das substâncias nitrogenadas presentes, principalmente as não proteicas, como óxido de trimetilamina (TMAO), aminoácidos, bases nitrogenadas voláteis, ácido úrico e ureia. Os teores de TMAO no pescado variam conforme a espécie. Assim, por exemplo, o cação e o tubarão apresentam 275 mg% de TMAO, o bacalhau apresenta 95 mg%, e o arenque apenas 40 mg%. Raros pescados de água doce apresentam essa substância.

A deterioração de pescados pode ser decorrente da autólise, oxidação das gorduras, atividade bacteriana ou ainda uma combinação desses três processos. O processo de autólise ocorre em decorrência da ação dos sucos digestivos e enzimas dos tecidos. Devido à natureza ácida e à ação de enzimas proteolíticas, os sucos digestivos atravessam a parede intestinal do pescado após o *rigor mortis*, atuando sobre os tecidos musculares e vísceras, provocando sua decomposição e facilitando a disseminação de microrganismos do trato intestinal. As enzimas dos tecidos e da pele levam ao amolecimento e desintegração da carne, facilitando a disseminação dos microrganismos contaminantes. A oxidação das gorduras insaturadas durante o armazenamento provoca alterações no aroma ou coloração do pescado.

Os peixes são poiquilotérmicos, isto é, são animais de sangue frio, o que influencia os tipos e quantidades de microrganismos presentes. A microbiota de peixes de águas temperadas é composta, principalmente, por bactérias Gram-negativas dos gêneros *Pseudomonas*, *Psychrobacter*, *Acinetobacter*, *Shewanella*, e *Flavobacterium* e das famílias *Vibrionaceae* e *Aeromonadaceae*, e também bactérias Gram-positivas, como *Bacillus*, *Micrococcus*, *Clostridium*, *Corynebacterium* e bactérias láticas, presentes em quantidades mais baixas. Apesar de a microbiota de peixes de água tropicais ser composta basicamente por estes mesmos gêneros, as proporções de bactérias Gram-positivas e da família *Enterobacteriaceae* tendem a ser mais altas. A composição da microbiota também é diferente em animais provenientes de águas marinhas ou fluviais: *Vibrionaceae* (*Vibrio* spp. e *Phtobacterium* spp.) e *Shewanella* são típicos do ambiente marinho, enquanto *Aeromonas* spp. são mais comuns em pescados de águas fluviais.

Os gêneros mais importantes na deterioração de pescados são *Pseudomonas* e *Shewanella*, principalmente *P. fluorescens*, *P. fragi* e *S. putrefaciens*. Esses microrganismos são importantes por sua natureza psicrotrófica e, principalmente, pela capacidade de metabolizar substâncias nitrogenadas não proteicas, que resulta na formação de compostos de odor desagradável, principalmente trimetilamina e amônia, característico de pescado não fresco. Como consequência da produção desses compostos, ocorre a elevação do pH.

Outros compostos voláteis, também importantes na deterioração de pescados, mas produzidos em menores quantidades, são metil e etilmercaptanas, dimetilsulfeto, H_2S, diacetil, acetaldeído, butanal, etanal, acetona, metanol e etanol. Os principais substratos para a formação desses compostos são os aminoácidos sulfurados, como metionina e cisteína. A glicina, a leucina e a serina, por sua vez, possibilitam a formação de ésteres dos ácidos acético, propiônico e butírico, responsáveis pelo odor de frutas, característico da presença de *Pseudomonas* spp. Uma vez esgotados os substratos nitrogenados não proteicos, as bactérias passam a atuar sobre as proteínas, ocasionando o amolecimento dos tecidos e o aumento na concentração de compostos de odor nauseante.

Os peixes salgados são deteriorados por bactérias halotolerantes, como *Micrococcus*, e halofílicas, como *Halococcus* e *Halobacterium*, provenientes do sal utilizado na salga. Além dos processos deteriorantes já descritos, algumas dessas espécies são cromogênicas e causam alterações na cor dos produtos, como por exemplo, o "vermelhão", que pode ocorrer em peixe salgado.

Entre os crustáceos, os mais consumidos são os camarões, lagostas e caranguejos. Sua microbiota é constituída pelos mesmos microrganismos encontrados nos peixes, sendo *Pseudomonas* spp., *Acinetobacter-Moraxella* e leveduras os agentes de deterioração mais importantes. Embora os crustáceos tenham teor de carboidratos mais alto que os peixes, a presença de elevadas quantidades de aminoácidos livres faz com que sejam extremamente suscetíveis ao rápido ataque da microbiota deteriorante. Como nos pescados, a deterioração é acompanhada pela produção de grandes quantidades de bases nitrogenadas voláteis e de TMA.

A carne dos moluscos (ostras, mariscos, lulas) apresenta elevado teor de carboidratos, quando comparada à dos pescados e crustáceos, e menor teor de nitrogênio total. O carboidrato predominante é o glicogênio e, consequentemente, a deterioração apresenta um padrão diferente em relação ao visto anteriormente, havendo formação de ácidos e gases. Os gêneros deteriorantes de maior relevância em ostras são *Serratia, Pseudomonas, Proteus, Clostridium, Shewanella, Escherichia, Enterobacter, Flavobacterium*, entre outros. Conforme o processo deteriorante avança, há predomínio dos gêneros *Pseudomonas* e *Acinetobacter-Moraxella* spp., e nos últimos estágios da deterioração predominam os enterococos, lactobacilos e leveduras.

No caso de moluscos, a deterioração é essencialmente fermentativa em razão do elevado teor de glicogênio. Assim, a medida do pH pode ser usada como indicadora da qualidade microbiológica de ostras:

- pH 6,2-5,9 = boa
- pH 5,8 = inadequada (*off*)
- pH 5,7-5,5 = inadequada (*musty*)
- pH 5,2 e abaixo = deteriorada (azedo ou pútrido)

Ao contrário do que ocorre em mariscos e ostras, a deterioração de lulas é caracterizada pelo aumento das bases voláteis nitrogenadas, tal como ocorre nos crustáceos.

Bactérias patogênicas podem fazer parte da microbiota inicial de pescados, sendo uma preocupação no caso das enfermidades transmitidas por esses alimentos. Esses patógenos podem ser divididos em dois grupos: organismos naturalmente presentes (autóctones) como *Vibrio cholerae, V. parahaemolyticus, V. vulnificus* e outros víbrios patogênicos, *Clostridium botulinum* tipo E e *Aeromonas* spp., e aqueles introduzidos no pescado durante a captura, processamento ou armazenamento. Neste caso, os mais importantes são *Salmonella, Shigella, Listeria monocytogenes*, norovírus e vírus da hepatite A.

Leitura sugerida

Gram L, Dalgaard P. Fish spoilage bacteria – problems and solutions. Current Opinion in Biotechnology. 2002;13:262-6. https://doi.org/10.1016/s0958-1669(02)00309-9

International Commission on Microbiological Specifications for Foods 6. Microbial Ecology of Food Commodities. Fish and Fish Products. New York, USA.: Kluwer Academic/Plenum Publishers, 2005. p. 174-249.

Jay JM, Loessner MJ, Golden DA. Modern food microbiology. 7th ed. New York: Springer, 2005. 790p.

Leisner JJ, Gram L. Spoilage of fish. Encyclopedia of food microbiology. 2nd ed. v.1. 2014. p. 932-937. https://doi.org/10.1016/B978-0-12-384730-0.00125-7

Capítulo 5.4

Diversidade microbiana em vegetais (hortaliças e frutas)

Daniele Fernanda Maffei
Mariza Landgraf

Hortaliças

As hortaliças constituem um grupo de plantas ou partes de plantas destinadas ao consumo humano e englobam as verduras e os legumes. Entre as verduras, estão as folhas (alface, couve, rúcula, etc.), as flores (brócolis, couve-flor etc.) e as hastes (aspargo, aipo etc.). Entre os legumes, estão as raízes (cenoura, mandioca etc.), os tubérculos (batata, beterraba etc.) e os bulbos (alho, cebola etc.). Sua composição química varia em função do tipo do vegetal, condições de cultivo e armazenamento, dentre outros fatores. No geral, são compostas por água (88%), carboidratos (8,6%), proteínas (1,9%), lipídeos (0,3%), cinzas (0,84%), vitaminas e outros constituintes (menos de 1%). Devido à disponibilidade de nutrientes, elevada Aa, pH próximo à neutralidade e Eh relativamente alto, constituem um meio favorável à multiplicação de diversos tipos de microrganismos.

A contaminação microbiológica das hortaliças pode ocorrer nas etapas de pré e pós-colheita, isto é, desde o campo até a mesa do consumidor (*farm to fork*). Na etapa pré-colheita, as principais fontes dos microrganismos são o solo de cultivo, a água de irrigação contaminada, o adubo orgânico preparado e/ou aplicado de forma inadequada para fertilização do solo e a presença de animais domésticos e silvestres que podem contaminar o ambiente. Na pós-colheita, a contaminação é consequência de falhas nas Boas Práticas de Higiene, como manuseio incorreto, contato com equipamentos e utensílios contaminados, água de lavagem contaminada, bem como armazenamento, embalagem e transporte inadequados.

A microbiota das hortaliças é diversificada e sofre influência de condições de cultivo e processamento, que pode resultar na presença de microrganismos deteriorantes e patogênicos. As características da deterioração dependem do tipo de hortaliça e dos microrganismos envolvidos.

A deterioração bacteriana leve (também conhecida como podridão-mole), causada por *Erwinia carotovora* (atualmente *Pectobacterium carotovorum)* e bactérias do gênero *Pseudomonas* (p. ex., *Pseudomonas marginalis)*, é o tipo de deterioração mais comum em hortaliças. Estes microrganismos produzem pectinases que hidrolisam a pectina, provocando o amolecimento do vegetal, exsudação (aparência úmida) e odor desagradável, devido à presença de compostos voláteis, como amônia e outras substâncias. A podridão mole é comum em alho, batata, cebola, cenoura, pepino, entre outros. Quando as barreiras externas naturais de proteção do vegetal são danificadas, os microrganismos também podem fermentar outros carboidratos presentes.

A deterioração negra de crucíferas (brócolis, couve-flor, repolho etc.), é causada por *Xanthomonas campestris,* e caracteriza-se por lesões amarelas em forma de "V" nas margens das folhas, que progridem para o centro da planta e resultam em necrose tecidual, apresentando coloração negra.

Bactérias láticas e espécies de *Enterobacter*, *Bacillus* e *Clostridium* também têm sido relacionadas com a deterioração de hortaliças. Em relação aos fungos, destacam-se *Botrytis cinerea,* que produz micélios de cor cinza nas folhas, flores e frutos de diversos tipos de vegetais, *Colletotrichum coccodes,* causador da antracnose, caracterizada por lesões na superfície de frutos, folhas, caules e raízes, e *Rhizopus*, que causa o amolecimento de vegetais, principalmente batata, cenoura e grãos de feijão, cobrindo-os de pontos escuros.

A entrada de microrganismos nos vegetais ocorre através de lesões em sua estrutura, causadas durante as operações de colheita, transporte e processamento. É importante ressaltar que, além da atividade microbiana, a deterioração das hortaliças pode ser decorrente de senescência e processos enzimáticos inerentes ao vegetal.

As hortaliças podem, ainda, ser contaminadas por microrganismos patogênicos causadores de enfermidades de interesse para a saúde humana. Segundo a Organização Mundial da Saúde (OMS), as hortaliças constituem um grupo de alimentos de grande preocupação do ponto de vista de segurança microbiológica, pois podem ser consumidas cruas e podem ter sido contaminadas ao longo do processo produtivo.

O solo de cultivo pode ser *habitat* de diversos microrganismos patogênicos, como *Clostridium botulinum*, *Clostridium perfringens*, *Bacillus cereus* e *Listeria monocytogenes,* que podem contaminar as hortaliças através das sementes, raízes ou superfícies, principalmente daquelas cuja porção comestível tem contato direto com o solo. Além disso, a água de irrigação ou fertilizantes empregados no cultivo das hortaliças podem veicular *Salmonella* spp., *Escherichia coli* patogênica e *Shigella* spp. A água utilizada para irrigação pode ser de abastecimento público ou ser proveniente de rios, lagos ou poços, sendo suscetível à contaminação por dejetos humanos e de animais. Se não houver tratamento antes do seu uso, essas águas podem veicular esses contaminantes.

Os fertilizantes empregados para adubação das hortaliças também podem ser fontes de contaminação. Quando se utiliza adubo orgânico à base de esterco animal, é necessário fazer a compostagem, pois pode conter microrganismos entéricos patogênicos. Falhas no processo de compostagem, como tratamento térmico inadequado, podem resultar na inativação insuficiente dos microrganismos presentes. O cultivo de hortaliças em áreas abertas possibilita o acesso de animais (pássaros, insetos, roedores, animais domésticos e outros), que podem ser vetores de contaminação, recomendando-se o uso de barreiras físicas para impedir seu acesso aos campos de cultivo.

Frutas

Embora tenham definição difícil, considera-se que frutas correspondem às porções comestíveis que abrigam as sementes das plantas. Assim como as hortaliças, as frutas são compostas, principalmente, por água e carboidratos (p. ex., glicose, frutose, sacarose, amido, pectina e celulose), além de outros nutrientes, como vitaminas e sais minerais, mas os percentuais de proteínas e lipídeos são mais baixos que os das hortaliças.

A pectina é um importante polissacarídeo que compõe a estrutura das frutas e sua concentração varia de acordo com o estágio de maturação. As frutas são ricas em ácidos orgânicos, como ácido cítrico (p. ex., abacaxi, laranja, limão), ácido málico (p. ex., maçã, pera) e ácido tartárico (p. ex., uva), responsáveis pelo baixo valor de pH, que desfavorece a multiplicação de bactérias. Por outro lado, os bolores são favorecidos, uma vez que são capazes de se multiplicar em uma ampla faixa de pH.

Assim como as hortaliças, as frutas são suscetíveis a variações sazonais e sua microbiota reflete as condições de cultivo e processamento. A casca das frutas é considerada uma proteção natural contra a contaminação microbiana, mas essa barreira pode ser rompida por lesões durante as operações pré e pós-colheita, permitindo a entrada e a internalização de microrganismos nos tecidos. A internalização também pode ocorrer pela entrada de microrganismos pelas aberturas naturais das frutas, como a cicatriz do pedúnculo.

Dentre os agentes fúngicos que normalmente acometem as frutas, podem ser citados *Botrytis cinerea*, causador da deterioração cinza (produção de micélios de cor cinza), comum em morango, uva e framboesa, *Colletotrichum*, responsável pela antracnose (lesões escuras na superfície de frutas cítricas, mangas, abacates, papaias e bananas) e *Gloeosporium*, que ataca as lenticelas da maçã. Gêneros de leveduras, como *Candida*, *Kloeckera*, *Saccharomyces*, entre outros, também podem causar a deterioração de frutas, pois são capazes de fermentar os açúcares presentes nas frutas, ocasionando alterações organolépticas indesejáveis. Os agentes fúngicos são causa de perdas significativas devido à rapidez de disseminação.

Bactérias patogênicas para humanos e animais não fazem parte da microbiota autóctone das frutas, mas podem estar presentes nos ambientes de cultivo e processamento, podendo contaminá-las. Dados epidemiológicos recentes indicam o envolvimento de manga, melão, salada de frutas e tomate em surtos de doenças causadas por *Salmonella* spp., *Escherichia* coli produtora de toxina Shiga, *Listeria monocytogenes*, *Campylobacter jejuni* e *Shigella* spp. Entre os vírus são citados norovírus, rotavírus e vírus da Hepatite A e entre os parasitas, *Cyclospora*, *Cryptosporidium*, *Trichnella* e *Toxoplasma*.

Embora o pH baixo das frutas não favoreça a multiplicação de bactérias, alguns patógenos, como *E. coli* O157:H7 e *Salmonella* spp., são capazes de se adaptar e sobreviver em condições ácidas. Esses microrganismos podem ser originários do solo de cultivo (principalmente quando o fruto tem contato direto com o solo), água de irrigação e fertilizantes orgânicos contaminados, bem como serem decorrentes de falhas nas Boas Práticas de Higiene durante a manipulação, transporte e comercialização.

Vegetais minimamente processados

Vegetais minimamente processados (VMP) são produtos hortifrutícolas frescos que passaram por alguma alteração física após a colheita sem que seu estado de frescor original tenha sido alterado, correspondente ao que se chama "processamento mínimo". Embora o termo VMP seja o mais utilizado, estes produtos também são conhecidos como "vegetais frescos higienizados", "vegetais pré-cortados" ou "vegetais prontos para o consumo".

Dependendo do vegetal, o processamento mínimo pode incluir uma ou mais das seguintes etapas: seleção, limpeza (lavagem ou remoção mecânica de resíduos), corte (descascamento, fatiamento e/ou trituração), desinfecção, enxágue, centrifugação e acondicionamento em embalagens apropriadas. Os VMP devem ser mantidos em refrigeração. Dentre as vantagens associadas a estes produtos pode-se citar a conveniência para os consumidores, já que são comercializados prontos para o consumo, a redução do desperdício, pois evita perdas de partes ou dos vegetais inteiros pela deterioração rápida, e prolongamento da vida útil.

Para a embalagem dos VMP, pode-se utilizar atmosfera normal ou modificada e também vácuo. Atmosfera modificada é obtida quando o ar no interior da embalagem é substituído por oxigênio (O_2), dióxido de carbono (CO_2) e nitrogênio (N_2), ou uma mistura deles, com a finalidade de prolongar a vida útil desses produtos por ação sobre a respiração e multiplicação microbiana, que pode ser retardada ou inibida. O armazenamento em refrigeração é um fator adicional no aumento da vida útil desses produtos.

O processamento mínimo não impede que os VMP estejam sujeitos à contaminação microbiológica, que pode ser proveniente das matéria-primas, equipamentos e ambiente, quando as Boas Práticas de Fabricação não são seguidas. Há também o risco de contaminação cruzada. Durante as etapas de descascamento, fatiamento e/ou trituração, a estrutura interna dos vegetais fica exposta ao ar, o que eleva o seu metabolismo, podendo reduzir a vida útil do produto e proporcionar condições favoráveis à deterioração microbiana.

Os microrganismos presentes nos VMP são os mesmos existentes nas respectivas matérias-primas. Entre bactérias, destacam-se *Erwinia, Pantoea, Pseudomonas, Bacillus* e *Xanthomonas* e as bactérias láticas (*Lactobacillus, Leuconostoc, Pediococcus, Lactococcus, Enterococcus*). Entre os bolores podem ser citados *Geotrichum candidum, Alternaria, Cladosporium, Aspergillus, Fusarium*, e entre as leveduras, as mais comuns são *Candida, Rhodotorula, Trichosporon* e *Saccharomyces cerevisiae*.

É importante que produtores de VMP adotem medidas para o controle da contaminação microbiana. As Boas Práticas Agrícolas na produção primária e as Boas Práticas de Fabricação durante o processamento, como a inspeção e a seleção das matérias-primas, o monitoramento da qualidade da água utilizada nas etapas de pré-lavagem, desinfecção e enxágue, o controle dos compostos aplicados para desinfecção (concentração, tempo de contato e eficácia), a higienização dos equipamentos e utensílios utilizados, além do armazenamento e transporte sob refrigeração, são imprescindíveis para a garantia da qualidade e segurança microbiológica dos VMP.

Derivados de hortaliças

Os principais derivados de hortaliças são aqueles obtidos por cozimento, congelamento, desidratação e fermentação.

Nas hortaliças cozidas, o tratamento térmico inativa as células vegetativas da maioria dos microrganismos presentes. No entanto, pode ocorrer contaminação cruzada em etapas posteriores ao cozimento, por microrganismos provenientes do ambiente, que podem ser deteriorantes ou patogênicos. Há relatos de presença de *Salmonella*, *Shigella*, *L. monocytogenes*, vírus e até mesmo *Clostridium botulinum* em saladas de batatas cozidas, mantidas em temperaturas inadequadas.

O congelamento de hortaliças geralmente inclui uma etapa de branqueamento, que consiste no aquecimento do vegetal a 95-99 °C por 1-5 minutos. Esse procedimento reduz o oxigênio do interior das células e inativa enzimas celulares, permitindo a manutenção da coloração verde do vegetal, e também reduz a população microbiana presente. A microbiota das hortaliças congeladas é constituída principalmente por bactérias Gram positivas formadoras de esporos e bactérias láticas. A baixa temperatura e a baixa Aa desfavorecem a deterioração das hortaliças congeladas.

As hortaliças desidratadas são estáveis devido à redução da Aa para níveis que impedem a multiplicação de microrganismos. Muitas hortaliças sofrem branqueamento antes de serem desidratadas, o que diminui a população microbiana inicial. De maneira geral, a microbiota desses produtos reflete a da matéria-prima *in natura* e os microrganismos introduzidos durante o processamento e o manuseio antes e depois da desidratação. Essa microbiota é variada, consistindo em bactérias formadoras de esporos do gênero *Bacillus* e *Clostridium*, até mesmo das espécies patogênicas *B. cereus*, *C. perfringens* e *C. botulinum*. Entre os deteriorantes, os gêneros mais comuns dependem de características de cada hortaliça e das condições de cultivo e armazenamento. A deterioração desse grupo de alimentos é decorrente do crescimento de bolores.

Hortaliças fermentadas, como picles e chucrute, são obtidas pela ação de bactérias láticas, que fermentam os carboidratos dos vegetais produzindo ácido lático. O consequente abaixamento do pH inativa os microrganismos, impede a germinação dos esporos sobreviventes e estende a vida-de-prateleira do produto. Estes produtos deterioram-se pelo crescimento de bolores na superfície, quando há disponibilidade de oxigênio. Nestes casos, pode ocorrer a multiplicação de leveduras oxidativas, que metabolizam o ácido lático, elevando o pH do produto e permitindo a multiplicação de outros microrganismos, inclusive patógenos. Hortaliças fermentadas com pH insuficientemente ácido e altas concentrações de sal (>15%) podem ser deterioradas por leveduras, bactérias halofílicas obrigatórias e coliformes e também por *Bacillus* spp., que podem causar o amolecimento das hortaliças pela produção de enzimas pectinolíticas (pectinases).

Derivados de frutas

Os derivados de frutas considerados neste tópico são as frutas congeladas, envasadas, desidratadas e fermentadas, os produtos à base de tomate e os sucos de frutas e outros vegetais.

Frutas congeladas, assim como as hortaliças, também podem ser previamente submetidas a branqueamento para inativação de enzimas, que causa, também, a inativação da microbiota superficial. Alguns tratamentos químicos são necessários para algumas frutas: por exemplo, para controlar a oxidação, adiciona-se ácido ascórbico ou, ainda, para controle do escurecimento, o ácido cítrico. A microbiota de frutas congeladas é composta principalmente por fungos, especialmente leveduras. Quando há falhas na cadeia do frio, pode ocorrer multiplicação das leveduras com subsequente produção de gás, resultando na deterioração das frutas. Microrganismos patogênicos sobrevivem por longos períodos em frutas congeladas, particularmente nas não ácidas ou se o microrganismo é acidorresistente ou, ainda, pré-adaptado à tolerância ao ácido. Vírus entéricos sobrevivem em frutas congeladas, havendo vários relatos de surtos causados por vírus da hepatite A em morangos, e norovírus em framboesas.

Frutas envasadas são submetidas a tratamento térmico, principalmente pasteurização. Frutas com pH > 4,6 ou Aa > 0,85 são submetidas ao processo de esterilização para inativar esporos de *C. botulinum.* Em alguns países, as frutas de baixa acidez são acidificadas antes do processamento para que o pH diminua para < 4,6.

A microbiota de frutas envasadas é constituída por esporos de bactérias mesófilas e termófilas, uma vez que as células vegetativas são eliminadas durante o tratamento térmico. A deterioração de frutas envasadas é rara, mas pode ocorrer. Bactérias anaeróbias butíricas, como *Clostridium pasteurianum,* podem-se multiplicar na calda em pH 3,8 e produzir ácido butírico, hidrogênio e CO_2. Bolores termorresitentes, como *Byssochlamys fulva, B. nivea, Neosartorya fischeri, Talaromyces flavus* e *Eupenicillium* spp., também podem causar deterioração de frutas envasadas.

Frutas envasadas raramente apresentam problemas com microrganismos patogênicos. Porém, já houve casos de botulismo em frutas em conserva caseiras, provavelmente devido a subprocessamento ou multiplicação de outros microrganismos, que causaram um aumento do pH, permitindo a germinação e multiplicação do *C. botulinum* e consequente produção da toxina. Entre os bolores produtores de micotoxinas, tem-se o relato de produção de patulina por *Byssochlamys* spp. em frutas envasadas deterioradas.

No caso de compotas de frutas tratadas termicamente, acidificadas, envasadas ou colocadas em frascos para armazenamento por longo prazo, a deterioração é causada por bolores termorresistentes já citados anteriormente. Esses bolores podem ser pectinoliticos e alterar a textura das compotas de frutas por ação sobre a pectina.

Frutas podem ser desidratadas para prolongar a vida de prateleira em mais de um ano, através da redução da Aa a níveis apropriados e acondicionamento adequado. Algumas frutas, como peras, damascos, pêssegos e bananas são tratadas com dióxido de enxofre (SO_2) antes do processamento para evitar o escurecimento em decorrência da reação de Maillard. Paralelamente, o SO_2 inativa a microbiota durante o armazenamento. No entanto, outras frutas, como uvas, tâmaras, ameixas e figos, não são submetidas a esse tratamento, e podem ser deterioradas por fungos xerofílicos, por exemplo, *Xeromyces bisporus,* que é capaz de crescer em Aa de 0,70 a 0,75, e também podem contaminar cintas transportadoras e outros equipamentos. Frutas cristalizadas podem sofrer deterioração por *Schizosaccharomyces pombe,* que é capaz de crescer em baixa Aa e pode ser resistente ao SO_2. Microrganismos patogênicos raramente sobrevivem em frutas secas, mas espécies toxigênicas de *Aspergillus* podem ocorrer em figos causando deterioração e produção de micotoxinas.

Algumas frutas são também consumidas após serem submetidas à fermentação. No caso de azeitonas, a fermentação é lenta, podendo ocorrer produção de gás por bactérias láticas heterofermentadoras, leveduras e coliformes, que às vezes são responsáveis pelo odor de queijo. *Pichia* spp. e *Saccharomyces* spp. podem causar deterioração em azeitonas armazenadas em salmoura acidificada com sal insuficiente. Azeitonas podem sofrer amolecimento devido a pectinases produzidas por *Rhodotorula* spp. ou ainda ter problemas de alteração de cor devido ao aparecimento de pontos brancos na superfície por causa de *Lactiplantibacillus plantarum* (antigo *Lactobacillus plantarum)* ou vários gêneros de leveduras. Alguns bolores, como *Aspergillus, Geotrichum, Paecilomyces* e *Penicillium* podem crescer na superfície desse produto, principalmente quando em cubas ou barris abertos.

Pepinos são também consumidos após sua fermentação, e a microbiota resultante depende do processo utilizado. Quando a concentração de sal é elevada (15%), predominam as leveduras e microrganismos halófilos, mas quando a acidificação não é adequada ou a concentração de sal é baixa (até 5%), pode ocorrer o desenvolvimento de leveduras e multiplicação de bactérias láticas heterofermentadoras ou coliformes, que produzem gás. Fungos podem causar o amolecimento pela produção de enzimas. A adição de conservadores à salmoura altera a microbiota inicial, podendo haver o desenvolvimento de leveduras indesejáveis, como *Candida krusei* e *Pichia membranaefaciens,* que produzem filmes na superfície do produto.

Um grupo especial de produtos de frutas é aquele formado por tomate e seus derivados. Neste grupo estão os tomates *in natura* (inteiros, descascados ou picados), suco, purê, concentrados de tomate (suco e pasta), tomate em pó, e produtos formulados, como *ketchup,* sopa e molho apimentado. O principal problema nos tomates *in natura* é *Pectobacterium carotovora* (antes *Erwinia carotovora* subsp. *carotovora*) causadora da podridão mole bacteriana em decorrência da produção de pectinases. Fungos, como *Alternaria, Botrytis cinerea, Rhizopus* spp., *Geotrichum candidum* e *Cladosporium herbarum* também são importantes na deterioração de tomates *in natura,* causando diferentes tipos de podridão. Os derivados de tomate são submetidos a tratamento térmico suave uma vez que o pH da matéria-prima é $\leq$ 4,6. Nos produtos envasados tratados termicamente, a deterioração é decorrente de subprocessamento ou vazamento. No subprocessamento, a deterioração é causada por bactérias formadoras de esporos, como *Bacillus coagulans,* que é muito comum neste tipo de produto. Esta bactéria causa a deterioração *flat sour,* isto é, o produto fica com sabor "medicinal", fenólico ou frutoso em razão da diminuição do pH, mas a embalagem permanece inalterada, sem estufamento. A deterioração pode ser também causada por *Clostridium pasteurianum,* produtor de gás, e por bactérias termotolerantes da família *Lactobacillaceae,* que também causam a dilatação das embalagens pela produção de gás.

Sucos de frutas e de outros vegetais

Sucos de frutas são líquidos não fermentados obtidos da parte comestível de frutas sadias e maduras ou de outros vegetais nessas mesmas condições por meios físicos ou outro tratamento adequado. Os sucos concentrados de frutas são sucos dos quais a água foi fisicamente removida.

Os principais tipos de sucos encontrados comercialmente são sucos refrigerados, sucos estáveis à temperatura ambiente, sucos concentrados e sucos concentrados congelados.

Esses sucos podem ter mistura de sucos de frutas, mistura de sucos de frutas e de outros vegetais e misturas de sucos e produtos lácteos. As bebidas industrializadas à base de suco de frutas devem conter pelo menos 20% de suco de fruta.

As frutas e os sucos de frutas têm valores de pH entre 2,0 e 4,5, com algumas exceções, por exemplo, melão e cantaloupe, cujo pH está entre 6,2 e 6,7, melancia com pH entre 5,2 e 5,6, e pera espinhosa ou fruta cacto com pH entre 6,4 e 6,5; os sucos concentrados apresentam pH na mesma faixa. Esses valores são devidos a concentração de ácidos orgânicos presentes, principalmente acido cítrico.

Os sucos apresentam, geralmente, os microrganismos presentes nas respectivas frutas.

A qualidade da água adicionada ou utilizada na reconstituição do suco concentrado também influencia na qualidade do suco.

Devido ao baixo pH e ao conteúdo de açúcares entre 2% e 17%, a microbiota é composta, principalmente, por leveduras fermentadoras como *Debaryomyces*, *Saccharomyces cerevisae*, *S. chevalieri*, *Hanseniaspora*, *Pichia*, *Zygosaccharomyces bailii*, este último extremamente importante, pois é resistente a vários agentes conservadores: é acidotolerante, xerofílico e produtor de CO_2, alem de ser resistente a agentes sanificantes. Outros microrganismos presentes são as bactérias dos gêneros *Lactobacillus*, *Leuconostoc*, *Gluconobacter* e *Acetobacter*, *Propionibacterium*. Todos esses microrganismos são causadores de deterioração nos sucos não pasteurizados.

Os sucos submetidos à pasteurização ou a outro tratamento térmico têm essa microbiota eliminada em grande número, restando os termorresistentes. Entre as bactérias, o gênero mais importante é *Alicyclobacillus*, que são bastonetes Gram-positivos, acidófilos, com valores de pH para sua multiplicação entre 2,0 e 6,0 e ótimo entre 3,5 e 4,0, e temperatura de termófilos, entre 20 °C e 55 °C. São formadores de esporos e termorresistentes com valores de $D_{95\,°C}$ = 2,5 a 8,7 minutos. A presença desses microrganismos é facilmente detectada, pois produzem guaiacol, substância com odor medicinal, de antisséptico, decorrente da ação microbiana sobre o ácido ferúlico presente nas frutas. O guaicol é detectado quando a população de *Alicyclobacillus* está entre 10^5 e 10^6 UFC/mL. Apenas algumas espécies de *Alicyclobacillus* são produtoras de guaiacol: *A. acidoterrestris*, *A. pomorum*, *A. herbarius* e *A. acidiphillus*.

Bolores termorresistentes também podem estar presentes em sucos submetidos a tratamento térmico: *Byssochlamys nivea*, *B. fulva*, *B. nivea*, *Talaromyces flavus* e *Neosartorya fischeri*.

Bactérias patogênicas e vírus também já foram detectados em sucos não pasteurizados, entre eles *E. coli* O157:H7, *Salmonella* e norovírus.

Leitura sugerida

International Commission on Microbiological Specifications for Foods 6. Microbial Ecology of Food Commodities. Vegetables and vegetable products. New York, USA: Kluwer Academic/Plenum Publishers, 2005. p. 544-573.

Jay JM, Loessner MJ, Golden DA. Modern food microbiology. 7th ed. New York: Springer, 2005. 790p.

Montville TM, Matthews KR, Kniel KE. Food microbiology: an introduction. 3rd ed. Washington, DC: ASM, 2012. p. 317-26. https://doi.org/10.1128/9781555817206

Sant'Ana AS, Silva FFP, Maffei DF, Franco BDGM. Fruits and vegetables. Introduction. In: Batt CA, Tortorello ML (Orgs.). Encyclopedia of Food Microbiology. 2nd ed. Waltham: Elsevier, 2014. v. 01. p. 972-82. https://doi.org/10.1002/jsfa.10438

Sant'Anna PB, Franco BDGM, Maffei DF. Microbiological safety of ready-to-eat minimally processed vegetables in Brazil: an overview. Journal of the Science of Food and Agriculture. 2020;100:4664-70. https://doi.org/10.1002/jsfa.10438

Sapers GM, Gorny JR, Yousef AE. Microbiology of fruits and vegetables. Boca Raton, FL: CRC Press, 2005. 634p.

Capítulo 5.5

Diversidade microbiana em outros alimentos

Mariza Landgraf

Ovos e derivados

Os ovos de aves, em geral, e não apenas de galinhas domésticas, não contêm microrganismos no momento da postura. No entanto, as cascas tornam-se logo contaminadas por matéria fecal da ave, da gaiola ou do ninho. Essa contaminação pode ocorrer também pela água de lavagem, pela manipulação ou, ainda, pelas embalagens utilizadas.

Os ovos têm vários mecanismos naturais para se proteger da invasão microbiana. A casca e a cutícula de revestimento retardam a entrada dos microrganismos e as membranas internas servem como barreiras mecânicas adicionais. Além dessas barreiras físicas, existem as químicas, como albumina na clara com valores de pH entre 9 e 10, inadequados para os microrganismos presentes em alimentos, a lisozima que lisa a parede de bactérias Gram-positivas e a baixa disponibilidade de compostos nitrogenados para os microrganismos, em consequência da ligação das proteínas com a riboflavina, da avidina com a biotina e da conalbumina com íons ferro, cobre e outros.

A contaminação microbiana pode ser endógena ou exógena. A endógena ocorre durante a formação do ovo no ovário, sendo denominada contaminação vertical. Essa contaminação pode ocorrer também durante a passagem do ovo pelo oviduto e pela cloaca, durante a postura, quando a bactéria penetra pela casca. Danos na cutícula e umidade na superfície externa do ovo contribuem para a contaminação. Atualmente, *Salmonella* Enteritidis é o principal microrganismo envolvido. A contaminação exógena ou horizontal acontece quando a casca dos ovos entra em contato com as fezes da ave ou de outros animais presentes no ambiente ou, ainda, em outras etapas da cadeia de produção (higienização, manipulação, embalagem etc.).

Na contaminação exógena, que é mais comum que a endógena, a diversidade e as populações de microrganismos costumam ser maiores, destacando-se os gêneros *Pseudomonas*, *Acinetobacter*, *Proteus*, *Aeromonas*, *Alcaligenes*, *Serratia*, *Enterobacter*, *Flavobacterium Streptococcus*, *Bacillus*, *Micrococcus* e *Staphylococcus*. Também pode haver presença de outras sorovariedades de *Salmonella*, além de *S.* Enteritidis. Outro microrganismo de importância em saúde pública que também pode contaminar ovos é *Campylobacter*, uma vez que é um contaminante frequente de aves. No entanto, estudos mostram que esse microrganismo não penetra na albumina de ovos. Entre os bolores, membros dos gêneros *Penicillium*, *Cladosporium* e *Mucor* já foram relatados em ovos e, entre as leveduras, o único gênero citado é *Torula*. Esses microrganismos, presentes na superfície das cascas, quando conseguem atravessar os poros, ultrapassar as membranas, alcançar a clara suplantando as condições desfavoráveis já citadas e atingir a gema, conseguem se multiplicar e deteriorar os ovos. Qualquer rachadura ou fenda na casca ou sujeira no ovo favorecem a deterioração durante o armazenamento.

Os tipos de deterioração mais comuns em ovos são alterações de cor e de odor. As alterações de cor podem ocorrer na clara, como os pontos verdes causados por *Pseudomonas fluorescens*, ou na gema, como pontos coloridos causados por *Pseudomonas*, *Acinetobacter* e certas bactérias do grupo coliformes, e pontos negros devido a *Proteus* spp. e outros gêneros. Os mesmos gêneros de microrganismos podem causar alterações no odor também, que pode ser frutado e desagradável (*Pseudomonas*, *Alcaligenes*, *Acinetobacter*) ou pútrido, quando ocorre produção de H_2S e aumento da pressão interna pela produção de gás.

Os defeitos decorrentes da deterioração fúngica recebem nomes de acordo com o estágio de crescimento em que esses microrganismos se encontram. Assim, tem-se o defeito "cabeça de alfinete", pequeno e compacto pois o crescimento fúngico ainda está no início, e que aparece geralmente, na parte interna da casca, com cores que variam de acordo com o fungo, podendo ser pontos amarelos, azuis ou verdes. Fungos podem ainda causar a gelificação da clara e produzir manchas coloridas, como as vermelhas produzidas por *Sporotrichum* e negras produzidas por *Cladosporium*. A deterioração dos ovos pode ser detectada por visualização comum ou empregando iluminação com luz transmitida (ovoscópio), mas alguns defeitos só serão detectados se o ovo for quebrado.

Os derivados de ovos de interesse para a indústria de alimentos são os ovos líquidos e os desidratados, que devem ser produzidos com ovos limpos e sem defeitos. Os ovos líquidos geralmente são submetidos a um tratamento térmico brando (pasteurização), e após a quebra até esse tratamento, devem ser mantidos em refrigeração, em temperatura não superior a 4 °C. A pasteurização de ovo líquido tem por objetivo eliminar *Salmonella*, microrganismo que não apresenta resistência térmica elevada. Os microrganismos sobreviventes geralmente pertencem aos gêneros *Micrococcus*, *Staphylococcus*, *Bacillus* e alguns poucos Gram-negativos. Após a pasteurização, o produto deve ser resfriado rapidamente a 7 °C ou abaixo, em até 1 hora e meia para prevenir a multiplicação dos microrganismos sobreviventes.

A desidratação de ovo líquido elimina muitos microrganismos presentes, mas enterococos e bacilos formadores de esporos podem sobreviver. Devido à baixa Aa, eles não se multiplicam, mas permanecem no produto, e podem causar sua deterioração se as condições de armazenamento causarem um aumento na Aa. Em relação aos patógenos, *Salmonella* é o microrganismo que merece mais atenção, porque pode estar presente mesmo que em números baixos, e causar surtos, como já ocorrido.

Alimentos termoprocessados estáveis à temperatura ambiente

Os alimentos termoprocessados estáveis têm como característica a estabilidade por longos períodos de armazenamento à temperatura ambiente e histórico de serem seguros. A esterilidade comercial de um alimento estável corresponde à condição alcançada pela aplicação de calor, sozinho ou em combinação com outros tratamentos, em que ficam livres de microrganismos capazes de multiplicar e de deteriorar o produto nas condições normais de comercialização e armazenamento.

Os processos térmicos a que são submetidos são suficientes para eliminar todas as células vegetativas dos microrganismos. No entanto, quando há falhas grosseiras no binômio tempo-temperatura do processamento, esporos de *Clostridium botulinum* podem permanecer e são um perigo potencial para a segurança de produtos de baixa acidez (pH ≥ 4,6). Alimentos com pH abaixo de 4,6, ou acidificados para valores abaixo desse, impedem a germinação dos esporos de *C. botulinum* e consequente produção de toxina. No entanto, deve-se ter especial atenção para que bolores e certos bacilos não se multipliquem em alimentos ácidos ou acidificados e aumentem o pH do produto, criando um ambiente favorável à germinação dos esporos.

Outros esporos remanescentes são os de bactérias termotolerantes formadoras de esporos e, neste caso, podem causar deterioração. Os microrganismos deteriorantes que estão presentes em alimentos de baixa acidez (pH ≥ 4,6) e suas consequências são:

- Bactérias termófilas do grupo *flat sour*: *Geobacillus stearothermophilus, Bacillus coagulans,* por exemplo. São bactérias fermentadoras de carboidratos, não produtoras de gás e, portanto, não causam alteração visível na aparência do produto. Se for um alimento enlatado, não há estufamento da lata, mas ocorre acidificação do produto (daí o termo *flat-sour*). O aroma fica alterado e o líquido, turvo. *B. stearothermophilus* não se desenvolve em temperaturas inferiores a 43 °C, portanto, só acarretará deterioração se a etapa de resfriamento for vagarosa ou se o produto for armazenado em locais de temperatura elevada. As principais fontes de contaminação são os equipamentos (branqueadores, por exemplo) e as matérias-primas, como açúcar e amido, e também o solo.
- Bactérias anaeróbias termófilas ou T.A.: esta é a denominação dada a "bactérias termófilas não produtoras de H_2S". Causam distensão ou estufamento da embalagem, que pode chegar à explosão, devido à produção de CO_2 e H_2. A espécie *C. thermosaccharolyticum* é um exemplo desse grupo de bactérias, não se multiplicando em temperaturas inferiores a 35 °C. O alimento apresenta-se fermentado, portanto, ácido, com aroma butírico ou de queijo. As fontes de contaminação são as mesmas que para o grupo anterior.
- Deteriorantes sulfídricos: os microrganismos deste grupo não causam alterações visíveis na embalagem, mas o H_2S produzido é absorvido pelo produto, causando o escurecimento e o desenvolvimento de odor de "ovo podre". O microrganismo característico desse grupo é o *Desulfotomaculum nigrificans,* que produz esporos de resistência térmica menor do que a dos esporos de bactérias do grupo *flat sour* e TA. A contaminação por esses microrganismos indica um subprocessamento bastante grosseiro.
- Bactérias mesófilas formadoras de esporos: neste grupo são incluídas as bactérias deteriorantes anaeróbias não produtoras de toxina, conhecidas como P.A. 3679 (putrefativos anaeróbios). São bactérias mesófilas produtoras de gás, cuja multiplicação provoca estufamento da embalagem, que pode explodir. O produto pode apresentar-se parcialmente digerido, com pH levemente acima do normal e odor tipicamente podre.

Por ser uma bactéria mesófila formadora de esporo e de importância em saúde pública, *C. botulinum* é incluída neste grupo. Outros microrganismos proteolíticos ou putrefativos que deterioram este tipo de alimento são *C. histolyticum, C. bifermentans* e *C. sporogenes,* entre outros. No entanto, o tratamento térmico necessário para destruir os esporos de *C. botulinum* é suficiente para prevenir a deterioração por esses outros microrganismos. Contudo, não é raro o emprego de processos mais severos com o intuito de destruir os esporos mais termorresistentes deste grupo, incluindo os esporos de P.A. 3679.

Espécies mesófilas de *Bacillus* também podem causar deterioração de alimentos termoprocessados, apesar de seus esporos serem mais termossensíveis do que os das espécies termófilas. Muitas espécies de *Bacillus* são aeróbias, e não se multiplicam em produtos embalados a vácuo. No entanto, em alimentos de baixa acidez comercialmente esterilizados, a deterioração pode ocorrer quando o vácuo não é adequado. Exemplos de microrganismos causadores desse tipo de deterioração são *B. subtilis*, *B. coagulans* e *B. mesentericus*.

Em produtos ácidos (pH entre 4,0 e 4,5), como aqueles à base de tomates, peras e figos, os microrganismos que podem ser encontrados e suas consequências são:

- Bactérias termófilas do grupo *flat sour*: *B. coagulans*, *B. thermoacidurans* e *B. polymyxa*. *B. coagulans* é o mais importante deles, especialmente em tomates e produtos de tomate. Sua multiplicação em suco de tomate depende do número de esporos, disponibilidade de O_2 e pH do suco. A embalagem apresenta-se normal e a alteração no vácuo é pouca. O produto apresenta-se com alterações no pH e no aroma.
- Anaeróbios butíricos: provocam deterioração em tomate e suco de tomate, abacaxi e pera, por exemplo. Ocorre a dilatação da embalagem, que pode estourar. O produto fica fermentado, com odor butírico. Por exemplo: *C. pasteurianum*, que tem temperatura ideal de multiplicação na faixa de 25 °C a 35 °C.
- Bactérias não formadoras de esporos: principalmente bactérias láticas. A embalagem estufa e geralmente estoura. O produto fica com odor ácido.

Os produtos de alta acidez (pH < 4,0), como chucrute, picles e outros produtos fermentados geralmente são deteriorados por bolores e leveduras e/ou bactérias láticas, sendo os gêneros *Lactobacillus* e *Leuconostoc* os mais importantes.

Os bolores geralmente são considerados de pouca importância na deterioração de alimentos termoprocessados estáveis à temperatura ambiente. As exceções são *Byssochlamys* spp., *Talaromyces* spp. e *Eupenicillium* spp., que têm sido associados à deterioração de frutas envasadas.

Cereais, farinhas e produtos de panificação

Cereais e farinhas

A microbiota do trigo, centeio, milho e outros produtos relacionados é formada pela microbiota do solo, do ambiente em que são armazenados e por aquela adquirida durante o processamento. Como a Aa desses produtos é baixa, mesmo o alto teor proteico e de carboidratos não é suficiente para permitir a multiplicação bacteriana. No caso das farinhas, os agentes branqueadores auxiliam na redução da carga microbiana.

Os principais microrganismos nestes produtos são fungos e bactérias formadoras de esporos. Entre os fungos, aqueles presentes no grão ou no seu interior por ocasião da colheita podem causar problemas como alteração de cor, manchas ou, ainda, produzirem micotoxinas. Porém, poucos crescem em Aa abaixo de 0,90.

Os fungos de armazenamento são os que invadem os grãos após a colheita causando perdas na qualidade, peso, capacidade de germinar e valor nutricional. Alguns são produtores de micotoxinas e a maioria é xerofílica. Os fungos invasivos são importantes causas de deterioração, pois se desenvolvem no interior do núcleo dos grãos. Quando estão na superfície não são tão importantes a menos que os grãos sejam transformados em farinha ou usados como matéria-prima sem processamento térmico. Exemplos de fungos contaminantes são *Aureobasidium*, *Penicillium*, *Rhizopus* e *Cladosporium*.

As bactérias que fazem parte da microbiota são *Bacillus*, *Lactobacillus*, *Pseudomonas*, *Streptococcus*, *Achromobacter*, *Flavobacterium*, *Micrococcus* e *Alcaligenes*. Os *Bacillus* são os mais importantes, pois podem sobreviver ao cozimento.

A maioria dos grãos de cereais é submetida à secagem e assim permanece até ser transformada em um produto derivado. Durante o armazenamento e o transporte dos grãos secos muitas alterações ocorrem na micobiota se as condições ambientais não forem controladas. Nestas etapas, os grãos são contaminados por fungos presentes nas esteiras transportadoras, sacos e recipientes de armazenagem. A poeira gerada durante a manipulação dos grãos no ambiente de armazenamento e nos moinhos é outra fonte importante de contaminação de esporos de bolores e também de esporos de bactérias. O controle de fatores intrínsecos, como Aa, e extrínsecos, como temperatura e composição gasosa do ambiente de armazenamento, é extremamente importante porque os grãos armazenados não têm mais os mecanismos de defesa naturais dos grãos recém-colhidos.

Entre os problemas causados pelos fungos nos grãos armazenados podem ser citados descoloração, odores desagradáveis, crescimento visível, alterações químicas e nutricionais.

Diversos tipos de grãos são transformados em farinha, mas a mais usada é a de trigo. Dependendo das condições higiênico-sanitárias durante o processamento, pode ocorrer contaminação do produto. Farinhas com conteúdo de água $\leq$ 12% não permitem a multiplicação microbiana, mas qualquer absorção de umidade mudará essa situação não só no produto, mas também nos resíduos em equipamentos da fábrica, quando então poderá ocorrer o desenvolvimento de fungos xerofílicos e, se a umidade atingir 17%, bactérias poderão se multiplicar também. Tratamentos como o branqueamento reduzem a população de células vegetativas, mas não é muito eficiente para esporos. A microbiota de farinhas é mais diversa do que a de grãos, podendo ser composta por psicrotróficos, *flat-sour,* e bactérias termófilas formadoras de esporos. Estes são de interesse dos produtores quando a farinha é usada como ingrediente em produtos resfriados e envasados. Bacilos produtores de *rope* (filamentos mucilaginosos que se formam no interior de pães, por exemplo), cuja fonte são o solo e os equipamentos, também podem contaminar farinhas. As contagens de microrganismos aeróbios total em farinhas varia de 10^2 a 10^5 UFC/g.

Nos produtos de panificação, a diversidade microbiana é bem restrita devido à temperatura à que são expostos durante o processamento. Somente bactérias formadoras de esporos sobrevivem, mas esses produtos raramente são afetados por esses microrganismos, uma vez que apresentam baixa umidade. O armazenamento desses produtos em atmosfera com baixa umidade dificulta o crescimento dos bolores. Esse tipo de deterioração, quando ocorre, é causado pelo armazenamento em umidade elevada ou pela embalagem do produto ainda quente. Esses produtos também podem apresentar a alteração conhecida como *ropiness,* causada por cepas de *B. subtilis, B. licheniforms, B. pumilus,* quando há formação de filamentos mucilaginosos, conferindo à massa um aspecto de corda. A fonte dessa bactéria é a farinha, sendo a sua multiplicação favorecida pela manutenção da massa em temperatura favorável e ambiente úmido, quando o produto é embalado ainda quente.

Com relação aos bolos, dificilmente sofrem deterioração bacteriana em decorrência das altas concentrações de açúcar, o que diminui a Aa. Consequentemente, o emboloramento é a forma mais comum de deterioração. A fonte dos bolores pode ser qualquer um dos ingredientes utilizados na sua preparação ou o ambiente de armazenamento dos produtos prontos. Apesar de serem destruídos pela temperatura de cozimento, a adição de coberturas como glacês, por exemplo, pode trazer nova carga microbiana. Além disso, a manipulação inadequada sempre pode ser causa de uma nova contaminação. Como anteriormente ressaltado, o crescimento dos bolores será favorecido pela alta umidade e, quando presentes em pães e bolos, provoca o endurecimento desses produtos.

Açúcar, xaropes, mel e doces

O açúcar utilizado em alimentos pode ser obtido da cana-de-açúcar (*Saccharum officinarum*) e beterraba (*Beta vulgaris*). Apesar do número de microrganismos presentes na superfície do talo da cana de açúcar e exsudatos depender das condições climáticas, *Bacillus* spp., *Enterobacter* spp., *Flavobacterium* spp., *Pseudomonas* spp., *Xanthomonas* spp., *Lactobacillus* spp., bolores e leveduras têm sido descritos como principais contaminantes, em níveis variando de 10^3 a 10^9 UFC/g.

A microbiota dos açúcares de cana e de beterraba é composta por esporos bacterianos que sobrevivem aos tratamentos térmicos. Porém, devido à recontaminação pós-processamento, leveduras osmofílicas podem ser encontradas no produto devido à contaminação de tanques de armazenamento ou resíduos de açúcares com umidade suficiente para propiciar o crescimento na linha de processamento. Isso ocorre em razão de falhas nos processos de higiene ou, ainda, no desenho do equipamento.

Durante a colheita da cana-de-açúcar, *Leuconostoc mesenteroides* é o microrganismo de maior preocupação pois causa sérios problemas para as usinas açucareiras, em consequência de sua capacidade de produzir dextrana, que reduz a velocidade do processamento e causa dano aos equipamentos, com necessidade de aumento da frequência de limpeza.

Bacilos termófilos formadores de esporos, como *Geobacillus stearothermophilus* e *Bacillus coagulans*, podem fermentar o açúcar invertido a ácido lático, principalmente, e, em menores quantidades, ácidos acético, fórmico e glicólico.

Durante a longa vida de prateleira desses produtos, leveduras e bolores xerofílicos podem causar deterioração, porém, as leveduras são mais ativas. Espécies de *Zygosaccharomyces*, com *Z. rouxii* sendo a mais comum, *Pichia* spp., *Candida* spp., *Dekkeromyces* spp. são exemplos de leveduras encontradas em açúcar.

Apesar da presença desses microrganismos, açúcares dificilmente sofrem deterioração devido à sua baixa Aa. Raros são os registros de deterioração de açúcar granulado e estes são causados por acidentes com hidratação; o registro que se tem de deterioração refere-se a açúcar líquido.

Xaropes têm Aa entre 0,70 e 0,85, favorecendo, portanto, o desenvolvimento de leveduras osmofílicas, como *Z. rouxii*. Estas leveduras alteram as características organolépticas e a textura dos xaropes. Podem, ainda, contaminar produtos de confeitaria e causar deterioração em virtude da fermentação, produzindo gás.

A composição do mel varia bastante, dependendo do tipo de planta do qual o néctar e outras substâncias são derivadas. O teor de açúcares (frutose e glicose) não deve ser superior a 60 g/100 g e o conteúdo de sacarose não deve ultrapassar a 5 g/100g.

Os fatores intrínsecos do mel, como baixa Aa, baixo pH e presença de peróxido de hidrogênio e outras substâncias antimicrobianas, contribuem para a estabilidade e segurança microbiológica do produto.

Segundo diversos trabalhos, a microbiota inicial de mel é < 100 UFC/g, raramente atingindo 10^3 UFC/g ou 10^4 UFC/g, e é composta, principalmente, por *Bacillus* spp., bolores e leveduras. *Clostridium* spp. não foram isolados. Durante a maturação ocorrem alterações devido à redução da Aa, com predominância de esporos de bactérias, esporos de bolores (*Penicillium* spp. e *Aspergillus* spp.) e leveduras osmofílicas (*Zygosaccharomyces* spp.). Esporos de *Clostridium botulinum* são de interesse por estarem envolvidos em casos de botulismo infantil em decorrência da ingestão de mel por crianças com menos de 12 meses.

Entre as balas, confeitos, bombons e outros doces, os produtos recheados com creme podem sofrer deteriorações caracterizadas por explosões causadas por bactérias pertencentes ao gênero *Clostridium*, principalmente *C. sporogenes*. A contaminação por essa bactéria ocorre através do açúcar, amido e, provavelmente, outros ingredientes.

Condimentos e nozes

Na Língua Portuguesa, segundo o dicionário Houaiss, condimentos e especiarias são sinônimos. Os condimentos apresentam, em sua constituição, vários óleos essenciais com atividade antimicrobiana, como ocorre no cravo, tomilho, orégano, canela, pimenta da Jamaica, cominho e alcaravia. Cebola e alho também apresentam esses óleos, mas com atividade menor. Óleos essenciais de outros condimentos apresentam atividade muito baixa ou inexistente.

Pouco se sabe sobre a microbiota inicial dos condimentos, mas ela é originária do solo e planta em que foram cultivados. Portanto, os microrganismos presentes no produto são aqueles que sobreviveram ao processo de secagem. As fontes de contaminação são a poeira e o solo, fezes de pássaros e outros animais e em alguns produtos, por exemplo, pimenta branca, da água utilizada no processamento. Coliformes e outros membros da família *Enterobacteriaceae* podem estar presentes nos condimentos antes da secagem, porém, após esse processo, os sobreviventes são bactérias formadoras de esporos (*Bacillus* spp.) e bolores. Apesar de rara, a presença de patógenos como *Salmonella* já foi relatada nesses alimentos, particularmente em pimenta-do-reino, inclusive causando surto de doença veiculada por alimento.

Condimentos não sofrem deterioração como os demais grupos de alimentos, apesar de poder haver crescimento de bolores durante a desidratação, conferindo-lhes alta carga de esporos.

Em relação às nozes e produtos semelhantes, o alto teor de gordura e o baixo conteúdo de água tornam esses produtos mais difíceis de sofrerem a deterioração bacteriana. Porém, quando armazenados em ambientes com umidade relativa elevada, os bolores podem desenvolver-se e produzir micotoxinas, como por exemplo, aflatoxinas.

Leitura sugerida

International Commission on Microbiological Specifications for Foods (ICMSF). Microorganisms in Foods 6. Microbial Ecology of Foods. 2nd ed. New York: Kluwer, 2005. 763p.

International Commission on Microbiological Specifications for Foods (ICMSF). Microrganismos em alimentos 8. Utilização de Dados para Avaliação do Controle e aceitação de Produto. São Paulo: Blucher, 2011. 536p.

Deterioração microbiana de alimentos

6

Mariza Landgraf

O metabolismo e a multiplicação de microrganismos nos alimentos resultam em alterações em sua composição química e em suas propriedades sensoriais ou ainda nas suas características estruturais. Este processo, conhecido desde há muito tempo, recebe o nome de deterioração ou biodeterioração. Alimentos podem ser perdidos não apenas por estarem deteriorados, mas também pela presença de patógenos que colocam em risco a saúde do consumidor. Ressalte-se que um alimento deteriorado não necessariamente contém microrganismos patogênicos, assim como um alimento que contém patógenos não necessariamente apresenta sinais de deterioração.

É importante esclarecer que um mesmo microrganismo pode metabolizar diferentes substratos (nutrientes) do alimento por diferentes vias, assim como um mesmo substrato pode ser utilizado por diferentes microrganismos produzindo metabólitos finais diferentes. O resultado dessa intensa atividade metabólica nos alimentos são alterações no aroma, sabor, textura, cor, entre outras. Essas alterações são perceptíveis ao consumidor quando, de modo geral, a população microbiana atinge níveis acima de 10^6 unidades formadoras de colônias (UFC) por g ou mL do alimento.

Este capítulo abrange, de modo geral, os aspectos bioquímicos das alterações causadas pela multiplicação de bactérias e pelo desenvolvimento de bolores e leveduras nos alimentos.

Degradação de componentes químicos dos alimentos

Carboidratos

Os carboidratos compreendem compostos químicos de diversos tamanhos: monossacarídeos (hexoses, pentoses), dissacarídeos e polissacarídeos. Os carboidratos são a fonte preferida de energia dos microrganismos, mas há diferenças na forma como são metabolizados: os monossacarídeos são metabolizados prontamente, enquanto os polissacarídeos precisam ser degradados em mono e dissacarídeos por enzimas extracelulares dos microrganismos, para serem transportados para o interior da célula microbiana e então metabolizados.

A metabolização dos carboidratos pode ocorrer na presença de oxigênio – metabolismo oxidativo – realizado predominantemente pelas bactérias aeróbias ou anaeróbias facultativas, com produção de H_2O e CO_2 e sem o acúmulo excessivo de produtos intermediários, ou na ausência de oxigênio – metabolismo fermentativo – quando as bactérias anaeróbias estritas ou facultativas utilizam os carboidratos, acumulando produtos intermediários ou finais e, consequentemente, afetando as características sensoriais do alimento.

Os microrganismos utilizam diferentes vias para degradar os monossacarídeos presentes nos alimentos, que dependem do tipo e da quantidade de monossacarídeo, do tipo de microrganismo e do potencial redox do alimento. Por meio de diferentes vias metabólicas, os microrganismos transformam os monossacarídeos em ácido pirúvico como substância intermediária, que será metabolizado a CO_2 e água pela respiração aeróbia ou anaeróbia ou a diferentes produtos finais pela fermentação.

De acordo com o tipo de produto formado, os processos de fermentação podem ser classificados nos seguintes grupos.

Fermentação lática

Realizada pelas bactérias láticas (BAL), muitas vezes denominadas bactérias do grupo lático ou bactérias do ácido lático. Este grupo é muito diversificado, formado por diversos gêneros bacterianos, como *Lactococcus, Lactobacillus, Leuconostoc, Pediococcus, Streptococcus, Enterococcus, Carnobacterium, Vagococcus, Weisella, Oernococus, Tetragenococcus*, entre vários outros. A taxonomia do gênero *Lactobacillus* foi reestruturada recentemente, com algumas espécies sendo transferidas para outros gêneros, como *Lacticaseibacillus*, *Levilactobacillus*, *Loigolactobacillus* e *Companilactobacillus*.

Nessa fermentação, a glicose é transformada em ácido lático, podendo ser do tipo *homolática,* com predominância desse composto em relação aos demais produtos formados, como diacetil, etanol e CO_2, ou *heterolática,* quando as proporções desses produtos são praticamente as mesmas, com produção de outras substâncias, como acetaldeído e diacetil.

Exemplos de BAL homofermentadoras são as pertencentes aos gêneros *Pediococcus, Streptococcus, Lactococcus* e *Vagococcus*, juntamente com algumas espécies de *Lactobacillus.* Os gêneros *Carnobacterium*, *Leuconostoc* e alguns lactobacilos são heterofermentadores, e são importantes por produzirem acetaldeído e diacetil, responsáveis pelo aroma e sabor característicos de certos tipos de alimentos fermentados, como queijos e embutidos cárneos.

As diferenças entre bactérias láticas homo- e heterofermentadores têm base genética e fisiológica. As homoláticas apresentam as enzimas aldolase e hexose-isomerase, mas não apresentam a fosfocetolase. Utilizam a via de Embden-Meyerhof-Parnas para produzir duas moléculas de lactato a partir de uma de glicose. Já as heteroláticas apresentam a fosfocetolase, mas não a aldolase e a hexose-isomerase e, em vez de utilizarem a via de Embden-Meyerhof-Parnas na degradação de glicose, usam as vias do monofosfato-hexose ou das pentoses.

A Tabela 6.1 apresenta exemplos de defeitos ou alterações causados por BAL em alimentos, em que é possível observar que a produção de certos metabólitos, como ácidos orgânicos, diacetil, peróxido de hidrogênio e etanol, pode causar a deterioração de um alimento, mas ao mesmo tempo esses metabólitos, além de outros (p. ex., bacteriocinas), agem inibindo outros microrganismos.

Tabela 6.1. Exemplos de defeitos ou alterações em alimentos causados por bactérias do ácido lático		
Defeitos	*Microrganismo*	
Alteração do sabor pela produção de diacetil	Sucos cítricos	*Pediococcus* spp.
Formação de gás (CO_2) e líquido	Carnes embaladas a vácuo	*Leuconostoc carnosum* *L. gelidum*
Formação de gás (CO_2) e líquido	Produtos cárneos curados e não curados, termoprocessados, expostos à temperatura de 60 °C a 65 °C	*Lactobacillus* spp. *Leuconostoc* spp.
Azedamento e formação de gás	Derivados do leite	*Lactococcus* spp. *Streptococcus* spp.
Fissuras e formação de olhaduras	Queijos	*Leuconostoc* spp. *Lactobacillus* spp.
Presença de ácido entre o produto e sua embalagem	Produtos cárneos processados	*Lactobacillus* spp. *Enterococcus* spp.
Esverdeamento	Carnes curadas embaladas a vácuo ou atmosfera modificada	*Lactococcus viridescens* *Streptocoocus* spp. *Leuconostoc* spp.
Sabor de fruta	Queijo Cheddar	*Lactococcus* spp.
Odor ácido	Carne	Bactérias láticas

Autora: Mariza Landgraf.

Fermentação alcoólica

Nesse tipo de fermentação, o piruvato é convertido a CO_2 e acetaldeído, sendo este reduzido a etanol. Entre os microrganismos fermentadores produtores de álcool, as leveduras do gênero *Saccharomyces* e as bactérias do gênero *Zymomonas* são as mais importantes.

As leveduras do gênero *Saccharomyces* encontram-se amplamente distribuídas na natureza, estando associadas tanto à deterioração de frutas e produtos derivados, açúcar, maionese, molhos para salada, laticínios, vinagre e mel, como à produção de alimentos fermentados, por exemplo, produtos de panificação e vegetais fermentados, e de bebidas, como cerveja.

Zymomonas são bactérias Gram-negativas anaeróbias facultativas, descobertas na seiva fermentada de plantas tropicais, capazes de produzir três a quatro vezes mais etanol que a levedura *Saccharomyces cerevisiae*. No entanto, *Z. mobilis* é considerado um deteriorante de cidra e cervejas, devido à produção de compostos secundários que alteram o sabor desses produtos.

Fermentação ácida mista

Os produtos desse tipo de fermentação são ácido lático, ácido acético, ácido succínico e ácido fórmico entre outros. Essa via fermentativa é utilizada pela maioria das bactérias pertencentes à família *Enterobacteriaceae*.

Durante essa fermentação, pode haver acúmulo de ácido e quando o pH atinge valores inferiores a 6,0, algumas bactérias, como *Escherichia, Salmonella e Proteus,* podem produzir a enzima hidrogenilase fórmica, que transforma o ácido fórmico em $CO_2 + H_2$. A produção de gás por bactérias do grupo coliformes em produtos lácteos é um exemplo desse tipo de fermentação.

Fermentação butanodioica

Esse tipo de fermentação é similar à fermentação ácida mista, porém com menor produção de ácido. O aceptor de elétrons, neste caso, é a acetoína (butanodiol), que é reduzida a 2,3 butilenoglicol. Os produtos formados nesta fermentação são neutros, ou seja, não causam alteração do pH. Quando o 2,3 butilenoglicol é exposto ao ar, ocorre oxidação e parte é transformada, novamente, em acetoína.

Serratia, Enterobacter e *Bacillus* são alguns dos gêneros que utilizam essa via fermentativa. A presença de *Serratia* em produtos lácteos causa o aparecimento de pontos de cor vermelha em sua superfície, devido à produção de pigmentos de natureza carotenoide, sendo *S. marcescens* a espécie mais comum. *Enterobacter* é importante porque é um membro do grupo dos coliformes, utilizado como indicador de higiene. *Paenibacillus polymyxa* (anteriormente *B. polymyxa*) e *Paenibacillus macerans* (anteriormente *B. macerans*) são importantes deteriorantes em ervilhas, aspargos, espinafre, pêssegos e tomates enlatados. Como apresentam baixa resistência térmica, a entrada desses microrganismos nestes produtos é, provavelmente, decorrente de falhas na costura das latas.

Fermentação butírica

Nesse processo, a glicose é transformada predominantemente em ácido butírico, além de ácido acético, CO_2, H_2, acetona, isopropanol e n-butanol. As bactérias envolvidas são denominadas *bactérias butíricas.* A fermentação butírica é realizada por certos anaeróbios estritos, sendo típica do gênero *Clostridium,* incluindo espécies patogênicas, como *C. botulinum* e *C. perfringens,* e espécies não patogênicas, como *C. butyricum* e *C. pasteurianum,* que são importantes agentes deteriorantes de alimentos ácidos ou de média acidez envasados ou enlatados, termoprocessados. Devido à formação de gases – CO_2 e H_2 –, ocorre o estufamento da lata. Além de *C. butyricum* e *C. pasteurianum*, existem ainda espécies putrefativas, como *C. sporogenes, C. putrefaciens* e *C. botulinum.*

A fermentação butírica é responsável pelo defeito conhecido como estufamento tardio em queijos semiduros e duros devido à multiplicação de clostrídios, por exemplo, *Clostridium tyrobutyricum, C. butyricum, C. beijirinckii* e *C. sporogenes,* presentes no leite cru. Esse estufamento pode aparecer entre 15 dias e dois meses de maturação.

Fermentação propiônica

Essa fermentação é realizada pelas bactérias propiônicas, como as pertencentes ao gênero *Propionibacterium*, com *P. freudenreichii* sendo a espécie mais importante, e *Anaerotignum propionicum* (anteriormente *Clostridium propionicum*). Os produtos finais são ácidos propiônico, acético e succínico, além do CO_2. Essa fermentação ocorre durante a maturação de queijos, por exemplo, Emmental, após a fermentação lática e coagulação da caseína. O ácido propiônico contribui para o sabor e o aroma, enquanto o CO_2 formado é responsável por fissuras na textura (olhaduras/olhos/orifícios), característicos desse queijo. Em outros queijos, no entanto, a multiplicação de *Propionibacterium* é considerado defeito, como ocorre nos queijos italianos, por exemplo, Grana e Parmigiano-Reggiano.

Polissacarídeos

Entre os polissacarídeos hidrolisáveis por microrganismos, os mais importantes em alimentos são o amido, a celulose e as pectinas, porém poucos microrganismos são capazes de hidrolisar esses compostos.

O amido é um componente de reserva de várias plantas. Determinadas bactérias (*Bacillus*) e bolores (*Aspergillus*), denominados *microrganismos amilolíticos*, produzem diastase e amilase, que são enzimas extracelulares que hidrolisam o amido diretamente em glicose ou outros compostos intermediários, como a maltose.

A celulose é uma substância fibrosa primária em plantas. Poucas espécies bacterianas metabolizam este polissacarídeos, ao contrário do que ocorre com os bolores. São denominadas *bactérias celulolíticas* e produzem celulases, que degradam a celulose diretamente à glicose ou a produtos intermediários, como a celobiose. A presença de substâncias que são mais facilmente metabolizadas, como a glicose, reprime a produção de celulases. Exemplo: *Clostridium.*

As pectinas são polímeros de ácido galacturônico com grupos carboxilas, esterificados por radicais metila. São encontradas nas paredes celulares e espaços intercelulares dos tecidos vegetais, na maioria das vezes ligadas à celulose, formando um complexo insolúvel em água, a protopectina. Durante o amadurecimento das frutas, ocorre a quebra dessa molécula, havendo liberação da pectina. Alguns microrganismos, chamados *pectinolíticos,* produzem em vegetais a deterioração denominada "podridão mole", causada pela ação de enzimas pécticas produzidas por esses microrganismos. Essas enzimas são a pectinesterase ou polimetilesterase (PME), poligalacturonidase (PG) e pectato-transeliminase. De maneira bem simplificada, a pectinesterase hidrolisa os ésteres metilados do ácido pectínico originando ácido péctico e metanol, enquanto as poligacturonidases (exo e endo) hidrolisam as ligações glicosídicas α-1-4 originando ácido galacturônico e as pectina-transeliminases ou pectato-liase (PL) que hidrolisam as cadeias de ácido péctico em monômeros pela eliminação de molécula de água. Entre as bactérias, a mais notável produtora dessas enzimas é *Erwinia carotovora* (*Pectobcterium carotovora*). Outros gêneros bacterianos produtores são *Pectobacterium* spp., *Pseudomonas* spp., *Bacillus* spp., e entre os bolores *Botrytis, Penicillium* spp., *Aspergillus* spp., *Phytophora* spp.

Substâncias intermediárias do metabolismo de carboidratos

Algumas bactérias utilizam os compostos intermediários formados durante o metabolismo de carboidratos, ocasionando alterações nos alimentos.

As bactérias acéticas, como *Gluconobacter* e *Acetobacter*, realizam uma oxidação incompleta dos álcoois, provocando o acúmulo de ácido acético como produto final. Essas bactérias têm alta tolerância a condições ácidas, com muitas cepas sendo capazes de se multiplicar em pH inferior a 5. São consideradas importantes deteriorantes de suco de laranja e vinho.

Certas bactérias descarboxilam o ácido pirúvico, levando à formação de acetaldeído e CO_2. O acetaldeído pode ser condensado formando acetoína (ou acetilmetilcarbinol), que é posteriormente oxidado a diacetil. Este composto é responsável pelo aroma bastante pronunciado de manteiga e, embora seja utilizado como aromatizante em vários produtos alimentícios, em outros, como sucos cítricos, é considerado indesejado.

Proteínas

As proteínas são cadeias de aminoácidos unidos por ligações peptídicas que podem ser destruídas por hidrólise catalisada por enzimas. A maioria dos microrganismos de interesse em alimentos não consegue aproveitar proteínas intactas para seu metabolismo, que não conseguem atravessar a membrana celular microbiana. Assim, os microrganismos necessitam degradá-las a peptídeos e posteriormente convertê-los em aminoácidos, pela produção e secreção de proteases e peptidases. Somente alguns microrganismos metabolizam as proteínas de maior peso molecular.

Algumas bactérias secretam proteases que hidrolisam uma grande variedade de substratos proteicos, enquanto outras secretam enzimas mais específicas, como gelatinases e colagenases, e são de importância em produtos cárneos.

A biodeterioração proteica leva à putrefação, que resulta da ação de microrganismos aeróbios ou anaeróbios facultativos sobre aminoácidos, nucleotídeos e outros compostos nitrogenados de baixo peso molecular. A degradação de proteínas em um alimento, provoca, entre outros defeitos, alterações na textura (amolecimento dos tecidos) devido à ação sobre os compostos responsáveis pelas características estruturais, e alterações no aroma devido à formação de substâncias de odor pútrido (mercaptanas, aminas etc.). Quanto mais avançado estiver o processo de deterioração, mais marcantes serão as alterações verificadas nos alimentos.

Dependendo do microrganismo, temperatura, quantidade de O_2 disponível e possíveis substâncias inibitórias presentes em um alimento, a degradação dos aminoácidos pode ser por:

- ***Desaminação oxidativa:*** há produção de amônia e dos alfacetoácidos correspondentes, sendo estes utilizados como fonte de energia pelos microrganismos.
- ***Desaminação redutora:*** há produção de amônia e ácidos orgânicos. Esta reação é realizada somente por anaeróbios estritos, como acontece na deterioração de pescados, onde há produção de ácidos orgânicos voláteis de baixo peso molecular, como ácidos fórmico, acético, propiônico, butírico e outros.
- ***Desaminação redutora e oxidativa:*** um aminoácido atua como doador de elétron (desaminação oxidativa) e outro como aceptor (desaminação redutora). Esta reação é conhecida como reação de Stickland. Os clostrídios metabolizam aminoácidos através dessa reação, combinando a desaminação oxidativa da L-alanina com a desaminação redutora de um outro aminoácido, glicina, por exemplo, resultando na produção de ácido acético, CO_2 e amônia. Além da alanina, outros aminoácidos, como valina, leucina e isoleucina, podem atuar como doadores de hidrogênio na reação de Stickland, formando ácido isobutírico, ácido isovalérico e ácido alfametilbutírico como produtos finais, respectivamente. *Brochothrix thermosphacta* realiza essa reação em carne com pH $\geq$ 6,0, embalada em atmosfera modificada e mantida em refrigeração, utilizando leucina e valina e produzindo ácidos isovalérico e isobutírico, que deixam a carne com odor de queijo.
- ***Descarboxilação:*** há remoção do grupamento carboxila por descarboxilases específicas, e produção de aminas, como histamina, cadaverina, putrescina e tiramina provenientes, respectivamente, dos aminoácidos histidina, lisina, ornitina e tirosina. Estas aminas são denominadas biogênicas. Os principais microrganismos produtores de aminas biogênicas são *Morganella*, *Enterobacter*, *Klebsiella*,

Enterococcus, Escherichia, Salmonella, Shewanella, Vibrio, Listeria, Bacillus, Photobacterium, e *Staphylococcus*, e as bactérias láticas *Latilactobacillus fuchuensis* (antes *Lactobacillus fuchuensis*), *Lactococcus piscium*, *Leuconostoc gelidum* e *Carnobacterium alterfunditum*. As aminas biogênicas são comuns em animais e plantas, sendo importantes para a viabilidade celular, como a síntese proteica, síntese de hormônios e replicação do DNA. Quando estão em excesso nos alimentos, podem ser tóxicas. Entre elas, a histamina e a tiramina são consideradas as mais tóxicas. Níveis altos de histamina são encontrados com maior frequência em pescados das famílias *Scombridae* e *Scombresocidae*, como cavalinha, atum e bonito. A reação à histamina, denominada intoxicação histamínica ou escombrídea, pode manifestar-se poucas horas após a ingestão do alimento ou após alguns dias. Os sintomas mais comuns são formigamento na língua, irritação da pele, vômito, diarreia, sensação de queimadura, dor de cabeça e tontura, náuseas, queda na pressão arterial, vasodilatação, palpitações, sangramento intracraniano e dificuldade para respirar, podendo levar à morte. A tiramina causa a intoxicação conhecida como "efeito queijo" ou "reação ao queijo", uma vez que está associada principalmente à ingestão desse alimento, que é rico em tiramina. Os sintomas normalmente aparecem 1 a 2 h após a ingestão do produto e compreendem enxaqueca, problemas gastrointestinais, taquicardia, aumento da pressão arterial. Putrescina e cadaverina são aminas biogênicas sem efeitos tóxicos, mas que podem potencializar os efeitos da histamina e tiramina. Em pescados, a demora para a refrigeração ou a refrigeração em temperatura incorreta propiciam a multiplicação dos microrganismos produtores dessas aminas. Por isso, a determinação do teor de aminas biogênicas em pescados é utilizada como parâmetro indicador de seu frescor e qualidade microbiológica.

- ***Produção de H_2S, mercaptanas e sulfetos:*** essas substâncias são produzidas a partir de aminoácidos que contém enxofre em sua molécula, como cisteína e metionina, e são conhecidas devido ao odor nauseante que conferem a produtos proteicos deteriorados. Entre as bactérias produtoras desses compostos destacam *Desulfotomaculum nigrificans*, importante deteriorante de alimentos envasados ou enlatados, devido à produção de H_2S a partir da cisteína, e *Shewanella putrefaciens*, que se multiplica tanto em aerobiose como em anaerobiose, metaboliza aminoácidos, principalmente cisteína, produzindo metilsulfetos e H_2S, que altera a cor de carnes embaladas a vácuo pela reação do H_2S com o pigmento da carne (mioglobina), formando metamioglobina, de cor esverdeada. *Enterobacter*, *Proteus* e outros membros da família *Enterobacteriaceae* também produzem H_2S e podem causar o esverdeamento da carne. Clostrídios psicrotróficos, como *C. estertheticum*, *C. gasigenes* e outros, também causam proteólise em carnes embaladas a vácuo, causando alterações de textura, acúmulo de líquido na embalagem, odor ofensivo, principalmente devido à produção de H_2S, e esverdeamento da carne devido à formação de metamioglobina.
- ***Decomposição do aminoácido***: há produção de substâncias características, como o indol, a partir do triptofano pela ação da triptofanase. O indol é usado como índice químico de qualidade do pescado.

Outras substâncias nitrogenadas não proteicas, como amidas, imidas, aminas, purinas e pirimidinas também podem ser utilizadas pelos microrganismos, levando à produção de ureia e outros compostos de odor desagradável.

Entre as substâncias nitrogenadas não proteicas, o óxido de trimetilamina (TMAO), presente em muito alimentos, principalmente pescados, se destaca, porque a metabolização microbiana deste composto leva à formação de trimetilamina (TMA) que confere aroma característico e pronunciado ao produto. A mensuração do nível de TMA é usada para avaliação da qualidade em pescados.

Lipídeos

Os principais lipídeos em alimentos são triglicerídeos (ésteres de glicerol e ácidos graxos) que se deterioram por reações de hidrólise ou de oxidação (rancificação), raramente envolvendo a ação de microrganismos. A metabolização de óleos e gorduras pelos microrganismos depende da produção de enzimas extracelulares, como hidrolases e lipases, produzidas por poucos gêneros bacterianos (*Pseudomonas*, *Staphylococcus*), algumas espécies de *Penicillium* (*P. roqueforti*), *Rhizopus* e *Thamnidium* e algumas leveduras (*Candida lipolytica* e *C. fresenii*).

Quando a rancificação ocorre, os ácidos graxos de cadeia curta das moléculas de triglicerídeos são liberados, causando alterações de odor e sabor. Pode haver também produção de compostos carbonílicos (misturas de cetonas e aldeídos), que conferem sabor e aroma desejáveis em certos tipos de alimentos lipídicos, como queijos.

Normalmente, lipases são só produzidas por microrganismos quando não há mais carboidrato disponível para ser utilizado. Nesse ponto, porém, os aminoácidos também já estão sendo metabolizados, mascarando os efeitos da deterioração do alimento pela ação das lipases microbianas.

Outras reações de deterioração

Alterações na viscosidade

Assim como alguns microrganismos são capazes de hidrolisar polissacarídeos, existem aqueles que realizam o processo inverso, isto é, polimerizam mono e dissacarídeos sintetizando polissacarídeos. Alguns microrganismos transformam sacarose e maltose em amiloses e dextranas, responsáveis pelo limo superficial em alimentos sólidos ou por alterações na viscosidade dos alimentos líquidos. Alguns exemplos são *Enterobacter aerogenes* (atual *Klebsiella aerogenes*), *Alcaligenes*, *L. mesenteroides*, *B. subtilis* e *E. coli*, que modificam a viscosidade de leite e sucos, *e Pseudomonas*, responsável pela limosidade superficial em carnes frescas refrigeradas.

Alterações na coloração

Diversos gêneros bacterianos são produtores de pigmentos e podem causar alterações de coloração nos alimentos. Esses pigmentos podem ser hidrossolúveis ou lipossolúveis. Ao contrário dos pigmentos lipossolúveis, os hidrossolúveis difundem-se pela água livre do alimento modificando a coloração não apenas no local onde ocorreu a multiplicação microbiana, mas também em outros pontos.

Entre as bactérias produtoras de pigmentos, as mais importantes são *Pseudomonas*, produtoras de pigmentos fluorescentes, de coloração amarelo-esverdeada quando observados sob luz UV em comprimento de onda inferior a 260 nm, e de pigmentos não fluorescentes, de coloração azul (piocianina) e verde (pioverdina). *Serratia*, da família *Yersiniaceae*, produz pigmentos insolúveis em água, de coloração que varia do róseo ao vermelho. Outros microrganismos produtores de pigmentos relevantes em alimentos são os halófilos *Halococcus* e *Halobacterium*, que produzem bactorubeína, de cor entre róseo e vermelho, responsável pelo "vermelhão", uma deterioração característica de produtos cárneos e de pescados, desidratados e salgados.

Alterações devidas ao crescimento de bolores e leveduras

Além das alterações químicas que os bolores e as leveduras podem causar nos alimentos, algumas já mencionadas, os bolores formam micélios visíveis nos alimentos. O micélio é uma massa formada pelas hifas dos bolores, que pode ser seca, pulverulenta, úmida, gelatinosa, compacta, com aparência cotonosa e apresentar diferentes colorações, desde incolor até tonalidades de vermelho, amarelo, castanho, verde, azul, cinza ou preto.

A presença de micélios de bolores em alimentos torna-os inaceitáveis para consumo, e se for o caso, como matérias-primas na produção de outros alimentos. Sua presença em alimentos processados é razão para a rejeição do produto, uma vez que indica utilização de matéria-prima de má qualidade ou falhas higiênicas durante o processamento.

Os alimentos salgados e parcialmente desidratados podem ser deteriorados por espécies halófilas de bolores, como é o caso da alteração denominada *dun* em bacalhau salgado, causada por *Sporendonema epizoum*. Essa alteração é caracterizada principalmente por pequenos tufos ou pontos de cor preta ou castanho na superfície do produto.

Quanto a leveduras, as oxidativas, também conhecidas como *film yeasts*, apresentam-se rugosas e brancas, crescendo na superfície de alimentos ácidos, como picles e sucos envasados em jarras de vidro, e também na superfície de dornas ou tanques de fermentação. Podem ser citadas espécies dos gêneros *Pichia, Hansenula, Debaryomyces, Candida* e *Trichosporon*. Além de formar filmes na superfície, as leveduras utilizam os ácidos orgânicos e álcoois, elevando o pH do produto, possibilitando a multiplicação de microrganismos pouco resistentes a ácidos, como é o caso de *C. botulinum* em picles e outros alimentos ácidos.

Leitura sugerida

Adeolu M, Alnajar S, Naushad S, Gupta RS. Genome-based phylogeny and taxonomy of the '*Enterobacteriales*': proposal for *Enterobacterales* ord. nov. divided into the families *Enterobacteriaceae, Erwiniaceae* fam. nov., *Pectobacteriaceae* fam. nov., *Yersiniaceae* fam. nov., *Hafniaceae* fam. nov., *Morganellaceae* fam. nov., and *Budviciaceae* fam. nov. International Journal of Systematic and Evolutionary Microbiology, 2016; 5575–5599. https://doi.org/ 10.1099/ijsem.0.001485

Gänzle M. Fermented foods. In: Doyle MP, Diez-Gonzalez F, Hill C. Food microbiology: Fundamentals and frontiers. 5th ed. Washington, DC: ASM Press, 2019. p. 855-900. https://doi.org/10.1128/9781555819972.ch33

Jay JM, Loessner MJ, Golden DA. Modem food microbiology. 7th ed. New York: Springer, 790p. 2005.

Ray B, Bhunia A. Fundamental food microbiology. 5th ed. Boca Raton: CRC, 2014. 577p.

Wójcik W, Łukasiewicz M, Puppel K. Biogenic amines: formation, action and toxicity – a review. Journal of the Science of Food and Agriculture. 2021;101:2634–2640. https://doi.org/ 10.1002/jsfa.10928

Controle dos microrganismos nos alimentos

7

Maria Crystina Igarashi
Jorge Andrey Wilhelms Gut
Bernadette Dora Gombossy de Melo Franco
Mariza Landgraf

Apesar de em algumas situações a presença de microrganismos ser desejável nos alimentos, como é o caso daqueles obtidos por processos biotecnológicos, o ideal é que microrganismos deteriorantes e patogênicos não tenham acesso aos alimentos. Uma vez que tal fato é praticamente impossível, são necessárias medidas de controle, como a adoção das boas práticas agrícolas (BPA/GAP) no campo e das boas práticas de fabricação (BPF/GMP), englobando as boas práticas de higiene. Essas boas práticas devem ser complementadas com outras medidas para garantir a vida de prateleira e a segurança dos alimentos, como:

- Destruição dos microrganismos presentes ou prevenção ou retardamento da multiplicação e da atividade metabólica, empregando diferentes métodos físicos, químicos e biológicos de controle, isoladamente ou em combinação.
- Prevenção ou retardamento da autodecomposição do alimento, obtidos por meio da destruição ou inativação de enzimas alimentares ou retardamento de reações químicas.
- Prevenção de lesões causadas por insetos e outros animais, lesões mecânicas etc.

Os seguintes métodos de controle de microrganismos nos alimentos são abordados neste capítulo:

- Controle por remoção mecânica.
- Controle pela modificação da atmosfera que envolve o alimento.
- Controle pelo uso de calor.
- Controle pelo uso de frio.
- Controle pela desidratação.
- Controle pelo uso de radiações ionizantes.
- Controle pelo uso de outras tecnologias.
- Controle pelo uso de conservadores químicos.
- Controle por métodos biológicos.
- Controle pelo uso combinado de dois ou mais métodos.

É importante ressaltar que qualquer um desses métodos de controle é mais efetivo quando a população inicial de microrganismos é baixa e quando os microrganismos a serem controlados estão na fase logarítmica de multiplicação.

Controle dos microrganismos por remoção mecânica

Os microrganismos presentes em certos tipos de alimento ou em matérias-primas a serem utilizadas para produção de alimentos podem ser eliminados por remoção mecânica, empregando-se métodos físicos simples como lavagem, centrifugação ou filtração.

Lavagem

No preparo de carcaças de animais, frutas e muitos outros vegetais para processamento, congelamento ou consumo *in natura*, deve ser utilizada uma etapa de lavagem com água para a remoção de microrganismos, poeira e resíduos de pesticidas. A água utilizada para essa finalidade deve ser limpa, potável e conter cloro ativo em quantidade correta, que depende do tipo de alimento. A lavagem deve ser feita de forma cuidadosa, para trazer os efeitos benéficos esperados. Por exemplo, o polimento de superfícies de frutas com escovas pode provocar lesões invisíveis na casca, resultando em deterioração mais rápida. O mesmo problema pode ocorrer na lavagem de ovos quando realizada de maneira inadequada.

Centrifugação

A centrifugação pode ser utilizada para separar microrganismos, como ocorre na produção de cerveja, onde é usada como uma etapa de clarificação para separar as leveduras e partículas indesejáveis após a fermentação. Na industrialização de leite, a centrifugação é mais um processo de desnate, separando o creme de leite, que é mais leve, e padronizando a quantidade de gordura no leite processado. A centrifugação em alta velocidade é capaz de remover a maioria dos esporos de uma suspensão.

Filtração

Entre os métodos de remoção, este é o único que remove totalmente os microrganismos, tendo, porém, seu uso limitado a produtos líquidos, como suco de frutas, cerveja, refrigerante, água e vinho. O líquido é filtrado sob pressão positiva ou negativa através de um filtro previamente esterilizado, que pode ser de terra diatomácea, celulose ou outros materiais semelhantes.

Controle dos microrganismos pela modificação da atmosfera que envolve o alimento

Um dos fatores que atuam sobre a multiplicação microbiana em um alimento é a concentração de oxigênio na atmosfera que envolve este alimento, e modificações na composição química desse ambiente (atmosfera controlada) influenciam os tipos e quantidades de microrganismos possivelmente presentes. O armazenamento em atmosfera controlada, com conteúdo de O_2 reduzido para 2% a 5% e de CO_2 aumentado para 8% a 10%, é muito utilizado em vegetais crus, geralmente em combinação com refrigeração, pois além da inibição de certos microrganismos, há diminuição da respiração do vegetal, aumentando sua vida-de-prateleira.

A tecnologia de uso de embalagem em atmosfera modificada é semelhante ao armazenamento em atmosfera controlada. Os alimentos embalados a vácuo ou aqueles cujo ar do espaço livre tenha sido substituído por CO_2 ou N_2 apresentam condições anaeróbias, que inibem os microrganismos aeróbios. No caso de embalagem a vácuo, altera-se a pressão do ar, não a sua composição.

O uso de filmes de embalagem com baixa permeabilidade ao O_2 para hortaliças, legumes e frutas a vácuo faz aumentar a concentração de CO_2 no interior da embalagem, uma vez que durante a respiração o O_2 é consumido e o CO_2 é produzido. A atmosfera resultante é inibitória para diversos microrganismos, aumentando a vida de prateleira destes produtos.

No entanto, deve-se ter cautela ao usar embalagens de alimentos com atmosfera modificada, pois *Clostridium botulinum* e *Listeria monocytogenes*, podem, por exemplo, multiplicar-se na ausência de O_2, comprometendo a segurança. Em consequência, alimentos embalados a vácuo, inclusive os pasteurizados, devem ser mantidos em refrigeração e podem necessitar de barreiras secundárias para inibir a multiplicação microbiana.

Controle dos microrganismos pelo uso de calor

O emprego de altas temperaturas para conservação de alimentos está fundamentado nos efeitos deletérios que o calor tem sobre as bactérias, bolores, leveduras e vírus, inclusive sobre os esporos bacterianos. Temperaturas elevadas causam a denaturação de proteínas e a inativação de enzimas necessárias ao metabolismo microbiano.

As principais categorias de tratamento térmico aplicado a alimentos são a pasteurização e a esterilização. A categoria a ser utilizada depende dos tipos de microrganismos possivelmente presentes, a forma em que os microrganismos se encontram (células vegetativas ou esporos), a composição do alimento e a forma de conservação pós-tratamento.

A *pasteurização* é empregada com duas finalidades: inativação dos microrganismos patogênicos para tornar os alimentos seguros para consumo e/ou para redução do número de microrganismos deteriorantes para prolongar a vida útil dos alimentos. Além disso, a inativação de enzimas pelo calor também prolonga a vida útil do alimento. A pasteurização é aplicada em alimentos ácidos ou muito ácidos ($pH < 4{,}5$) que serão conservados em refrigeração ou congelados, e ainda naqueles que serão submetidos à concentração e desidratação. Nestas condições, a multiplicação dos microrganismos que resistiram à pasteurização é bastante desfavorecida. Os alimentos mais comumente submetidos à pasteurização são leite cru, produtos lácteos, sucos, néctares, refrescos, ovos líquidos, cervejas, entre outros.

A pasteurização é realizada empregando-se diferentes combinações de temperatura/tempo. As mais comuns são a pasteurização lenta, também chamada LTLT, do inglês *low temperature, long time,* feita a 63 °C por 30 minutos, e a pasteurização rápida, também chamada HTST, do inglês *high temperature, short time,* feita a 72 °C por 15 segundos. No caso de leite cru, os dois tratamentos são suficientes para destruir os microrganismos patogênicos não formadores de esporos, inclusive os de maior resistência térmica como *Mycobacterium tuberculosis* e *Coxiella burnetti*, além das leveduras, bolores, bactérias Gram-negativas e muitas Gram-positivas. Os microrganismos sobreviventes à pasteurização são denominados termodúricos.

A *esterilização,* por sua vez, leva à destruição de todos os microrganismos viáveis que possam ser enumerados por alguma técnica apropriada de semeadura. Em alimentos emprega-se o termo "esterilização comercial" para indicar que nenhum microrganismo se desenvolverá no produto nas condições normais de armazenamento. Estes produtos devem ser estáveis quando mantidos em temperatura ambiente.

A esterilização é realizada a 140–150 °C por poucos segundos. Esse processo denomina-se UHT, do inglês *ultra high temperature*, sendo o produto resultante distinto do pasteurizado. O processo UHT é contínuo, necessitando de condições assépticas durante todo o processamento. Os alimentos UHT podem ser armazenados sem refrigeração por longos períodos, sem alterações de sabor e cor, como é o caso do leite UHT (leite tipo longa vida). Além de leite, o processo UHT é empregado para produtos lácteos, sopas, molhos, sobremesas, alimentos para bebês, alguns tipos de sucos, e outros alimentos de baixa acidez.

Fatores que afetam a termorresistência dos microrganismos

Existem diversos fatores que afetam a resistência térmica dos microrganismos. São eles:

- Água: a resistência térmica dos microrganismos aumenta com a diminuição da umidade do meio em que se encontram. Esse fato está relacionado com a desnaturação proteica que ocorre mais rapidamente em ambiente hidratado do que desidratado. A maneira precisa pela qual a água facilita a desnaturação térmica de proteínas não está totalmente esclarecida, mas sabe-se que o aquecimento na presença de água origina grupos SH livres, com consequente aumento da capacidade de as proteínas se ligarem às moléculas de água.
- Composição química do alimento: de modo geral, quanto maior a concentração de proteínas, lipídeos e carboidratos em um alimento, maior é a proteção aos microrganismos. Alguns sais diminuem a Aa e aumentam a termorresistência dos microrganismos, enquanto outros (p. ex., Ca^{2+}, Mg^{2+}) aumentam a Aa e aumentam sua sensibilidade ao calor. Os microrganismos são mais sensíveis ao calor na presença de substâncias inibitórias e antibióticos termorresistentes.
- pH: microrganismos são mais termorresistentes em substratos com pH ideal para a sua multiplicação, que geralmente é ao redor de 7,0. Em pH ácido, a sensibilidade ao calor depende do ácido: é maior na presença dos ácidos acético, propiônico ou lático quando comparada aos ácidos fosfórico ou cítrico. No tratamento térmico de alimentos ácidos e muito ácidos, essa característica é bastante importante uma vez que a quantidade de calor necessária para se atingir a esterilização é muito menor quando comparada aos alimentos com pH próximo à neutralidade.
- Resistência térmica inerente do microrganismo: com exceção das bactérias termodúricas e termófilas, que necessitam de aquecimento a 75 °C-80 °C para serem destruídas, a maioria das bactérias, bolores, leveduras e vírus é eliminada a 60 °C-65 °C por 10 minutos. A maioria dos esporos de bolores e leveduras é eliminada a 65 °C-70 °C em alguns minutos, porém, alguns sobrevivem por 4-5 horas a 90 °C. Os esporos bacterianos, por outro lado, apresentam resistência térmica bastante variada, com alguns sendo destruídos a 100 °C por 30 minutos e outros precisando de mais tempo.
- População de microrganismos: quanto maior o tamanho da população microbiana em um alimento, maior a quantidade de calor necessária para destruí-los, visto que a taxa de destruição térmica segue uma cinética de primeira ordem. O mecanismo

que tenta explicar essa proteção está relacionado com a produção de substâncias protetoras de natureza proteica excretadas pelas células.

- Fase de crescimento: os microrganismos tendem a ser mais termorresistentes na fase estacionária do que na fase logarítmica. A termorresistência também é maior no início da fase logarítmica, mas diminui conforme essa fase vai progredindo. A exposição a temperaturas pouco acima da ideal para multiplicação pode induzir aumento da termorresistência microbiana, através da ativação de genes responsáveis pela produção de novas proteínas, denominadas proteínas de choque térmico.
- Binômio tempo-temperatura: em condições normais, o tempo necessário para a destruição de células vegetativas diminui com o aumento da temperatura, o mesmo valendo para os esporos bacterianos (Tabela 7.1).

Destruição térmica de microrganismos

Na avaliação da destruição térmica dos microrganismos, é importante considerar a resistência térmica dos esporos, sabidamente termorresistentes. A estrutura típica de um esporo bacteriano é apresentada na Figura 7.1.

A região central do esporo, chamada protoplasto (C na Figura 7.1), tem baixo conteúdo de água, apresentando propriedades semelhantes a um gel. O protoplasto é rico em Ca^{2+} e ácido dipicolínico, que formam o complexo dipicolinato de cálcio, e contém enzimas extracelulares, DNA, RNA e outros minerais (P, K, Mg, Mn). O elevado teor de ácido dipicolínico é o responsável pela resistência dos esporos ao calor. O córtex (Cx na Figura 7.1) é a camada que envolve o protoplasto, sendo composta por peptidoglicanos

Tabela 7.1. Efeito da temperatura sobre o tempo de destruição térmica de esporos de *C. botulinum* (6×10^{10} esporos suspensos em solução-tampão pH 7,0)

Temperatura (°C)	*Tempo (min)*
100	260
105	120
110	36
115	12
120	5

Fonte: Adaptada de Jay (2005).

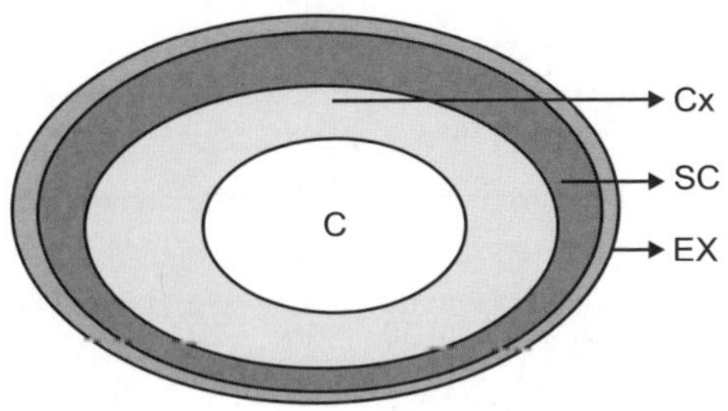

Figura 7.1. Apresentação esquemática da estrutura de um esporo bacteriano. Adaptada de <microbewiki.kenion.edu>.

ou mucopeptídeos, que são similares, mas não idênticos aos das células vegetativas. As capas (SC na Figura 7.1) envolvem o córtex e são constituídas, principalmente, por proteínas, tendo teores menores de carboidratos e lipídeos. Essas capas são importantes na resistência dos esporos a certos agentes antibacterianos, como por exemplo, a lisozima. Há ainda uma camada mais externa, denominada exósporo (EX na Figura 7.1), cuja espessura varia entre as espécies.

Conceitos básicos

Alguns conceitos básicos relacionados com a tecnologia de alimentos são necessários para que se entenda um processamento térmico:

- Tempo de destruição térmica (TDT): é o tempo necessário para destruir certo número de microrganismos a uma determinada temperatura.
- Valor "D" (ou "razão letal"): corresponde ao tempo em minutos a uma determinada temperatura, necessário para reduzir em 90% o número de células viáveis ou esporos. Este valor é numericamente igual ao número de minutos necessário para reduzir a contagem em um ciclo logarítmico. Matematicamente, é igual à recíproca da inclinação da curva de sobreviventes (Figura 7.2).
- Valor "z": corresponde à variação de temperatura necessária para que a curva da destruição térmica atravesse um ciclo logarítmico, ou seja, para que o valor "D" aumente ou diminua 10 vezes. Matematicamente, esse valor é igual ao recíproco da inclinação da curva da destruição térmica decimal (Figura 7.3). Enquanto o valor "D" representa a resistência de um microrganismo a uma determinada temperatura, o valor "z" fornece informação sobre a resistência de um microrganismo em outras temperaturas. Conhecendo-se o valor "z", pode-se calcular o tempo de processo térmico equivalente em diferentes temperaturas. Por exemplo, se a 140 °F (60 °C), o tempo de 3,5 minutos corresponde a um processamento térmico adequado e se "z" for igual a 8 °F, pode-se considerar que os processos realizados a 148 °F (64 °C) por 0,35 minuto ou a 132 °F (55 °C) por 35 minutos ou a 140 °F (60 °C) por 3,5 minutos são equivalentes.

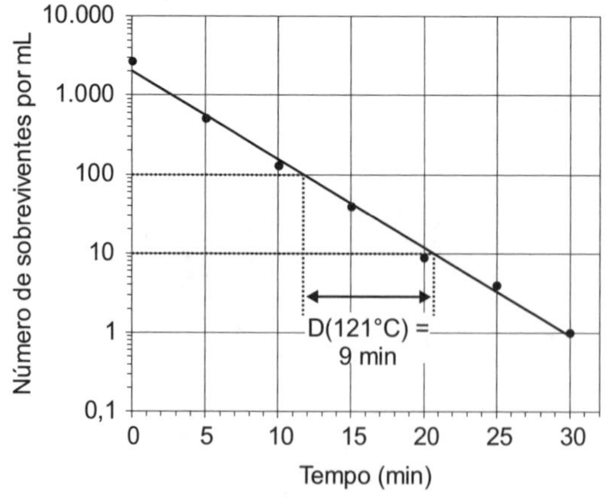

Figura 7.2. Determinação do valor D para uma suspensão de esporos bacterianos aquecida a 121°C. (Fonte: Autores)

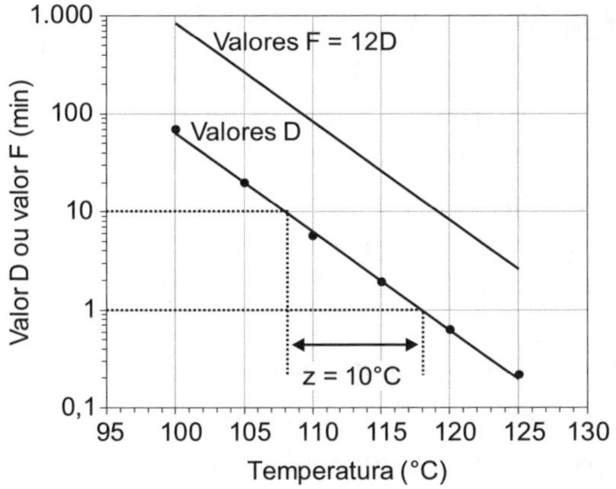

Figura 7.3. Determinação do valor z utilizando-se a curva de resistência térmica (log D vs. T_0) ou a curva de destruição térmica (log F vs. T). (Fonte: Autores)

- Valor "F": é o tempo, em minutos, a uma determinada temperatura, necessário para destruir uma população de esporos ou células vegetativas de certo microrganismo. Na temperatura de referência de 250 °F (121 °C), o valor "F" é representado por "F_0":

$$[F_0 = D_r(\log a - \log b)]$$

a = número de células da população inicial; b = número de células da população final; D_r = valor "D" na temperatura de referência, ou seja, o tempo necessário para destruir 90% dos esporos ou células vegetativas de um microrganismo a 250 °F (121 °C).

- Conceito 12D: este conceito refere-se ao tratamento térmico necessário para reduzir o número de esporos de *C. botulinum* em 12 ciclos logarítmicos, ou seja, reduzir a contagem de esporos de 1/g para 10^{-12}/g. Como os esporos de *C. botulinum* não germinam ou produzem toxina em alimentos com pH inferior a 4,6, o conceito 12D só é aplicado para alimentos envasados com pH superior a esse valor. O exemplo a seguir ilustra esse conceito. Assumindo-se que um alimento contém apenas um esporo de *C. botulinum* por g, F_0 pode ser calculado usando-se a equação geral da curva de sobreviventes, considerando que o valor "D" é 0,21 minuto a 250 °F:

$$F_0 = D_r (\log a - \log b)$$
$$F_0 = 0{,}21 (\log 1 - \log 10^{-12})$$
$$F_0 = 0{,}21 \times 12 = 2{,}52 \text{ min}$$

Esse resultado indica que um processamento a 250 °F (121 °C) por 2,52 minutos reduzirá em 12 ciclos logarítmicos o número de esporos de *C. botulinum* por g do produto processado ou, ainda, que haverá esporo de *C. botulinum* em 1 entre 1 trilhão (10^{12}) de gramas desse produto. Ao se considerar que o valor D para algumas bactérias deteriorantes formadoras de esporos é mais alto que o valor D para *C. botulinum*, um tratamento térmico para destruição destes deteriorantes em um alimento assegura a destruição dos esporos de *C. botulinum*.

Controle dos microrganismos pelo uso de frio

O parâmetro *temperatura* é um dos fatores extrínsecos mais importantes na atividade bioquímica dos microrganismos. O objetivo de se conservar o alimento em baixas temperaturas é prevenir ou reduzir a multiplicação dos microrganismos. Quanto menor é a temperatura, menor será a velocidade das reações bioquímicas ou a atividade microbiana, e a germinação de esporos também será reduzida. Os alimentos perecíveis são os de maior interesse quando se considera o armazenamento em baixas temperaturas.

Para o bom entendimento do emprego de baixas temperaturas no controle microbiano em alimentos, alguns termos precisam estar claramente definidos.

- Microrganismos psicrófilos são aqueles cuja temperatura de multiplicação encontra-se na faixa de 0 °C a 20 °C, com ótimo entre 10 °C e 15 °C.
- Microrganismos psicrotróficos são aqueles capazes de se multiplicar entre 0 °C e 7 °C, com produção de colônias em meio de cultura sólido ou turvação em meio de cultura líquido, entre 7 e 10 dias. Alguns psicrotróficos, no entanto, multiplicam-se em temperaturas de até 43 °C, sendo, na verdade, mesófilos. Alguns autores sugerem observar a multiplicação a 43 °C em 24 horas, em meio de cultura não seletivo, como teste para distinguir os microrganismos psicrotróficos dos não psicrotróficos, uma vez que os primeiros não devem se multiplicar nessas condições.
- Temperaturas de refrigeração são aquelas entre 0 °C a 10 °C.
- Temperatura ambiente é difícil de ser definida, pois varia com o local, embora alguns autores considerem estar entre 10 °C e 15 °C.
- Temperaturas de congelamento são iguais ou inferiores a –18 °C.

Refrigeração

Ao se referir à refrigeração, quando as temperaturas são inferiores a 10 °C, os microrganismos de interesse são os psicrotróficos. Alguns microrganismos causadores de doenças de origem alimentar são psicrotróficos e capazes de se multiplicar ou produzir toxinas em temperaturas de refrigeração, como *Yersinia enterocolitica, Listeria monocytogenes e Clostridium botulinum* tipo E.

A refrigeração pode ser empregada em conjunto com outros métodos de conservação de alimentos. O uso de embalagens com atmosfera modificada (menos O_2 e mais CO_2) ou vácuo retarda a deterioração microbiana, uma vez que os psicrotróficos são, principalmente, aeróbios. Processos de salga, cura, defumação ou conservadores químicos, assim como o tratamento térmico brando, podem inibir a atividade ou reduzir o número de microrganismos viáveis no alimento refrigerado. O resfriamento rápido, ou choque frio, sem o congelamento, age causando lesão nos microrganismos por afetar a permeabilidade da membrana celular, causando o extravasamento de aminoácidos e nucleotídeos essenciais para seu metabolismo.

Alimentos líquidos podem ser resfriados por passagem em trocadores de calor, enquanto sólidos podem ser resfriados pela passagem de ar frio. Frutas e hortaliças são mantidas em câmaras de refrigeração providas de controles de temperatura. Idealmente, os alimentos devem ser refrigerados em porções pequenas para que atinjam a temperatura de refrigeração o mais rápido possível.

Congelamento

Os microrganismos são afetados de formas diferentes pelo congelamento. Alguns são destruídos durante o processo, enquanto outros sobrevivem, mas ficam lesionados a tal ponto que são gradativamente eliminados durante o armazenamento do produto congelado. Microrganismos Gram-positivos são mais resistentes ao congelamento do que os Gram-negativos; os esporos bacterianos são mais resistentes do que as células vegetativas. É importante lembrar que a faixa de temperatura entre –2 °C e –10 °C é mais letal para os microrganismos do que temperaturas entre –15 °C ou –30 °C. Além do efeito sobre os microrganismos, o congelamento é um dos melhores métodos para se manter a cor, o aroma e a aparência de muitos alimentos.

Os efeitos do congelamento sobre os microrganismos são vários. O congelamento da água pura à pressão atmosférica ocorre a 0 °C, mas como um alimento tem muitos solutos, a água livre pode começar a congelar e formar cristais de gelo apenas a –2 °C. Conforme a temperatura diminui, a pressão de vapor da água e do gelo reduz-se também, e abaixo de –10 °C a Aa fica inferior à necessária para a multiplicação da maioria das bactérias de interesse em alimentos. Quando a temperatura atinge –20 °C, quase toda a água livre do alimento e no interior das células microbianas está congelada. Quando a velocidade do congelamento é lenta, à medida que a água no alimento vai congelando, as moléculas de água do interior das células microbianas migram para fora, causando sua desidratação. Em consequência, a concentração de solutos e de íons intracelulares aumenta e ocorre redução do pH celular e denaturação de macromoléculas. Por outro lado, quando o congelamento é rápido, formam-se cristais de gelo pequenos no citoplasma e as células mantêm seu tamanho normal. O número de sobreviventes no congelamento lento é maior do que no congelamento rápido porque pode haver adaptação do microrganismo ao ambiente.

As operações de congelamento e descongelamento podem provocar lesão subletal ou letal nos microrganismos, em consequência de danos nos componentes da membrana celular e da parede, rompimento das fitas de DNA, degradação do RNA ribossômico, entre outros. Quando a lesão é subletal, os microrganismos podem ser capazes de reverter esses danos, o que não acontece quando a lesão é letal.

Os sistemas comerciais de congelamento de alimentos são baseados em congeladores de placas (simples, ou duplos com pressão), correntes de ar frio (salas, ambientes fechados, túneis), imersão em líquido congelante e pulverização com líquido congelante (CO_2, N_2, ou soluções de NaCl ou $CaCl_2$). O sistema a ser selecionado depende do tipo de alimento, velocidade de congelamento desejada e fatores econômicos. Embora relativamente lento, o congelamento em túnel com correntes de ar frio pode ser utilizado para a maioria dos alimentos. Considerando que os líquidos são melhores condutores de calor do que o ar, obtém-se um congelamento mais rápido através da imersão em líquido congelante do que utilizando correntes de ar frio. Os fluidos empregados em sistemas de congelamento de alimentos por imersão são à base de soluções de NaCl ou $CaCl_2$. Para o congelamento muito rápido (congelamento criogênico) é realizada a imersão ou pulverização com CO_2 ou N_2 líquidos. Alguns alimentos congelados, embalados inadequadamente, podem sofrer o fenômeno conhecido como queimadura pelo frio ou *freezer burn*, caracterizada por mudanças na coloração e textura. Esse fenômeno é irreversível e atinge algumas frutas, frangos, carnes e peixes, tanto crus como cozidos.

Quanto mais baixa for a temperatura de congelamento, maior será a vida útil do produto. A vida de prateleira de um alimento congelado depende dos tratamentos a que é submetido antes do congelamento, tipo de embalagem e flutuações na temperatura de armazenamento. Um branqueamento antes do congelamento, por exemplo, inativa enzimas que não são afetadas pelo congelamento, mas que podem deteriorar o alimento. O material de embalagem também é importante. Ao prevenir a difusão do O_2 para o interior da embalagem, a rancidez ou oxidação poderá ser protelada. Em certos alimentos, as alterações devidas à oxidação podem ser evitadas pela adição de ascorbato ou outros antioxidantes, aumentando assim a vida de prateleira. A embalagem deve ser adequada para impedir a perda de umidade do alimento congelado por evaporação/sublimação.

O descongelamento, tanto deliberado como acidental, sempre deve ser visto com cuidado. O acidental pode ocorrer durante o armazenamento, transporte, distribuição e comercialização. Apesar de os microrganismos não se multiplicarem em alimentos congelados e até mesmo serem destruídos durante o armazenamento congelado, os sobreviventes são capazes de se multiplicar no alimento descongelado. Os esporos podem, inclusive, germinar e, dependendo da temperatura e do tempo após o descongelamento, a célula vegetativa multiplicar. Enzimas liberadas pelas células microbianas mortas podem diminuir a qualidade do alimento.

O tempo máximo de armazenamento de um alimento congelado não depende de suas características microbiológicas, mas de outros fatores como textura, aroma, maciez, cor e qualidade nutricional total após descongelamento e preparo para consumo.

O congelamento como método de conservação de alimentos, quando feito de forma adequada, tem várias vantagens quando comparado a outros métodos: não adiciona nem remove compostos presentes no alimento, não modifica o sabor ou aroma do alimento e não afeta a digestibilidade nem causa perda significativa do seu valor nutricional. Apresenta, também, algumas desvantagens, como não destruir totalmente a população microbiana nem inativar as toxinas microbianas e causar rápida desidratação do alimento não embalado de forma correta, afetando o aroma e a aparência geral.

Controle dos microrganismos pela desidratação

O controle microbiano por meio da desidratação talvez seja o método mais antigo de conservação de alimentos. A secagem de frutas ao sol é um processo muito bem conhecido desde a antiguidade, quando o homem observou que as sementes secas podiam ser armazenadas de uma estação do ano para outra. O método se baseia no fato de que tanto os microrganismos como as enzimas precisam de água para sua atividade. Portanto, para se conservar um alimento por esse método diminui-se o conteúdo de água até o ponto em que ocorra a inibição dos microrganismos deteriorantes e dos patogênicos veiculados por alimentos.

Alimentos secos, desidratados ou com baixa umidade são denominados LMF *(Low Moisture Foods)*, em que o teor de umidade fica abaixo de 25% e a Aa é inferior a 0,60. Nesta categoria estão incluídos os alimentos secos tradicionais e os alimentos liofilizados. Os alimentos que apresentam Aa entre 0,60 e 0,85 são denominados alimentos com umidade intermediária ou IMF *(Intermediate Moisture Foods)*.

Apesar de a primeira razão para a desidratação dos alimentos ser a inibição da multiplicação microbiana, outras razões podem ser enumeradas, como a prevenção de alterações químicas ou físicas no alimento que são induzidas ou auxiliadas pelo excesso de umidade; redução dos custos de embalagem, armazenamento e transporte; preparação para processos nos quais somente produtos desidratados podem ser utilizados; remoção da umidade adicionada em operações de processamento e para o reaproveitamento de produtos.

Os alimentos ou matérias-primas que serão desidratados devem ser de boa qualidade, pois a desidratação não modifica sua qualidade microbiológica. Durante o processo não são atingidas condições letais de temperatura e umidade, mas a multiplicação dos microrganismos diminui gradualmente durante o armazenamento de um produto desidratado.

Antes da desidratação podem ser necessárias operações de lavagem, limpeza, retirada de casca, pele e corte, entre outras, dependendo do tipo de alimento a ser desidratado. Por exemplo, carnes e batatas necessitam de cocção antes da desidratação, enquanto vegetais podem necessitar de um branqueamento ou imersão em água quente ou uso de vapor. Além de reduzir a carga microbiana inicial, estas etapas visam inativar as enzimas que possam causar alterações indesejáveis durante o armazenamento do alimento desidratado, fixar a cor verde de certos vegetais, retirar o ar existente nos tecidos das plantas e facilitar a embalagem de produtos folhosos. Em algumas frutas, a imersão em solução alcalina de carbonato de sódio produz finas ranhuras na casca, facilitando, consequentemente, a desidratação. O tratamento com SO_2, realizado para certas frutas, previne o escurecimento durante a desidratação e o armazenamento, e a adição de antioxidantes pode prevenir alterações de oxidação no produto desidratado.

A desidratação pode ser natural ou controlada. A desidratação natural consiste simplesmente na exposição do produto ao sol. Entre os alimentos submetidos a esse método podem ser citados uvas, coco, peixes e carnes. O ambiente deve estar quente e o ar deve ser seco para que não haja desenvolvimento microbiano durante a secagem. A desidratação controlada pode ser obtida através de secagem a vácuo, muito utilizada para sucos, em que o produto é colocado em uma câmara onde se produz vácuo ou pressões abaixo da atmosférica; ou de secagem em túneis, onde o ar quente é ventilado paralelamente ou em movimento contrário ao dos alimentos, geralmente vegetais dispostos em vagões com bandejas. Alimentos líquidos e semilíquidos podem, ainda, ser submetidos à secagem por atomização, ou *spray drying*, e outros podem ser liofilizados (sublimação da água congelada, sob vácuo). Alguns produtos são desidratados pela combinação de mais de um desses métodos.

A estabilidade e a prevenção da deterioração fúngica de alimentos desidratados depende do controle da umidade relativa (UR) do ambiente de armazenamento. Se a embalagem não tiver uma barreira adequada à umidade e a UR do local de armazenamento for elevada, o produto absorverá umidade da atmosfera até que o equilíbrio seja estabelecido. Mesmo que não ocorra o crescimento fúngico durante o armazenamento, os alimentos desidratados podem sofrer alterações de natureza química, como a rancificação oxidativa e o escurecimento não enzimático ou reação de Maillard, visível em decorrência da alteração na cor. Em alguns vegetais (frutas e hortaliças) mais sensíveis a essa deterioração também se verifica o desenvolvimento de sabor amargo. Outras reações químicas possíveis são alterações na cor, perda de vitamina C nos vegetais e alterações estruturais que impedem a reidratação adequada do produto. Para minimizar esses problemas devem ser tomadas algumas medidas, como manter o conteúdo de umidade tão baixo quanto possível; reduzir o máximo possível o conteúdo de açúcares redutores, uma vez que estão envolvidos na reação de Maillard; quando o branqueamento for necessário, deve-se manter baixo o nível de sólidos solúveis e utilizar dióxido de enxofre (SO_2) antes da desidratação de vegetais, que atua como um aceptor de radicais livres, protegendo a vitamina C e retardando a reação de escurecimento.

Alimentos de umidade intermediária

Os alimentos de umidade intermediária, ou IMF *(intermediate moisture foods)*, têm teor de umidade entre 15% e 50% e Aa entre 0,60 e 0,85, e podem conter conservadores químicos e ser embalados sem oxigênio para auxiliar em sua estabilidade. Os baixos níveis de atividade de água são alcançados através da remoção de água por desorção, adsorção e/ou adição de aditivos, como sais e açúcares. Nos IMF mais modernos empregam-se aditivos umectantes como glicerol, glicóis, sorbitol, sacarose e fungistáticos, como sorbatos e benzoatos, que estabilizam a umidade.

A inibição da atividade microbiana nos IMF é resultado de vários fatores, sendo o principal deles a faixa restrita de Aa desses alimentos (0,60 a 0,85). Outros fatores existentes são o pH, Eh, os conservadores químicos adicionados, a microbiota competidora e o tratamento térmico empregado no processamento. Como consequência, as bactérias são inibidas, esperando-se que haja crescimento de bolores somente, que também serão inibidos se a Aa for reduzida para abaixo de 0,70. Para impedir o desenvolvimento de bolores, vários outros recursos podem ser utilizados, como a redução do pH, a pasteurização e a adição de fungistáticos. A Tabela 7.2 apresenta alguns exemplos de IMF e seus respectivos valores de Aa.

Tabela 7.2. Exemplos de alimentos de umidade intermediária

Alimento	*Faixa de Aa*
Frutas secas	0,60-0,75
Bolos e produtos de confeitaria	0,60-0,90
Alimentos congelados	0,60-0,90
Açúcares, xaropes	0,60-0,75
Alguns doces	0,60-0,65
Alguns cereais	0,65-0,75
Bolo de frutas	0,73-0,83
Mel	0,75
Concentrados de sucos de frutas	0,79-0,84
Geleias	0,80-0,91
Leite condensado	0,83
Alguns embutidos fermentados	0,83-0,87
Alguns queijos maturados	0,96

Fonte: Jay (2005).

As reações químicas que ocorrem em alimentos desidratados também podem ocorrer nos IMF, uma vez que tanto a oxidação lipídica como o escurecimento não enzimático têm seus ótimos nessa faixa de Aa e porcentagem de umidade. Assim, o uso de embalagens com barreira à umidade e o armazenamento em condições adequadas de umidade são importantes formas de controle dos bolores e da estabilidade do alimento como um todo.

Há pouco tempo, os IMF eram considerados alimentos que não ofereciam risco à saúde do consumidor. No entanto, vários surtos de DTA foram causados por IMF, indicando que, mesmo sem se multiplicar, os patógenos podem persistir por longo tempo nestes alimentos e causar doenças. Assim, sete tipos de IMF foram reclassificados como alimentos de risco, na seguinte ordem decrescente: cereais e grãos, produtos proteicos desidratados, condimentos e especiarias desidratadas, nozes e produtos à base de nozes, confeitos e *snacks*, frutas e hortaliças desidratadas e sementes para consumo.

Controle dos microrganismos pelo uso de radiações ionizantes

Embora o emprego de radiação ionizante para a conservação de alimentos tenha sido patenteado nos Estados Unidos em 1929, e tenha o uso aprovado em muitos países, sua aceitação pelos consumidores é, até hoje, um desafio a ser vencido em escala global.

A radiação pode ser definida como sendo a emissão e a propagação da energia (radiação eletromagnética) ou partículas através do espaço ou da matéria. O espectro eletromagnético encontra-se representado na Figura 7.4, com as várias radiações separadas com base em seus comprimentos de onda. De interesse especial são as radiações ionizantes que, no espectro eletromagnético, são aquelas com comprimento de onda de 2.000 Angstrons ou menos, como raios gama (emitidos por ^{60}Co), raios X (emitidos

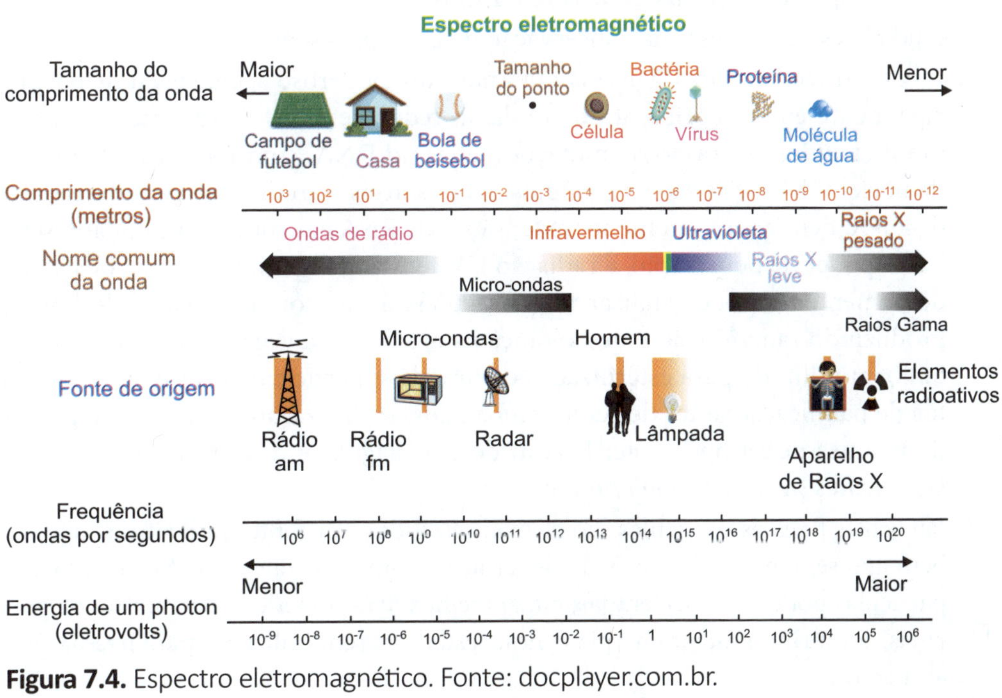

Figura 7.4. Espectro eletromagnético. Fonte: docplayer.com.br.

por tubos com um cátodo e um ânodo) e radiação ultravioleta (emitida por lâmpadas de mercúrio). Outros exemplos de radiação ionizante são a radiação beta, formada por elétrons em movimento, e a radiação alfa, formada por um núcleo de He em movimento. Interessam à conservação de alimentos as radiações com comprimentos de onda mais curtos por serem as mais nocivas aos microrganismos. Como a radiação ionizante destrói microrganismos, sem haver aumento apreciável de temperatura, o processo é denominado "esterilização a frio".

Alguns conceitos devem ser considerados para o entendimento correto do uso de radiação ionizante para a conservação de alimentos:

- Roentgen é a unidade de medida usada para expressar a dose de exposição aos raios X ou radiação γ (gama).
- Curie é a unidade de atividade radioativa e corresponde a $3{,}7 \times 10^{10}$ desintegrações por segundo.
- RAD (*Radiation Absorbed Dose* ou Dose Absorvida de Radiação) é a unidade de dose absorvida equivalente à absorção de 100 erg/g de matéria ou 1 rad (o erg é uma unidade de energia igual a 10^{-7} Joules). Os múltiplos dessa unidade são quilo-rad (krad) = 1.000 rad e mega-rad (Mrad) = 1.000.000 rad.
- Gray (Gy) é a unidade atualmente empregada para dose absorvida, sendo 1 Gy = 100 rad = 1 Joule/kg.
- Valor D_{10} representa a radiossensibilidade de um microrganismo. É a dose necessária para reduzir, em um ciclo logarítmico (1 ciclo log), a população de um determinado microrganismo.

  $$D_{10} = \log N/N_0$$

  onde N é a população de microrganismos sobreviventes após exposição à radiação e N_0 a população inicial de microrganismos presentes.

As radiações de interesse na conservação de alimentos são:

- Raios ultravioleta (luz UV): essa radiação é um poderoso agente bactericida, principalmente em comprimento de onda ao redor de 2.600 Å. Os microrganismos são destruídos em razão de mutações letais no DNA, com formação de dímeros de nucleotídeos, que são os produtos mais estáveis. A radiação UV inibe a síntese de DNA, bem como, em menor extensão, a de RNA e de proteínas. Por apresentar baixo poder de penetração, a radiação UV tem emprego limitado na conservação de alimentos e pode catalisar reações indesejáveis, como oxidação de lipídeos, produzindo rancificação e descoloração superficial de vegetais. A radiação UV é também utilizada para esterilização do ar e da superfície de pães e outros produtos de panificação antes de serem embalados, esterilização da camada superficial de tanques de xaropes, esterilização de embalagens e destruição de esporos de *Geobacillus stearothermophilus* em açúcar.
- Partículas β: essas partículas são elétrons emitidos por fontes radioativas, que também apresentam baixo poder de penetração, como aos raios UV. Entretanto, essas partículas podem ser aceleradas, em aparelhos denominados aceleradores de partículas, adquirindo maior energia e, neste estado, serem utilizadas para irradiação de alimentos.

- Raios X: esses raios são produzidos pelo bombardeamento de alvos de metais pesados com elétrons (raios catódicos) no interior de um tubo com vácuo. Em relação a outros aspectos, são muito similares aos raios γ (raios gama).
- Raios γ: são radiações eletromagnéticas emitidas pelo núcleo excitado de elementos radioativos, sendo o ^{60}Co e o ^{137}Cs os usados na conservação de alimentos. Constituem a forma mais barata para aplicação em alimentos, uma vez que esses elementos são subprodutos da fissão do urânio. Ao contrário dos raios UV e partículas β, apresentam excelente poder de penetração. A meia-vida do ^{60}Co é de 5 anos e a do ^{137}Cs é de aproximadamente 37 anos. Atualmente, o ^{60}Co é o mais utilizado pela facilidade de obtenção.

Antes de um alimento ser submetido à irradiação, alguns cuidados devem ser tomados. Somente alimentos em bom estado de frescor e qualidade devem ser submetidos à irradiação. Os equipamentos devem estar limpos e livres de resíduos. A embalagem deve proteger o alimento irradiado da contaminação pós-processamento, destacando-se que vidros de cor clara podem ter sua cor alterada quando expostos a doses próximas de 10 kGy. As enzimas que poderiam causar a deterioração do alimento devem ser inativadas antes da irradiação porque a doses utilizadas na irradiação não são suficientes, e o branqueamento de vegetais e o tratamento térmico moderado de carnes são os melhores métodos.

A eficiência de uma determinada dose de radiação sobre os microrganismos presentes em um alimento depende dos seguintes fatores:

- Resistência à radiação: a resposta de um microrganismo à radiação ionizante é específica e depende de quantidade, natureza e duração dos radicais químicos formados na célula e da capacidade de o microrganismo tolerar ou reparar os danos causados por esses radicais. Dessa forma, a comparação da radiorresistência de microrganismos só faz sentido se as condições de uso forem exatamente as mesmas. Microrganismos radiossensíveis parecem ser incapazes de superar o efeito deletério causado pela formação de radicais livres e peróxidos provenientes da radiólise da água, como H_2O_2. A radiorresistência varia entre gêneros de uma mesma família e mesmo entre cepas de uma mesma espécie. As bactérias Gram-negativas, tanto as deteriorantes como as patogênicas, são mais sensíveis à radiação ionizante do que as células vegetativas das bactérias Gram-positivas. Os esporos de *Bacillus* e *Clostridium* são mais resistentes do que as células vegetativas. Entre as formas vegetativas, as espécies radiorresistentes são *Deinococcus radiodurans, D. radiophilus, D. proteolyticus, Deinobacter grandis, Acinetobacter radioresistens* e *Rubrobacter radiotolerans.* O mecanismo de resistência dessas bactérias ainda não está esclarecido, mas acredita-se que a presença de envelope celular mais complexo possa ser um fator. Além disso, todos produzem pigmentos e vários carotenoides, o que sugere alguma relação com a alta radiorresistência. Outro fator parece estar relacionado com a presença de um eficiente mecanismo de reparo de seus ácidos nucleicos. As bactérias mais sensíveis à radiação são as pseudomonas e flavobactérias. Em relação aos fungos, as leveduras são mais resistentes do que os bolores, sendo os dois geralmente mais resistentes do que as bactérias Gram-positivas. Com exceção dos endósporos e das espécies extremamente resistentes, a radiorresistência, de modo geral, é semelhante à encontrada na termorresistência bacteriana. Os vírus são mais resistentes do que os esporos bacterianos.

Tabela 7.3. Valores D_{10} para *Salmonella* Enteritidis em ovo líquido, ovo congelado e ovo desidratado, expostos à irradiação

Alimento	*Valor D_{10} (kGy)*
Ovo líquido	0,38-0,41
Ovo congelado	0,54-0,65
Ovo desidratado	0,67-0,76

Fonte: Froehlich (2004).

- Número de microrganismos: quanto maior o número de microrganismos presentes, maior será a dose necessária para sua destruição.
- Composição do alimento: os microrganismos em meio rico em proteínas são mais resistentes do que aqueles em solução-tampão. As proteínas exercem efeito protetor contra as radiações, de maneira análoga ao que ocorre no tratamento térmico.
- Presença ou ausência de oxigênio: a ausência de oxigênio torna os microrganismos mais resistentes à radiação. A adição de substâncias redutoras ao meio, como compostos com radicais sulfidrilas, elevam a radiorresistência pela formação de um ambiente anaeróbio.
- Estado físico do alimento: a desidratação e o congelamento aumentam a radiorresistência dos microrganismos (Tabela 7.3).
- Condição do microrganismo: os microrganismos tendem a ser mais resistentes à radiação quando estão na fase *lag*, imediatamente antes da divisão celular ativa. A medida que progridem na fase logarítmica, a termorresistência diminui, atingindo o máximo de sensibilidade no fim dessa fase.

Efeitos da radiação sobre os alimentos

As doses de radiação necessárias para esterilizar um alimento também podem produzir reações secundárias e causar efeitos indesejáveis como alterações de cor, sabor, odor ou outras propriedades físicas do alimento. Essas alterações podem ser causadas diretamente pela irradiação ou indiretamente por reações pós-irradiação.

Quando irradiada, a água sofre radiólise segundo a reação:

$$3H_2O \rightarrow H^{\bullet} + OH^{\bullet} + H_2O_2 + H_2$$

Os radicais livres formados reagem entre si à medida que ocorre sua difusão no meio. Esses radicais são altamente reativos e podem reagir com outras moléculas presentes. Ao se irradiar em anaerobiose, os sabores e odores desagradáveis são minimizados, devido à falta de oxigênio, para formar peróxidos. A irradiação em temperaturas abaixo da de congelamento também minimiza a produção de sabores desagradáveis porque a radiólise é baixa.

As proteínas e outros compostos nitrogenados parecem ser sensíveis à irradiação ionizante. Entre os compostos formados durante a irradiação podem ser citados o NH_3, H_2, CO_2, H_2S, amidas e carbonilas. Os aminoácidos com anel aromático tendem a ser mais sensíveis do que os outros, sofrendo alterações no anel.

Os lipídeos e gorduras também podem sofrer alterações, com formação de carbonilas e peróxidos, principalmente quando a irradiação e/ou armazenamento ocorrem na presença de oxigênio. O efeito organoléptico é o desenvolvimento de rancidez.

Em carnes, pode ocorrer o aparecimento de odores estranhos devido à produção de compostos voláteis, como carbonilas, compostos contendo S em suas moléculas, hidrocarbonetos etc.

Em relação às vitaminas do grupo B, a irradiação ionizante causa a destruição parcial de tiamina, niacina, piridoxina, biotina e B_{12}, em contraste com as vitaminas riboflavina, ácido pantotênico e ácido fólico, cujo conteúdo aumenta nos alimentos irradiados, provavelmente, devido à liberação dos compostos a elas ligados.

Em vegetais, além do desenvolvimento de odor e sabor desagradáveis, outras alterações ocorrem, sendo uma das principais o amolecimento causado pela degradação da pectina e da celulose, responsáveis pela estrutura das plantas.

Os alimentos submetidos à irradiação podem sofrer deterioração pós-processamento quando suas enzimas não foram anteriormente inativadas por outro processo. Os que foram submetidos a doses não esterilizantes serão deteriorados pela microbiota sobrevivente quando armazenados em temperaturas que favoreçam sua multiplicação.

Controle dos microrganismos pelo uso de outras tecnologias

Os métodos apresentados a seguir são tecnologias novas, com grande potencial, mas ainda não utilizadas tão amplamente como outras descritas nesse capítulo. O aumento de seu uso ainda depende dos avanços em pesquisas científicas, validação por agências federais e aceitação pelo consumidor.

Alta pressão

O processamento por alta pressão (*high pressure processing* – HPP), também conhecido como processamento por alta pressão hidrostática ou ultra-alta pressão, é uma tecnologia não térmica que parece ser a mais promissora entre os novos métodos devido à sua viabilidade econômica e tecnológica como alternativa ao processamento térmico. Essa tecnologia destrói os microrganismos presentes em alimentos pela aplicação de pressão entre 100 e 800 MPa, em temperaturas até no máximo 60 °C. Por ser um processo não térmico, as alterações na qualidade sensorial e nutricional dos alimentos são mínimas.

Essa tecnologia foi relatada pela primeira vez em 1899 por Hite, nos Estados Unidos, que constatou que o leite submetido à pressão de 600 MPa por 1 hora, à temperatura ambiente, permaneceu "doce por um tempo maior", querendo dizer que o leite levava mais tempo para azedar. No entanto, essa tecnologia só começou a receber mais atenção por parte de cientistas e de profissionais da indústria de alimentos nas duas últimas décadas. Atualmente, o uso industrial do HPP já está disseminado, com equipamentos comercializados para esta escala.

Há dois tipos de processos de HPP: isostático, que emprega a alta pressão hidrostática, transmitida rápida e uniformemente por um tempo que varia de acordo com o alimento e o objetivo do processo (p. ex., destruição de microrganismos); e dinâmico (ou contínuo), em que a homogeneização à alta pressão ocorre em milissegundos, com pressões na faixa de 30 a 350 MPa. O processo dinâmico é menos efetivo que o isostático.

As formas vegetativas de microrganismos são destruídas pela HPP por conta de danos na parede ou na membrana celular microbiana. Podem ocorrer, ainda, alterações na morfologia. Proteínas celulares também podem ser afetadas, incluindo enzimas, danificando os mecanismos genéticos dos microrganismos. Entretanto, o método HPP, quando aplicado à temperatura ambiente, não é muito eficiente na inativação de enzimas relacionadas com a qualidade dos alimentos, sendo necessário operar em temperatura mais alta (até 60 °C) para obter o efeito combinado.

Como para outros métodos físicos, a resposta dos microrganismos à alta pressão varia. As bactérias Gram-positivas tendem a ser mais resistentes à pressão que as Gram-negativas e os cocos são mais resistentes que os bacilos. Os esporos bacterianos são extremamente resistentes à alta pressão e podem sobreviver a tratamentos com pressão de 1.000 MPa. Há diferença de comportamento entre esporos de gêneros bacterianos diferentes e também entre espécies de um mesmo gênero. Esporos de *Clostridium botulinum* são altamente resistentes, principalmente os do tipo B não proteolíticos. Por outro lado, quando a pressão aplicada é insuficiente, pode ocorrer a germinação dos esporos. Bolores e leveduras são relativamente sensíveis à alta pressão, o que torna este tratamento adequado para aumentar a vida de prateleira de produtos à base de frutas. Vírus também parecem apresentar variações significantes na resposta ao tratamento, apesar da pouca informação existente.

Campo elétrico pulsado

O campo elétrico pulsado de alta intensidade (*pulsed electric field* – PEF) é uma das tecnologias não térmicas com grande potencialidade de aplicação em substituição aos tratamentos térmicos tradicionais, assim como é a alta pressão. Essa tecnologia consiste na aplicação de pulsos elétricos de curta duração (microssegundos) em alimentos colocados entre dois eletrodos em campos elétricos de alta intensidade (entre 10 e 100 mil Volts/cm entre os eletrodos). A letalidade microbiana é função da intensidade, da duração e da frequência de repetição do pulso. Além da destruição do microrganismo, há inativação de enzimas, com manutenção de sabor, cor, textura e teor de vitaminas e componentes termolábeis dos alimentos. A aplicação dessa tecnologia não térmica de conservação de alimentos satisfaz o consumidor que busca alimentos processados mais similares àqueles *in natura* e que apresentem elevada qualidade nutricional e sensorial.

Nessa tecnologia verifica-se que os microrganismos apresentam comportamento similar ao descrito para outras tecnologias:

- Bactérias Gram-negativas são mais sensíveis que as Gram-positivas e leveduras.
- As células vegetativas bacterianas são mais sensíveis que os esporos.
- Microrganismos na fase logarítmica de multiplicação são mais sensíveis que na fase estacionária.
- A morte celular é devida a interferências na membrana celular, com a formação de poros (eletroporação).

Quando aplicada em temperaturas mais altas, até 60 °C, a tecnologia evita a perda de qualidade dos alimentos. Uma limitação importante é que, neste caso, o alimento deve ser homogêneo e livre de bolhas de ar, como sucos e polpas de frutas.

Micro-ondas

Nesse processo, amplamente utilizado em pequena escala (domicílios, serviços de alimentação etc.), vem sendo cada vez mais empregado na indústria de alimentos para pasteurização e esterilização, além do uso para descongelamento, cozimento, desidratação, aquecimento e reaquecimento. Sua ação é decorrente da conversão de energia eletromagnética em energia térmica, por meio da agitação das moléculas de água e íons carregados. Quando encontram um campo magnético com frequência de micro-ondas (500 MHz a 10 GHz), as moléculas de água no alimento se reorientam, o que cria fricção intermolecular e produz calor. Outros componentes no alimento, como proteínas, gordura e amido, também absorvem a energia das micro-ondas, porém, em menor quantidade. Em alimentos com alto teor de umidade, a penetração das micro-ondas é de poucos centímetros, o que pode limitar seu uso industrial. A penetração em alimentos secos ou congelados é maior devido à menor quantidade de água livre.

O aquecimento com micro-ondas reduz o tempo e a energia necessários para o processamento de um alimento em razão da rapidez do aquecimento e da alta eficiência energética. Como a propagação das ondas eletromagnéticas em um alimento é influenciada por sua geometria, propriedades térmicas, físicas e dielétricas, e massa, e pela potência e a frequência da radiação, pode haver uma falta de uniformidade na distribuição do calor, o que limita o uso dessa tecnologia para a inativação microbiana. Temperaturas não uniformes em um alimento podem permitir a sobrevivência de microrganismos em algumas partes do alimento.

Plasma frio

O plasma frio é uma tecnologia emergente de processamento de alimentos à baixa temperatura e curto tempo. O plasma é considerado o "quarto estado da matéria" e consiste em um gás ionizado, ou seja, com elétrons livres, cátions e ânions, que pode ser obtido a partir do aquecimento de um gás à altíssima temperatura, como ocorre na superfície do sol, ou a partir de uma descarga elétrica sobre um gás, sem a necessidade de altas temperaturas (plasma frio). É uma tecnologia emergente de processamento de alimentos à baixa temperatura e curto tempo. Para sua obtenção aplica-se alta voltagem entre eletrodos, em corrente alternada de alta frequência, de forma que a descarga elétrica gerada ionize o gás. A efetividade do processo depende de voltagem, frequência, tempo de tratamento, distância entre os eletrodos e a composição do gás. Na indústria de alimentos o gás utilizado é o ar. Alimentos, que devem ter pouca espessura, são colocados entre os eletrodos e expostos ao plasma, ou o plasma criado pode ser soprado sobre a superfície do alimento na forma de um jato.

O plasma frio formado a partir do ar atua sobre os microrganismos de duas formas: geração de espécies oxidantes altamente reativas (H_2O_2, O_3, $O^\bullet$ e NO_x), que agem sobre a membrana celular, e emissão de radiação ultravioleta, que é uma radiação ionizante. O plasma frio tem a vantagem de difundir-se sobre superfícies irregulares, o que facilita sua aplicação em alimentos e na desinfecção de embalagens. Por outro lado, as espécies reativas formadas têm curto tempo de vida, e pode, ainda, ocorrer alteração de cor, dependendo do alimento. A tecnologia é usada, também, para inativação enzimática e degradação de pesticidas e alérgenos em alimentos.

Luz pulsada

A tecnologia não térmica de luz pulsada (*pulsed light* – PL) é uma evolução da tecnologia de controle microbiológico baseada no uso da radiação ultravioleta (UV) como radiação ionizante. Tradicionalmente, a luz UV é usada na desinfecção da superfície de alimentos e embalagens, sendo gerada por lâmpadas de mercúrio. Dado o baixo poder de penetração, tem uso somente em alimentos líquidos, que podem ser agitados e misturados durante o tratamento. Na PL são usadas lâmpadas de xenônio que disparam pulsos de luz de alta intensidade com comprimentos de onda na faixa da luz UV.

O mecanismo de ação da tecnologia PL sobre os microrganismos é o mesmo da luz UV, discutido anteriormente neste capítulo. A vantagem do PL é sua maior eficiência germicida quando comparado ao uso da lâmpada de mercúrio, provavelmente em razão da maior intensidade da luz durante o pulso. Há também um fator ambiental positivo, pois evita o uso de lâmpadas de mercúrio.

Aquecimento ôhmico

O processamento por aquecimento ôhmico é um tratamento térmico no qual o aquecimento do alimento é obtido pela corrente elétrica alternada gerada por dois eletrodos, em substituição à água quente ou vapor d'água. A tensão entre os eletrodos é de 10 e 100 Volts por centímetro, com corrente alternada de 60 Hz ou mais.

A passagem de corrente elétrica causa o aquecimento rápido de todo o alimento, atingindo a temperatura desejada em curto tempo, o que acarreta menor perda de qualidade sensorial e nutricional do produto quando em comparação com métodos convencionais, que têm aquecimento lento.

É um método promissor de processamento e que tem alta eficiência energética ao converter eletricidade diretamente em calor. Além do efeito do calor sobre os microrganismos e enzimas, já discutido neste capítulo, o aquecimento ôhmico tem ainda um efeito não térmico de formação de poros na membrana celular (eletroporação), também observado no emprego de campo elétrico pulsado (PEF).

Uma desvantagem desse método de aquecimento é que ele só pode ser aplicado a alimentos homogêneos e sem a presença de bolhas de ar, como sucos e polpas. Atenção deve ser dada à corrosão dos eletrodos para não contaminar o alimento. A corrosão pode ser evitada usando frequências de campo na faixa dos quilohertz, entretanto, o fenômeno não térmico de eletroporação celular é favorecido em baixas frequências.

Ultrassom

O ultrassom é uma vibração mecânica com frequência superior a 20 kHz, inaudível pelo ser humano. Há dois tipos para uso prático: o de baixa potência, com frequência entre 5 e 10 MHz, como o usado em diagnóstico médico; e o de alta potência, com frequência entre 20 e 100 kHz, usado pela indústria de alimentos para diversas finalidades. Além da inativação de microrganismos e enzimas, o ultrassom de alta potência é empregado para remoção de bolhas de gás em produtos líquidos, indução de reações de oxidação/redução, extração de enzimas e proteínas e indução de cristalização. Trata-se de um processo em desenvolvimento e seu uso em escala industrial ainda é um desafio.

A propagação de ultrassom de alta potência em soluções aquosas ocasiona o fenômeno de cavitação acústica. São formadas microbolhas de vapor d'água que implodem com grande liberação de energia local, provocando destruição microbiana pelo rompimento da membrana celular (efeito físico) e pela ação dos radicais livres formados (efeito químico).

A cavitação permite que o ultrassom seja usado para controle microbiológico não térmico em alimentos líquidos, como suco de frutas, leite ou ovo líquido em decorrência do alto conteúdo de água. Como a intensidade da cavitação é maior perto do transdutor que converte energia elétrica em ultrassom e mais baixa quando afastada dele, é necessária agitação do alimento líquido para que seja tratado de forma homogênea.

Controle pelo emprego de conservadores químicos

Os compostos químicos utilizados pela indústria de alimentos como aditivos alimentares são classificados em conservadores químicos, antioxidantes, acidulantes, reguladores de acidez e sequestrantes. Conservador químico é qualquer substância adicionada a um alimento para prevenir ou retardar a deterioração por microrganismos, não estando incluídos os sais comuns, açúcares, vinagres, condimentos ou óleos extraídos de condimentos, ou mesmo substâncias provenientes da defumação, que são considerados conservadores "naturais". Outros métodos de controle microbiano com base em compostos químicos são aqueles que empregam gases, como gás carbônico (CO_2), ozônio e os óxidos de etileno e propileno, e aqueles derivados da defumação, discutidos mais adiante.

Conservadores químicos

Apesar da controvérsia em relação ao uso destes compostos, considerados "artificiais", eles são importantes, pois previnem ou retardam a multiplicação microbiana que pode levar à deterioração do alimento ou causar doenças. Alguns deles, como sais, ácidos e fumaça (defumação), são usados desde tempos imemoriais. Cabe destacar que a deterioração, além de indicar que o alimento não está adequado ao consumo, serve como um alerta, pois é possível que esse alimento contenha microrganismos patogênicos em quantidade suficiente para causar alguma enfermidade. Ressalte-se, no entanto, que microrganismos patogênicos podem estar presentes mesmo quando o alimento não apresenta sinais de deterioração, ou seja, quando não há qualquer alteração no sabor, aroma, cor ou textura.

A maioria dos conservadores químicos inibe a multiplicação microbiana, mas não os elimina. São, portanto, bacteriostáticos ou fungistáticos. Os conservadores devem ser utilizados para controlar níveis baixos de contaminação e não devem substituir as boas práticas de higiene durante o processo de produção de um alimento. Para aplicação em alimentos, um conservador não pode ser carcinógeno nem tóxico nas concentrações empregadas, deve ser de baixo custo, solúvel em água e não causar alterações organolépticas indesejáveis no alimento.

Os conservadores agem em sítios metabólicos específicos dos microrganismos: membrana celular, enzimas, genes etc. Assim, o uso de mais de um destes compostos pode ser necessário para um resultado mais eficiente.

Os fatores que atuam na atividade antimicrobiana de um conservador são:

a) Sensibilidade dos microrganismos: depende da população inicial presente, fase de crescimento e estado fisiológico, que pode ter sido afetado pela exposição prévia a um fator de estresse anterior (calor, frio etc.), com produção de proteínas protetoras (proteínas de choque térmico). Possíveis interações entre os microrganismos presentes são importantes também.

b) Fatores intrínsecos: pH, Aa, Eh e composição química do alimento também influenciam a atividade de um conservador. A reformulação de alimentos com o intuito de reduzir as concentrações de sal e açúcares ou outros inibidores, para atender regulamentos ou demandas do consumidor, deve sempre considerar o impacto que terá na segurança do produto, pois mudanças nas características intrínsecas de um alimento podem criar condições para multiplicação de microrganismos que anteriormente eram mantidos sob controle.

c) Fatores extrínsecos: a atividade antimicrobiana de um conservador depende da temperatura e do tempo de armazenamento. Desvios nesse binômio poderão prejudicar o controle dos microrganismos no alimento.
d) Fatores relacionados com o processamento do alimento: os fatores intrínsecos de um alimento *in natura* podem ser alterados durante o processamento, afetando a ação do conservador no alimento processado.

O número de compostos químicos com uso permitido em alimentos como conservadores é relativamente baixo. Os principais são os ácidos orgânicos e seus derivados, os nitritos e nitratos, e os sulfitos. O uso de conservadores nas diferentes categorias de alimentos é monitorado por agências internacionais, como o *Codex Alimentarius*. No Brasil, os alimentos nos quais podem ser usados e as respectivas concentrações são determinados pela Agência Nacional de Vigilância Sanitária (ANVISA), do Ministério da Saúde, que segue as normativas do *Codex Alimentarius* e podem ser encontrados na página da ANVISA na internet.

Ácidos orgânicos e seus derivados

Os ácidos orgânicos de cadeia curta, como ácido acético, benzoico, lático, sórbico e propiônico, encontrados na natureza e também sintéticos, têm mecanismo de ação antimicrobiana semelhante. Para que sejam efetivos, esses ácidos precisam atravessar a membrana celular microbiana e atingir o citoplasma, e para isso precisam estar na forma não dissociada, isto é, sem carga. O pH em que as concentrações das formas não dissociadas e dissociadas são iguais denomina-se pKa, assim, os ácidos orgânicos atuam melhor em alimentos ácidos que têm pH próximo ou abaixo do pKa.

Os sais derivados desses ácidos são mais utilizados como conservadores em alimentos do que os ácidos correspondentes por serem mais hidrossolúveis, terem menor toxicidade e não alterarem o sabor do alimento.

Os parabenos são derivados do ácido benzoico (ésteres do ácido p-hidroxibenzoico) que tem pKa 8,5, o que indica que tem atividade antimicrobiana em alimentos com ampla faixa de pH. A atividade é maior quanto maior for a cadeia lateral, mas, ao mesmo tempo, a solubilidade diminui com o aumento da cadeia lateral, o que limita sua aplicação. Os parabenos são mais ativos contra leveduras do que bactérias e são empregados em produtos de panificação, bebidas, produtos à base de frutas, geleias, gelatinas, alimentos fermentados, xaropes, molhos de salada, vinhos e recheios.

A pKa do sorbato é 4,80, sendo altamente eficiente contra bolores e leveduras e muitas bactérias. As bactérias aeróbias catalase-positivas são parcialmente inibidas, enquanto as catalase-negativas não são inibidas. O sorbato é utilizado em produtos de panificação, queijos, vinhos, entre outros alimentos.

A ação antimicrobiana do ácido propiônico e de seus sais é similar à dos benzoatos e sorbatos. O pKa do propionato é 4,87 sendo empregado em pães, produtos de panificação e confeitaria, queijos, picles, chocolates, entre outros alimentos. O ácido propiônico tem uma característica especial, que é o controle da deterioração denominada *ropiness* nos produtos de panificação, decorrente da hidrólise do amido com subsequente fermentação e produção de material polissacarídico por algumas espécies de *Bacillus*. Esta deterioração caracteriza-se pelo aspecto úmido e viscoso do interior do produto, e com odor pronunciado e desagradável.

Nitritos e nitratos

Nitrito de sódio ($NaNO_2$) e nitrato de sódio ($NaNO_3$) são empregados em soluções de cura de carnes por sua ação antibacteriana e pela reação com a mioglobina, com formação de nitrosomioglobina. O aquecimento do produto curado causa a transformação da nitrosomioglobina em nitroso-hemocromo, responsável pela coloração rosa estável característica das carnes curadas, como bacon, salsicha, presunto e salame. Os nitritos e nitratos também têm ação antioxidante e melhoram a textura e o aroma destes produtos.

O nitrato nas soluções de cura é reduzido a nitrito pelas bactérias da microbiota da carne. Em ambiente ácido, o nitrito decompõe-se em óxido nítrico (NO), que tem ação inibitória sobre os clostrídios, particularmente o *C. botulinum*, pela reação do NO com proteínas que contêm ferro e que são componentes essenciais da cadeia anaeróbica de transporte de elétrons dos clostrídios. A atividade antibotulínica do NO depende de vários fatores que se correlacionam: pH, conteúdo de sal, temperatura e número de esporos presentes, sendo que esporos termoinjuriados são mais resistentes do que os não injuriados. O NO reage também com outros compostos como catalase, peroxidases e citocromos, explicando o forte efeito antibacteriano em condições de anaerobiose. A presença de agentes redutores, como ascorbato ou eritorbato presentes nas soluções de cura, aumentam a ação antibotulínica, assim como o sal (NaCl). Outros fatores são a temperatura e a população de microrganismos presente no alimento.

Outras espécies de *Clostridium*, como *C. butyricum* e *C. tyrobutyricum* responsáveis pela produção tardia de gás em queijos, também são controladas pelo nitrito. Embora tenha ação inibitória sobre diversas bactérias, como *Escherichia coli, Enterobacter, Listeria monocytogenes, Flavobacterium, Micrococcus, Pseudomonas, Staphylococcus aureus* e *Achromobacter,* o nitrito não é ativo contra *Salmonella.*

O uso de nitrito como conservador de alimentos tem sido bastante discutido porque reage com aminas secundárias formando nitrosaminas carcinogênicas, porém não existe, até o momento, outro composto que possa substituir as funções de desenvolvedor e estabilizador de cor e sabor, além de antimicrobiano.

Dióxido de enxofre e sulfitos

O dióxido de enxofre e os sais, como sulfito de potássio (K_2SO_3), sulfito de sódio (Na_2SO_3), bissulfito de potássio ($KHSO_3$), bissulfito de sódio ($NaHSO_3$), metabissulfito de potássio ($K_2S_2O_5$) e metabissulfito de sódio ($Na_2S_2O_5$) apresentam efeito inibitório sobre bactérias, bolores e leveduras. São usados, também, por sua ação antioxidante, prevenindo o escurecimento enzimático e não enzimático durante o processamento e o armazenamento de frutas secas, sucos de fruta, xaropes, camarões, coco ralado, bebidas, vinhos e outros. Em vinhos é usado para prevenir a formação de ácido acético por bactérias acéticas e outros contaminantes. Seu uso não é permitido em carnes por degradar a tiamina (vitamina B_1).

A atividade antimicrobiana dos sulfitos está relacionada com o pH do meio, sendo mais eficiente em pH abaixo de 4,0. O dióxido de enxofre e seus sais, quando dissolvidos em água, coexistem em um equilíbrio pH-dependente, ou seja, à medida que o pH abaixa, a concentração de dióxido de enxofre aumenta e de íons bissulfito diminui. Esses compostos, uma vez no interior da célula bacteriana, reagem com grupamentos tióis de proteínas, enzimas e outros componentes celulares, além de agirem na replicação do DNA e na membrana citoplasmática.

Conservadores naturais (sal e açúcares)

O NaCl é utilizado como conservador de alimentos desde os tempos remotos, principalmente para aumentar a vida útil de carnes. Altas concentrações de NaCl provocam a desidratação dos alimentos e dos microrganismos pela plasmólise, ou seja, saída da água do citoplasma para o meio exterior, inibindo a multiplicação microbiana ou causando a morte. Alguns microrganismos, denominados halófilos moderados (membros das famílias *Bacillaceae* e *Micrococcaceae*), são capazes de se multiplicar em concentrações de NaCl entre 5% e 20%, enquanto outros, como *Halobacterium* e *Halococcus*, são halófilos extremos, multiplicando-se em até 30% de NaCl, quando as demais condições de multiplicação estão ótimas. Esses microrganismos são importantes deteriorantes de produtos salgados, como peixes e carnes. Os microrganismos que toleram altas concentrações de sal, mas que não se multiplicam nestas condições são denominados halodúricos.

Os açúcares (p. ex., sacarose) exercem seu efeito conservador de maneira análoga à do sal. A diferença está na concentração necessária para que se obtenha o mesmo efeito, que deve ser seis vezes maior que a de sal. O uso mais comum desse agente conservador é na produção de conservas de frutas, balas, confeitos e leite condensado. Os microrganismos apresentam respostas diferentes a concentrações hipertônicas de açúcares, com os bolores e as leveduras sendo menos sensíveis que as bactérias. Alguns bolores e leveduras podem crescer na presença de 60% de sacarose, enquanto a maioria das bactérias é inibida por concentrações bem mais baixas. Os microrganismos capazes de multiplicar em altas concentrações de açúcar são denominados *osmófilos*, e *osmodúricos* são os que suportam essas concentrações sem, contudo, se desenvolver. Entre as leveduras osmofílicas, a mais destacada é *Zigosaccharomyces rouxii*.

Tratamento com gases

Os gases mais utilizados para conservação de alimentos são o CO_2, os óxidos de etileno e propileno e o ozônio.

O CO_2 é um gás incolor, inodoro, não inflamável e solúvel em água. É atóxico para o ser humano na concentração de até 10% e não deixa resíduos nos alimentos. Seu efeito sobre os microrganismos é variável: em concentrações superiores a 5% inibe bolores e bactérias psicrotróficas Gram-negativas, como *Pseudomonas*, *Acinetobacter* e *Moraxella*, que são importantes deteriorantes de carnes e derivados e de alimentos refrigerados. As bactérias láticas, por sua vez, são estimuladas na presença de CO_2. O mecanismo de ação do CO_2 como inibidor de microrganismos não está totalmente elucidado, mas acredita-se que seja devido à redução do pH celular pela sua transformação em ácido carbônico (H_2CO_3) e à interferência na atividade de algumas enzimas e vias metabólicas, afetando a velocidade de multiplicação microbiana.

Os óxidos de etileno e propileno são gases empregados como fumigantes para o controle de fungos em frutas desidratadas, nozes, cacau em pó, condimentos, especiarias e materiais de embalagem. São agentes alquilantes e reagem com vários grupos (SH, NH_2 e OH) presentes em macromoléculas, afetando suas funções. O óxido de etileno também é usado como gás esterilizante em caixas flexíveis e semirrígidas de embalagem asséptica de alimentos processados.

O ozônio é um desinfetante com alto poder de oxidação, que causa alterações na permeabilidade celular levando à lise e vazamento de compostos celulares. O ozônio decompõe-se espontaneamente em oxigênio, tanto no ar como na água. É efetivo contra bactérias, vírus e protozoários. É usado para higienização de frutas e hortaliças e para higienização de garrafas.

Defumação

A prática da defumação também remonta a tempos imemoriais, usada principalmente para melhorar o sabor, a textura e a coloração dos alimentos. A fumaça empregada durante a defumação de carnes, peixes e queijos contém substâncias com atividade antimicrobiana, como compostos fenólicos, formaldeído e cresol. A exposição ao calor (60 a 85 °C) durante a defumação e a desidratação superficial auxilia a ação antibacteriana. A fumaça tem pouca ação antifúngica e nenhuma ação contra os esporos bacterianos ou a germinação desses esporos. A defumação pode ser feita a frio (25 a 35 °C), empregando-se fumaça líquida, mas o efeito antimicrobiano é pequeno. Como a defumação não elimina esporos bacterianos, inclusive os de *C. botulinum*, produtos defumados devem ser mantidos em refrigeração (4 °C ou menos), com exceção daqueles com baixa atividade de água.

Controle por métodos biológicos

O controle de microrganismos em alimentos por métodos biológicos, também chamado bioconservação, consiste no uso de certos microrganismos, como os bacteriófagos, ou de alguns de seus metabólitos, para inibir outros microrganismos.

Bacteriófagos

Bacteriófagos, ou simplesmente fagos, são vírus que infectam bactérias. Sua aplicação na área da segurança e controle de deterioração de alimentos, agricultura e veterinária tem sido alvo de muitos estudos, com resultados promissores. As vantagens do seu emprego são a alta especificidade, isto é, atuam somente no microrganismo alvo sem afetar a microbiota do alimento ou do trato gastrointestinal de seres humanos e animais, e são ativos contra microrganismos com multirresistência a drogas, além de seguros para uso em alimentos. Fagos não alteram as características sensoriais dos produtos, sendo, portanto, mais uma vantagem para seu emprego. No entanto, apresentam algumas desvantagens. Como a microbiota em um alimento é variável, é necessário que as preparações a serem usadas tenham uma diversidade de fagos para que sejam eficientes. Além disso, pode ocorrer a transferência de genes de virulência ou de resistência bacteriana entre os diversos microrganismos. Para evitar esses dois problemas devem-se usar preparações livres de fagos temperados, ou seja, capazes de integrar o seu DNA no cromossomo bacteriano e, portanto, de transferir, potencialmente, genes de resistência a antibióticos e/ou de virulência entre bactérias. Com o uso de fagos líticos, que causam a lise das células bacterianas, o risco da emergência desses problemas é mais baixo.

Bacteriófagos podem ser utilizados em qualquer etapa da produção do alimento: na produção primária e no processamento, como bioconservador e como biossanitizante. No campo podem ser utilizados em plantações e criações de animais para controle de doenças. Preparações de fagos já foram testadas, com êxito, em diferentes alimentos para controle de microrganismos deteriorantes e de patógenos como *Campylobacter jejuni* e *Salmonella* spp. em pele de frango e carne bovina; *Bacillus cereus* em pasta de soja fermentada; *Cronobacter sakazaki* em fórmula infantil; *Escherichia coli* O157:H7 em carne bovina crua e cozida e diversos vegetais (folhosos e frutas); *Escherichia coli* em leite cru e carne bovina; *Listeria monocytogenes* em diferentes tipos de queijo, presunto, diferentes frutas em fatias, verduras, salmão; *Mycobacterium smegmatis* em leite cru e *Salmonella* spp. em queijo produzido com leite cru tratado com fagos, em frutas, em salsicha de carne de aves, casca de ovos frescos, filé de peito de frango, entre outros alimentos. Filmes para embalagens podem ser adicionados de preparações de fagos para controle de patógenos, o mesmo ocorrendo com sanitizantes para prevenir e reduzir a formação de biofilmes.

Bacteriocinas

Entre os metabólitos utilizados como bioconservadores, os mais importantes são as bacteriocinas.

Bacteriocinas são antimicrobianos naturais e seu uso é considerado uma alternativa aos conservadores químicos e uma opção interessante que atende à demanda dos consumidores por alimentos sem conservadores químicos artificiais. Bacteriocinas são metabólitos secundários, de natureza peptídica ou proteica, produzidos nos ribossomos de quase todos os grupos de microrganismos. As bacteriocinas produzidas por bactérias láticas são as mais utilizadas em alimentos.

Além de bacteriocinas, as bactérias láticas produzem várias outras substâncias com propriedades antimicrobianas, como ácido lático, peróxido de hidrogênio e diacetil. As bacteriocinas de bactérias láticas são classificadas em três classes: I) lantibióticos (proteínas com peso molecular menor do que 10 kDa); II) pequenos peptídeos termoestáveis; III) moléculas com peso molecular superior a 10 kDa, podendo conter lipídeos e carboidratos associados à proteína, e com vários mecanismos de ação. Geralmente são ativas contra bactérias Gram-positivas e inativas contra fungos. São ativas contra as bactérias Gram-negativas quando associadas a algum outro agente antimicrobiano. Podem ser utilizadas em diversas matrizes alimentícias: produtos lácteos, carnes e produtos cárneos, peixes e outros pescados, sucos e bebidas, bem como frutas e legumes e hortaliças, além de cereais. Podem, também, ser incorporadas em filmes para embalagens de alimentos (embalagens ativas) para inibição de microrganismos durante o armazenamento.

Existem inúmeras bacteriocinas descritas na literatura cientifica, mas apenas a nisina e as pediocinas são permitidas em alguns alimentos até o momento. Há grande resistência para seu uso generalizado, pois acredita-se que induza um relaxamento nas boas práticas de higiene na produção de alimentos.

A nisina é considerada GRAS (*generally recognized as safe*) e aprovada para uso em alguns tipos de alimentos em diversos países, inclusive no Brasil. É um lantibiótico produzido por cepas de *Lactococcus lactis* subsp. *lactis* e consiste em um peptídeo com 34 resíduos de aminoácidos. O alvo de ação é a membrana celular dos microrganismos-alvo, onde forma poros, causando o efluxo de componentes vitais celulares, como íons, aminoácidos e moléculas de ATP.

A nisina é utilizada na indústria de laticínios para a produção de queijos processados, *cream cheese*, creme de ricota e requeijão. Em certos países, é usada em carnes, sucos e bebidas alcoólicas, ovos e produtos derivados, molhos, alimentos enlatados etc. Em alimentos enlatados, nisina aumenta a sensibilidade dos esporos ao tratamento térmico em que o alimento será submetido.

A pediocina PA-1 é produzida por *Pediococcus acidilactici*, mas, ao contrário de nisina, não tem atividade sobre bactérias produtoras de esporos, sendo ativa apenas sobre *L. monocytogenes*. Estudos mostram que esta bacteriocina é mais ativa do que a nisina contra *L. monocytogenes* inoculada em carnes e produtos derivados.

As bacteriocinas são usadas em alimentos geralmente em combinação com algum outro método de controle, como, por exemplo, com outra substância inibidora ou com conservação em atmosfera modificada. Inúmeras outras bacteriocinas, como as sakacinas P1 e A produzidas por cepas de *Lactobacillus sakei*, curvacina produzida por *Lactobacillus curvatus* e piscicolina produzida por *Carnobacterium psicicola*, também apresentam atividade antimicrobiana, mas sua aplicação irrestrita em alimentos ainda depende de mais estudos.

Controle pela combinação de dois ou mais métodos

A maioria dos métodos de conservação de alimentos age interferindo, temporária ou permanentemente, nos mecanismos de homeostase dos microrganismos, responsáveis pela manutenção da estabilidade intracelular. Fatores de estresse físicos, químicos e ambientais induzem diferentes respostas dos microrganismos e, combinando-se diferentes indutores de estresse, é possível limitar ou impedir a multiplicação microbiana, tendo como resultado alimentos estáveis e seguros, sem alterações em sua funcionalidade e características nutricionais e sensoriais. Estas regras básicas são conhecidas há longo tempo, constituindo-se o que se denomina *tecnologia de obstáculos ou tecnologia de barreiras*, que explora os fatores intrínsecos e extrínsecos que atuam sobre os microrganismos. Uma determinada barreira (ou obstáculo) pode ser insuficiente para atingir o objetivo, mas quando combinada com outra, ou outras, o resultado é melhor. Além disso, o uso adicional de determinada barreira pode reduzir a intensidade necessária de outra barreira, como efeitos aditivos ou sinérgicos, reduzindo custos de produção e possíveis danos ao alimento.

Um bom exemplo da aplicação da tecnologia de obstáculos são as carnes e vegetais fermentados, e os queijos. Em salames, por exemplo, o cloreto de sódio e o nitrito dos sais de cura inibem muitos microrganismos na massa, constituindo barreiras importantes nas fases iniciais do processo de fermentação. Durante a fermentação, outros microrganismos se multiplicam, consumindo o oxigênio dissolvido, o que reduz o potencial redox do produto, aumentando o efeito de barreira do Eh, que reduz a multiplicação de bactérias aeróbias e favorece as bactérias láticas que, por sua vez, causam acidificação do produto, aumentando o efeito do pH como outra barreira microbiana.

Outros exemplos são os vegetais minimamente processados, embalados em atmosfera modificada e refrigerados, e os vegetais processados pelo calor e acidificados, cuja segurança pode ser aumentada pelo uso de nisina, que inibe a multiplicação de clostrídios tolerantes ao ácido, além de diversos outros exemplos citados ao longo deste capítulo.

Embora existam diferentes definições para alimentos minimamente processados (AMP), a maioria os considera alimentos *in natura*, que antes de chegarem ao consumo foram submetidos a um conjunto mínimo de tratamentos, como limpeza, remoção de partes não comestíveis, fracionamento, cortes, moagem, secagem, resfriamento, congelamento e embalagem em atmosfera controlada, sem adição de novos ingredientes ou aditivos. De acordo com o Departamento de Agricultura dos Estados Unidos (USDA), os AMP são aqueles que retêm a maior parte das propriedades físicas, químicas, sensoriais e nutricionais originais. O processamento mínimo abrange diferentes tecnologias, principalmente não térmicas, auxiliando na manutenção da qualidade nutricional e sensorial, e garantindo a segurança do produto. Os AMP disponíveis no mercado brasileiro são, principalmente, de origem vegetal, como as frutas, hortaliças e sementes, e os cortes de carne embalados, resfriados ou congelados.

A tecnologia de obstáculos deve ser empregada criteriosamente, pois tem limitações, como o efeito antagônico de combinações de barreiras. Além disso, a multiplicação microbiana pode ser inibida de forma mais eficiente, mas a sobrevivência pode ser mais prolongada, podendo comprometer a segurança do produto. Antes de combinar obstáculos, é preciso conhecer bem o papel de cada obstáculo individualmente, afinal, os microrganismos podem acionar inúmeros mecanismos de adaptação e de defesa quando as condições lhes são desfavoráveis.

Leitura sugerida

Alzamora SM, López-Malo A, Tapia MS, Welti-Chanes J. Minimally processed foods. Encyclopedia of Food and Health, Academic Press, 2016. p. 767-71.

Bansal V, Siddiqui MW, Rahman MS. Minimally processed foods: overview. In: Siddiqui M, Rahman M (Eds.). Minimally processed foods. Food Engineering Series. Springer, Cham. 2015.

Bastarrachea LJ, Tikekar RV. Novel physical methods for food preservation. In: Doyle MP, Diez-Gonzalez F, Hill C. Food microbiology: fundamentals and frontiers. 5th ed. Washington, DC: ASM, 2019. p.695-703. https://doi.org/10.1128/9781555819972.ch26

Cullen PJ, Tiwari BK, Valdramidis VP (Eds.). Novel thermal and non-thermal technologies for fluid foods. Elsevier, 2012.

Froehlich A. Irradiação de ovo líquido, congelado e ovo, gema e clara em pó: redução da população de *Salmonella* Enteritidis e aspectos sensoriais e físico-químicos. Tese de Doutorado. Universidade de São Paulo, 2004. 66p.

Gencay YE, Bronsted L. Bacteriophages for biological control of foodborne pathogens. In: Doyle MP, Diez-Gonzalez F, Hill C. Food microbiology: fundamentals and frontiers. 5th ed. Washington, DC: ASM, 2019. p.755-786. https://doi.org/10.1128/9781555819972.ch29

Jay JM, Loessner MJ, Golden DA. Modern food microbiology. 7th ed. New York: Springer, 2005. p. 299-456.

Leitão MFF. Microbiologia de alimentos. In: Roitman I, Travassos LR, Azevedo JL. Tratado de microbiologia. São Paulo: Manole, 1988. 186p.

Manivel B, Rajkumar S. Bacteriocin: a potential biopreservative in foods. In: Prasad R, Kumar V, Singh J, Upadhyaya CP (Eds.). Recent developments in microbial technologies. Environmental and microbial biotechnology. Singapore: Springer, 2021.

Montville TJ, Matthews KR, Kniel KE. Food microbiology – An introduction. 3rd ed. Washington DC, USA: ASM Press, 2012. 547p. https://doi.org/10.1128/9781555817206

Moye ZD, Woolston J, Sulakvelidze A. Bacteriophage applications for food production and processing. Viruses. 2018;10:205.

Mukhopadhyay S, Gorris LGM. Hurdle technology. Encyclopedia of food microbiology. 2nd ed. 2014. p. 221-7.

Stumbo CR. Thermobacteriology in food processing. 2nd ed. London: Academic London, 1972. 329p.

Taylor TM, Ravishankar S, Bhargava K, Juneja VK. Chemical preservatives and natural food antimicrobials. In: Doyle MP, Diez-Gonzalez F, Hill C. Food microbiology: fundamentals and frontiers. 5th ed. Washington, DC: ASM, 2019. p.705-731. https://doi.org/10.1128/9781555819972.ch27

Weeks R, Chikindas ML. Biological control of food-challenging microorganisms. In: Doyle MP, Diez-Gonzalez F, Hill C. Food microbiology: fundamentals and frontiers. 5th ed. Washington, DC: ASM, 2019. p.733-754. https://doi.org/10.1128/9781555819972.ch28

8 Higienização na indústria de alimentos

Leo Kunigk

Ao final do processamento de um alimento, as superfícies dos equipamentos podem ter resíduos de natureza orgânica e inorgânica, que podem servir como substratos para microrganismos que também estão presentes, permitindo sua multiplicação e possível adesão e formação de biofilmes microbianos e, neste caso, dificultando a redução da sua população. De acordo com a Organização Mundial da Saúde e o Centers for Disease Control and Prevention (CDC), dos Estados Unidos, falhas na higienização de equipamentos que entram em contato com alimentos estão entre os cinco principais fatores causadores das doenças de origem alimentar, sendo responsáveis por 5% a 10% dos casos e surtos. Assim, quando uma indústria de alimentos inicia um processamento, as superfícies que entrarão em contato com o alimento devem apresentar uma população de microrganismos baixa para não comprometer a vida de prateleira do produto final nem a saúde dos consumidores e estes objetivos são alcançados quando é elaborado um programa de higienização adequado.

Em uma indústria de alimentos, cada linha de processamento deve ter um Procedimento Operacional Padrão (POP) com instruções claras sobre a rotina de higienização de todas as superfícies que entram em contato com os alimentos. Também devem estar discriminados, nestes documentos, os mecanismos de controle e monitoramento que devem ser adotados para avaliar a eficiência da higienização e quais as ações corretivas que devem ser aplicadas, quando necessárias.

A frequência com que a indústria deve realizar as paradas da produção para realizar a higienização depende do produto que está sendo processado. Por exemplo, em um laticínio, a higienização dos equipamentos deve ser feita em intervalos de tempo mais curtos do que em uma indústria de condimentos, farinha ou açúcar. Além da diferença na perecibilidade destes dois tipos de produtos, os resíduos nos equipamentos de uma planta processadora de laticínios podem prejudicar a transferência de calor, afetando a eficiência do tratamento térmico e aumentando o consumo de energia. Além desses fatores de cunho técnico, é necessário considerar os fatores psicológicos, pois manter uma indústria limpa e organizada motiva o pessoal a trabalhar de maneira semelhante.

A escolha dos melhores procedimentos para realizar a higienização é uma tarefa complexa, pois seu desempenho é afetado por muitas variáveis, como os tipos e a quantidade de resíduos a serem removidos, as condições em que os resíduos se encontram, o material de construção dos equipamentos a serem higienizados, entre outros, o que impede a existência de dois procedimentos de higienização iguais.

A higienização compreende dois procedimentos: i) *Limpeza:* operação para remoção de resíduos de alimentos das superfícies que entram em contato direto ou indireto com o alimento; ii) *Sanitização:* operação para redução da população de microrganismos presentes nas superfícies, por meios físicos ou químicos (sanitizantes). A Figura 8.1 ilustra as etapas geralmente necessárias para higienizar uma superfície. O número de etapas pode variar, dependendo dos tipos de resíduo presentes e do sanitizante a ser utilizado,

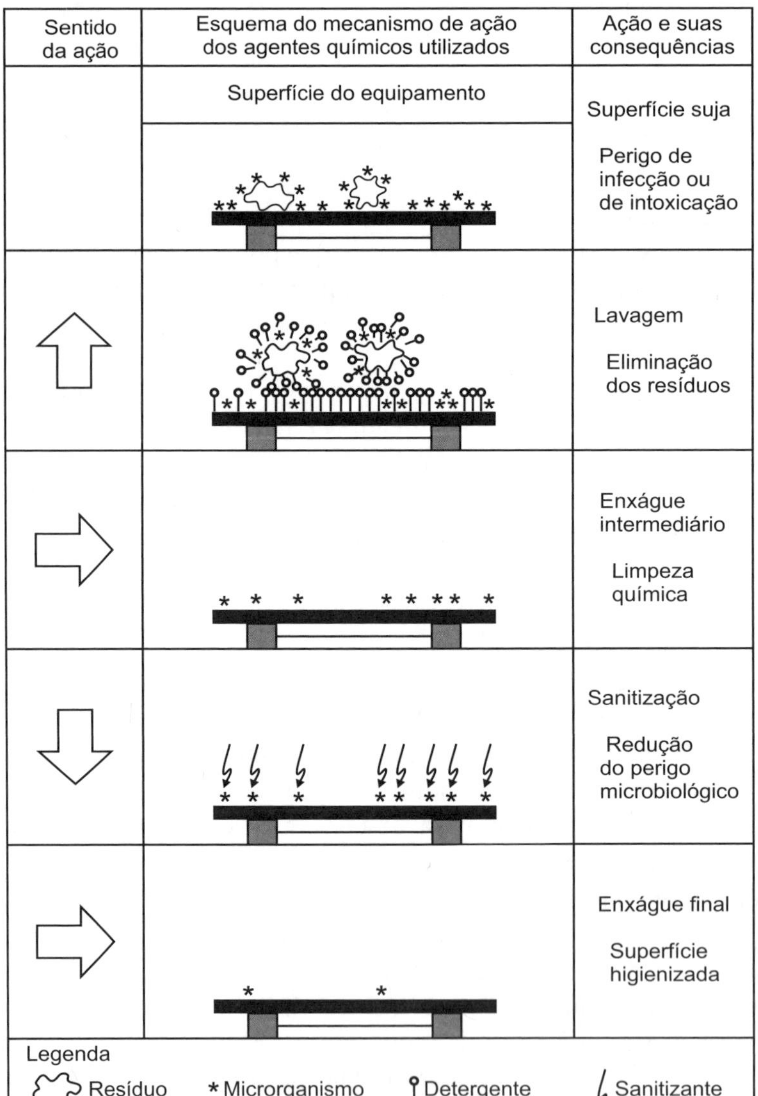

Figura 8.1. Etapas de um processo de higienização. Adaptada de Edelmeyer H, 1980.

como é o caso de um pasteurizador de leite, onde os cátions de cálcio que precipitaram sobre a superfície estão encobertos por camadas de proteína desnaturada e gordura. Nesse caso, é necessário aplicar um detergente alcalino para remover os compostos orgânicos, enxaguar, aplicar um detergente ácido para remover os depósitos minerais que se tornaram expostos, e enxaguar novamente para garantir a ausência dos resíduos sobre a superfície do equipamento.

Antes de iniciar a discussão sobre as etapas que envolvem o processo de higienização, é necessário compreender a importância da água nesse processo. Ela atua como um agente suspensor para os detergentes, agentes sanitizantes e para a sujeira que está sendo removida das superfícies. Dada sua importância no processo de higienização, algumas vezes não basta que ela seja apenas potável, mas precisa atender a outras especificações internas da indústria, obrigando-a a realizar tratamentos microbiológicos e físico-químicos adicionais como desinfecções adicionais e remoção de cátions metálicos, geralmente cálcio e magnésio, por processos de abrandamento.

Limpeza

As operações de limpeza das superfícies que entram em contato com os alimentos devem considerar a natureza dos resíduos, que podem ser proteínas, carboidratos, lipídeos e sais minerais e que podem estar presentes isoladamente ou em combinação. Cada um desses componentes tem características próprias de solubilidade que determinarão a facilidade de remoção, além de serem afetados de forma diversa pelo aquecimento (Tabela 8.1). Outro fator que afeta a remoção dos resíduos é o tempo de permanência deles sobre a superfície, pois mesmo que a superfície não esteja aquecida, os resíduos podem ressecar, dificultando sua remoção. O ideal é removê-los logo depois de finalizado o processamento do alimento.

Para entender a complexidade de um processo de remoção dos resíduos de uma superfície é necessário entender os mecanismos de adesão, relacionados com as características físicas e químicas de ambos. Para tanto, deve-se avaliar o projeto sanitário do equipamento, a topografia da superfície (porosidade e irregularidades), o tamanho dos

Tabela 8.1. Características dos componentes residuais em superfícies de equipamentos

Componente	*Solubilidade*	*Facilidade de remoção*	*Alterações pelo calor*
Carboidratos	Solúveis em água	Fácil	Caramelização, que aumenta a dificuldade na remoção
Lipídeos	Insolúveis em água Solúveis em álcalis	Difícil	Polimerização, que aumenta a dificuldade na remoção
Proteínas	Insolúveis em água Solúveis em álcalis Ligeiramente solúveis em ácidos	Muito difícil	Desnaturação, que aumenta a dificuldade na remoção
Sais minerais monovalentes	Solúveis em água Solúveis em ácidos	Fácil a difícil	Geralmente sem interações com outros tipos de resíduos, mas podem formar depósitos
Sais minerais polivalentes	Insolúveis em água Solúveis em ácidos	Fácil a difícil	Geralmente sem interações com outros tipos de resíduos, mas podem formar depósitos

Adaptada de: Hui, 2015; Marriott et al., 2006; e https://diversey.com.ph/en/node/199

resíduos e a reatividade química entre eles. Outro fator importante que deve ser considerado no desenvolvimento de um processo de higienização diz respeito à interação entre o material de construção do equipamento e o agente de limpeza, pois essa interação pode provocar corrosão, favorecendo a retenção de resíduos e microrganismos e dificultando o processo de higienização seguinte.

Pré-lavagem

Os resíduos sólidos existentes nas superfícies devem ser raspados utilizando-se espátulas ou removidos com papel. No caso de resíduos líquidos, deve ser dado tempo para que eles drenem das superfícies. Essa drenagem pode ser acelerada utilizando água, ar comprimido ou algum dispositivo mecânico.

Apesar de essa remoção grosseira dos resíduos sólidos ter como principal objetivo a limpeza física, ela é realizada por outras quatro razões:

1. Reduz perdas de produto.
2. Facilita a limpeza pela eliminação ou redução da quantidade de resíduos ressecados.
3. Reduz o consumo de agentes de limpeza.
4. Não sobrecarrega o sistema de tratamento de efluentes.

Um fator que influencia a pré-lavagem é o tempo em que o alimento que está sendo processado permanece em contato com a superfície. Um exemplo é apresentado na Figura 8.2, que mostra as porcentagens de gordura de leite que permanecem sobre a superfície de um pasteurizador de leite de acordo com o tempo de circulação da água de pré-lavagem (0 a 5 minutos), em temperatura ambiente, em função do tempo em que o equipamento permaneceu em uso (1 minuto, 30 minutos e 60 minutos) pasteurizando o

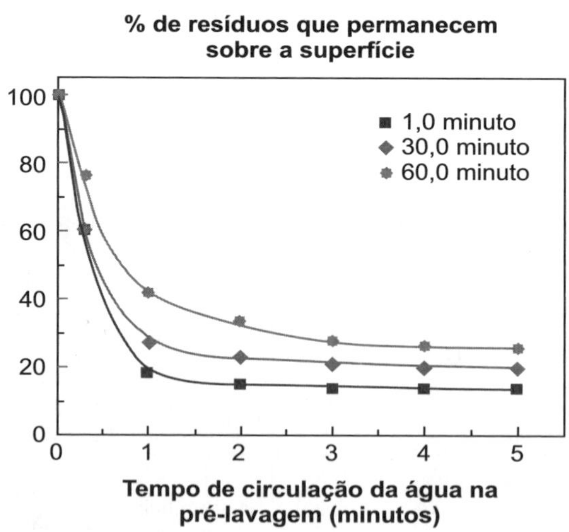

Figura 8.2. Porcentagem de gordura de leite que permanece sobre a superfície de um pasteurizador após a pré-lavagem com água, em temperatura ambiente, em função do tempo em que o equipamento permaneceu pasteurizando leite. (Adaptada de Middlemiss *et al.*, 1985.)

leite. Observa-se que a cinética de remoção destes resíduos de gordura apresenta perfil quase assintótico, indicando que a remoção praticamente cessa após determinado momento, indicando a necessidade de se determinar, experimentalmente, o tempo da etapa de pré-lavagem para garantir o menor consumo de água e de energia e o menor volume de efluente a ser tratado.

Limpeza com detergentes

Como observado na Figura 8.2, após a pré-lavagem ter sido encerrada, ainda há resíduos sobre a superfície e eles necessitam ser removidos. Essa remoção é facilitada pela aplicação de soluções de detergentes que devem apresentar as seguintes propriedades:

- Ter solubilidade rápida e completa em água.
- Ser eficiente nas condições de uso.
- Reduzir a tensão superficial da água.
- Não ser corrosivo às superfícies e não ser irritante à pele.
- Não alterar as características organolépticas dos alimentos.
- Possuir ação sequestrante.
- Possuir ação umectante e de penetração.
- Possuir ação emulsificante sobre gorduras e hidrolítica ou peptizante sobre proteínas.
- Apresentar boa enxaguabilidade.
- Apresentar baixa higroscopicidade.
- Não alterar as características físico-químicas dos efluentes.

Como nenhum composto químico sozinho apresenta todas essas propriedades, há a necessidade de se fazer combinações com outras substâncias químicas com a finalidade de aumentar a eficiência do processo de limpeza, fazendo com que os detergentes se tornem formulações bastante complexas. A Tabela 8.2 apresenta as propriedades dos principais compostos usados nestas formulações.

Tabela 8.2. Propriedades dos aditivos utilizados nos detergentes

Composto químico	*Propriedade*						
	Poder de solubilizar resíduos orgânicos	*Molhabilidade*	*Capacidade de dispersar os resíduos*	*Capacidade de manter os resíduos em suspensão*	*Enxaguabilidade*	*Poder sequestrante*	*Poder de solubilizar cálcio*
Hidróxido de sódio	4	1	1	1	1	0	0
Metassilicato de sódio	2	2	3	2	2	0	0
Tripolifosfato de sódio	0	1	2	2	1	2	0
Hexametafosfato de sódio	0	0	2	2	2	3	1
Compostos tensoativos	0	4	3	3	4	0	0
EDTA	0	0	0	0	2	4	3

Atividade: 4 = extrema, 3 = elevada, 2 = moderada, 1 = baixa, 0 = nula.
Adaptada de: Hui, 2015; Marriott et al., 2006.

Atualmente os tensoativos estão presentes na grande maioria das formulações de detergentes. Estes compostos são utilizados para facilitar a penetração da água nos depósitos de sujeira e nos espaços entre os resíduos e a superfície onde estão depositados em razão da presença de regiões com características hidrofóbicas (grupos apolares) e outras com características hidrofílicas (grupos polares) na estrutura química (Figura 8.3).

A parte hidrofóbica, que apresenta afinidade com substâncias apolares, é constituída por uma cadeia de carbonos, linear ou ramificada, e frequentemente possui um hidrocarboneto aromático substituído, como o alquilbenzeno. A parte hidrofílica apresenta afinidade com substâncias polares e provoca a ruptura das pontes de hidrogênio das moléculas de água, facilitando seu espalhamento sobre a superfície além da garantir a solubilização de resíduos apolares em água. Também é esta a região da molécula, em função da sua carga elétrica, que determinará se o tensoativo será classificado como aniônico, catiônico, não iônico ou anfótero.

Os *tensoativos aniônicos* têm carga elétrica negativa e são constituídos, principalmente, por sulfonatos, sulfatos ou carboxilatos, como sulfonatos de alquilbenzeno de sódio, estearato de sódio (sabão) e sulfatos de álcoois graxos. O principal tensoativo aniônico utilizado nas formulações de detergentes são os alquil-aril-sulfonatos, sendo o dodecilbenzeno sulfonato de sódio o mais utilizado (Figura 8.4). Estes compostos são estáveis em condições ácidas, alcalinas e na presença de agentes oxidantes. Entretanto, produzem muita espuma e precipitam na presença de íons de cálcio e magnésio, reduzindo ou até mesmo eliminado suas propriedades tensoativas.

Os *tensoativos catiônicos* dissociam-se em água gerando um íon com propriedades tensoativas cuja região hidrofílica está carregada positivamente. Geralmente são compostos de nitrogênio, com propriedades bactericidas, podendo também formar filmes sobre as superfícies com propriedades bacteriostáticas. Os cátions responsáveis pela dureza da água (Ca^{2+} ou Mg^{2+}) não afetam sua atividade tensoativa, mas não devem ser utilizados em

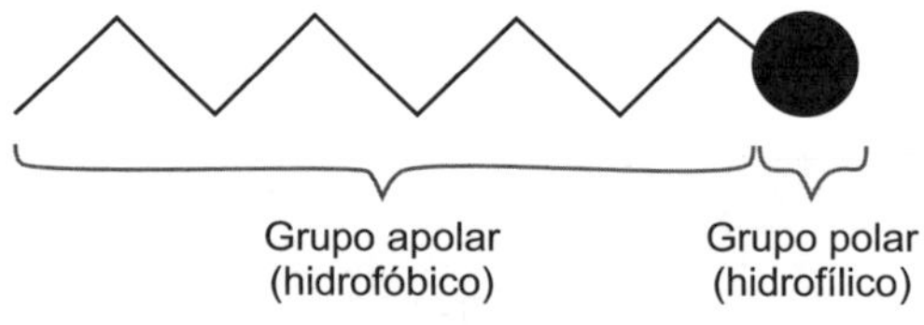

Figura 8.3. Representação esquemática de um tensoativo. (Autor: Leo Kunigk.)

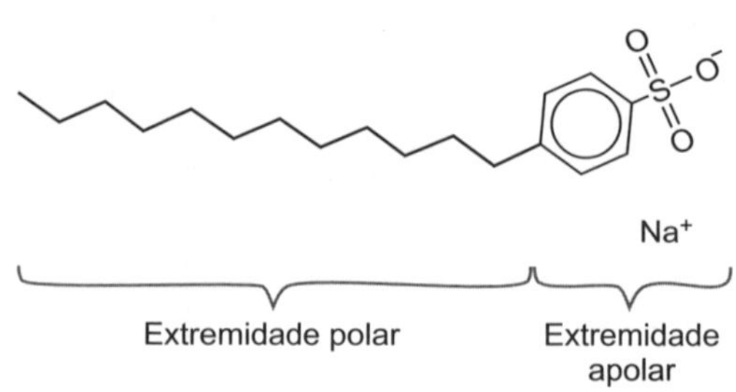

Figura 8.4. Representação esquemática do tensoativo aniônico dodecilbenzeno sulfonato de sódio. (Autor: Leo Kunigk.)

conjunto com tensoativos aniônicos, pois reagem entre si, ficando insolúveis ou ineficazes. Os tensoativos catiônicos mais empregados são os sais quaternários de amônio.

Os *tensoativos não iônicos* não formam íons quando em solução. A polaridade destes compostos é função da diferença da densidade eletrônica nas extremidades da molécula, sendo uma extremidade formada por polímeros curtos de óxido de etileno ou de propileno, e a outra extremidade formada por alguma molécula orgânica. Uma das principais características destes tensoativos é a elevada resistência a eletrólitos e águas duras e o bom desempenho numa larga faixa de pH. Exemplos de tensoativos não iônicos são os álcoois etoxilados e os nonilfenoxipoli(etilenoxi)etanol.

Os *tensoativos anfóteros* mudam sua carga elétrica em função do pH do meio, podendo ser aniônicos quando o pH é superior a 7, não iônicos em pH 7, ou catiônicos em pH inferior a 7. Os exemplos mais importantes são as betaínas e os fosfolipídeos, que produzem espuma. São pouco utilizados na indústria de alimentos, mas são comercialmente importantes para o setor de cosméticos.

Quando um composto tensoativo é adicionado à água, formando uma solução, a porção hidrofóbica da molécula tende a ser expulsa da solução aquosa, enquanto a porção hidrofílica tende a se associar a ela. Dessa forma, o tensoativo se estabiliza nas fronteiras da solução aquosa (Figura 8.5), o que favorece a adsorção às superfícies do equipamento. Portanto, dependendo do tensoativo, um simples enxágue pode ser insuficiente à sua remoção, sendo necessário um longo período de imersão, seguido de um processo de esfregadura. Caso o tensoativo aderido à superfície seja removido pelo alimento que está sendo processado, esse composto se torna um aditivo incidental. A partir de determinada concentração, entre 10^{-4} e 10^{-2} M, as moléculas do tensoativo podem-se agrupar, formando unidades estruturais denominadas micelas (Figura 8.6), que desempenham um importante papel no processo de limpeza.

Além de diminuir a tensão superficial da água, os tensoativos exercem outras duas importantes funções no processo de limpeza:

- *Ajudam a deslocar os resíduos*: no caso de resíduos de baixa polaridade (resíduos oleosos), as regiões hidrofóbicas do tensoativo se fixam na superfície do resíduo

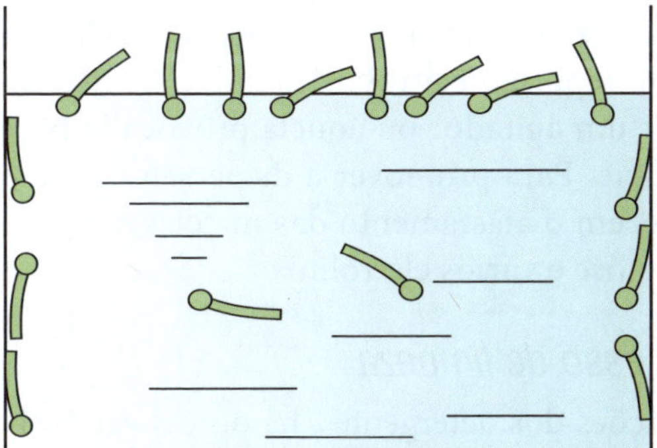

Figura 8.5. Orientação das moléculas de tensoativo na água. Adaptada de: https://www.chemicalbook.com/ChemicalProductProperty_EN_CB6310466.htm

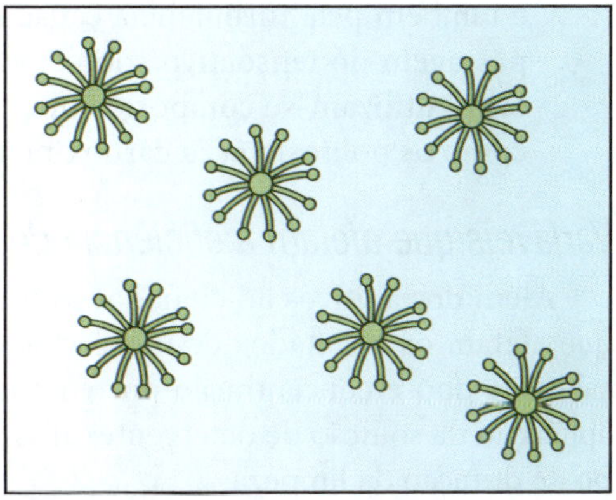

Figura 8.6. Representação das micelas de tensoativo na água.

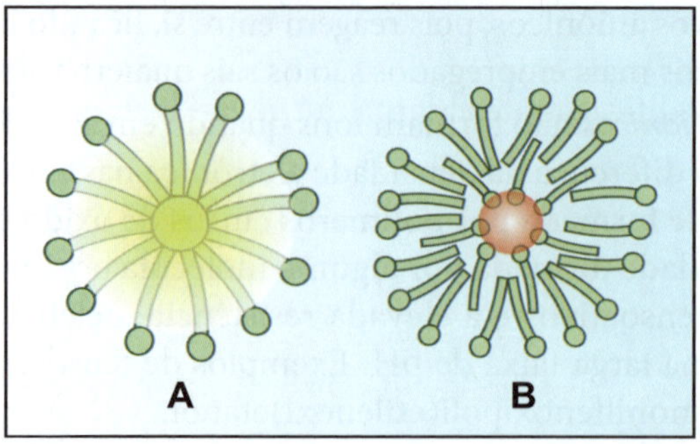

Figura 8.7. Resíduo apolar aprisionado por uma micela de tensoativo (**A**) e resíduo polar aprisionado por uma micela com duas camadas de tensoativo (**B**). (Autor: Leo Kunigk.)

e as regiões hidrofílicas ficam voltadas para a água, reduzindo a repulsão entre as gotículas de óleo e a água. Depois da aplicação de uma ação mecânica moderada, forma-se uma emulsão de gordura em água, com o resíduo oleoso aprisionado no interior da micela (Figura 8.7). No caso de resíduos com características polares, o mecanismo de remoção é similar. Os resíduos com características polares atraem a região hidrofílica da molécula do tensoativo com uma intensidade maior que as moléculas de água, deixando as regiões hidrofóbicas voltadas para a água. Essas caudas hidrofóbicas atraem as caudas de outros tensoativos, deixando as regiões hidrofílicas dessa segunda camada de tensoativos voltadas para a água, tornando o resíduo solúvel em água. Ao final, tanto os resíduos com características apolares como polares formam micelas, que têm a parte externa composta por uma camada de porções hidrofílicas.

- *Atuam na dispersão das partículas dos resíduos*: depois que os resíduos oleosos e não oleosos são aprisionados no interior das micelas, é importante que as micelas permaneçam dispersas até a sua completa remoção do sistema a fim de evitar que os resíduos se agrupem ou se associem novamente às superfícies. A dispersão ocorre em consequência da repulsão eletrostática entre as micelas e também pela turbulência causada por um agitador ou aquela provocada pela passagem do tensoativo sobre a superfície. Para promover a dispersão das micelas, utilizam-se compostos que favorecem o afastamento das micelas entre si, como os polifosfatos, a carboximetilcelulose e vários eletrólitos.

Variáveis que afetam a eficiência do processo de limpeza

Além dos aditivos adicionados às formulações dos detergentes, há outras variáveis que afetam os resultados de um processo de limpeza e que devem ser controladas, a saber: i) tipo e concentração do tensoativo (detergente) utilizado; ii) temperatura de aplicação da solução de detergente; iii) ação mecânica aplicada às superfícies; e iv) tempo de duração da limpeza.

Avaliando-se o efeito de cada uma dessas variáveis, é possível otimizar o processo de limpeza do ponto de vista econômico e também ambiental. Uma variável de custo elevado pode ser substituída por outra mais barata, assim como um detergente muito eficiente, mas pouco biodegradável pode ser substituído por outro menos eficiente, mas biodegradável, pela modificação de alguma outra variável.

A interdependência dessas quatro variáveis (*tempo*, *temperatura*, *ação mecânica* e *ação química*) na eficiência de um processo de limpeza pode ser ilustrada pelo ciclo de Sinner, como mostrado nas Figuras 8.8 e 8.9. Na Figura 8.8, as quatro variáveis apresentam a mesma influência no processo de limpeza de uma superfície, mas na Figura 8.9 a ação mecânica desempenha uma influência maior que a ação química do detergente. Dessa forma, o ciclo de Sinner mostra, graficamente, como a alteração de uma variável afeta as demais.

A importância de cada uma dessas quatro variáveis no processo de limpeza é apresentada a seguir:

1. *Ação química:* essa variável envolve a concentração e o tipo de detergente (ácido ou alcalino) e dos componentes químicos presentes na formulação. O aumento da concentração do detergente provoca uma elevação na eficiência do processo de limpeza. Entretanto, acima de determinada concentração, o ganho desaparece, pois o excesso de tensoativo resultará apenas na produção de espuma, por não haver mais resíduos a serem removidos, causando um desperdício de recursos e aumentando o impacto ambiental. Logo, a concentração do detergente deve ser calculada em função da quantidade de resíduos presentes sobre a superfície. Por sua vez, a escolha do tipo de detergente depende do tipo de resíduos, dureza da água, modo de aplicação e do material de construção da superfície. É importante salientar que o desempenho de um detergente não pode ser estimado apenas com base nos componentes de sua formulação. Dois produtos que tenham os mesmos componentes, mas em proporções diferentes, podem apresentar eficiências diferentes. Assim, um dos grandes desafios no desenvolvimento de um procedimento de limpeza é escolher corretamente o melhor detergente e a melhor concentração para determinada necessidade.
2. *Temperatura:* devido às características químicas e físicas do processo de limpeza, a temperatura assume importância considerável. A utilização de soluções aquecidas de detergentes é vantajosa, pois o calor reduz as forças de ligação entre os resíduos

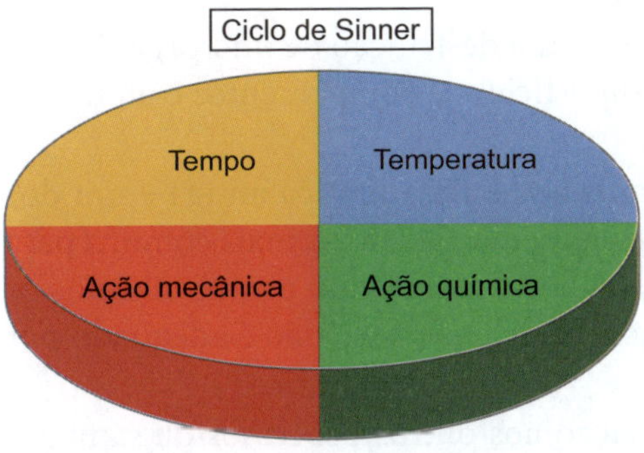

Figura 8.8. Ciclo de Sinner, onde as quatro variáveis do processo de limpeza apresentam a mesma importância para a remoção dos resíduos. (Autor: Leo Kunigk.)

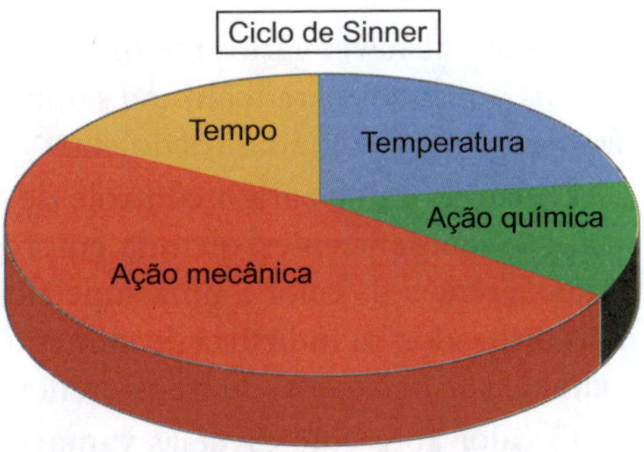

Figura 8.9. Ciclo de Sinner, onde a ação mecânica no processo de remoção dos resíduos assume uma importância muito mais significativa. (Autor: Leo Kunigk.)

e as superfícies, aumenta a solubilidade de alguns resíduos, podendo favorecer a saponificação e a hidrólise. No entanto, a temperatura não deve ser excessivamente elevada porque podem ocorrer reações indesejáveis, como a desnaturação de proteínas. Para beneficiar-se das vantagens de temperaturas mais altas, deve-se trabalhar dentro de faixas de acordo com os tipos de resíduos possíveis. A temperatura inferior é fixada pelos resíduos gordurosos e, portanto, deve estar ligeiramente acima do ponto de fusão das gorduras, e o limite superior deve estar abaixo da temperatura de desnaturação das proteínas. Geralmente, a temperatura ideal encontra-se entre 43 °C e 54 °C, ressaltando-se que temperaturas mais baixas podem ser necessárias quando se empregam detergentes termossensíveis.

3. *Ação mecânica:* a remoção efetiva da maioria dos depósitos depende de seu descolamento das superfícies e da sua transferência para o centro da solução de limpeza para possibilitar a interação com as micelas do tensoativo e a solubilização. Para que ocorra essa remoção, deve-se aplicar energia mecânica. Dependendo da intensidade com que ela seja aplicada, consegue-se reduzir tanto o tempo de limpeza como a quantidade necessária de detergente. Na limpeza manual, o efeito mecânico é obtido com escovas, esguichos e esponjas. Na limpeza por circulação das soluções, a ação mecânica é função da velocidade com que a solução passa sobre as superfícies. Na prática, a menor velocidade para limpar tubulações é 0,5 $m{\cdot}s^{-1}$. Para a limpeza de pontos cegos, como “T” e pontas de cano fechadas, podem ser necessárias velocidades superiores a 1 $m{\cdot}s^{-1}$. Para a limpeza de trocadores de calor de placas utilizados em pasteurizadores, por exemplo, recomenda-se velocidade da ordem de 1,5 $m{\cdot}s^{-1}$.
4. *Duração da limpeza:* a remoção dos resíduos é influenciada pela extensão de tempo em que a superfície é exposta a uma determinada concentração de detergente, a uma determinada temperatura e sob uma ação mecânica.

Sanitização

A sanitização é uma operação complementar à limpeza, que visa a redução da população de microrganismos presentes nas superfícies por meios físicos ou agentes químicos.

Meios físicos

Apesar de haver vários meios físicos para provocar a destruição de microrganismos, os mais utilizados para realizar a sanitização de superfícies de equipamentos e utensílios são o calor e a radiação ultravioleta.

O uso do calor para o controle de microrganismos é uma prática antiga e um dos métodos mais eficientes, quando empregado corretamente. Os meios mais comuns para a transferência de calor a uma superfície são ar, água e vapor, sendo os dois últimos os mais utilizados na indústria de alimentos. O emprego de calor seco não é adequado por conta de sua baixa taxa de transferência de calor.

O calor apresenta diversas vantagens em relação aos outros processos de sanitização. Sua aplicação é mais facilmente mensurável, a sanitização das rachaduras e outras irregularidades nas superfícies é mais eficiente, não apresenta ação seletiva significativa em relação aos microrganismos e não deixa nenhum resíduo. No entanto, há várias desvantagens: a sanitização térmica é mais cara que a sanitização química (50% da energia empregada para aquecer a água é perdida para o ambiente); alguns esporos de microrganismos podem sobreviver; água excessivamente dura (alto teor de cálcio e magnésio) pode causar a formação de depósitos minerais; resíduos dos alimentos podem ser carbonizados ou desnaturados e aderir à superfície, dificultando sua remoção e servindo como proteção para os microrganismos; o vapor pode ser perigoso para o operador; o vapor pode-se condensar em pontos frios e paredes, formando ambientes propícios à multiplicação de microrganismos. Além disso, equipamentos fabricados ou contendo polímeros sintéticos podem ser sensíveis ao calor interferindo em seu funcionamento.

Para uma sanitização térmica efetiva, é necessário que a superfície esteja entre 75 °C e 95 °C e seja mantida nesta temperatura por 5 a 20 minutos. Para a esterilização, ou seja, eliminação total de microrganismos e esporos, é necessário que seja circulado água ou vapor a uma temperatura igual ou superior a 121 °C durante 30 minutos.

A radiação ultravioleta (UV), com comprimento de onda entre 240 e 280 nm, é empregada para provocar a destruição de microrganismos presentes no ar, em superfícies e na água. Utilizam-se principalmente lâmpadas de vapor de mercúrio, com baixa pressão, em que 90% da radiação está no comprimento de onda de 254 nm, com um tempo de exposição de 2 minutos no mínimo. A radiação UV é eficiente apenas sobre os microrganismos atingidos diretamente por ela, o que requer que as superfícies estejam livres de qualquer tipo de sujidade, por menor que seja.

Agentes químicos

Os sanitizantes químicos podem ser divididos em dois grandes grupos, de acordo com o mecanismo de ação sobre os microrganismos: 1. compostos oxidantes que afetam os processos vitais das células microbianas, como por exemplo, os compostos à base de cloro e ácido peracético; e 2. compostos com ação sobre a membrana celular dos microrganismos, como os compostos de amônio quaternário, os compostos anfóteros e os glutaraldeídos.

O sanitizante químico ideal deve apresentar as seguintes características:

- Ter atividade rápida contra todos os tipos de microrganismos.
- Ser seguro e não irritante ao pessoal que o aplica.
- Não ser tóxico e ser aprovado pelos órgãos oficiais.
- Apresentar boa enxaguabilidade.
- Não alterar as propriedades organolépticas dos alimentos.
- Ser econômico.
- Ter a concentração do princípio ativo facilmente mensurada.
- Ser estável tanto na forma concentrada como em soluções diluídas.
- Não ser corrosivo.
- Ser compatível com outros produtos químicos.
- Ser solúvel em água.

Infelizmente, nenhum sanitizante apresenta todas essas características simultaneamente e a sua escolha deve levar em consideração os microrganismos que se deseja destruir e as condições nas quais ele é aplicado.

Os agentes químicos mais comumente empregados para sanitização nas indústrias de alimentos estão listados na Tabela 8.3.

Tabela 8.3. Sanitizantes químicos usados nas indústrias de alimentos			
Sanitizante	***Aplicação***	***Princípio ativo***	***Fatores que governam a eficiência***
Hipocloritos	Geralmente após a limpeza	Ácido hipocloroso	Concentração de cloro livre e tempo de contato
Cloraminas	Combinado com detergentes	Ácido hipocloroso	Os mesmos dos hipocloritos
Dióxido de cloro	Em enxágues	Dióxido de cloro	Os mesmos dos hipocloritos
Iodóforos	Em enxágues	Iodo diatômico	Concentração de iodo diatômico livre e tempo de contato
Amônio quaternários	Em enxágues	Cátion da molécula	Concentração e tempo de contato
Compostos anfóteros	Em enxágues	Cátions ou ânions das moléculas de alguns aminoácidos	Concentração e tempo de contato

Adaptada de: Hui, 2015; Marriott et al., 2006; Troller, 1993, Schmidt, 1997 (https://edis.ifas.ufl.edu/pdf/FS/FS07700.pdf)

Vários fatores afetam a eficiência de um agente sanitizante e a escolha mais acertada depende do conhecimento da ação de cada um deles, a saber:

- *Natureza química:* alguns compostos apresentam seletividade sobre certos microrganismos.
- *Concentração:* sanitizante utilizado em concentração insuficiente é ineficiente e pode provocar aumento na resistência dos microrganismos. Por outro lado, sanitizante em excesso pode alterar as características organolépticas do alimento, caso permaneça sobre a superfície, e impactar o tratamento de efluentes e o meio ambiente.
- *Tempo de exposição:* trata-se de uma variável crítica, que precisa ser monitorada de acordo com a natureza do sanitizante e do tipo de microrganismo que se deseja destruir.
- *População contaminante:* cada sanitizante é capaz de reduzir a população microbiana em um certo número de ciclos logarítmicos. Assim, sua eficiência depende do grau de contaminação presente. Além disso, quanto maior a população microbiana, maior será a probabilidade de se ter microrganismos resistentes ao sanitizante que está sendo aplicado.
- *Natureza da contaminação microbiana:* a microbiota presente sobre uma superfície é composta por diferentes tipos de microrganismos que apresentam diferentes perfis de resistência aos sanitizantes, razão pela qual a substituição periódica dos agentes sanitizantes é recomendada.
- *pH:* cada sanitizante tem um pH ideal para atuação. Esta variável deve ser cuidadosamente controlada também para evitar danos aos equipamentos (corrosão, por exemplo), ou a inativação do princípio ativo do sanitizante.
- *Temperatura:* para a maioria dos sanitizantes, o tempo de exposição deve dobrar a cada redução de 10 °C na temperatura da solução, mantendo-se constantes a

concentração, o pH e a eficiência desejada. O uso de um sanitizante em temperatura inadequada pode provocar a sua decomposição e acelerar o processo de corrosão das superfícies.

- *Presença de matéria orgânica, tensoativos e íons provenientes da água:* as superfícies devem estar livres de qualquer tipo de resíduo para evitar reações químicas com o princípio ativo do sanitizante, reduzindo sua efetividade em decorrência da redução da sua concentração.
- *Grau de acabamento (rugosidade) da superfície a ser sanitizada:* as irregularidades naturalmente presentes e aquelas que surgem pela corrosão e/ou esforços mecânicos atuam como abrigos para os microrganismos, que são atingidos somente por sanitizantes na forma gasosa ou aqueles com baixa tensão superficial. O grande perigo de se utilizar soluções de sanitizantes com tensões superficiais muito baixas é a dificuldade de removê-los da superfície.

A Tabela 8.4 apresenta as condições ideais de uso dos sanitizantes mais comumente empregados nas indústrias de alimentos, enquanto a Tabela 8.5 faz uma comparação das vantagens e desvantagens do uso destes sanitizantes.

Tabela 8.4. Condições ideais de uso de sanitizantes

Sanitizante	*Concentração recomendada (mg/L)*	*Tempo de contato (min)*	*pH ideal*	*Faixa de temperatura (°C)*	*Uso recomendado*
Cloro	100 a 200	2 a 10	4	20 a 40	Geral
Iodóforo	25	2 a 15	< 3	20 a 40	Mãos e utensílios
Amônio quaternário	100 a 200	> 24	6,0 a 10,0	20 a 50	Paredes e câmaras frias
Tensoativos aniônicos acidificados	200 a 400	30	1,6 a 2,3	30 a 65	Limpeza CIP ou manual

Adaptada de: Marriott et al., 2006.

Tabela 8.5. Vantagens e desvantagens relacionadas com diversos agentes sanitizantes

Sanitizante	*Características*
Álcoois (etanol ou isopropanol)	*Vantagens:* ampla atividade antimicrobiana, não corrosivos, excelentes para sanitização de pequenos objetos. *Desvantagens:* não agem sobre esporos bacterianos e bolores, inflamáveis, atividade residual limitada pela evaporação, ação afetada pela matéria orgânica, caros.
Cloro	*Vantagens:* largo espectro de ação, eficiente em baixas concentrações, destrói esporos, pode ser gerado no local de sua utilização, barato, elevado poder oxidante. *Desvantagens:* pode produzir subprodutos tóxicos, corrosivo, difícil manipulação, concentração afetada pela reação com polímeros extracelulares presentes em biofilmes, baixa penetração nos biofilmes, oxida sulfetos a enxofre elementar, que é de difícil remoção.
Hipoclorito	*Vantagens:* barato, eficiente, destrói esporos, desestabiliza e remove biofilmes, fácil manipulação, eficiente no controle de biofilmes. *Desvantagens:* baixa estabilidade, agente oxidante, produz subprodutos tóxicos, corrosivo, não controla a adesão inicial de microrganismos.

(Continua)

Tabela 8.5. Vantagens e desvantagens relacionadas com diversos agentes sanitizantes (continuação)	
Sanitizante	*Características*
Dióxido de cloro	*Vantagens:* pode ser gerado no local de uso, atividade é menos dependente do pH, menos sensível aos hidrocarbonetos, eficiente em baixas concentrações, destrói esporos. *Desvantagens:* gás explosivo, problemas de segurança, necessita de equipamentos específicos para a sua produção.
Cloramina	*Vantagens:* boa capacidade de penetração em biofilmes, reage especificamente com microrganismos, subprodutos menos tóxicos, efeito residual mais elevado, pois reage menos com os componentes presentes da água. *Desvantagens:* menos eficiente que o cloro contra microrganismos em suspensão, microrganismos podem adquirir resistência.
Ozônio	*Vantagens:* eficiência similar à do cloro, decompõe-se em oxigênio, não deixa resíduos, enfraquece a matriz de biofilmes. *Desvantagens:* reage com matéria orgânica e pode formar epóxidos, corrosivo, tempo de meia-vida curto, sensível a compostos presentes na água.
Peróxido de hidrogênio	*Vantagens:* decomposição resulta em água e oxigênio apenas, baixa toxicidade, facilmente gerado no local de uso, enfraquece a matriz de biofilmes, facilitando a remoção. *Desvantagens:* necessária concentração elevada (> 3%), corrosivo, resistência é comum.
Ácido peracético	*Vantagens:* muito eficiente em baixas concentrações, largo espectro de ação, destrói esporos, decompõe-se em ácido acético e água, não forma subprodutos tóxicos, consegue penetrar em biofilmes. *Desvantagens:* corrosivo, relativamente instável.
Compostos de amônio quaternário	*Vantagens:* eficientes em baixas concentrações contra microrganismos Gram-positivos, ação tensoativa, toxicidade relativamente baixa, adsorvidos pelas superfícies, ação antimicrobiana residual. *Desvantagens:* inativados por baixos valores de pH, Ca^{2+}, Mg^{2+}, aumento da resistência microbiana é observada.
Glutaraldeído	*Vantagens:* eficiente em baixas concentrações, barato, não oxidante, não corrosivo. *Desvantagens:* não penetra adequadamente em biofilmes, é degradado a ácido fórmico.

Adaptada de: Hui, 2015; Marriott et al., 2006, Troller, 1993.

Enxágues

Após a aplicação de qualquer agente de limpeza e sanitizante, as superfícies devem ser enxaguadas com água por um tempo suficientemente longo para garantir a remoção desses compostos, além dos resíduos. As características da água utilizada têm um papel importante no resultado. Terminado o enxágue, é importante que o sistema seja completamente drenado para evitar a diluição das soluções que virão na sequência, além de facilitar a secagem das superfícies.

Secagem dos equipamentos

Após o enxague, as superfícies devem estar secas o mais rápido possível, para evitar a multiplicação dos possíveis sobreviventes. Caso permaneçam molhadas por mais de 4 horas, as superfícies devem ser sanitizadas novamente, o que encarece o processo de higienização. Portanto, a secagem, que muitas vezes é negligenciada, é uma etapa importante do processo higienização.

Procedimentos operacionais

Para que se atinja a higienização desejada, as operações de limpeza e sanitização devem ser realizadas exatamente como foram planejadas, sem eliminação ou encurtamento de etapas ou modificações dos agentes químicos (detergentes ou sanitizantes) e das demais variáveis já discutidas neste capítulo.

A seguir serão apresentadas as formas como a higienização pode ser realizada.

Higienização manual

Esse procedimento é muito comum nas indústrias de alimentos, aplicado em acessórios de tubulações, tanques e equipamentos pequenos e em utensílios, como tábuas de corte, vasilhas, facas e colheres. Como ocorre contato com a pele, a temperatura e a concentração dos produtos utilizados não devem colocar em risco a segurança do responsável por sua aplicação.

A higienização manual é eficaz, mas é um procedimento caro por ser trabalhoso. Além disso, seus resultados podem variar em função do operador. A principal vantagem dessa metodologia é permitir a remoção de resíduos que não seriam removidos por outras metodologias em razão da presença de pontos mortos. Como desvantagens estão a morosidade (calcula-se que seja possível limpar apenas 0,1 a 0,2 m^2 de superfície por min) e a impossibilidade de recuperação das soluções utilizadas. A higienização manual deve seguir as seguintes etapas: pré-lavagem com água corrente para remover a sujeira grossa; lavagem com detergente adequado, evitando-se problemas de corrosão e dermatológicos, e enxágue com água quente (70-80 °C) para facilitar a solubilização dos resíduos e favorecer a secagem das superfícies.

Higienização por imersão

Essa metodologia consiste em submergir as superfícies a serem higienizadas em tanques com água morna ou com uma solução de detergente entre 50 e 65 °C e fazê-la circular em circuito fechado por 15 a 30 minutos. Esse procedimento é empregado para limpeza dos componentes de válvulas, gaxetas, utensílios, entre outros. Quando a agitação da solução não é suficiente para remover completamente os resíduos, as superfícies devem ser escovadas para completar a limpeza. Após o enxágue com água a 82 °C, também sob agitação, retiram-se as peças que são deixadas secar ao ar. Opcionalmente, adiciona-se um agente sanitizante no próprio tanque de lavagem.

Higienização com jatos

A utilização de jatos de água ou de soluções de limpeza para higienização foi desenvolvida objetivando reduzir o tempo de parada de equipamentos e superar algumas dificuldades do processo da higienização manual. O sucesso desse processo de limpeza depende da velocidade do jato e do ângulo com que ele atinge a superfície. Os melhores resultados são obtidos com pressões da ordem de 10 a 40 kgf/cm^2 e com uma inclinação do jato de 45 graus em relação à superfície. Outra variável a ser controlada é a distância entre o bocal de aplicação e a superfície, que varia entre 5 e 20 cm, dependendo do tipo de resíduo presente. Quanto maiores forem as velocidades e os ângulos do jato, maior será a tendência de formação de aerossóis, e superfícies já higienizadas e alimentos poderão contaminar-se novamente, o que constitui uma desvantagem dessa metodologia. Além disso, os aerossóis arrastados por correntes de ar podem contaminar outras áreas da indústria.

Uma variação desse método de higienização é a limpeza com jatos de espuma ou gel, que devem ser aplicados de tal forma que cubram todos os resíduos para permitir uma satisfatória interação química com eles. Após a aplicação, a espuma deve permanecer em contato com os resíduos por 10 a 15 minutos. Tempos maiores podem causar o ressecamento da espuma, que perde a capacidade de interagir com os resíduos e dificulta sua remoção. A remoção da espuma e dos resíduos deve ser feita por ação mecânica, com jatos de água a 60 °C. As vantagens em se utilizar a limpeza por espuma são a economia de mão de obra, maior facilidade de limpeza de equipamentos com geometrias complexas ou de difícil acesso e menor consumo de água e de detergentes, reduzindo o volume de efluentes a serem tratados e o impacto ao meio ambiente.

Higienização pelo sistema *clean-in-place*

Desenvolvido em meados dos anos 1950, o conceito de limpeza denominado *clean in place* ou, simplesmente CIP, foi utilizado, inicialmente, para a higienização de tubulações. Posteriormente, verificou-se que ele poderia ser aplicado também para a higienização de tanques, trocadores de calor, evaporadores e máquinas de enchimento.

A higienização pelo sistema CIP pode ser definida como a circulação, em circuito fechado e de forma automatizada, de água e de soluções de detergentes e sanitizantes por meio dos equipamentos, sem que seja necessária a sua desmontagem. Como ocorre com outros processos de limpeza, a eficiência do sistema CIP depende do tempo de contato, temperatura e concentração dos agentes de limpeza, da ação de cisalhamento das soluções (ação física) e das características das superfícies a serem higienizadas. Dessas variáveis, as quatro primeiras são interdependentes, ou seja, se uma delas aumenta, uma ou as demais podem ser reduzidas, conseguindo-se manter a qualidade da higienização.

Além dessas variáveis, o projeto de um sistema CIP também deve considerar o tipo de resíduo sobre as superfícies e garantir que haja solução suficiente para realizar a higienização das superfícies. Os materiais de construção das superfícies devem ser compatíveis com as temperaturas e os produtos químicos que serão utilizados. Um sistema CIP deve ser planejado juntamente com o projeto da empresa, de forma a garantir que ao final do ciclo da higienização todas as superfícies tenham atingido o grau de limpeza desejado. A experiência mostra que a instalação de um sistema CIP em uma indústria que, a princípio, não havia sido idealizada para adotar esse processo de higienização não dá bons resultados. Outro fator que pode comprometer a eficiência de um sistema CIP é a falta de limpeza dos tanques de estocagem das soluções de limpeza e de água utilizada para realizar a higienização.

A eficiência da limpeza de tubulações, trocadores de calor, bombas e válvulas pelo sistema CIP está diretamente relacionada com a velocidade do fluxo da água e das soluções de limpeza que circulam em seu interior, pois a turbulência que provoca o efeito de esfregamento para o deslocamento dos resíduos depende dessa velocidade. Para tanto, recomendam-se velocidades entre 1,5 e 3,0 $m \cdot s^{-1}$. No caso de tanques, não é possível atingir um regime de turbulência suficientemente elevado para garantir ação de cisalhamento adequada para causar o deslocamento dos resíduos da superfície; dessa forma, a falta de ação mecânica satisfatória deve ser compensada pelo aumento da ação química do processo de higienização.

Um sistema de higienização CIP apresenta as seguintes vantagens: i) uniformidade na qualidade da limpeza quando o projeto está corretamente dimensionado; ii) economia de mão de obra e de custo de manutenção devido à redução de quebras e desgastes causados por seguidas montagens e desmontagens; iii) redução do tempo de parada; iv) redução do custo de limpeza e do tratamento de efluentes, pois as soluções podem ser reutilizadas; v) otimização do espaço, visto que os grandes tanques podem ficar na posição vertical; vi) eliminação dos erros humanos associados à limpeza manual; vii) melhora da segurança do pessoal, que não precisa desmontar equipamentos, manipular produtos químicos ou entrar em tanques.

Os sistemas CIP podem ser divididos em sem recuperação, com recuperação parcial ou com recuperação total das soluções de limpeza e de sanitização. Podem ser divididos, também, de acordo com a sua disposição, que pode ser centralizada ou descentralizada ou, ainda, em função das superfícies a serem limpas. Entretanto, todas as higienizações realizadas por um sistema CIP devem seguir um ciclo predeterminado, independentemente do tipo ou da disposição. Um ciclo típico desse processo de higienização segue a mesma sequência das outras metodologias de limpeza, ou seja: i) pré-lavagem com água ou com a água recuperada do enxágue após a aplicação do agente sanitizante; ii) circulação de solução alcalina, realizada a quente; iii) enxágue com água, normalmente à temperatura ambiente; iv) circulação de um agente de limpeza ácido, quando houver depósitos de minerais, geralmente realizada à temperatura ambiente; v) enxágue com água à temperatura ambiente para remover os resíduos ainda presentes; vi) circulação de sanitizante à temperatura ambiente; vii) enxágue com água para remover o sanitizante, frequentemente realizado com água quente para acelerar a secagem das superfícies do equipamento.

É importante ressaltar que os acessórios de um sistema CIP devem ter um projeto sanitário para evitar que se tornem pontos de contaminação microbiológica da água e das soluções que serão utilizadas na higienização dos equipamentos e tubulações. Caso esse cuidado não seja tomado, o sistema CIP poderá se transformar em um foco centralizado de contaminação de toda a indústria, e o significado da sigla CIP poderá mudar para *Centralysed Infection Production.*

Monitoramento

Finalizada a higienização dos equipamentos, é necessário monitorar a eficiência dos procedimentos, empregando-se metodologias simples, rápidas e confiáveis, que devem fazer parte da rotina do controle de qualidade das indústrias. As avaliações universalmente aceitas para essa finalidade empregam metodologias visuais e microbiológicas. As primeiras são apenas qualitativas e as microbiológicas podem ser tanto qualitativas como quantitativas.

O monitoramento visual, com testes simples e bem conduzidos, pode ser uma ferramenta valiosa, pois apenas utilizando o tato, olfato e visão é possível avaliar se a etapa de limpeza atingiu os objetivos propostos. Assim, as superfícies que foram limpas não devem conferir sensação de oleosidade nem de aspereza ao tato, e a água deve escorrer uniformemente sobre a superfície. Sal refinado pode ser espalhado sobre a superfície para detectar umidade. Um papel branco esfregado sobre uma superfície não deve ficar manchado. Não deve ser detectada fluorescência quando se aplica luz ultravioleta com um comprimento de onda entre 340 e 380 nm sobre uma superfície.

Outros testes podem ser utilizados, dependendo da situação, como, por exemplo, espalhar solução de peróxido de hidrogênio a 3% em superfícies onde tenha ocorrido o processamento de carne. Caso haja resíduos de sangue, haverá formação de borbulhas pela ação da catalase sanguínea.

A avaliação microbiológica das superfícies também deve ser um procedimento rotineiro para verificar a qualidade do processo de higienização (limpeza microbiológica) das superfícies, auxiliando também na melhoria sanitária dos equipamentos e das instalações.

Leitura sugerida

Ash M, Ash I. Handbook of industrial surfactants. Endicott, N.Y: Synapse Information Resources, 2010.

Ayliffe GAJ, Fraise AP, Hugo WB, Lambert PA, Maillard J-Y, Russell A. Russell, Hugo & Ayliffe's principles and practice of disinfection, preservation & sterilization. Oxford: Blackwell Publ., 2004.

Block SS. Disinfection, sterilization, and preservation. Philadelphia: Lea & Febiger, 1991.

Cramer MM. Food plant sanitation: design, maintenance, and good manufacturing practices. Boca Raton, FL: CRC Press, 2022.

Edelmeyer H. Cleaning and disinfection in the meat industry: what are the considerations? Fleischwirtschaft. 1980;60:448-53.

Marriott NG, Schilling MW, Gravani RB. Principles of food sanitation. 6th Ed. Springer International Publishing AG, 2018.

Middlemiss NE, Nunes CA, Sorensen JE, Paquette G. Effect of a water rinse and a detergent wash on milkfat and milk protein soils. Journal of Food Protection. 1985;48(3):257-64. https://doi.org/10.4315/0362-028X-48.3.257

Métodos de enumeração, detecção e identificação de microrganismos em alimentos

9

Maria Teresa Destro
Bernadette Dora Gombossy de Melo Franco

A análise microbiológica rotineira dos alimentos pode ser dividida em dois grupos: a enumeração dos microrganismos indicadores e a detecção de patógenos. Patógenos são aqueles microrganismos que causam danos à saúde pública e sua detecção está relacionada com a inocuidade do produto analisado. Por outro lado, a enumeração dos microrganismos indicadores fornece informações sobre os cuidados higiênicos na cadeia do alimento e são importantes, principalmente, nas relações comerciais. Para realizar essas determinações podem ser empregados métodos tradicionais (métodos clássicos) ou métodos alternativos, ainda erroneamente denominados métodos rápidos. Quando necessário, esses métodos são complementados com testes de identificação de microrganismos, que também podem ser tradicionais ou alternativos.

Os métodos tradicionais foram desenvolvidos há muitos anos e são utilizados, desde então, com pouca ou nenhuma alteração. São aceitos internacionalmente e são considerados "padrão ouro" para análise microbiológica de alimentos. Entretanto, são trabalhosos, demorados e requerem grande quantidade de material de laboratório, além de estarem mais suscetíveis a erros humanos e dificultarem a rastreabilidade das análises.

Os métodos alternativos foram idealizados visando à simplificação dos métodos tradicionais, ou sua automação, levando à redução no tempo de trabalho e, muitas vezes, também no tempo para obtenção de resultados. Para serem empregados, os métodos alternativos devem ter sido submetidos à validação por entidades reconhecidas internacionalmente, como AOAC International (American Official Analytical Methods) ou AFNOR (Association Française de Normalisation). Em uma validação, o desempenho do método alternativo é comparado ao do método de referência e, em caso de resultados adequados, um certificado é emitido especificando quais as matrizes alimentícias utilizadas na validação e qual o tamanho da unidade analítica. É importante ressaltar que esses métodos devem ser sempre empregados seguindo-se fielmente as especificações que constam nos seus protocolos de utilização, pois foi dessa maneira que foram validados, não sendo permitidas alterações. Antes de colocar em uso um método alternativo, mesmo que validado, o laboratório deve verificar se tem a capacidade técnica necessária para utilizá-lo corretamente de acordo com o descrito na norma ISO 16140.

É importante ressaltar que a etapa que antecede qualquer análise é a obtenção da porção analítica do alimento a ser analisado, que deve ser representativa do produto todo, seguido de sua homogeneização com um diluente apropriado, selecionado de acordo com a natureza do alimento e do(s) microrganismo(s) investigado(s). Essa etapa é de importância vital para o sucesso de uma análise, independentemente do método a ser adotado.

Existem inúmeras opções de métodos de análise microbiológica de alimentos, e os mais importantes estão descritos a seguir.

MÉTODOS DE ENUMERAÇÃO DE MICRORGANISMOS

Métodos tradicionais

- Semeadura em placas
- Tubos múltiplos
- Filtração em membrana

Métodos alternativos

- Métodos alternativos manuais
  - Placas Petrifilm™
  - Placas Compact Dry
  - Placas MC-Media Pad®
  - Placas SimPlate®
  - Sistemas (kits) para análise microbiológica de água
- Métodos alternativos automatizados
  - Tempo™
  - Sistemas colorimétricos e de impedância

MÉTODOS DE DETECÇÃO DE PATÓGENOS

Métodos tradicionais

Métodos alternativos

- Métodos imunológicos
  - Imunodifusão
  - Imunocromatografia
  - Separação imunomagnética
  - Ensaios imunoenzimáticos (EIA)
- Métodos baseados em ácidos nucleicos
  - Reação em cadeia da polimerase (PCR)
  - Amplificação isotérmica

MÉTODOS DE IDENTIFICAÇÃO DE MICRORGANISMOS

Métodos tradicionais

Métodos automatizados

- Coloração
- Testes bioquímicos miniaturizados
- Métodos genotípicos

Métodos de enumeração de microrganismos

Antes de sua utilização, a porção analítica do alimento deve ser homogeneizada com um diluente adequado e, dependendo do nível de contaminação esperada, submetida a diluições sequenciais, feitas geralmente em escala decimal (1:10, 1:100, 1:1000 etc.), empregando-se o mesmo diluente.

Métodos tradicionais

Os métodos tradicionais utilizados para enumeração de microrganismos em alimentos são de três tipos: semeadura em placa, tubos múltiplos e filtração em membrana.

Semeadura em placas

A semeadura em placas pode ser de dois tipos: em profundidade e em superfície.

Na semeadura em profundidade (ou *pour plate*), alíquotas (1 mL, 0,1 mL etc.) das diluições da porção analítica são depositadas em placas de Petri vazias, adicionando-se, em seguida, o meio de cultura contendo ágar, que ainda deve estar líquido, mas em temperatura que não cause danos aos microrganismos. A próxima etapa é a homogeneização, seguida da solidificação do meio de cultura contendo o material em teste em uma superfície plana. As placas são colocadas em estufas, geralmente em posição invertida (isto é, com a tampa para baixo) e, após o período adequado de incubação, são submetidas à contagem das colônias presentes. A população é calculada levando em consideração o volume da alíquota adicionada à placa e as diluições utilizadas, sendo o resultado expresso em unidades formadoras de colônias (UFC) por grama ou mL de amostra.

Na semeadura em superfície (ou *spread plate*), as alíquotas das diluições da porção analítica são adicionadas às placas de Petri com o meio de cultura pré-distribuído e solidificado, e espalhadas em toda a superfície do meio com auxílio de uma alça de Drigaslki (bastão em L ou em T) até completa absorção. O restante do procedimento é igual ao *pour plate*. A semeadura em superfície também pode ser realizada automaticamente empregando-se um semeador espiral (*spiral plater*).

Vantagens e limitações: método simples, barato, possível de ser realizado em qualquer laboratório que tenha a estrutura básica necessária. Por outro lado, é demorado, sujeito a erros humanos (temperatura do ágar, diluições, volume inoculado, contagem etc.) e a rastreabilidade dos ensaios não pode ser garantida.

Tubos múltiplos

A técnica dos tubos múltiplos permite que se estime, com base estatística, a população de microrganismos viáveis em uma amostra. Essa estimativa é chamada de número mais provável (NMP), estando baseada no princípio da diluição de extinção. A metodologia consiste na adição de alíquotas das diluições decimais da porção analítica do alimento a tubos de ensaio contendo caldo de cultura. Partindo de uma única amostra homogeneizada, é necessário empregar pelo menos três diluições decimais consecutivas, cada uma delas em triplicata. Para cálculo do NMP, utiliza-se uma tabela estatística (Tabela de Hoskins) de acordo com o número de tubos positivos, isto é, com crescimento microbiano para cada diluição analisada. Caso haja interesse por maior precisão na estimativa da população bacteriana, o número de réplicas por diluição pode ser aumentado para 5, 8 ou 10.

A técnica do NMP é mais utilizada para enumeração de coliformes e *E. coli* em alimentos, mas também pode ser empregada para quantificação de patógenos (p. ex., *Salmonella*, *E. coli* produtora de toxina Shiga (STEC), *Listeria monocytogenes*) quando presentes em baixo número em um alimento.

Vantagens e limitações: além da facilidade da interpretação dos resultados, essa técnica permite que compostos antimicrobianos presentes no alimento sejam diluídos, diminuindo sua interferência nos resultados. Além disso, permite a estimativa de população de patógenos. Por outro lado, é muito trabalhosa, exigindo grande quantidade de vidraria, meios de cultivo e espaço no laboratório. O tempo para obtenção de resultados é longo, a precisão é baixa e é muito suscetível a erros humanos. Apresenta problemas para a rastreabilidade das análises.

Filtração em membrana

A técnica de filtração em membrana consiste na passagem do material em análise por uma membrana filtrante com poros de tamanho predeterminado (usualmente de 0,45 μm), com emprego de vácuo controlado. O diâmetro dos poros é suficientemente pequeno para reter os microrganismos que estão no material filtrado e, ao mesmo tempo, permitir que eventuais agentes inibidores presentes sejam eliminados. Após a filtração, a membrana com os microrganismos retidos é transferida para uma placa de Petri contendo meio de cultivo sólido, seguido de incubação. Durante a incubação, os nutrientes do meio necessário para o desenvolvimento dos microrganismos se difundem pela membrana, permitindo a formação de colônias que podem ser contadas. Os resultados são expressos em UFC por grama ou mL de produto, levando em consideração as diluições e o volume filtrado. Essa técnica tem sido utilizada nos laboratórios para enumeração de microrganismos em produtos líquidos e água e também para a esterilização de soluções sensíveis à autoclavagem (p. ex., carboidratos).

Vantagens e limitações: a possibilidade de se analisar um volume maior de material e concentrá-lo através da passagem pela membrana faz com que a sensibilidade do método seja maior que a das técnicas de semeadura em profundidade ou em superfície. A filtração e a consequente eliminação de agentes bacteriostáticos ou bactericidas possivelmente presentes no material analisado também tornam o método bastante atrativo, além de os resultados serem obtidos em menor tempo que os demais métodos tradicionais de enumeração. No entanto, a impossibilidade de aplicação para análise de materiais turvos ou particulados restringe seu emprego.

Métodos alternativos

Os métodos alternativos para enumeração de microrganismos em alimentos visam a facilitar e otimizar a realização de análises e diminuir o tempo para a obtenção dos resultados. Esses métodos incluem sistemas comerciais manuais "prontos para uso" e também equipamentos automatizados, com diferentes níveis de automação. Suas principais características são eliminar a etapa de preparo de meios de cultivo e diminuir a quantidade de vidraria de laboratório necessária. Existe uma grande variedade de opções no mercado mundial e neste capítulo são citadas algumas disponíveis no mercado brasileiro quando da preparação do capítulo. Por razões didáticas, aqui os sistemas são descritos de forma sucinta, devendo os interessados em mais detalhes consultar os respectivos fabricantes e/ou distribuidores. Não foi objetivo do capítulo apresentar uma lista exaustiva das opções disponíveis no mercado.[1]

Métodos alternativos manuais

Os métodos alternativos manuais constituem os sistemas chamados "prontos para uso", ou seja, não requerem a preparação prévia de meios de cultura e, em alguns casos, diluições do material em análise.

Placas Petrifilm™

As placas Petrifilm™ são constituídas por uma lâmina de papel recoberto com polietileno e meio de cultivo desidratado, e por um filme plástico superior. O meio de cultivo contém os nutrientes e agentes de seletividade necessários aos microrganismos investigados, um agente gelificante solúvel em água a frio, e um indicador de atividade metabólica. Esses compostos ficam em uma área circular, circundada por uma barreira que define a área de semeadura do material em análise.

Para utilizar as placas Petrifilm™, o filme superior é levantado e uma alíquota do material em análise é depositada na área de semeadura. O filme superior é então baixado, aplicando-se em cima um "espalhador" de plástico para distribuição uniforme da alíquota na área de semeadura. O líquido presente no material inoculado hidrata o meio de cultivo e o agente gelificante. As placas são então incubadas de acordo com as especificações para o grupo de microrganismos que está sendo avaliado. As colônias são enumeradas e os resultados expressos em UFC/g ou mL, levando em consideração as diluições realizadas.

Placas *Compact Dry*

A tecnologia *compact dry* é empregada para fabricação de vários sistemas "prontos para uso", por diferentes empresas, mas todas têm em comum o fato de serem dispositivos plásticos rígidos contendo meios de cultivo desidratados, exclusivos de cada empresa.

Para a inoculação, remove-se a tampa dos dispositivos, adiciona-se 1 mL do material em análise (porção analítica diluída conforme necessário) e recoloca-se a tampa. O material adicionado espalha-se naturalmente pelo dispositivo, reidratando o meio de cultivo. A incubação é realizada de acordo com as instruções de cada fabricante, para cada grupo de microrganismo investigado. As colônias que se desenvolvem têm cores diferentes devido aos substratos cromogênicos e indicadores redox presentes em cada tipo de placa, permitindo sua identificação. Após a contagem das colônias, os resultados são expressos em UFC/g ou mL, levando em consideração as diluições empregadas.

Placas MC-Media Pad®

Similares às placas anteriormente citadas, as placas MC-Media Pad® apresentam uma estrutura multicamadas formada por um suporte de tecido não tecido contendo almofada de teste *(pad)*, recoberto por uma película transparente. O *pad* contém meio de cultura, um polímero de absorção de água, substratos cromogênicos e agentes de seletividade para cada tipo de microrganismo a ser enumerado.

Para a inoculação, as placas são abertas levantando-se diagonalmente a película superior e uma alíquota do material em análise é depositada no *pad*. O material em

[1]A menção de produtos, marcas e nomes comerciais não constitui endosso por parte das autoras.

teste se difunde por todo o *pad* por capilaridade. As placas são fechadas, incubadas, enumerando-se as colônias coloridas. Os resultados são expressos em UFC/g ou mL, de acordo com as diluições realizadas.

Placas SimPlate®

As placas SimPlate® são de plástico, redondas, e têm 84 cavidades. São empregadas para enumeração de microrganismos com base na tecnologia de detecção binária (SimPlate Binary Detection Technology®), com resultados expressos em número mais provável (NMP) por grama ou mL.

Para a inoculação das placas, uma alíquota do material em análise, diluído conforme necessário, é adicionada a um frasco com o meio de cultura cromogênico SimPlate recém-hidratado, e a mistura é transferida para o centro da placa SimPlate®. Com a aplicação de movimentos de rotação, a mistura distribui-se pelas 84 cavidades da placa e o excesso é absorvido pela esponja de uma câmara de drenagem, localizada na borda da placa. As placas são incubadas sem inversão, nas condições indicadas para o grupo de microrganismos que está sendo enumerado. Dependendo do número de cavidades positivas (alteração de cor ou fluorescência), determina-se o NMP pela consulta à tabela de conversão SimPlate, considerando o fator de diluição empregado.

Sistemas (*kits*) para análise microbiológica de água

A detecção e a enumeração de coliformes e *E. coli* em amostras de água é tradicionalmente realizada empregando-se as técnicas dos tubos múltiplos ou filtração em membrana, já descritos anteriormente. Existem, no mercado, vários sistemas alternativos (*kits*) para a análise desses microrganismos em água, explorando sua capacidade de produzirem enzimas que agem sobre certos substratos, gerando cor ou fluorescência. Para a realização dos testes, adicionam-se 100 mL da água em análise a um dispositivo contendo esses substratos, incuba-se e observa-se a mudança de cor ou a fluorescência. O resultado é relatado como presença ou ausência de coliformes e/ou *E. coli* em 100 mL.

Os substratos utilizados nesses *kits* podem ser X-GAL (5-bromo-4-cloro-3-indoxil-β-D-galactopiranosídeo) que, quando clivado pela β-galactosidase produzida pelos coliformes, altera a cor do meio de cultivo de amarelo para azul-esverdeado; ONPG (o-nitrofenil-β-D-galactopiranosídeo), que também é clivado pela β-galactosidase, alterando a cor do meio de cultivo de incolor para amarelo; e MUG (4-metilumbeliferil-β-D-glucuronídeo) que, quando clivado pela β-glucuronidase, produzida principalmente por *E. coli*, origina fluorescência azul quando examinado sob luz ultravioleta (366 nm).

Exemplos de *kits* baseados nesses princípios são o Colilert®, Fluorocult®, Readycult® e Colitag®. Os dois últimos podem ser utilizados em testes quantitativos de número mais provável, empregando-se as placas Colitag® NMP e sistema Quanti-Tray®, respectivamente.

Vantagens e limitações dos sistemas "prontos para uso": são de fácil utilização, convenientes e permitem economia de espaço, de meio de cultivo e de tempo na realização das análises e na obtenção de resultados, o que faz com que a relação custo-benefício seja boa. Dentre as limitações para as "placas prontas para uso" podem ser citadas a interferência da cor do alimento analisado e dos resíduos de alimento na leitura dos resultados. No caso das placas SimPlate®, não há isolamento de colônias, o que impossibilita análises complementares.

Métodos alternativos automatizados

Tempo™

O Tempo™ é um sistema que permite a determinação automatizada de indicadores de qualidade em alimentos empregando meios de cultivo exclusivos, contendo um indicador fluorescente, disposto em um cartão plástico (cartão Tempo). Esse cartão corresponde a uma miniaturização do método de NMP, permitindo a inoculação equivalente a 16 tubos de cada uma de três diluições de uma amostra. O sistema Tempo™ consiste em duas estações de trabalho: na primeira (estação de preparação), o operador faz a mistura de uma alíquota do material em análise com o meio de cultivo específico para o grupo de microrganismos a ser determinado e o equipamento procede à inoculação e vedação dos cartões, que devem ser transferidos pelo operador para uma estufa para incubação nas condições determinadas. Na segunda estação (estação de leitura), o equipamento Tempo™ determina o número de microrganismos presentes na amostra, empregando métodos estatísticos, com base no número de resultados positivos no cartão (fluorescentes e não fluorescentes). Os resultados podem ser transferidos automaticamente para o sistema de gerenciamento de informação do laboratório (LIMS - Laboratory Information Management System).

Vantagens e limitações: o sistema Tempo™ é simples e de fácil utilização, permitindo aumentar a produtividade do laboratório. A automatização reduz a ocorrência de erro humano e assegura a rastreabilidade completa da análise, facilitando auditorias. Algumas matrizes alimentícias, ricas em enzimas, excessivamente ácidas ou com cor muito intensa, podem não ser compatíveis com o sistema, limitando seu emprego.

Sistemas colorimétricos e de impedância

As técnicas de colorimetria e de impedância podem ser automatizadas para a avaliação da esterilidade comercial de produtos finais ou da qualidade de matérias-primas, em substituição aos métodos tradicionais de contagem de microrganismos, mencionados anteriormente. Essas soluções são baseadas na capacidade dos microrganismos em metabolizar determinados substratos, causando alterações de cor ou de condutividade elétrica, que são automaticamente detectadas e medidas pelos equipamentos a intervalos curtos. A velocidade das alterações dos meios de cultivo, ou seja, o tempo necessário para que essas alterações sejam mensuradas, é diretamente proporcional ao número de microrganismos presentes. Entre os sistemas existentes com essa tecnologia estão o Bact/Alert® e o Soleris®.

Vantagens e limitações: a grande vantagem desses sistemas é permitir intervenções operacionais mais rápidas e eficientes, além de facilitar a liberação de produtos para o mercado, sem comprometimento da qualidade e segurança. Seu emprego está limitado a produtos líquidos ou pastosos, o que restringe sua aplicação.

Métodos de detecção de patógenos

Métodos tradicionais

De acordo com as estimativas internacionais, há pelo menos 31 espécies de microrganismos patogênicos causadores de DTA. Para cada um deles, vários métodos analíticos tradicionais estão disponíveis, oficiais e também experimentais, com diferentes graus de sensibilidade, especificidade e precisão. Não é objetivo deste capítulo detalhar cada um desses métodos tradicionais, devendo o leitor interessado consultar bibliografia complementar e a leitura sugerida no final deste capítulo.

Apesar de existir uma forte tendência para que os patógenos em alimentos sejam quantificados, até o momento são poucas as opções de métodos validados para esse fim, predominando ainda os testes qualitativos de detecção de presença/ausência (P/A). A vantagem dos métodos quantitativos é permitir a avaliação da eficiência de intervenções realizadas durante o processamento do alimento.

Os métodos tradicionais qualitativos de pesquisa de patógenos empregam etapas de enriquecimento primário e secundário, que podem ser não seletivas ou seletivas, seguido de semeadura em pelo menos dois meios de cultivo seletivos diferenciais que empreguem sistemas diferentes para detecção do patógeno-alvo. As colônias suspeitas de serem o microrganismo de interesse devem ser submetidas à purificação e identificação bioquímica e, em alguns casos (p. ex., *Salmonella*), devem, ainda, ser submetidas a provas sorológicas.

Vantagens e limitações: dentre as vantagens de seu emprego pode ser citado o fato de serem sensíveis, de fácil execução e passíveis de realização, sem necessidade de grandes investimentos em equipamentos de laboratório. Além disso, há a possibilidade de obtenção de uma colônia pura do patógeno-alvo para a realização de estudos complementares. Como desvantagem destaca-se o longo tempo para obtenção de um resultado confirmado, dificultando a liberação de produtos para o mercado e retardando a elucidação de surtos de DTA.

Métodos alternativos

Os métodos alternativos para detecção de patógenos foram desenvolvidos com o objetivo de superar as limitações dos métodos tradicionais, permitindo a obtenção de resultados mais rapidamente sem perda de sensibilidade e especificidade. Esses métodos estão em constante aprimoramento e seu emprego nos laboratórios de análise de alimentos é crescente.

Todos os métodos alternativos devem ser validados por entidades reconhecidas internacionalmente antes de serem empregados e devem apresentar sensibilidade e especificidade adequadas às necessidades do laboratório. A sensibilidade de determinado teste é sua capacidade de detectar corretamente a presença do organismo-alvo na amostra (positivo verdadeiro); especificidade é a capacidade de o teste distinguir o microrganismo procurado dos demais microrganismos presentes ou indicar que a amostra não tem o patógeno-alvo (negativo verdadeiro). Métodos analíticos que resultam em muitos resultados negativos falsos não são confiáveis, pois podem colocar em risco a saúde dos consumidores e comprometer marcas comerciais de empresas produtoras de alimentos. Por outro lado, métodos analíticos com muitos resultados positivos falsos podem causar grandes prejuízos financeiros, tanto para a empresa produtora do alimento quanto para o laboratório que realiza as análises.

A maioria dos métodos alternativos necessita de uma etapa de enriquecimento tradicional em meio líquido, de pelo menos 18 horas, pois a população de patógenos nos alimentos é usualmente baixa e pode haver presença de agentes inibidores no alimento, além de haver a possibilidade de ocorrência de lesão subletal, inviabilizando a detecção. Enriquecimentos por tempos mais curtos podem ser interessantes, mas é importante que se leve em consideração que a recuperação de microrganismos estressados ou com lesão subletal pode não ser possível, o que pode levar a resultados negativos falsos, que não são aceitáveis. Outro fator que pode afetar o desempenho dos métodos alternativos é a qualidade dos meios de cultura empregados nas etapas de enriquecimento. Apesar de a formulação de determinado meio ser a mesma para diferentes marcas, a qualidade da matéria-prima empregada por cada uma delas difere, podendo afetar a eficiência deles. Assim, é fundamental que sempre sejam empregados os meios de cultivo descritos nos encartes preparados pelos produtores dos métodos alternativos, pois foi com eles que os testes foram validados.

Os métodos tradicionais são considerados padrão ouro para a detecção de patógenos e sempre que são encontrados resultados positivos com o emprego de métodos alternativos, deve-se proceder ao isolamento do microrganismo-alvo por semeadura em meios de cultivo adequados. Apesar de ser necessário para fins epidemiológicos ou para esclarecimento de surtos de DTA, na rotina de um laboratório esse procedimento aumenta o tempo de liberação de resultados e eleva o custo das análises. Além disso, pode ocorrer a não confirmação de um resultado obtido por um método alternativo, o que gera um resultado "positivo-falso". Isso pode ocorrer por diversos fatores, como a maior sensibilidade dos métodos alternativos quando comparada à dos métodos tradicionais, ou o estado fisiológico dos microrganismos, que pode impedir sua detecção pelo método tradicional. Dessa forma, os "positivos-falsos" podem não ser falsos e, sim, "positivos não confirmados". O Centers for Disease Control and Prevention (CDC) dos Estados Unidos já vem, há anos, apresentando resultados de detecção de patógenos em surtos de DTA empregando quatro categorias de resultados: positivo por cultivo; positivo por teste diagnóstico cultivo-independente (CIDT) e confirmado por cultivo; CIDT positivo, mas não confirmado por cultivo; e CIDT positivo e não submetido a cultivo. Esses dois últimos, considerados "positivos-falsos", são também considerados na identificação de surtos.

Os métodos alternativos atuais para detecção de patógenos em alimentos podem ser colocados em duas categorias: os métodos imunológicos e os métodos baseados em ácidos nucleicos.

Métodos imunológicos

Os métodos imunológicos exploram as reações antígeno-anticorpo. Anticorpos são proteínas produzidas por organismos vivos ou em culturas celulares, capazes de se ligar a partes (epítopos) do microrganismo de maneira extremamente específica, como uma chave em uma fechadura. Os testes imunológicos para análise microbiológica de alimentos empregam anticorpos monoclonais ou policlonais, produzidos em laboratório, específicos para o patógeno-alvo em diversos formatos: imunodifusão, imunocromatografia, separação imunomagnética e os ensaios imunoenzimáticos.

Imunodifusão

Um teste alternativo comercial que emprega essa tecnologia é o 1-2 Test® para *Salmonella*. O teste é constituído por um dispositivo plástico de uso único, composto por duas câmaras interligadas, sendo uma horizontal e outra vertical. Para seu uso, o material em teste deve ser submetido a um enriquecimento no meio de cultivo recomendado pelo fabricante e uma alíquota do meio enriquecido é adicionada à câmara horizontal, que contém um meio de cultivo seletivo semissólido (meio de motilidade). No topo da câmara vertical adiciona-se soro polivalente H (flagelar) de *Salmonella*, que se desloca para baixo pela gravidade. Durante a incubação, a *Salmonella* se move por meio de motilidade e, ao se encontrar com os anticorpos da câmara vertical, ocorre a ligação entre os antígenos-alvo do microrganismo e os anticorpos (imunoimobilização), formando uma imunobanda de fácil visualização, indicando a positividade do teste.

Imunocromatografia

Os testes por imunocromatografia, também chamados testes de fluxo lateral (*lateral flow*), combinam cromatografia com reações imunoquímicas. Os testes são constituídos de tiras plásticas com uma área para aplicação do material em teste, formada por um *pad* que permite o fluxo do material para a área seguinte, e uma área de reação, em que os anticorpos imobilizados e marcados com partículas de ouro nanocoloidal, partículas de látex ou outro agente, reagem com o material em teste, formando uma banda colorida de fácil visualização. Na área de reação, existe um controle do teste, que deve ser positivo, indicando que o material migrou no dispositivo plástico conforme esperado. Na extremidade oposta da tira existe um *pad* absorvente que auxilia na manutenção do fluxo dos líquidos e evita que haja retorno do material inoculado. Para uso, o material em teste deve ser submetido a um enriquecimento no meio de cultivo recomendado pelo fabricante.

São várias as opções comerciais baseadas em imunocromatografia, que apresentam estrutura semelhante, variando quanto aos requisitos para o pré-enriquecimento do material em teste e aos anticorpos utilizados nos dispositivos. Os mais conhecidos são o Hygiena™ Lateral Flow System, Singlepath®, Duopath®, VIP® Gold, Reveal® 2.0, RapidChek® SELECT™ e Oxoid Listeria Rapid Test (OLRT).

A interpretação dos resultados em todos é simples: duas bandas coloridas nítidas indicam uma amostra positiva para o microrganismo-alvo, e uma banda colorida só no controle indica um resultado negativo. Ausência de banda no local do controle invalida o teste.

Separação imunomagnética

Na separação imunomagnética, o microrganismo-alvo é extraído do meio de cultura onde se encontra por meio de sua reação com micro ou nanopartículas magnéticas revestidas com anticorpos específicos, seguido de aplicação de um campo magnético. Após lavagens, o complexo partícula-microrganismo pode ser submetido a testes de confirmação por métodos convencionais ou alternativos. As principais vantagens de sua aplicação são a rapidez para concentração do patógeno de interesse e a minimização da interferência da microbiota acompanhante e dos componentes do alimento nos testes complementares de confirmação. Exemplos de sistemas que utilizam essa tecnologia são Captivate™, Assurance® GDS e Pathatrix™.

Ensaios imunoenzimáticos

Nos ensaios imunoezimáticos (EIA), também conhecidos como ELISA (do inglês enzyme-linked immunosorbent assay), o microrganismo alvo é detectado pela sua reação com anticorpos e um sistema repórter enzima-substrato. Os testes empregam dois tipos de anticorpos: o de captura, adsorvido a uma superfície sólida inerte, e o de detecção, específico para o microrganismo investigado, conjugado com uma enzima, que pode ser cromogênica, quando o substrato é convertido em algum composto colorido; ou fluorogênica, quando o substrato convertido é fluorescente. As enzimas mais empregadas nos sistemas repórter são fosfatase alcalina e peroxidase de raiz forte (*horseradish peroxidase*). Os testes são realizados em placas de microdiluição prontas para uso, nas quais as cavidades estão revestidas com os anticorpos de captura. Após o enriquecimento do material em teste, conforme recomendado pelo fabricante, o caldo resultante é aquecido e transferido para as cavidades da microplaca. Se o antígeno-alvo estiver presente no caldo, ele se ligará ao anticorpo de captura. Após um tempo para que essa reação ocorra, são realizadas lavagens para remover substâncias não ligadas. A seguir, o anticorpo conjugado com a enzima é adicionado e, após o tempo de reação, novas lavagens são realizadas. O substrato adequado à enzima é adicionado, observando-se o desenvolvimento de cor ou fluorescência, que é indicação de que o microrganismo de interesse estava presente no material analisado.

Existem no mercado vários sistemas "prontos para uso", compostos apenas por microplacas revestidas com os anticorpos de interesse, como o Transia™, e também sistemas totalmente automatizados, incluindo a leitura espectrofotométrica, como o VIDAS®. Nele os anticorpos de captura estão aderidos ao interior de ponteiras plásticas e todos os reagentes necessários estão acondicionados nas cúpulas de um barrete plástico de uso único. Os anticorpos de detecção são conjugados com fosfatase alcalina e o substrato utilizado é o 4-metil-umbeliferil-fosfato.

Vantagens e limitações dos EIA: o emprego de dois anticorpos faz com que esses testes apresentem elevada sensibilidade e especificidade sem exigir equipamentos especializados de laboratório, podendo a leitura ser realizada visualmente ou com um leitor de microplaca. Por terem diversas etapas de adição de reagentes e lavagens, são trabalhosos, o que pode levar a erros do operador. O sistema automatizado diminui esse risco e assegura a rastreabilidade das análises.

Métodos baseados em ácidos nucleicos

Os métodos que utilizam ácidos nucleicos mais empregados para detectar patógenos em alimentos são baseados na reação em cadeia da polimerase (PCR, do inglês *polimerase chain reaction*) e na amplificação isotérmica de ácidos nucleicos.

Reação em cadeia da polimerase

A reação em cadeia da polimerase (PCR) é um dos principais avanços científicos do século XX, tendo seu idealizador recebido o prêmio Nobel de Química em 1993. A PCR é uma reação em que são geradas milhares de cópias de um DNA-alvo, através da ação de uma enzima termoestável denominada Taq polimerase, capaz de polimerizar desoxinucleotídeos (dNTP) a partir de oligonucleotídeos iniciadores (*primers*), empregando um DNA-alvo como modelo (*template* ou molde).

Os *primers* são pequenas sequências de DNA sintetizadas em laboratório que flanqueiam a região-alvo do DNA a ser copiado e são complementares a ela. Os *primers* definem as extremidades da sequência-alvo que é específica para determinado gênero ou espécie de microrganismo, e são orientados de maneira a permitir que a polimerase produza as cópias na direção correta. Em várias reações de PCR são também utilizadas sondas, que também são oligonucleotídeos complementares a uma região interna da sequência-alvo localizada entre os dois *primers* e servem para sinalizar a ocorrência da reação de amplificação.

Um ciclo completo de PCR é constituído por três etapas, realizadas em temperaturas diferentes, o que explica a necessidade de um termociclador com regulagem automática de temperatura. De forma simplificada, as etapas são: 1. denaturação: o material em análise é aquecido (94 °C a 98 °C) para que o DNA (fita dupla) se separe em fitas simples e lineares; 2. pareamento (*annealing*): os *primers* ligam-se ao DNA molde em temperatura entre 40 °C e 60 °C, dependendo do pareamento esperado, iniciando uma nova fita dupla de DNA; 3. extensão (*extension*): a polimerase, que é ativa a 70 °C-75 °C, faz a ligação do dNTPs a essa nova fita, gerando o DNA complementar completo. A etapa 2 termina com duas fitas de DNA contendo apenas os *primers* pareados, enquanto a etapa 3 termina com duas fitas de DNA idênticas ao DNA-alvo. Uma reação de PCR tem entre 30 e 40 ciclos, o que gera mais de um milhão de cópias do DNA-alvo.

Os testes comerciais para detecção de patógenos em alimentos empregando PCR seguem os princípios apresentados acima, mas apresentam especificidades, principalmente no que se refere a desenho dos *primers*, sondas ou polimerase empregada, que varia de acordo com o microrganismo investigado. Todos são PCR em tempo real (*real time PCR*), ou seja, a detecção ocorre conforme vão sendo produzidas as cópias da sequência de DNA-alvo. Isso é possível com o emprego de moléculas repórteres fluorescentes, como o SYBR® Green, que se intercala em qualquer DNA dupla fita, sem qualquer especificidade. Em solução apresenta baixa fluorescência, mas, quando ligado ao DNA, essa fluorescência é muito aumentada. Assim, conforme a sequência-alvo é amplificada e acumulada, mais sinal fluorescente é detectado. Dentre as vantagens de sua utilização tem-se o custo, a flexibilidade, a simplicidade e a facilidade de uso. Como desvantagens está a falta de especificidade, não podendo ser utilizado nas reações PCR multiplex, nas quais alvos diferentes são amplificados em uma única reação.

Primers ou sondas-alvo específicas são marcadas com um fluoróforo repórter que tem sua fluorescência "apagada" por um silenciador (*quencher*) enquanto não está em contato com o DNA-alvo. Quando ocorre o pareamento e a amplificação da sequência-alvo, o repórter se distancia do silenciador, ocorrendo a emissão de fluorescência. Entre os *primers* ou sondas fluorescentes para PCR disponíveis no mercado, destacam-se as sondas de hidrólise (TaqMan™), os sinalizadores moleculares *(molecular beacons*), as sondas de hibridização dupla, as sondas Eclipse®, os ensaios Amplifluor®, as sondas *Scorpion®*, e os *primers* LUX™ e QZyme™. As vantagens desses *primers* ou sondas é a maior especificidade, já que só irão produzir fluorescência quando pareados à sequência-alvo, e a possibilidade de utilização em reações PCR multiplex. Além disso, os ensaios utilizando PCR em tempo real possuem controle interno de reação, que assegura que a reação de PCR realmente ocorreu e que um resultado negativo é verdadeiramente decorrente da ausência do alvo e não de falhas na reação de amplificação.

Existem no mercado vários sistemas de detecção de patógenos em alimentos por PCR em tempo real, com diferentes graus de automação, com destaque para o GeneUp®, IQ-Check®, Assurance® GDS, Sure Tect™, MicroSEQ® e RapidFinder™.

Amplificação isotérmica

Diferentemente da PCR, na amplificação isotérmica a amplificação do DNA-alvo ocorre em temperatura constante, sem necessidade de um termociclador. São diversas as tecnologias disponíveis para amplificação isotérmica, mas todas empregam DNA-polimerases com elevada atividade de deslocamento da fita de DNA, como as DNA polimerases Bst (60 °C-65 °C) e Phi29 (25 °C-40 °C), que têm a capacidade de separar as fitas de DNA simultaneamente à síntese da fita complementar. Essas enzimas permitem a amplificação de um alvo em menos de 1 hora ou, em alguns casos, em 10 minutos.

Dentre as tecnologias de amplificação isotérmica existentes, a amplificação isotérmica mediada por alça (LAMP) foi a primeira descrita (ano 2000), sendo a mais estudada e aplicada. A LAMP emprega 4-6 *primers* que reconhecem 6-8 regiões diferentes do DNA-alvo. A amplificação gera pirofosfato de magnésio, cuja produção pode ser avaliada por turbidimetria ou medidas de bioluminescência, empregando um colorímetro, luminômetro ou turbidímetro. A leitura é simples e rápida. Por utilizar um número maior de pontos para início da síntese de DNA, essa tecnologia é mais específica e sensível que a maioria dos métodos de detecção por PCR. A amplificação por LAMP é o princípio do sistema MDS 3M™ para detecção molecular de patógenos.

Outra tecnologia isotérmica é a NEAR (do inglês, *nicking enzyme amplification reaction*), que é a base do sistema ANSR® para detecção de patógenos. Essa tecnologia emprega amplificação de DNA por deslocamento de fita (SDA, do inglês, *strand displacement amplification*), feita por uma polimerase com capacidade de separação das fitas (Bst DNA *polymerase large fragment* ou *Klenow Fragment* 3'-5' exo–). A detecção do produto amplificado pode ser feita pelo emprego de corantes intercalantes ou por sondas fluorescentes *molecular beacon*. A NEAR é extremamente rápida e sensível, permitindo a detecção de sequências-alvo pequenas em poucos minutos.

Vantagens e limitações dos métodos baseados em ácidos nucleicos: apresentam elevada sensibilidade e versatilidade, com geração de resultados em menor tempo que os métodos tradicionais. São capazes de detectar o microrganismo-alvo mesmo que presente em baixa concentração, mas existe a possibilidade de amplificação de contaminantes ambientais, não presentes no material analisado. A execução de PCR exige um laboratório bem equipado e pessoal técnico com treinamento adequado. Na amplificação isotérmica utilizam-se equipamentos mais simples, sem necessidade de termociclador, mas há o risco de reações inespecíficas e não há possibilidade de detecção de múltiplos-alvos em um único teste.

Métodos de identificação de microrganismos

Para identificar o gênero ou a espécie de microrganismos isolados de alimentos, podem ser empregados métodos fenotípicos e genotípicos. Os testes fenotípicos exploram as características morfológicas, estruturais e bioquímicas dos microrganismos, como tamanho e formato da célula microbiana, capacidade de esporulação, atividade bioquímica sobre determinados substratos, sensibilidade a agentes antimicrobianos, entre outros. Os testes genotípicos são baseados na pesquisa dos genes responsáveis pela funcionalidade do rRNA microbiano (*5S*, *16S* e *23S rRNA)*. Nesses testes, o DNA genômico é extraído de colônias do microrganismo a ser identificado e submetido à PCR para amplificação dos genes 16S rRNA empregando *primers* universais. O produto da amplificação é sequenciado e as sequências analisadas usando *softwares* apropriados para identificação dos microrganismos. Os equipamentos RiboPrinter® e MicroSEQ™ID são exemplos de sistemas comerciais que identificam microrganismos por essa metodologia.

Independentemente do método a ser utilizado, é fundamental que microrganismos a serem identificados estejam em uma cultura pura, isto é, sem a presença de contaminantes. Também é fundamental ressaltar que todos os métodos de identificação apresentam suas limitações e não podem garantir resultados 100% precisos.

Métodos automatizados

Tanto os métodos fenotípicos quanto os genotípicos para identificação microbiana em um laboratório de análise de alimentos são muito trabalhosos e exigem muito espaço em estufas e bancadas, além de muita atenção e treinamento dos analistas na execução e na interpretação dos resultados. Atualmente, os laboratórios de análise têm várias opções automatizadas para a realização de vários testes de rotina, como descrito em seguida.

Coloração

A coloração de Gram é uma metodologia clássica básica frequentemente negligenciada nos laboratórios de microbiologia de alimentos. A coloração é feita em quatro etapas: 1. aplicação de um corante primário (cristal violeta) sobre o esfregaço bacteriano; 2. aplicação do fixador (lugol); 3. descoloração rápida com álcool, acetona ou uma mistura de ambos; 4. aplicação do corante de contraste (safranina ou fucsina). Essas etapas, geralmente realizadas manualmente, podem ser automatizadas, como ocorre com o Previ® Color Gram e Aerospray® Gram Series 2.

Testes bioquímicos miniaturizados

Os testes bioquímicos baseiam-se na capacidade de os microrganismos utilizarem diferentes substratos para obterem energia. Avaliando-se quais substratos são utilizados, é possível identificar, probabilisticamente, o gênero e/ou espécie do microrganismo em teste. Os testes bioquímicos podem ser realizados de forma tradicional, ou seja, preparando-se no laboratório toda a bateria de testes necessários e inoculando, teste a teste, o cultivo a ser identificado, com resultados avaliados pelo analista responsável pela análise. Os testes bioquímicos miniaturizados são uma alternativa atrativa, pois são comercializados "prontos para uso", ou seja, dispensam o preparo de meios de cultivo e são padronizados. Adicionalmente, os resultados são disponibilizados mais rapidamente. Como exemplos de testes miniaturizados podem ser citadas as tiras API® e Oxoid™ Microbact™ GNB. Nos dois exemplos, os substratos para as reações bioquímicas estão desidratados e pré-adicionados aos dispositivos e são reidratados quando se adiciona a suspensão padronizada do microrganismo a ser testado. Após a incubação, os resultados são lidos pelo operador e comparados aos dos bancos de dados dos respectivos sistemas.

Os testes bioquímicos miniaturizados podem ser automatizados, como ocorre nos sistemas VITEK® e OmniLog®. O sistema VITEK® é composto por cartões selados contendo 64 substratos desidratados e um equipamento que executa a inoculação com a suspensão padronizada do microrganismo a ser identificado e a incubação e leitura dos resultados. Os resultados são comparados aos do banco de dados do equipamento, identificando o gênero ou a espécie do microrganismo inoculado. O sistema OmniLog® é semelhante e emprega microplacas e a tecnologia Phenotype MicroArray™, permitindo a realização de 1.900 ensaios simultâneos.

Outra opção para identificação de microrganismos baseada nas suas propriedades bioquímicas é o uso de técnicas de espectrometria de massas, como MALDI-TOF (*Matrix Assisted Laser Desorption Ionization Time Of Flight mass spectrometry*), que utiliza padrões proteicos únicos (*fingerprints*) para cada gênero ou espécie microbiana. Nessa técnica, o microrganismo a ser identificado é aplicado a uma lâmina de aço inoxidável, que é recoberta por uma matriz específica. A lâmina é inserida no equipamento e o material em teste é submetido à ionização a laser. As proteínas ionizadas são separadas de acordo com a razão massa/carga e são identificadas pelo detector de íons, que gera um espectrograma das proteínas mais abundantes. Esse espectrograma é comparado ao banco de dados do equipamento, permitindo a identificação do microrganismo. VITEK®MS e MALDI BioTyper® são exemplos de equipamentos para identificação de microrganismos baseados nessa tecnologia.

Métodos genotípicos

O sequenciamento total de DNA (*whole genome sequencing – WGS*) e o sequenciamento de próxima geração (*next generation sequencing – NGS*) são dois métodos genotípicos avançados para identificação de microrganismos, recentemente desenvolvidos. Em ambos identifica-se o genoma completo de um microrganismo, e a identificação de sua espécie depende de bases de dados e análises de bioinformática. Seu uso na área de microbiologia de alimentos ainda é muito restrito em razão da falta de *expertise* nos laboratórios para utilizá-los.

Considerações finais

Os critérios de seleção de um método de análise devem sempre levar em consideração o objetivo da análise microbiológica. Outros pontos importantes a serem avaliados são o tempo para obtenção do resultado, o custo da implementação de um método novo e da análise em si, as características de desempenho do método, como facilidade de uso, limite de detecção, sensibilidade, especificidade e robustez. A credibilidade do fornecedor, a qualidade dos serviços de assistência e a logística são pontos a considerar também. A rastreabilidade das análises e a existência de validações por entidades reconhecidas nacional e internacionalmente para as matrizes alimentícias que serão analisadas também devem ser consideradas.

Leitura sugerida

Bhunia AK. One day to one hour: how quickly can foodborne pathogens be detected? Future Microbiology. 2014;9(8):935-46. https://doi.org/10.2217/fmb.14.61

FDA. Bacteriological analytical manual. Disponível em: https://www.fda.gov/food/laboratory-methods-food/bacteriological-analytical-manual-bam9.

Foddai ACG, Grant IR. Methods for detection of viable foodborne pathogens: current state-of-art and future prospects. Applied Microbiology and Biotechnology. 2020;104:4281-8. https://doi.org/10.1007/s00253-020-10542-x

U.S. Food and Drug Administration Foods Program. Guidelines for the Validation of Analytical Methods for the Detection of Microbial Pathogens in Foods and Feeds. 3rd ed. 2019. https://www.fda.gov/media/83812/download

Silva N et al. Manual de métodos de análise microbiológica de alimentos e água. 6. ed. Editora Blucher; 2022. 602 p.

Jasson V et al. Alternative microbial methods: an overview and selection criteria. Food Microbiology. 2010;27(6):710-30. https://doi.org/10.1016/j.fm.2010.04.008

Microbiologia preditiva aplicada a alimentos

10

Verônica Ortiz Alvarenga
Anderson de Souza Sant'Ana

Introdução

A microbiologia preditiva é uma ciência fundamentada na premissa de que as respostas dos microrganismos a fatores ambientais são reprodutíveis e que é possível predizer estas respostas com base em observações anteriores, valendo-se de modelos matemáticos. Em se tratando de alimentos, as respostas dos microrganismos ocorrem em função dos fatores intrínsecos e extrínsecos.

A microbiologia preditiva aplicada a alimentos integra conhecimentos de matemática, estatística, ciência de alimentos, microbiologia e computação. A aplicação de modelos matemáticos para descrever o comportamento microbiano não é novo: ainda nas décadas de 1920 e 1940, Bigelow e Monod usaram modelos para descrever, respectivamente, a inativação bacteriana pelo uso de calor e a multiplicação microbiana em processos de fermentação. Algumas décadas mais tarde, 1960 e 1970, modelos matemáticos foram utilizados pela primeira vez para estimar o tempo necessário para produção de toxinas por *Staphylococcus aureus* e *Clostridium botulinum* e a cinética de deterioração de pescados. Essas foram as primeiras aplicações dos modelos matemáticos associadas aos aspectos de segurança e qualidade microbiológica, tão importantes na atualidade.

O uso de modelos matemáticos em microbiologia de alimentos teve um grande avanço a partir da década de 1980, impulsionado pelo melhor entendimento dos surtos de doenças associadas aos microrganismos em alimentos e pelo desenvolvimento das ferramentas computacionais e *softwares*. Os grandes problemas causados pelos surtos ocorridos na década de 1980 revelaram a necessidade de mudar a abordagem qualitativa dos microrganismos nos alimentos para uma abordagem quantitativa. Desde então, vários modelos matemáticos com capacidade de descrever fenômenos reais e extremamente complexos em diferentes tipos de alimentos e circunstâncias, com grande precisão, vêm sendo desenvolvidos. É objetivo deste capítulo apresentar os conceitos básicos, os principais modelos usados e as principais aplicações da microbiologia preditiva na área de alimentos.

Conceitos básicos em microbiologia preditiva

A microbiologia preditiva encontra diversas aplicações na área de alimentos, tais como determinação ou extensão da vida útil dos alimentos, desenvolvimento de novos produtos, validação de processos de inativação, modificações de formulações, estabelecimento de critérios microbiológicos, validação de pontos críticos de controle nos sistemas HACCP, e elaboração de modelos de avaliação de risco. Os modelos preditivos podem ser utilizados para descrever matematicamente os principais fenômenos associados ao comportamento microbiano (microrganismos deterioradores, patogênicos e benéficos) nos alimentos, ou seja, multiplicação, inativação e interação.

Para que o leitor compreenda as vantagens e importância da aplicação da microbiologia preditiva, desde a concepção de formulações de alimentos até a distribuição e consumo dos alimentos, alguns conceitos básicos são necessários, conforme descrito a seguir:

- *Modelo*: é um conjunto de hipóteses expressas por meio de funções ou equações matemáticas visando descrever simplificadamente um sistema (alimento, processo etc.) (Figura 10.1). Conforme descrito anteriormente, os modelos preditivos podem ser usados para descrever a multiplicação, inativação ou interação microbiana.
- *Variáveis independentes*: são o conjunto de fatores que afetam o comportamento microbiano nos alimentos, e que, portanto, podem ser representados matematicamente. São exemplos de variáveis independentes, os parâmetros intrínsecos (pH, a_w, teor de sal etc.) e parâmetros extrínsecos (temperatura, atmosfera gasosa etc.). Um modelo pode levar em consideração uma ou mais variáveis independentes, dependendo do impacto delas sobre o comportamento microbiano.

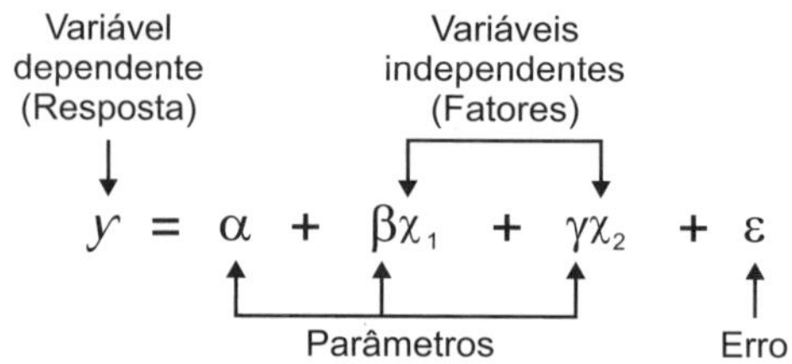

Figura 10.1. Exemplo genérico de um modelo matemático, onde são mostrados a variável dependente (y), variáveis independentes (χ_1 e χ_2), parâmetros do modelo (α, β, γ) e o termo de erro (ε). As variáveis independentes são conhecidas ou estabelecidas anteriormente à observação da resposta (variável dependente). Os parâmetros são determinados pelos dados e são calculados, ou ajustados, visando minimizar a diferença entre os valores observados (dados experimentais) e os valores preditos (dados determinados pelo modelo). O termo de erro indica o quanto as respostas preditas diferem, na média, dos valores observados.

Nota da autora: Neste capítulo, a_w significa Atividade de água (Aa).

- *Variáveis dependentes*: são as respostas requeridas, que podem ser parâmetros como taxa de multiplicação (μ), tempo de lag (λ), população máxima (κ), taxa de inativação (k_{max}), dentre outros.

Ao se desenvolverem modelos preditivos, é preciso considerar algumas etapas fundamentais (Figura 10.2):

- *Conhecimento do problema*: para garantir que o modelo represente o mais fielmente possível o fenômeno estudado, é preciso conhecer o microrganismo, os fatores que afetam seu comportamento (multiplicação ou inativação), o alimento em questão e as condições de processamento, distribuição e consumo.
- *Definição de variáveis independentes e dependentes*: é importante definir qual(is) será(ão) a(s) variável(is) independentes (pH, temperatura, a_w etc.) e as variáveis dependentes (respostas) a serem consideradas no desenvolvimento do modelo. É também muito importante estabelecer as faixas das variáveis independentes que serão estudadas porque o modelo somente deverá ser utilizado na faixa de valores nos quais foi desenvolvido. O uso do modelo fora da faixa estudada (extrapolação) pode gerar predições errôneas.
- *Coleta de dados*: é uma etapa minuciosa e extremamente relevante, pois é nela que são geradas as informações do comportamento microbiano em diferentes condições ambientais que serão ajustadas pelos modelos preditivos. O número de pontos de coleta de dados e sua distribuição ao longo do intervalo de tempo estudado são fatores cruciais para o ajuste posterior dos modelos preditivos.
- *Ajuste dos modelos preditivos aos dados*: consiste na utilização de *softwares* ou ferramentas para que os dados de comportamento microbiano sejam ajustados em função das variáveis independentes, e os parâmetros de multiplicação e/ou inativação sejam estimados. O ajuste dos modelos preditivos normalmente é mensurado através dos valores de R^2 e RMSE, dentre outros, conforme definições a seguir:
  - R^2 (ou coeficiente de determinação) é um número que indica a proporção da variância da variável dependente que é explicada pela variável independente.

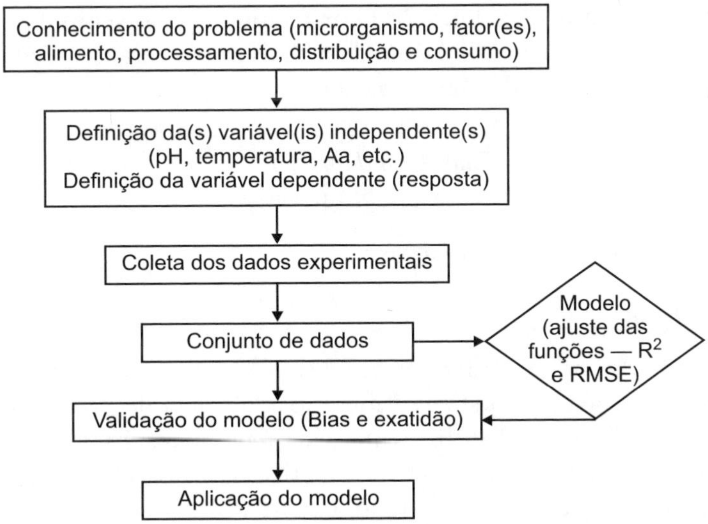

Figura 10.2. Etapas do desenvolvimento de um modelo preditivo.

O valor de R^2 varia entre 0 e 1, sendo que quanto mais próximo de 1, mais a linha de regressão se aproxima dos dados reais.

- *RMSE* (do inglês *Root Mean Square Error*, ou raiz quadrada do erro quadrático médio) é frequentemente usada para medir as diferenças entre valores (amostra e população) preditos por um modelo e os valores observados. A RMSE é uma boa medida de precisão quanto ao poder preditivo de diferentes modelos para uma variável em particular.

- *Validação dos modelos preditivos*: consiste na condução de experimentos em condições similares às usadas para o desenvolvimento do modelo e comparação das respostas observadas às preditas pelos modelos. Para a comparação, usa-se a observação visual de gráficos e índices de validação, como os fatores Bias e Exatidão, descritos a seguir, e também de ajuste, como R^2 e RMSE. Uma vez validado, o modelo pode ser aplicado para predições do comportamento microbiano dentro das faixas das variáveis independentes aos quais foi desenvolvido.
  - *Fator Bias*: esse fator avalia quantitativamente a predição gerada pelo modelo, ou seja, calcula a razão média entre os valores preditos e os valores observados. Um modelo deve apresentar fator Bias entre 0,75 e 1,25, considerado um critério de sucesso para validação. No entanto, quando se trata de microrganismos patogênicos, espera-se que esse fator seja o mais próximo possível de 1. Dependendo do parâmetro estudado, de acordo com o valor do Bias obtido, pode-se dizer que o modelo é *fail-safe* (falha para o lado seguro) ou *fail-dangerous* (falha para o lado inseguro). O fator Bias é calculado através da equação a seguir:

$$\textit{Fator Bias} = 10^{\Sigma \log\left(\frac{\text{Predito}}{\text{Observado}}\right)/n}$$

Equação 1

Onde n = número de observações.

  - *Fator exatidão*: esse fator indica a distância entre o ponto observado e o ponto predito, ou seja, relata a variabilidade dos dados, em módulo. Como se trata de um valor absoluto, os valores do fator Exatidão serão sempre maiores que 1, e desta forma, quanto mais próximo de 1, mais exatas serão as predições do modelo. Esse fator é calculado através da equação a seguir:

$$\textit{Fator Exatidão} = 10^{\Sigma \left|\log\frac{\text{Predito}}{\text{Observado}}\right|/n}$$

Equação 2

Onde n = número de observações.

Modelos preditivos

Diversos tipos de modelos podem ser desenvolvidos levando-se em consideração o problema, a variável resposta e os métodos de coleta de dados. Dependendo da resposta necessária, é possível utilizar modelos para determinar taxa de inativação ou de multiplicação microbiana (modelos cinéticos), probabilidade de multiplicação ou de produção de uma toxina ou metabólito microbiano (modelos probabilísticos), e limites (interface) de multiplicação/morte (modelos de interface – multiplica/não multiplica, do inglês *growth/no-growth*). Também em função do problema e do tipo de modelo, pode-se lançar mão de diferentes métodos de avaliação de tamanhos de populações microbianas.

Os modelos preditivos podem ser mecanísticos, semimecanísticos ou empíricos. Os modelos mecanísticos são baseados em hipóteses, que são descritas matematicamente, enquanto os empíricos baseiam-se em observação dos dados. Os modelos semimecanísticos são construídos considerando-se os conceitos descritos para os modelos mecanísticos e empíricos. De um modo geral, os modelos mecanísticos são os preferidos em microbiologia preditiva.

A classificação mais comum dos modelos preditivos baseia-se em sua estrutura, podendo ser primários, secundários e terciários, conforme descrito a seguir.

Modelos primários

Os modelos primários descrevem a variação de uma população microbiana (log UFC/g ou mL) em função do tempo. Os modelos preditivos primários têm grande importância pois são usados para predição da multiplicação ou da inativação microbiana.

Modelos de predição de multiplicação microbiana

Os modelos de predição de multiplicação, também chamados modelos cinéticos, podem ser usados para estimar taxa de multiplicação (μ), tempo de lag (λ) e população máxima (κ). Os modelos cinéticos de primeira ordem mais importantes são os modelos de Baranyi & Roberts e o de Gompertz modificado, descritos a seguir, que medem a resposta a uma condição específica (pH, temperatura, a_w, dentre outros) em função do tempo. A resposta pode ser medida direta ou indiretamente, através da determinação da população microbiana ou de produtos do metabolismo dos microrganismos.

Modelo de Baranyi & Roberts

O modelo de Baranyi & Roberts é mecanístico, ou seja, inclui uma fase de multiplicação exponencial linear e uma fase lag, determinada por uma função de ajuste (Equação 3). Nesse modelo, assume-se que a multiplicação microbiana inicia-se quando um composto *q* qualquer, sintetizado pelos microrganismos, é detectado. Outro fator importante é que esse modelo considera que os microrganismos têm multiplicação exponencial até o esgotamento dos nutrientes necessários.

$$y(t) = y_o + \mu_{max} A(t) - \ln(1 + \frac{e^{\mu_{max} A(t)} - 1}{e^{y_{max} - y_0}})$$

Equação 3

Onde $y(t)$ = concentração de células no tempo (t); y_o = concentração inicial de células no tempo 0 ($t = 0$); y_{max} = concentração máxima de células; μ_{max} = taxa específica de multiplicação; $A(t)$ = função de ajuste no tempo (t).

No modelo de Baranyi & Roberts, a função de ajuste A (Equação 4) é uma equação matemática que descreve o estado fisiológico da célula, considerando a influência de diferentes fatores ou variáveis no metabolismo microbiano.

$$A(t) = \frac{\ln(e^{-\mu t} + e^{h_0} - e^{-\nu_t - h_0})}{\mu_{max}}$$

Equação 4

Onde t = tempo; μ = taxa de multiplicação no tempo t; $\mu_{max.}$ = taxa de multiplicação na fase exponencial, h_0 = estado fisiológico da célula; v = curvatura na transição para a fase exponencial.

O modelo de Baranyi & Roberts é o mais usado por várias razões: (i) é fácil de usar; (ii) é aplicável às condições dinâmicas de ambiente com condições não-isotérmicas de temperatura; (iii) tem boa capacidade de ajuste; e (iv) a maioria dos parâmetros é biologicamente interpretável.

Modelo de Gompertz modificado

O modelo de Gompertz é uma função que descreve uma curva sigmoidal assimétrica. O modelo modificado constitui uma reparametrização do modelo original, com a inserção de termos matemáticos com significado biológico, considerando os parâmetros microbiológicos de multiplicação, o tempo de lag e a taxa de multiplicação (Equação 5).

$$y = A.e^{-e^{\{[\frac{\mu_{max}.e}{A}.(\lambda - t)]+1\}}}$$

Equação 5

Onde y = concentração de células, A = população máxima atingida; μ_{max} = taxa específica de multiplicação; λ = tempo de lag.

A Equação 5 não considera o período de aumento linear durante a fase de multiplicação exponencial, como é observado com a maioria das curvas de multiplicação. Como a taxa de multiplicação é determinada por um ponto de inflexão na curva, a tendência é que os valores resultantes variem mais do que as taxas correspondentes determinadas para um período de multiplicação linear. Por este motivo, o tempo de geração pode ser superestimado em até 13%. Além disso, a função da inclinação da curva não pode ser ajustada em zero, gerando tempo de lag negativo (Figura 10.3).

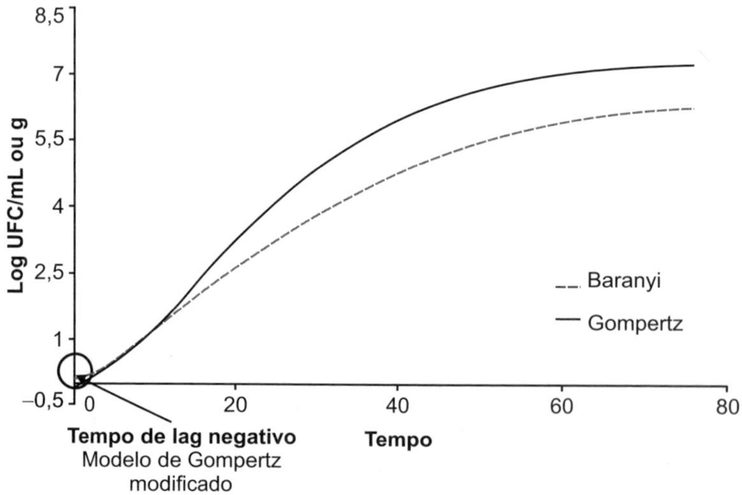

Figura 10.3. Comparação entre os modelos de Baranyi e Gompertz modificado.

Modelos de predição de inativação microbiana

O uso de modelos matemáticos para cálculos e desenho de processos térmicos data do início do século XX. A compreensão da cinética de inativação dos microrganismos é um fator fundamental para a garantia da segurança e estabilidade microbiológica dos alimentos, pois através dela é possível determinar o ponto final de um processo de inativação microbiana.

Os modelos preditivos de inativação podem ser divididos em lineares e não lineares. O primeiro tipo é representado pelo modelo log-linear tradicional (Bigelow). O segundo tipo surgiu como consequência dos desvios de linearidades apresentados nas curvas de sobrevivência dos microrganismos (Figura 10.4). Existem diversos tipos de modelos que descrevem cinética de inativação não log-linear. A não linearidade pode ser explicada por diversos fatores, tais como presença de culturas microbianas mistas com diferentes resistências térmicas, adaptação microbiana, formação de aglomerados de células que dificultam a penetração e os efeitos deletérios do calor, efeito protetor da matriz alimentar ou ainda efeito protetor das células mortas. Na Figura 10.4 são apresentados exemplos de formato das curvas de inativação microbiana (i) log-linear, (ii) contendo ombro, (iii), contendo cauda, (iv) contendo ombro e cauda, e (v) bifásico.

Modelo de Bigelow (log-linear)

O modelo de Bigelow assume uma cinética de primeira ordem, ou seja, a inativação microbiana é descrita por uma reta. Esse modelo foi aplicado pela primeira vez em 1920 para descrever a inativação de microrganismos submetidos ao processamento térmico. Ainda hoje, é o modelo mais aplicado na indústria de alimentos enlatados de baixa acidez, considerando-se *Clostridium botulinum* como alvo. O modelo está apresentado na Equação 6.

$$log\frac{N}{N_0} = \frac{-t}{D}$$

Equação 6

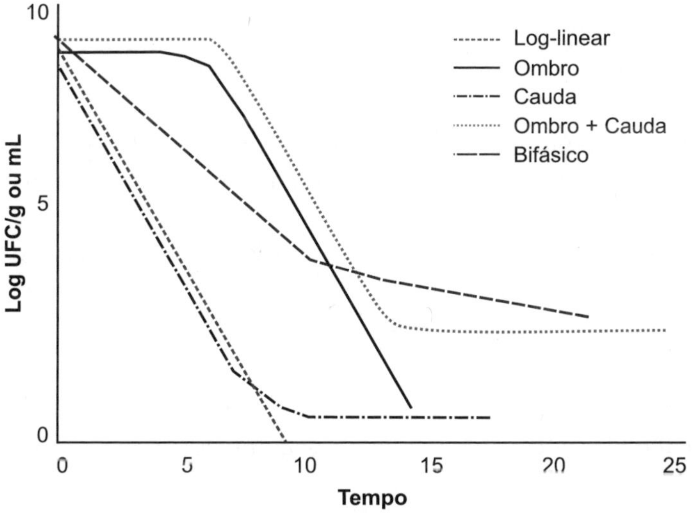

Figura 10.4. Representação gráfica dos principais formatos das curvas de inativação microbiana. Adaptada de Perez-Rodriguez & Valero (2013).

Onde N = concentração de células final; N_0 = concentração de células inicial; D = tempo necessário para causar uma redução decimal na população microbiana; t = tempo.

A partir do cálculo de D (tempo necessário para causar uma redução decimal na população microbiana) em três temperaturas diferentes, pode-se calcular o valor de z (Equação 7), correspondente à variação de temperatura necessária para se causar uma redução decimal na resistência térmica do microrganismo alvo do processo térmico. Conhecendo-se o valor de z e a história térmica a que um produto é exposto durante o processamento térmico, pode-se calcular a destruição do microrganismo alvo e assim calcular a letalidade (Equação 8) do referido processo térmico.

$$z = \frac{T_{ref} - T}{\log D - \log D_{ref}}$$

Equação 7

$$L = 10^{\frac{T - T_{ref}}{z}}$$

Equação 8

Onde D = tempo necessário para causar uma redução decimal na população microbiana; T_{ref} = temperatura de referência; T = temperatura considerada; L = letalidade do microrganismo alvo; z = variação de temperatura necessária para se causar uma redução decimal na resistência térmica do microrganismo alvo.

Modelo de Weibull

O modelo de Weibull foi desenvolvido usando como princípio a distribuição estatística de Weibull, que é uma distribuição de probabilidade contínua. Esse modelo considera que a inativação de uma célula ou esporo microbiano varia de um indivíduo para outro, sendo a dispersão da resistência térmica individual governada pela distribuição de Weibull, que em sua forma cumulativa pode ser representada por:

$$N = N_0 e^{-kt^p}$$

Equação 9

Onde N representa o número de sobreviventes após um tempo t, N_0 é a população inicial e k e p são os valores específicos dos parâmetros da distribuição para uma determinada temperatura.

Na forma decimal, esse modelo pode ser representado pela Equação 10 a seguir:

$$log \frac{N}{N_0} = -bt^p$$

Equação 10

A Equação10 pode ser escrita também da seguinte forma:

$$log\, S(t) = -\left(\frac{t}{\delta}\right)^p$$

Equação 11

Onde S = fração de sobreviventes; δ = tempo necessário para a primeira redução decimal; p = parâmetro de curvatura; t = tempo. Quando p =1, a cinética de inativação é log-linear, enquanto com $p > 1$ e $p < 1$, o modelo de Weibull descreve curvas de inativação côncavas descendentes e ascendentes, respectivamente.

Modelo com ombro e cauda

Os modelos com ombro e cauda consideram a existência de um período de lag no início do processo de inativação microbiana (ombro) e ao final do processo de inativação (cauda). No primeiro caso, a curva é plana, com um atraso na cinética de inativação microbiana, antes do início do processo de inativação (Figura 10.4). No segundo caso, a curva apresenta uma cauda, ao final do processo de inativação dos microrganismos, causada pela resistência à inativação de uma fração da população microbiana. O modelo está descrito na Equação 12.

$$\log N = \log\left[(10^{\log N_0} - 10^{\log N_{res}})\, e^{-k_{max}\, t}\left(\frac{e^{k_{max}\, S_l}}{1(e^{k_{max}\, S_l} - 1)e^{-k_{max}\, t}}\right) + 10^{\log N_{res}}\right]$$

Equação 12

Onde N = concentração de células no tempo t; N_0 = concentração de células inicial; N_{res} = concentração de células residuais ao final da inativação; k_{max} = taxa de inativação; S_l = comprimento do ombro (equivalente em unidade de tempo).

Modelo bifásico

O modelo bifásico é baseado na existência de duas subpopulações, uma que sofre inativação rápida (sensível) e outra que é mais resistente e será inativada mais lentamente. Assim, esse tipo de curva (Figura 10.4) apresenta dois segmentos distintos, ambos linearmente decrescentes. A segunda parte da reta apresenta menor inclinação, porque representa a subpopulação mais resistente, ou seja, o processo de inativação ocorrerá de forma mais lenta.

$$\log \frac{N}{N_0} = \log\left(f\, e^{k_{max\,1} t} + (1 - f)e^{k_{max\,2} t}\right)$$

Equação 13

Onde N = população no tempo t; N_0= população no tempo zero; f = fração da subpopulação (menos resistente); $k_{max\,1}$ = taxa de inativação da subpopulação f; $(1 - f)$ = subpopulação mais resistente; $k_{max\,2}$ = taxa de inativação da subpopulação $(1 - f)$.

Modelos secundários

Os modelos secundários consideram o efeito dos fatores intrínsecos e extrínsecos nos parâmetros de multiplicação, sobrevivência ou inativação dos microrganismos, sendo capazes de descrever o efeito das alterações nas condições ambientais na taxa de multiplicação, tempo de lag e taxa de inativação de uma população microbiana. Esses efeitos podem ser descritos de forma individual (somente temperatura, por exemplo) ou de forma combinada (combinação de temperatura, pH, teor de sal, por exemplo), por diversos tipos de funções matemáticas. As funções matemáticas mais utilizadas são regressões lineares, polinomiais ou exponenciais. Os modelos secundários podem também ser equações diferenciais, redes neurais artificiais e modelos de probabilidade. A seguir são apresentados alguns exemplos de modelos secundários normalmente aplicados em microbiologia preditiva.

Modelo da raiz quadrada (tipo Bêlehrádek)

Essa classe de modelo está baseada na relação linear existente entre a temperatura e a taxa específica de multiplicação de uma população microbiana. O modelo original (Equação 14) é baseado no "zero biológico", ou seja, temperatura em que não há condições para a multiplicação microbiana (t_0). Em 1982, Ratkoswky propôs uma modificação no modelo original, substituindo o "zero biológico" por uma temperatura mínima, na qual a taxa específica de multiplicação é igual a zero (Equação 15).

$$k = a. (t - t_0)^d$$
Equação 14

Onde a e d = constantes do modelo; t = temperatura; t_0 = zero biológico; k = parâmetro a ser estimado.

$$\sqrt{k} = b. (T - T_{min})$$
Equação 15

Onde k = parâmetro a ser estimado; b = constante do modelo; T = temperatura; T_{min} = temperatura teórica mínima.

O modelo de Ratkoswky pode ser modificado para representar a variação de k em função de diversos fatores (pH, a_w, teor de NaCl etc.) em separado ou combinados, conforme mostrado na Equação 16.

$$\sqrt{k} = b. (T - T_{min}) . (a_w - a_{wmin})$$
Equação 16

Para o tempo de lag, é muito comum transformar os dados para logaritmo natural (ln) para a redução da variância dos dados experimentais. Dessa maneira, o modelo de Ratkoswky pode ser reescrito da seguinte maneira (Equação 17).

$$\text{In}(k) = b. (T - T_{min})$$
Equação 17

Por ser simples e de fácil aplicação, o modelo de Ratkoswky é um dos modelos secundários mais utilizados na microbiologia preditiva. Os parâmetros gerados por esse modelo são de fácil aplicação e permitem interpretação direta.

Modelos polinomiais

A essa classe de modelos pertencem os polinômios ajustados por regressão linear ou não linear que podem conter termos lineares, quadráticos, cúbicos ou termos de interação das variáveis independentes. Esses modelos também são conhecidos como modelos de superfície de resposta (RSM – *Response Surface Models*). Para melhor ajuste desses modelos, transforma-se a resposta (tempo de adaptação, taxa específica de multiplicação, população máxima atingida) em logaritmo natural, pois assim a variância dos dados experimentais é reduzida. A Equação 18 apresenta um modelo polinomial genérico.

$$\ln(y) = \underbrace{b_0 + b_1x_1 + b_2x_2 + b_3x_3}_{\text{Termos lineares}} + \underbrace{b_4x_1^2 + b_5x_2^2 + b_6x_3^2}_{\text{Termos quadráticos}} + \underbrace{b_7x_1 * x_2 + b_8x_1 * x_3 + b_9x_3 * x_3}_{\text{Interação entre as variáveis}} + \varepsilon$$

Equação 18

Esses modelos são muito utilizados porque apresentam bons ajustes e são fáceis de serem matematicamente desenvolvidos. No entanto, não devem ser usados em condições ambientais e matrizes não avaliadas. Apesar da flexibilidade das equações geradas, as predições feitas fora das regiões avaliadas podem ser errôneas e imprecisas.

Modelos cardinais

Os modelos cardinais (CM) são baseados na hipótese de que os fatores ambientais possuem efeito independente na multiplicação máxima dos microrganismos. Por esse motivo, os parâmetros de regressão incorporam um significado biológico aos termos matemáticos do modelo. Em um modelo cardinal, os valores de entrada podem ser experimentais ou descritos na literatura, o que facilita o seu desenvolvimento.

O primeiro modelo cardinal foi desenvolvido para descrever o efeito da temperatura na taxa específica de multiplicação dos microrganismos, mas diversas modificações são possíveis com a inserção de outros fatores que influenciam no comportamento microbiano, como pH, a_w, presença de ácidos orgânicos, sinergia entre os fatores, microbiota competitiva etc. Além disso, os modelos cardinais se ajustam bem a diferentes tipos de microrganismos (bactérias, bolores e leveduras) e matrizes alimentares. No exemplo do modelo cardinal da Equação 19, a variável X representa pH ou a_w. Nesse modelo, quando as variáveis apresentam valores próximos aos valores mínimos (X_{min}) ou máximos (X_{max}), a resposta para CM_n (X) é igual a zero. A Equação 19 apresenta um modelo cardinal genérico.

$$CM_n(X) = \begin{cases} 0, & X \leq X_{min} \\ \dfrac{(X - X_{max})(X - X_{min})}{(X_{opt} - X_{min})^{n-1}[(X_{opt} - X_{min})(X - X_{opt}) - (X_{opt} - X_{max})((n-1)X_{opt} + X_{min} - nX)]}, & X_{min} < X < X_{max} \\ 0, & X \geq X_{max} \end{cases}$$

Equação 19

Modelos conceito gama (γ)

Devido à semelhança matemática na concepção (combinação de fatores ambientais para a inibição da multiplicação microbiana), os modelos conceito gama (γ) podem ser considerados um tipo de modelo cardinal. A proposição desses modelos está baseada em dois princípios:

1. Os fatores ambientais afetam a multiplicação microbiana de forma independente, ou seja, o efeito de cada fator deve ser modelado individualmente.
2. O efeito inibidor dos fatores ambientais sobre a taxa específica de multiplicação pode ser medido em função da taxa ideal de multiplicação, ou seja, a faixa em que os fatores ambientais propiciam a melhor condição de multiplicação.

Considerando-se o exposto acima, um modelo conceito gama considera que o efeito inibitório de cada um dos fatores ambientais pode ser descrito por uma função de multiplicação, a função γ. Os valores da função γ variam de 0 a 1, sendo que, nas condições de multiplicação máxima, o valor atribuído será 1 e nas condições de máxima inibição o valor atribuído será 0. O efeito inibitório total é dado pela multiplicação de todos os fatores γ utilizados na elaboração do modelo. A Equação 20 representa um modelo γ genérico:

$$\mu_{max} = \mu_{opt}\gamma(T)\gamma(\text{pH})\gamma(a_w)$$

Equação 20

Onde μ_{max} = taxa de multiplicação na fase exponencial; μ_{opt} = taxa de multiplicação nas condições ideais de multiplicação; e γ = efeitos relativos dos fatores (Equações 21, 22 e 23).

$$\gamma(T) = \left(\frac{T - T_{min}}{T_{opt} - T_{min}}\right)^2$$

Equação 21

$$\gamma(pH) = \frac{pH - pH_{min}}{pH_{opt} - pH_{min}}$$

Equação 22

$$\gamma(a_w) = \frac{a_w - a_{w_{min}}}{1 - a_{w_{min}}}$$

Equação 23

Modelos de probabilidade

Os modelos de probabilidade também são conhecidos como modelos "multiplica/não multiplica" capazes de avaliar e quantificar o efeito dos diferentes obstáculos (*hurdle technology*) no comportamento microbiano, pois podem predizer os limites e as regiões em que haverá multiplicação microbiana. As primeiras aplicações desses modelos foram para a predição das regiões limítrofes de produção de toxinas microbianas (estafilocócica e botulínica), mas essas aplicações foram expandidas, por exemplo, para avaliar efeitos de modificações em formulações de alimentos, como substituição total ou parcial de ingredientes.

$$logit(P) = \ln\frac{p\,(x)}{1 - p\,(x)} = g(x) = \beta_0 + \beta_1 x_1 + \beta_2 x_2 + + \beta_4 x_1 x_2 .... + \beta_n x_i^i$$

Equação 24

Ao selecionar um modelo secundário, alguns critérios muito importantes devem ser considerados, conforme Tabela 10.1.

Tabela 10.1. Critérios para seleção de modelos secundários a serem usados em microbiologia preditiva	
Tópico	*Justificativa*
Propriedades dos estimadores dos parâmetros	Esse critério tem relação com o procedimento e a confiabilidade dos parâmetros estimados. Em geral, os parâmetros estimados pelo modelo são independentes, com distribuição normal ou "iidn" (idêntico, independente e distribuição normal). Pode ser necessário reparametrizar o modelo, ou seja, alterá-lo de maneira que as estimativas sejam as mais próximas possíveis da linearidade.
Especificação estocástica	É a magnitude do erro da diferença entre os valores preditos e os observados pelo modelo e, também, a forma como essa diferença é distribuída estatisticamente. Os parâmetros do modelo devem ser ajustados de forma a minimizar esse erro.
Interpretação dos parâmetros	Esse critério refere-se à maneira de associar os parâmetros gerados pelo modelo com as interpretações fisiológicas e biológicas, assim como se dá a associação das variáveis independentes e dependentes.
Parcimônia (poucos parâmetros)	Quanto menor a quantidade de parâmetros em um modelo, melhor será sua robustez. Um modelo parcimonioso reduz o erro estocástico dos valores preditos.
Ajuste do modelo e extensibilidade de uso	A capacidade de ajuste de um modelo não é determinada somente por índices matemáticos e estatísticos, mas também por sua capacidade de predição em regiões extremas, por exemplo, "zero". Além disso, o modelo deve refletir a condição biológica do microrganismo em questão e ser extensível a condições ambientais dinâmicas.

Adaptada de Nakashima *et al.* (2000) e Ross & Dalgaard (in McKellar & Lu, 2004).

Modelos terciários

Os modelos terciários são a integração dos modelos primários e/ou secundários em plataformas de uso amigável (*softwares* para download ou disponíveis online). As interfaces amigáveis utilizadas pelos modelos terciários têm a função de transcrever equações complexas dos modelos primários e/ou secundários de forma simples, visando sua ampla aplicação por usuários não familiarizados com o desenvolvimento de modelos preditivos.

Na Tabela 10.2 são mostrados os principais *softwares* e ferramentas disponíveis para *download* ou uso *online* em microbiologia preditiva aplicada a alimentos.

Tabela 10.2. *Softwares* e suplementos para aplicação em microbiologia preditiva		
Software	*Link* para acesso	*Descrição*
ComBase	www.combase.cc	Base de dados com informações do comportamento microbiano em meio de cultura e matrizes alimentares
DMFit	http://www.combase.cc/index.php/en/tools	Suplemento para Microsoft Excel com modelos de Baranyi, Gompertz e Logístico para ajuste de dados experimentais de curvas de multiplicação
FDA-Risk	https://irisk.foodrisk.org	Sistema *on-line* projetado para analisar dados relativos a riscos microbianos e químicos em alimentos

(Continua)

Tabela 10.2. *Softwares* e suplementos para aplicação em microbiologia preditiva *(Cont.)*		
Software	***Link* para acesso**	***Descrição***
Food Spoilage Safety Predictor	http://fssp.food.dtu.dk	Predição de patógenos e deteriorantes em produtos marinhos e derivados
GinaFit	http://cit.kuleuven.be/biotec/ginafit.php	Suplemento para Microsoft Excel com modelos lineares e não lineares para ajustes de dados experimentais de curvas de inativação
Microbial Responses Viewer (MRV)	http://mrviewer.info/	Interface de modelos multiplica/não multiplica baseado na base de dados do ComBase
Pathogen Modeling Program (PMP) online	http://pmp.errc.ars.usda.gov/PMPOnline.aspx	Base de dados para predição do comportamento microbiano em diferentes condições ambientais em meios de cultura e matrizes alimentares
Bioinactivation	https://foodlab-upct.shinyapps.io/bioinactivationFE/	*Software* para modelagem da inativação microbiana. Esse *software* oferece recursos para modelagem em condições dinâmicas de temperatura de inativação

Validação de modelos preditivos

A avaliação da capacidade de um modelo fazer predições em situações diferentes daquelas em que foi elaborado chama-se **validação** e é feita utilizando-se índices estatísticos e matemáticos apropriados. A validação mede a acurácia e a precisão dos valores estimados pelo modelo preditivo, ou seja, quanto o valor predito pelo modelo é real e aplicável naquela determinada situação. Em microbiologia de alimentos, isso significa comparar os valores preditos pelo modelo matemático com dados do comportamento dos microrganismos de interesse em alimentos em condições reais de armazenamento, distribuição etc. A validação também avalia a capacidade de predição de um modelo em uma matriz alimentar real, pois um modelo pode ter sido gerado a partir de dados laboratoriais em meios de cultura, pela praticidade na modificação e controle das condições ambientais.

A validação pode ser dividida em duas etapas: interna e externa. A validação interna mede a capacidade do modelo reproduzir os dados em um mesmo sistema, ou seja, aqueles obtidos nas mesmas condições experimentais. Esse procedimento visa determinar a capacidade de descrição do modelo para o conjunto de dados experimentais avaliados. A validação externa consiste na derivação do modelo, ou seja, é a utilização do modelo para a predição de dados gerados a partir de experimentos diferentes daqueles que deram origem ao modelo. Para essa validação geralmente são utilizados dados gerados em matrizes alimentares ou disponíveis na literatura. Para a validação externa também são utilizados índices estatísticos baseados na correlação entre os dados preditos e os observados. Os principais índices aplicados são o coeficiente de correlação (R^2), o erro quadrático médio (RMSE), fatores Bias e Exatidão, conforme descrito anteriormente.

O Quadro 10.1 apresenta um exemplo de validação de um modelo preditivo secundário.

Quadro 10.1. Exemplo de validação de um modelo preditivo

Os dados de taxa de multiplicação de *Escherichia coli* O157:H7 apresentados na Tabela 10.3 foram obtidos em carne moída bovina mantida a 10, 15, 20 e 25°C. Para que um modelo matemático tenha aplicação prática, ele precisa ser capaz de predizer o comportamento microbiano na faixa de temperatura em que o alimento poderá ser exposto, mesmo que por curtos intervalos de tempo. Sabe-se que a carne moída não deve ser mantida em temperatura superior a 7°C, mas ela pode ficar exposta a temperaturas de abuso por um curto período. O modelo preditivo deve ser capaz de considerar o efeito da exposição da carne contaminada nessas condições de abuso. Por isso a faixa de temperatura de 10°C a 25°C foi escolhida, admitindo-se que em temperaturas abaixo de 10°C não haverá multiplicação, conforme indicado por testes preliminares.

Após inoculação da carne moída com o patógeno e incubação a 10, 15, 20 e 25°C, fez-se o ajuste de um modelo primário de multiplicação aos dados (modelo de Baranyi, p. ex.). Como resultado foram obtidos parâmetros cinéticos primários, obtendo-se a taxa de multiplicação de *E. coli* O157:H7 em carne moída a 10, 15, 20 e 25°C. A partir dos valores da taxa de multiplicação do microrganismo na faixa de interesse foi preciso gerar um modelo capaz de descrever como a variação da temperatura afeta a taxa de multiplicação (Equação 25). Para isso foi utilizado o modelo da raiz quadrada (Figura 10.5). Antes de o modelo ser aplicado em condições reais, ele precisou ser validado. Para a validação interna os experimentos foram repetidos, obtendo-se os dados de taxa de multiplicação em condições diferentes das usadas para desenvolver o modelo, por exemplo, 13, 18, 23°C. Utilizando-se os dados de população em função do tempo, o modelo primário de multiplicação de escolha foi ajustado, obtendo-se os valores da taxa de multiplicação (valores *observados*) nessas condições (Tabela 10.4). Posteriormente, a "temperatura" na equação da raiz quadrada (Equações 26, 27 e 28) foi substituída, calculando-se a taxa de multiplicação (valor *predito*). Usando-se as equações adequadas descritas anteriormente, calcularam-se os índices de validação (Bias e exatidão) (Tabela 10.4). O valor do fator Bias obtido e aplicado à taxa de multiplicação indicou que 19% das predições estavam no lado seguro, ou seja, 19% dos valores de taxa de multiplicação preditos pelo modelo seriam superiores aos valores observados experimentalmente. Já o fator exatidão de 1,19 indicou que, na média, a diferença entre as predições do modelo e as observações seria 19%.

$$\sqrt{\mu} = 0{,}0257\ (T + 1{,}73)$$

Equação 25

$$\sqrt{\mu} = 0{,}0257\ (13 + 1{,}73)$$
$$\mu = 0{,}143$$

Equação 26

$$\sqrt{\mu} = 0{,}0257\ (18 + 1{,}73)$$
$$\mu = 0{,}257$$

Equação 27

$$\sqrt{\mu} = 0{,}0257\ (23 + 1{,}73)$$
$$\mu = 0{,}404$$

Equação 28

Tabela 10.3. Valores de μ_{max} para inativação de *E. coli* O157:H7 em carne moída

Temperatura (°C)	*μ (1/h)*
10	0,0572
15	0,1080
20	0,2000
25	0,3840

(Continua)

Quadro 10.1. Exemplo de validação de um modelo preditivo *(Cont.)*

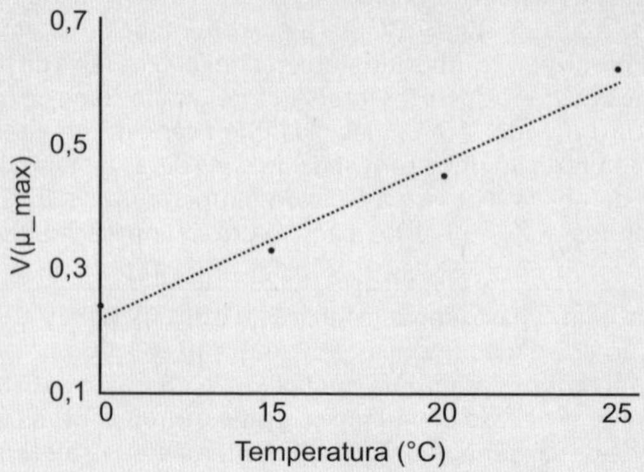

Figura 10.5. Taxa de multiplicação de *E. coli* O157:H7 em carne moída *versus* temperatura.

<table>
<tr><th colspan="6">Tabela 10.4. Índices de validação interna</th></tr>
<tr><th>Temperatura (°C)</th><th>µ observado (1/h)</th><th>µ Predito (1/h)</th><th>Bias</th><th>Exatidão</th><th>RMSE</th></tr>
<tr><td>10</td><td>0,057</td><td>0,091</td><td rowspan="7">1,19</td><td rowspan="7">1,19</td><td rowspan="7">0,01</td></tr>
<tr><td>13</td><td>0,099</td><td>0,143</td></tr>
<tr><td>15</td><td>0,108</td><td>0,185</td></tr>
<tr><td>18</td><td>0,196</td><td>0,257</td></tr>
<tr><td>20</td><td>0,200</td><td>0,312</td></tr>
<tr><td>23</td><td>0,345</td><td>0,404</td></tr>
<tr><td>25</td><td>0,384</td><td>0,472</td></tr>
</table>

Aplicações da microbiologia preditiva

A microbiologia preditiva é uma importante ferramenta no contexto atual da indústria de alimentos. Os dados gerados a partir dos modelos preditivos fornecem informações importantes para elaboração de planos HACCP, métricas de segurança alimentar e análise quantitativa de risco microbiológico. Os modelos preditivos geram informações úteis para tomadas de decisão, pois ajudam a estabelecer limites críticos baseados no comportamento microbiano frente a condições ambientais variáveis. Além disso, os modelos preditivos podem ser aplicados para avaliar a vida de prateleira de alimentos, na modificação de formulação de alimentos e avaliação do efeito das etapas de processamento sobre os microrganismos (Tabela 10.5).

Nos últimos anos, os avanços da microbiologia preditiva para o entendimento e quantificação da ecologia microbiana dos alimentos foram significativos e deverão aumentar com o surgimento dos modelos *single-cell* e das ferramentas de biologia de sistemas (genômica, proteômica e metabolômica) no estudo dos microrganismos de relevância em alimentos. É importante ressaltar que os modelos preditivos devem ser usados somente para as faixas dos parâmetros intrínsecos e extrínsecos em que foram desenvolvidos.

Tabela 10.5. Aplicações da microbiologia preditiva na área de alimentos	
Aplicação	*Exemplo*
Análise de perigos e pontos críticos de controle (HACCP)	Identificação e determinação dos pontos críticos de controle
	Planejamento das ações corretivas
	Avaliação da importância da interação entre as variáveis em um processamento
Avaliação de risco microbiológico	Quantificação das mudanças (aumento ou redução) na população microbiana ao longo da cadeia produtiva
	Avaliação da exposição a microrganismos patogênicos
Desenvolvimento de novos produtos	Avaliação do efeito das modificações de formulação na vida de prateleira
	Avaliação do efeito do processamento na qualidade e segurança
Vida útil	Avaliação do comportamento de microrganismos durante o armazenamento e comercialização
	Efeitos das alterações na temperatura ao longo da cadeia produtiva, principalmente na cadeia do frio
Educação	Educação aplicada à segurança do alimento, principalmente treinamento de colaboradores. As ferramentas da microbiologia preditiva são capazes de ilustrar, de forma rápida e simplificada, as alterações no comportamento microbiano em decorrência de mudanças nas condições ambientais
Delineamento de experimentos para análise microbiológica	Número de amostras a serem coletadas e preparadas
	Definição do intervalo temporal das amostragens

Adaptada de Nakashima *et al.* (2000) e Fakruddin *et al.* (2011).

Leitura sugerida

Baranyi J, Roberts TA. A dynamic approach to predicting bacterial growth in food. International Journal of Food Microbiology. 1994;23:277-94. https://doi.org/10.1016/0168-1605(94)90157-0

Fakrudin M, Mazumdar R, Mannan S. Predictive microbiology: modeling microbial responses in food. Ceylon Journal of Science (Bio Sci.). 2011;40(2):121-31. http://dx.doi.org/10.4038/cjsbs.v40i2.3928

Jagannath A, Tsuchido T. Predictive microbiology: a review. Biocontrol Science. 2003;8:1-7.

McKellar RC, Lu X. Modelling microbial response in foods. Boca Raton: CRC Press;2004.

Nakashima S, Andre CDS, Franco BDGM. Revisão: aspectos básicos da microbiologia preditiva. Brazilian Journal of Food Technology. 2000;3:41-51.

Perez-Rodriguez F, Valero A. Predictive microbiology in foods. New York: Springer; 2013.

Ross T, McMeekin TA. Predictive microbiology. International Journal of Food Microbiology. 1994;23:241-64. https://doi.org/10.1016/0168-1605(94)90155-4

Zwietering MH et al. Modeling of bacterial growth as function of temperature. Applied and Environmental Microbiology. 1991;57:1094-101. https://doi.org/10.1128/aem.57.4.1094-1101.1991

Avaliação de riscos microbiológicos em alimentos 11

Bernadette Dora Gombossy de Melo Franco

As doenças transmitidas por alimentos (DTA) constituem um problema mundial, tanto em termos de saúde humana quanto de custos para a sociedade e para o setor produtor de alimentos. Embora os avanços nos estudos epidemiológicos e nos métodos laboratoriais de detecção de microrganismos (tipagem molecular, sequenciamento genômico, metagenômica e outros) tenham auxiliado muito na identificação correta das DTA e de suas origens, o problema persiste em consequência da capacidade dos microrganismos se adaptarem a novos nichos, constituindo novos hospedeiros e novos veículos de transmissão, além de desenvolverem novos mecanismos de resistência e de virulência, conforme discutido em diversos capítulos deste livro. As novas tecnologias, as mudanças nas preferências e hábitos alimentares dos consumidores, a complexidade do mercado global de alimentos, as mudanças climáticas e as mudanças demográficas tornam o problema ainda maior e mais difícil de ser compreendido e gerenciado, exigindo medidas de controle baseadas em princípios reconhecidos e adotados em escala global. Os sistemas tradicionais de gestão da segurança dos alimentos adotados no século XX, com base em inspeções e/ou análises laboratoriais de produtos acabados, são insuficientes para lidar com o problema, por serem reativos e com responsabilidades centralizadas nos órgãos fiscalizadores de cada país, havendo necessidade de adoção de sistemas mais modernos, proativos e com responsabilidades compartilhadas por todos, inclusive consumidores, nos quais a relação entre a presença de um perigo microbiológico e o risco que representa para a saúde seja corretamente compreendida.

Foi nesse cenário que, em 1995, com a criação da Organização Mundial do Comércio (OMC) das Nações Unidas (ONU), os países membros estabeleceram dois acordos que impactaram, de forma global, o entendimento das medidas necessárias para o comércio de alimentos seguros e de qualidade: o Acordo de Medidas Sanitárias e Fitossanitárias (SPS – Sanitary and Phytosanitary Agreement) e o Acordo de Barreiras Técnicas ao Comércio (TBT – Technical Barriers to Trade). Além de objetivar a proteção da saúde humana e animal, esses acordos visam, também, a prevenção do protecionismo e de barreiras comerciais desnecessárias, assegurando práticas justas no comércio e atuação coordenada das organizações governamentais e não governamentais envolvidas. Segundo estes acordos, alimentos podem ser comercializados livremente entre países desde que não haja comprometimento do nível de proteção ao consumidor existente nestes países. Segundo estes acordos, o órgão responsável pelos princípios, diretrizes e recomendações relativos à segurança dos alimentos é o *Codex Alimentarius*, criado na década de 1960, pela Organização das Nações Unidas para Agricultura e Alimentação (FAO - Food and Agriculture Organization) e Organização Mundial da Saúde (WHO – World Health Organization). Os documentos preparados pelo *Codex Alimentarius* são baseados em evidências científicas sólidas e bem documentadas fornecidas por especialistas internacionalmente reconhecidos.

Uma das principais consequências do Acordo de Medidas Sanitárias e Fitossanitárias foi a introdução do conceito de análise de riscos na área de segurança dos alimentos, utilizado rotineiramente em muitos outros setores, como companhias de seguros, agentes financeiros, engenharia civil etc. O conceito baseia-se no entendimento de que há uma relação clara entre segurança e risco, isto é, quanto menor a segurança maior o risco, e vice-versa.

A avaliação microbiológica de risco vem sendo utilizada pelo setor produtivo como uma ferramenta de gestão da segurança dos alimentos, mas também pelos órgãos reguladores responsáveis pelo estabelecimento dos critérios microbiológicos de segurança e qualidade dos alimentos para consumo humano e animal. Neste contexto é importante fazer a distinção correta entre **perigo** e **risco**. Um **perigo** é qualquer agente capaz de causar um efeito adverso à saúde, podendo ser físico, químico ou biológico. Exemplos de perigos físicos em alimentos são matérias estranhas ao alimento, como fragmentos de vidro, madeira, metal ou plástico, pregos, parafusos, entre outros. Perigos químicos representam uma categoria imensa de possibilidades, como defensivos agrícolas, metais pesados, hormônios, medicamentos de uso veterinário, sanificantes, produtos de limpeza, aminas biogênicas, glicosídeos cianogênicos, glicoalcaloides, lectinas, nitrosaminas, hidrocarbonetos aromáticos policíclicos, furanos, substâncias alergênicas e inúmeros outros compostos. Os perigos biológicos englobam os microrganismos patogênicos (bactérias, fungos e vírus), protozoários, príons e também as toxinas bacterianas. As micotoxinas pertencem à categoria dos perigos químicos. O **risco** é a combinação entre a probabilidade de ocorrência de um efeito adverso causado por um perigo e a severidade deste efeito. Em outras palavras, um alimento pode conter um perigo microbiológico importante, mas o risco pode ser baixo, e vice-versa, ou seja, um perigo microbiológico de menor relevância pode representar risco maior, dependendo das características do consumidor, do alimento e do perigo em si, do nível de contaminação e de vários outros fatores.

O conceito de avaliação de risco baseia-se no princípio de que o risco decorrente de um perigo é uma estimativa que pode ser qualitativa ou quantitativa. As avaliações qualitativas de riscos são apenas descritivas, enquanto as avaliações quantitativas empregam dados numéricos, equações matemáticas e suposições para expressar estatisticamente um risco avaliado. Estudos quantitativos são mais precisos e úteis, porém, nem sempre há disponibilidade dos dados necessários para seu cálculo.

A avaliação de risco é um dos três componentes que integram a análise de risco, que inclui também a gestão de risco e a comunicação de risco (Figura 11.1). Os três componentes devem atuar de forma integrada, para que a análise de risco tenha sentido e utilidade. Enquanto a avaliação de risco é uma sistemática científica para avaliar riscos conhecidos ou em potencial, a gestão de risco é um processo de tomada de decisão

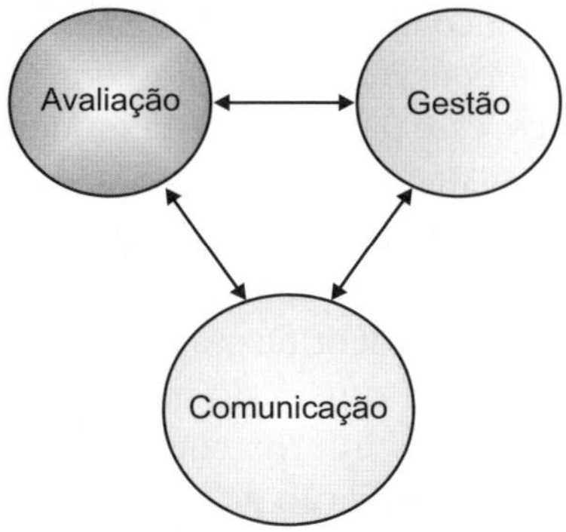

Figura 11.1. Estrutura de uma análise de risco segundo o *Codex Alimentarius*.

quanto à seleção e aplicação de medidas e políticas corretas e possíveis para prevenir e controlar os riscos estimados. A comunicação do risco é um processo interativo de troca de informações e opiniões entre os avaliadores e gestores de risco, consumidores, indústria, comunidade científica e demais interessados. A gestão de riscos microbiológicos nos alimentos é tema do Capítulo 12. Considerações sobre comunicação do risco são apresentadas ao final deste capítulo.

Componentes de uma avaliação de risco

Uma avaliação de risco microbiológico, segundo o *Codex Alimentarius*, deve identificar e caracterizar o perigo microbiológico possível no alimento, avaliar a frequência de ocorrência no alimento e as consequências à saúde e integrar estes dados para estimar o risco (Figura 11.2).

- Identificação do perigo: processo qualitativo para identificar possíveis perigos microbiológicos em um alimento ou grupos de alimentos, com base nas informações disponíveis, sempre com a chancela dos especialistas. Os perigos microbiológicos podem ser bem conhecidos e, nesse caso, as avaliações de risco são mais fáceis de serem realizadas, mas sempre ocorrem novos perigos (emergentes), que requerem mais trabalho. Antes de uma avaliação de risco ser conduzida, o perigo considerado deve estar claramente definido. É preciso lembrar que as informações disponíveis podem indicar que um mesmo perigo microbiológico é importante em determinada categoria de alimento, mas é irrelevante em outra, assim como sugerir que um perigo grave em um tipo de alimento em um país ou região é irrelevante neste mesmo tipo de alimento em outro país ou região. Até recentemente, a definição

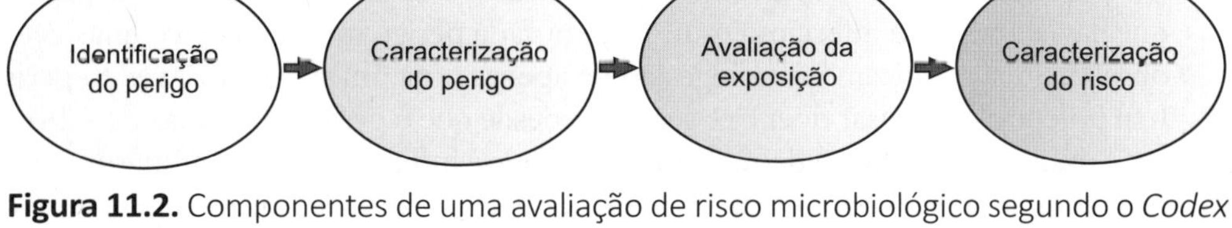

Figura 11.2. Componentes de uma avaliação de risco microbiológico segundo o *Codex Alimentarius*.

de um perigo microbiológico era a nível de gênero (p. ex., *Salmonella* spp.) ou de espécie (p. ex., *Listeria monocytogenes*), mas com os avanços nas tecnologias de sequenciamento genético, esse panorama está mudando.

- Avaliação da exposição: avaliação qualitativa ou quantitativa da probabilidade de um perigo ser ingerido com o alimento e esse perigo causar feito adverso à saúde. Esta etapa deve ser capaz de estimar o nível do perigo em determinada quantidade do alimento (dose), bem como identificar a frequência de consumo e a quantidade de alimento consumido em certo período por um determinado tipo de consumidor e, combinando todas essas informações, estimar a sua exposição ao perigo microbiológico (resposta). A avaliação da exposição (dose-resposta) é a etapa mais complexa da avaliação de risco porque depende de muitos dados, devendo considerar todas as etapas da cadeia do alimento, da produção primária até o consumo (*farm to fork*). Os fatores que devem ser considerados para a avaliação da exposição incluem a frequência de contaminação de alimentos pelo perigo considerado e seu comportamento no alimento ao longo do tempo. Esse comportamento depende das características do agente patogênico, ecologia microbiana no alimento, nível de contaminação inicial das matérias-primas (incluindo variabilidade regional e sazonal), controles de higiene e métodos de processamento, embalagem, distribuição e armazenamento do alimento, e procedimentos de preparo dos alimentos para consumo e armazenamento posterior. Outro fator que deve ser considerado é o padrão de consumo que afeta o tamanho da porção a ser ingerida e a frequência de consumo, que têm relação com características socioeconômicas e culturais, etnia, sazonalidade, diferenças de idade (dados demográficos da população), diferenças regionais e preferências e comportamento do consumidor. O conhecimento destes efeitos será importante na determinação das opções de gestão do risco avaliado, por isso é necessário conhecer todo o fluxograma de produção, as possíveis fontes de contaminação em cada uma das etapas desse fluxograma e os efeitos de cada procedimento no aumento, diminuição ou eliminação da carga microbiana presente. Estes dados podem ser obtidos da literatura científica, bases de dados, como ComBase® e vários outros, além de outras avaliações de risco realizadas por órgãos governamentais e organizações internacionais. Em muitos casos recorre-se à opinião de especialistas. Nesta etapa da avaliação de risco faz-se uso de modelagens matemáticas (microbiologia preditiva), cujos princípios e aplicações são explicados no Capítulo 10. O *Codex Alimentarius* tem várias publicações com orientações para realização destes modelos.
- Caracterização do perigo: descrição dos efeitos adversos da ingestão do perigo, com base no cálculo da dose-resposta, sempre que possível. Os efeitos podem variar desde sintomas leves até necessidade de hospitalização e morte, com forte interferência do estado de saúde individual, além da natureza do perigo em si. Geralmente os efeitos são agudos, mas pode haver sequelas graves, como ocorre com os recém-nascidos e os indivíduos imunocomprometidos. Tradicionalmente, considerava-se que havia uma dose infecciosa mínima para cada perigo microbiológico, mas dados observacionais indicam que a ingestão de apenas uma única célula viável do perigo tem potencial de causar doença e sequelas, desde que o perigo seja capaz de sobreviver e multiplicar no hospedeiro. Essa capacidade é influenciada por inúmeros fatores relacionados com o perigo em si (p. ex., resistência aos mecanismos de defesa do hospedeiro, capacidade de colonização e mecanismos de virulência), ao hospedeiro

(p. ex., estado fisiológico e imunológico) e aos componentes do alimento (p. ex., gorduras protegem os microrganismos da acidez do suco gástrico).

- Caracterização do risco: integração dos três passos anteriores para a obtenção de uma estimativa de risco, isto é, uma mensuração da probabilidade e da severidade dos efeitos adversos que podem ocorrer na população considerada, levando em conta as incertezas e as variabilidades associadas a essa mensuração. De modo geral, uma estimativa de risco expressa o número esperado de DTA por ano na população-alvo como consequência da exposição ao perigo no alimento considerado. A dimensão da severidade pode ser apenas descritiva ou calculada usando-se métricas apropriadas, como o DALY (*disability adjusted life years*), que, no caso de DTA, reflete quantitativamente uma estimativa do número de anos de vida perdidos em consequência de um número estimado de DTA. Assim como qualquer outra estimativa, há incertezas causadas pela falta de dados ou de dados não incluídos na avaliação da dose-resposta. Estas incertezas devem ser conhecidas pelos avaliadores de risco e comunicadas aos gestores de risco, de forma que possam definir as estratégias mais adequadas para prevenir ou controlar os riscos estimados.

Tipos de avaliação de risco microbiológico

As avaliações de risco microbiológico podem ser qualitativas e quantitativas:

- ***Avaliações qualitativas***: com base em dados descritivos, categorizam as estimativas de risco em insignificantes, baixas, médias ou altas. São mais fáceis de realizar porque precisam de menos dados, mas, por outro lado, são imprecisas e mais sujeitas a erros. Dão uma ideia preliminar da magnitude de um risco, indicando a eventual necessidade de uma análise mais detalhada e servindo como triagem na escolha de avaliações de risco quantitativas, mais complexas e mais precisas.
- ***Avaliações quantitativas***: com base em dados numéricos e análises matemáticas, empregam muitos dados e modelos, e podem ser *determinísticas* ou *estocásticas*. As avaliações determinísticas são aquelas que geram um único resultado, geralmente o valor médio de um conjunto de dados, para se chegar a estimativas pontuais do risco, ou *estocásticas* (ou probabilísticas), quando se consideram a variabilidade e as incertezas (Figura 11.3). Um exemplo simples de avaliação de risco *determinística* é aquele em que se estima o risco baseando-se na concentração média de

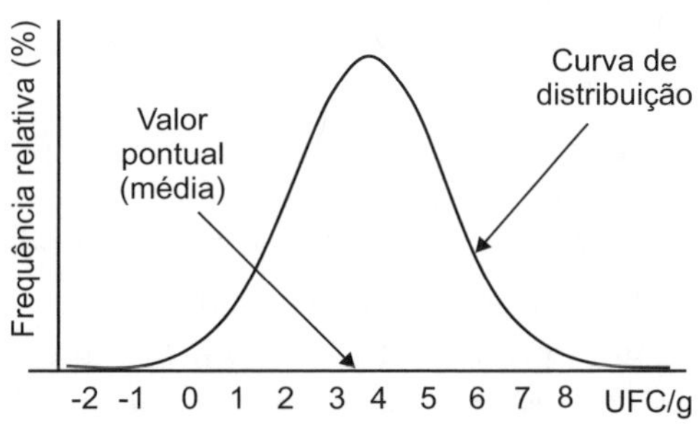

Figura 11.3. Comparação entre uma estimativa pontual e uma estimativa probabilística (adaptada de Nauta, 2021).

determinado patógeno (p. ex., *Salmonella*), em um alimento contaminado e na quantidade média que um consumidor desse alimento consumiria. Estas estimativas pontuais podem ser muito úteis em algumas situações, como p. ex., quando é necessário determinar se, para um determinado cenário, o risco será alto ou baixo. Ao escolher um valor único (pontual), o avaliador de risco não leva em conta a variabilidade na exposição. Como as estimativas de risco são muito sensíveis a valores extremos, como concentrações microbianas muito altas ou temperaturas incomumente altas de conservação do alimento, os resultados estimados tendem a ser bastante diferentes dos valores reais. Além disso, estimativas pontuais não consideram a influência de fatores de risco individuais nem levam em conta as situações de risco no pior cenário possível, o que pode conduzir a uma estimativa de risco irreal. Devido a essas limitações, os avaliadores de risco preferem as metodologias *estocásticas*, que incorporam a variabilidade das populações dos patógenos na cadeia do alimento, incluindo as incertezas nos cálculos. Os modelos estocásticos tendem a ser uma representação melhor dos sistemas naturais, dada a aleatoriedade presente na natureza. As variáveis independentes que influenciam um risco não têm valor único, mas estão dentro de uma faixa de valores. Além disso, esses valores podem ser desconhecidos, necessitando que sejam estimados e, nesse caso, deve ser considerada a curva de distribuição probabilística.

Aplicações da avaliação de risco microbiológico

Após a publicação das recomendações básicas para a realização de uma avaliação de risco microbiológico em alimentos feita pelo *Codex Alimentarius* em 1999 e atualizadas, posteriormente, em 2008, várias abordagens metodológicas já foram propostas e inúmeras avaliações de risco já foram desenvolvidas, inclusive pelo grupo de especialistas do JEMRA (Joint FAO/WHO Expert Meetings on Microbiological Risk Assessment), do *Codex Alimentarius*. Alguns exemplos são *Salmonella* e *Campylobacter* em carne de frango, *Listeria monocytogenes* em alimentos prontos para consumo, *Cronobacter sakazakii* em fórmulas infantis em pó, *Vibrio vulnificus* em ostras cruas, *Salmonella* spp. em moluscos bivalvos, STEC em carnes e produtos cárneos, apenas para citar algumas.

As avaliações de risco desempenham importante papel no estabelecimento de métricas novas que auxiliem os produtores de alimentos e os órgãos reguladores responsáveis pelas políticas públicas de produção de alimentos seguros para a população. Os critérios de segurança baseados em números absolutos a respeito de um perigo microbiológico em um alimento mostram-se cada vez menos eficientes, havendo uma transição natural para critérios baseados em risco, que conectam o perigo microbiológico com o nível de proteção da saúde pública.

Apesar de focadas em saúde pública, avaliações de risco podem ser utilizadas para outras finalidades também, como mensurar o risco de deterioração de um alimento em consequência da multiplicação e atividade metabólica de microrganismos, causadores de defeitos de qualidade. Neste caso, o objetivo é mensurar e gerenciar riscos de deterioração, relacionados com a probabilidade de um produto tornar-se indesejável ou inaceitável para consumo em decorrência da deterioração existente no momento do consumo. Este risco pode ser mensurado quantitativamente através de uma análise de risco, em que o "perigo" é o microrganismo deteriorante, que pode ser apenas uma pequena fração da microbiota total presente. A percepção de deterioração varia de acordo com o consumidor, o que acrescenta um item a mais de variabilidade e incerteza de uma avaliação de risco quantitativo. Uma estimativa de risco desta natureza auxilia os gestores de qualidade nas tomadas de decisão, inclusive na determinação da vida útil de um alimento, muitas vezes expressa como "prazo de validade", substituindo decisões tomadas empiricamente. Neste caso, é possível fazer uma analogia desta informação com o nível de proteção da saúde pública, empregada para microrganismos patogênicos.

As avaliações de riscos são úteis, também, para comparar riscos relativos a múltiplos perigos microbiológicos ou alimentos, auxiliando no estabelecimento de prioridades de gestão e de alocação de recursos financeiros e humanos, bem como identificação de lacunas. São usados, ainda, para avaliar os impactos positivos ou negativos de alguma intervenção nos riscos avaliados.

As avaliações de risco existentes empregaram diferentes linguagens e ferramentas computacionais, como @Risk, Excell, Matlab, R, SPSS, SAS, Statistica, Minitab, entre outros. Atualmente já estão disponíveis vários pacotes computacionais completos, para finalidades específicas, e para usuários com diferentes formações profissionais. Alguns destes pacotes são de acesso livre na internet, outros são comerciais. Apesar dos avanços ao longo dos anos que permitiram atingir um elevado nível de sofisticação, ainda há aspectos a serem melhorados, principalmente em relação à interoperabilidade, harmonização e aplicabilidade destes pacotes. A transformação digital e a expansão da Internet das Coisas (IoT) e da era das *big data* na área de alimentos representam um desafio para os desenvolvedores destes pacotes, que precisam ser compreensíveis e práticos para que possam ser usados racionalmente pelos avaliadores de risco. Os resultados devem ser de qualidade e aplicáveis para uma gestão eficiente dos riscos avaliados.

Comunicação do risco

A comunicação do risco é um componente importante da análise de risco e deve envolver todos os interessados desde o momento em que se decide realizar uma análise de risco. O *Codex Alimentarius* recomenda que, ao comunicar resultados de uma avaliação de risco aos gestores de risco, os seguintes pontos sejam considerados: 1. os resultados devem ser apresentados de forma objetiva e transparente; 2. as estimativas numéricas devem vir acompanhadas de informações qualitativas sobre a natureza do risco e da importância das evidências que basearam a estimativa do risco; 3. todas as informações, dados e suposições feitos que basearam os cálculos e suas consequências para a estimativa do risco, assim como as limitações e a necessidade de dados adicionais, devem ser claramente informados.

Comunicar riscos microbiológicos é um enorme desafio, tanto para os responsáveis por informar um risco percebido quanto para os que recebem essa informação. Trata-se de um componente importante na prevenção, gerenciamento e recuperação de incidentes relacionados com contaminação microbiana de alimentos, como ocorrência de casos e surtos de DTA e recolhimento de produtos do mercado. Além de ter bons conhecimentos de microbiologia de alimentos, um comunicador de risco microbiológico deve entender claramente o significado correto de risco microbiológico e como ele pode e deve ser gerenciado.

Quanto ao consumidor, é muito difícil fazer uma comunicação de risco de forma correta, clara e honesta sem fortalecer mitos e preconceitos equivocados. Além de informar corretamente, o responsável por comunicar um risco deve conhecer o nível de entendimento de quem recebe as informações, de forma a atingir o objetivo da comunicação, sem alarmar. Por outro lado, quem recebe a comunicação deve confiar na informação recebida, entender que risco zero não existe, e assumir sua parcela de responsabilidade no risco informado. Bons comunicadores de risco devem entender a natureza humana, a forma com que as pessoas percebem, compreendem e reagem ao risco. Aspectos sociais e culturais relacionados com as preferências e formas de preparo e consumo dos alimentos não podem ser negligenciados.

Leitura sugerida

CAC. *Codex Alimentarius* Commission. Principles and guidelines for the conduct of a microbiological risk assessment. Food and Agricultural Organization. Rome. 1999.

FAO & WHO. 2021. Microbiological risk assessment - Guidance for food. Microbiological Risk Assessment Series No. 36. Rome. 288 p. https://doi.org/10.4060/cb5006en

Koutsoumanis K, Tsaloumi S, Aspridou Z, Tassou C, Gougouli M. Application of Quantitative Microbiological Risk Assessment (QMRA) to food spoilage: Principles and methodology. Trends in Food Science & Technology. 2021;114:189-97. https://doi.org/10.1016/j.tifs.2021.05.011

Lejeune JT, Zhou K, Kopko C, Igarashi H. FAO/WHO Joint Expert Meeting on Microbiological Risk Assessment (JEMRA): Twenty Years of International Microbiological Risk Assessment. Foods. 2021;10:1873. https://doi.org/10.3390/foods10081873

Nauta M. Microbial food safety risk assessment. In: Morris JG & Vigia DJ (Eds.). Foodborne Infections and Intoxications. 5th ed. Academic Press, 2021. p. 19-34. https://doi.org/10.1016/B978-0-12-819519-2.00015-3

Possas A, Valero A, Pérez-Rodríguez F. New software solutions for microbiological food safety assessment and management. Current Opinion in Food Science. 2022;44:100814. https://doi.org/10.1016/j.cofs.2022.100814.

Schaffner DW. Microbial risk analysis of foods. American Society for Microbiology Press. Washington, DC. 2008. 270 p.

Gestão da segurança dos alimentos

12

Ellen Almeida Lopes
Bernadette Dora Gombossy de Melo Franco

Introdução

As formas de gestão da segurança microbiológica dos alimentos vêm passando por importantes transformações em decorrência da expansão do conhecimento do papel dos microrganismos nos alimentos e dos métodos analíticos para sua detecção e, principalmente, em razão do amadurecimento dos conceitos de avaliação de risco no contexto da segurança dos alimentos, discutidos no Capítulo 11. A cada dia fica mais claro que só é possível garantir que um alimento está seguro para consumo se houver gestão em todas as etapas da cadeia do alimento, desde a produção primária até o momento do consumo, em uma abordagem do campo ao garfo (*farm to fork*).

A gestão da segurança de alimentos é realizada aplicando-se sistemas que permitam que todos os envolvidos na cadeia do alimento comprovem sua capacidade de controlar os perigos microbiológicos presentes, assegurando que esteja seguro para consumo. A International Organization for Standardization, por meio da ISO 22000, normatiza as exigências para essa comprovação.

Os sistemas de gestão da segurança dos alimentos são constituídos de vários elementos, entre eles os programas de pré-requisitos, que incluem as BPF (boas práticas de fabricação, em inglês, GMP – *good manufacturing practices*), os POPs (procedimentos operacionais padrão, em inglês, SOP – *standard operating procedures*) e os PPHOs (procedimentos padrão de higiene operacional, em inglês, SSOP – *sanitary standard operating procedures*), e o sistema APPCC (análise de perigos e pontos críticos de controle), que doravante será referido pela sigla em inglês HACCP (*hazard analysis and critical control points*), por ser a sigla internacionalmente aceita. A eficiência de um sistema HACCP está intrinsecamente ligada à existência desses programas de pré-requisitos corretamente implementados.

Outros elementos importantes para a gestão da segurança dos alimentos são os controles preventivos, os programas de monitoramento ambiental e o zoneamento do ambiente de produção.

Inúmeros dados internacionais atestam que desde a adoção do sistema HACCP de forma generalizada no setor de alimentos, bem como dos programas de pré-requisitos, houve um declínio significativo na incidência de doenças transmitidas por alimentos (DTA) a nível mundial. Embora a implementação desses sistemas de gestão tenha trazido benefícios indiscutíveis, há muito ainda para melhorar. O desafio de garantir a segurança dos alimentos continua crescente, pois surgem, constantemente, novos fatores que afetam o controle eficiente dos microrganismos indesejáveis nos alimentos, como o aumento do intercâmbio global de produtos alimentícios que facilita a disseminação de contaminantes microbianos, as novas formas de processamento de alimentos e as mudanças nos hábitos de consumo, com o aumento da preferência por alimentos crus de origem vegetal e alimentos *plant-based.*

Programas de pré-requisitos

As boas práticas de fabricação (BPF) são fundamentais quando se lida com pessoas e constituem os requisitos mínimos para a produção de alimentos seguros para consumo. Além de protegerem a saúde do consumidor, as BPF são importantes na organização do ambiente de trabalho, tornando-o mais agradável, funcional e menos propenso a acidentes do trabalho.

Os procedimentos operacionais padrão (POP) e os procedimentos padrão de higiene operacional (PPHO) correspondem a documentos que descrevem as BPF adotadas, que devem ser assinados pelos responsáveis técnicos, legais e/ou administrativos do estabelecimento. As possibilidades de documentação são várias: manuais de BPF, procedimentos, instruções, planilhas, *checklists* (listas de verificação), entre outros. Para evidenciar o cumprimento das BPF, há vários tipos de registros, como os laudos de análises e de inspeções, relatórios, certificados de calibração e registros de capacitação. É importante mencionar que o nível de detalhamento nessa documentação e nas verificações e registros varia de acordo com a legislação e também com a necessidade da própria empresa e de seus clientes.

De forma ideal, os POP e PPHO devem conter os seguintes itens: objetivos, documentos de referência, campo de aplicação, responsabilidades, definições, descrição dos procedimentos, monitoramento, correções e ações corretivas, verificação e registros, com os anexos pertinentes.

BPF, POP e PPHO, em qualquer ponto da cadeia de alimentos, são relacionados com os seguintes itens:

- higiene das instalações, equipamentos, móveis e utensílios;
- higiene e saúde dos trabalhadores;
- adequação das instalações sanitárias e vestiários;
- controle da potabilidade da água;
- prevenção de contaminação cruzada;
- armazenamento de matérias-primas, produtos acabados;
- manejo dos resíduos;
- manutenção preventiva e calibração dos equipamentos;
- controle integrado de vetores e pragas urbanas;
- seleção de matérias-primas, ingredientes e embalagens.

A implementação de BPF, POP e PPHO nas empresas produtoras de alimentos e em serviços de alimentação é regulamentada por legislações específicas a nível global. No Brasil, essa regulamentação existe desde 1993, com atualizações realizadas periodicamente, e a legislação vigente deve ser consultada sempre que necessário. Os registros documentados são indispensáveis para comprovar que as recomendações e exigências das legislações pertinentes são seguidas.

Sistema HACCP

Conceitos básicos

O sistema HACCP caracteriza-se por ser racional, lógico e fundamentado em conhecimento científico e empregado como ferramenta para o controle dos perigos físicos, químicos e biológicos nos alimentos. Nesse contexto, é fundamental distinguir os conceitos *perigo* e *risco*: enquanto *perigo* é um agente em um alimento que pode causar um feito adverso à saúde, o *risco* é uma combinação entre a probabilidade de esse efeito adverso acontecer e a severidade desse efeito, que pode ser apenas moderada, ou ser severa com várias sequelas ou, ainda, levar à morte. No capítulo de avaliação de riscos microbiológicos em alimentos (Capítulo 11), esses conceitos são discutidos mais detalhadamente.

O sistema HACCP é baseado em sete princípios em que são empregados termos cujos significados são dinâmicos, e tem variado com o avanço dos conhecimentos nessa área e também de acordo com a autoridade regulatória do país onde o alimento será comercializado ou consumido. Nesse texto foi adotada a terminologia que consta na versão mais recente (2020) do documento General Principles of Food Hygiene CXC 1-1969, do *Codex Alimentarius*, com algumas notas explicativas para maior clareza, quando necessário. É importante notar que, dependendo da autoridade regulatória envolvida na regulamentação/fiscalização do produto, podem ser necessários requisitos adicionais. Por exemplo, o Food and Drug Administration, dos Estados Unidos, exige que seja elaborado um *Food Safety Plan*, cuja lógica é muito semelhante ao HACCP aqui exposto, mas exige a inclusão da avaliação dos perigos de alergênicos e radiológicos, além de alguns outros detalhes.

- *Ação corretiva*: qualquer ação tomada quando ocorre um desvio a fim de restabelecer o controle, segregar e determinar o destino do produto afetado (se houver) e prevenir ou minimizar a recorrência do desvio.
- *Análise de perigos*: processo de coleta e avaliação de informações sobre os perigos identificados em matérias-primas e outros ingredientes, no ambiente, no processo ou no alimento, e condições que levam à sua presença para decidir se os perigos são significativos ou não.
- *Contaminação*: entrada ou presença de um contaminante no alimento ou no ambiente do alimento.
- *Contaminante*: qualquer agente biológico, químico ou físico, matéria estranha ou outra substância não adicionada intencionalmente ao alimento, que possa comprometer sua segurança ou adequação para consumo.
- *Controlar*: tomar todas as ações necessárias para garantir e manter o cumprimento dos critérios e procedimentos estabelecidos.

- *Controle*: situação em que todos os procedimentos corretos estão sendo seguidos e todos os critérios estabelecidos estão sendo atendidos.
- *Desvio*: falha no atendimento de um limite crítico ou de um procedimento de boas práticas de higiene.
- *Etapa*: ponto, procedimento, operação ou ponto na cadeia do alimento, incluindo matérias-primas, desde a produção primária até o consumo final.
- *Fluxograma*: representação sistemática da sequência de etapas na produção do alimento.
- *Limite crítico*: critério, observável ou mensurável, relativo a uma medida de controle em um PCC, que permita distinguir um produto aceitável de um produto inaceitável.
- *Medida de controle*: qualquer ação ou atividade que possa ser empregada para prevenir ou eliminar um perigo ou reduzi-lo a um nível aceitável.
- *Monitoramento*: ato de conduzir uma sequência planejada de observações ou medições dos parâmetros de controle que permita avaliar se um PCC e/ou perigo está sob controle.
- *Nível aceitável*: nível de perigo no alimento, igual ou abaixo do qual esse alimento é considerado seguro para consumo conforme o uso pretendido.
- *Perigo*: agente biológico, químico ou físico no alimento, com potencial para causar um efeito adverso à saúde.
- *Perigo significativo*: perigo provável de ocorrer no alimento em um nível inaceitável na ausência de controle e para o qual o controle é essencial dado o uso pretendido do alimento.
- *Plano HACCP*: documento ou conjunto de documentos, preparados de acordo com os princípios do HACCP, para garantir o controle dos perigos significativos em um alimento.
- *Ponto de Controle Crítico* (PCC): etapa em que uma medida de controle, ou combinação de medidas de controle, é essencial para o controle do(s) perigo(s) significativo(s) identificados. Em outras palavras: deve existir uma medida de controle que possa ser aplicada, sendo essa medida essencial para prevenir, eliminar ou reduzir o perigo a nível aceitável.
- *Sistema HACCP*: desenvolvimento e implementação de um plano HACCP.
- *Validação de medidas de controle*: obtenção de evidências de que uma medida de controle ou combinação de medidas de controle, se implementadas adequadamente, é capaz de controlar o perigo conforme especificado.
- *Verificação*: aplicação de métodos, procedimentos, testes e outras avaliações, além do monitoramento, para determinar se uma medida de controle atinge o efeito pretendido.

Os sete princípios do sistema HACCP conforme o *Codex Alimentarius*

Princípio 1
Conduzir uma análise de perigos e identificar as medidas de controle

Inicialmente deve ser constituída uma equipe multidisciplinar para conduzir a análise de perigos. Essa equipe deverá identificar aqueles perigos cuja eliminação ou redução a nível aceitável sejam essenciais à produção de um alimento seguro. Devem ser listados todos os perigos físicos, químicos e microbiológicos com alguma probabilidade de ocorrer, denominados *perigos potenciais*, determinando-se quais os *perigos significativos*, ou seja, aqueles cujo controle é essencial. Todo perigo deve ser controlado por uma medida de controle, ou conjunto de medidas de controle, a fim de prevenir, eliminar ou reduzir esse perigo a nível aceitável. Se não houver medida de controle capaz de atingir esse objetivo, o insumo, o processo ou o produto deve ser modificado de modo que o perigo não mais exista ou que possa ser controlado.

Idealmente, o sistema HACCP deve ser estabelecido já no desenvolvimento do produto para que seja lançado no mercado já com a segurança esperada.

Na avaliação de perigos em matérias-primas, se forem identificados perigos potenciais inaceitáveis é necessário avaliar se o fornecedor aplica medida(s) de controle como BPF, limpeza, manutenção preventiva etc. É importante que uma empresa produtora de alimentos estabeleça um procedimento adequado de seleção de matérias-primas e qualificação de fornecedores. Caso um fornecedor não seja capaz de controlar os perigos em suas matérias-primas e não haja disponibilidade de outros fornecedores, será necessário verificar se há alguma etapa no processo produtivo capaz de eliminar ou reduzir os perigos presentes nas matérias-primas a níveis aceitáveis, ou se é necessário introduzir uma nova etapa no processo para cumprir essa finalidade. Caso isso não seja possível, pode ser necessário algo mais radical, como modificação na formulação, eliminando-se a matéria-prima inadequada ou substituindo-a por outra, ou, em casos extremos, modificar o produto ou até abandonar seu desenvolvimento.

A avaliação de perigos no processo produtivo de um alimento segue o mesmo raciocínio, ou seja, deve-se avaliar se há *perigos potenciais* e se podem ser prevenidos, eliminados ou reduzidos a nível aceitável. Se nada disso for possível, outras medidas são necessárias, como modificação no processo ou suspensão da produção desse alimento.

Para a elaboração de um plano HACCP adequado, é essencial ter conhecimento técnico-científico dos perigos presentes nas matérias-primas e os relacionados com processos tecnológicos envolvidos. É muito comum que não se tenha todo o conhecimento necessário e, nesse caso, a equipe multidisciplinar encarregada do sistema deve realizar pesquisas na literatura científica ou junto aos fabricantes das matérias-primas ou, ainda, usar outros recursos de pesquisas que possam ser necessários.

Princípio 2
Determinar os Pontos Críticos de Controle (PCCs)

Um PCC é a etapa do processo produtivo de um alimento em que existe um *perigo significativo* que necessite de medida de controle para ser controlado. Essa medida de controle deve ter um critério claro a ser respeitado. Para se identificar um PCC é possível utilizar uma árvore decisória, conforme sugerido pelo *Codex Alimentarius*. As primeiras árvores decisórias do *Codex Alimentarius* datam dos anos 1990 e não consideravam a existência dos programas de pré-requisitos, como BPF, POP ou PPHO. Muitos fabricantes de alimentos tinham um número excessivo de PCC justamente por não considerarem esses pré-requisitos. Árvores decisórias mais modernas incluem a questão se o perigo é controlado por algum desses programas, reduzindo o número de PCC nos planos de HACCP mais atuais (Figura 12.1).

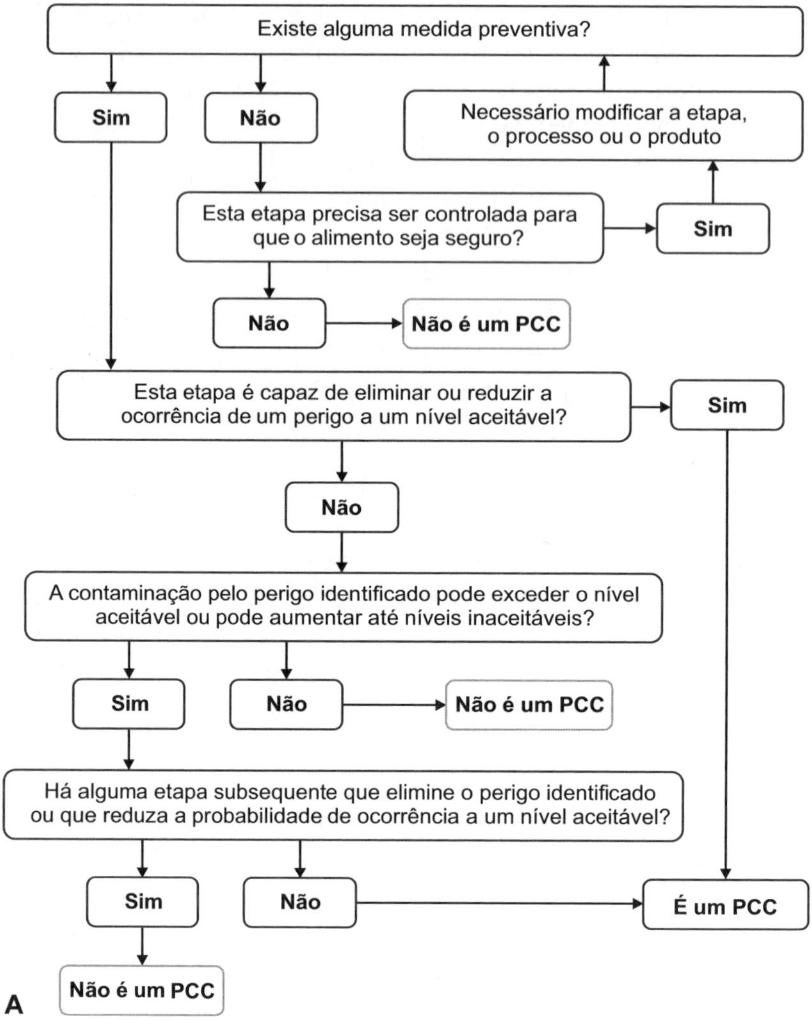

A

Figura 12.1. Exemplos de árvores decisórias. (**A**) Árvore decisória convencional. *(Continua)*

Embora possam ser muito úteis na identificação de PCC, as árvores decisórias são de uso opcional e não podem substituir a experiência de um especialista. No geral, as árvores decisórias são mais adequadas para as situações em que os perigos microbiológicos são controlados por processos letais, como pasteurização e esterilização do leite. Não há mais discussão sobre ser necessário controlar o binômio tempo × temperatura a fim de garantir determinada redução e/ou eliminação dos microrganismos-alvo em leite pasteurizado ou esterilizado. No entanto, existem outras situações em que o controle dos perigos não segue a mesma lógica, sendo que a arvore decisória não dá bom resultado e pode até mesmo confundir ou levar a erro. Um exemplo prático: em uma linha de produção artesanal de tortinhas recheadas com creme de baunilha cobertas com morango, a exigência do uso de luvas não foi viável por dificultar a manipulação.

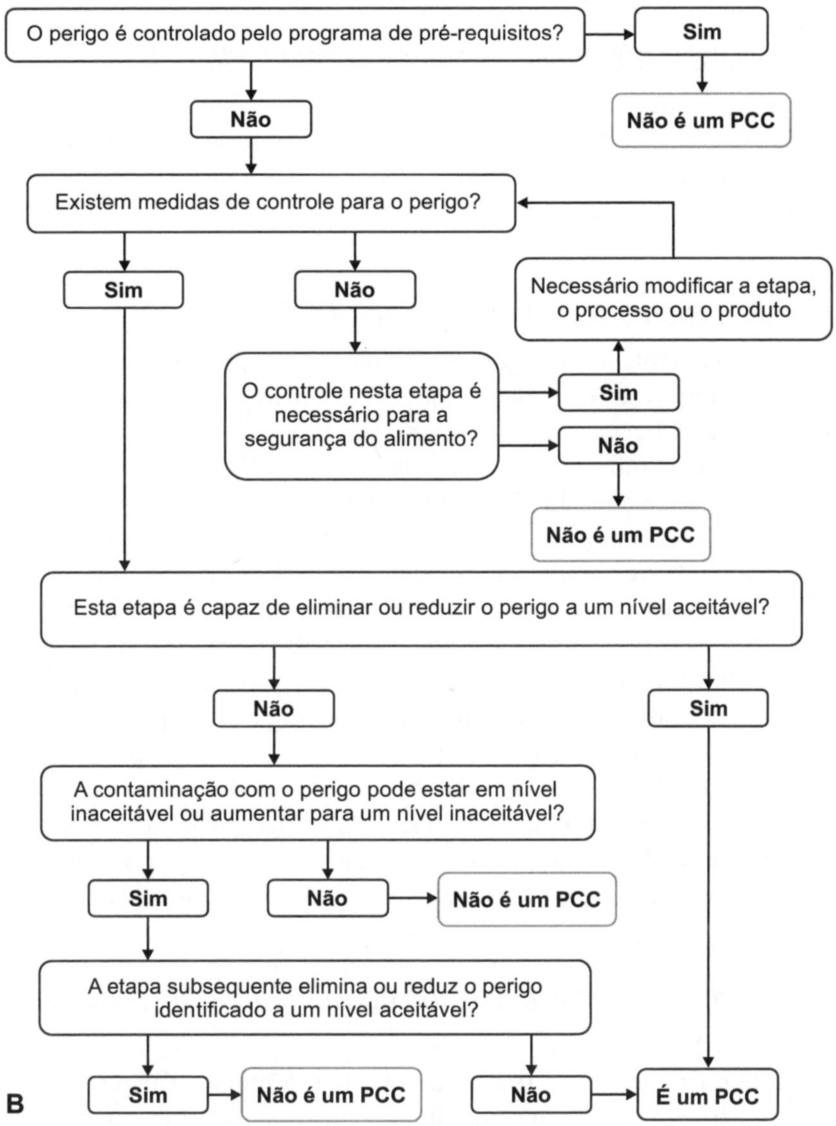

Figura 12.1. *(Cont.)* (**B**) Árvore decisória considerando programas de pré-requisitos.

Após estudos validados por resultados de análises microbiológicas, a solução foi adotar a medida de controle de assepsia das mãos a cada duas horas, controlada visualmente por um controlador treinado. Esse ponto foi identificado como um PCC porque ficou demonstrado que após 2h, havia a posssibilidade de contaminação das tortinhas com S. *aureus* presente nos poros das mãos dos manipuladores. Ao fazer a assepsia das mãos, remove-se a microbiota transiente, mas não é possível remover a microbiota residente nos poros e essas bactérias conseguem se multiplicar e ser detectadas depois de certo tempo. Esse exemplo indica que nem sempre é possível identificar um PCC empregando-se uma árvore decisória preestabelecida, sendo a identificação correta de um PCC dependente de uma profunda análise dos perigos do ponto de vista técnico.

Princípio 3
Estabelecer e validar o(s) limite(s) crítico(s) para cada PCC

O limite crítico é aquele que determina se um perigo é eliminado ou reduzido a nível aceitável. Todo PCC tem um limite crítico que deve ser mensurável e especificado para cada PCC. Limites críticos devem ser validados para todos os PCCs, ou seja, deve haver evidências documentadas de que o critério adotado atinge o nível de controle desejado para o perigo.

Princípio 4
Estabelecer um sistema para monitorar o(s) PCC(s)

Para manter o controle dos perigos microbiológicos ao longo da cadeia de produção de um alimento, é importante conhecer quais são os métodos, instrumentos e/ou equipamentos usados no processo, quem é o responsável por realizar o monitoramento dos PCC(s) e a frequência com que são realizados. É importante que os monitoramentos sejam fáceis de realizar e que sua resposta seja rápida e clara. A frequência deve ser tal que os resultados permitam que um processo seja imediatamente bloqueado, caso haja indicação de que o lote de alimento produzido não está de acordo com o limite crítico estabelecido. O resultado deve estar disponível a tempo para que se façam ajustes a fim de assegurar o controle, prevenindo que um limite crítico seja desrespeitado.

No caso de PCCs referentes à eliminação ou redução de perigos microbiológicos, deve-se dar preferência a análises físicas ou químicas ao invés de análises microbiológicas, por fornecerem resultados mais rapidamente e por serem mais eficientes para monitoramento dos PCCs em tempo real. Por exemplo: o controle correto do binômio tempo-temperatura na pasteurização consegue garantir a eliminação de patógenos; o controle correto do pH impede a multiplicação de patógenos ou a produção de toxinas; o controle correto da Aa impede o crescimento de bolores e a consequente produção de micotoxinas.

Princípio 5
Estabelecer as ações corretivas quando houver um desvio no limite crítico de um PCC

É importante prever que, se o resultado durante um monitoramento indicar que um lote de alimento não está de acordo com o limite crítico estabelecido, ou seja, "está fora de controle", o lote deve ficar bloqueado até que se possam tomar ações corretivas para corrigir o problema, ou seja, eliminar o perigo. O ideal é investigar a causa do desvio e eliminá-la a fim de evitar recorrência. Caso não seja possível corrigir o desvio, o lote pode ser reprocessado desde que o reprocesso elimine o perigo com segurança. Caso o perigo não possa ser eliminado pelo reprocessamento de forma que o desvio deixe de ser significativo, o lote pode ser empregado para outra finalidade, desde que não seja para uso alimentício. Se nada disso puder ser feito, o lote deve ser destruído. Procedimentos para correção do desvio e para disposição do lote devem ser documentados no sistema de manutenção de registros do HACCP.

Princípio 6
Estabelecer procedimentos para verificação do funcionamento correto do plano HACCP

Antes da execução de um plano HACCP é essencial planejar e implementar uma sistemática de verificação que permita provar, por meio de documentos, com dados e/

ou estudos técnico-científicos, que o plano HACCP implementado é eficaz. Os procedimentos de verificação de um plano HACCP não devem ser confundidos com ações de monitoramento dos PCCs. A verificação tem como objetivo checar se o monitoramento foi feito exatamente como planejado, avaliando frequência, responsabilidade e registros adequados. Caso o limite crítico não tenha sido respeitado, deve-se verificar se o lote de produto foi separado e devidamente identificado como potencialmente inseguro, e se as ações corretivas necessárias foram implementadas. A calibração dos instrumentos ou equipamentos usados nas medições ou análises deve ser verificada e a calibração correta deve ser demonstrada. A avaliação crítica periódica dos resultados do sistema HACCP pela equipe responsável e a auditoria de todo o sistema com frequência recomendada ao menos anualmente, também são necessárias. A frequência da verificação deve ser suficiente para confirmar que o sistema HACCP está funcionando corretamente. A verificação deve ser realizada por pessoas que não estejam envolvidas no monitoramento ou nas ações corretivas, exceto quando se tratar de operação onde essas funções não possam ser separadas, como no caso de empresas de pequeno porte. Quando as atividades de verificação não puderem ser realizadas internamente, especialistas externos independentes podem ser contratados pela empresa, que deve se certificar de sua qualificação.

Princípio 7
Estabelecer documentação dos procedimentos e registros apropriados

Para comprovar que o planejado foi efetivamente cumprido, é importante que o sistema HACCP implementado esteja documentado e seja evidenciado por meio dos registros. A documentação deve incluir o plano HACCP em si; os registros dos monitoramentos, verificações, correções e ações corretivas; os procedimentos de pré-requisitos; os registros das validações dos PCCs; as auditorias internas; e os treinamentos do pessoal envolvido com pré-requisitos e do pessoal responsável pelos monitoramentos e verificações.

Implementação de um sistema HACCP

Para a implementação de um sistema HACCP, o *Codex Alimentarius* recomenda seguir as etapas da chamada "sequência lógica", conhecida também como as "doze etapas do HACCP", ou seja: etapa 1. Designar a equipe multidisciplinar do plano HACCP; etapa 2. Descrever o produto (alimento) e identificar o escopo do plano HACCP; etapa 3. Identificar o uso intencional e os usuários; etapa 4. Construir o fluxograma; etapa 5. Confirmar o fluxograma *in loco*; etapas 6 a 12. Aplicar os sete princípios do sistema HACCP.

Vale observar que, na prática, outras etapas prévias são também necessárias, principalmente o comprometimento da direção da empresa e o treinamento da equipe multidisciplinar, ou contratação de profissional especializado para coordenar a gestão da segurança de alimentos, ou, ainda, a contratação de consultoria especializada. A implantação de um sistema HACCP pode ser trabalhosa, mas tem inúmeras vantagens. Além de proteger a saúde do consumidor, reduz custos operacionais e gastos com controle de qualidade do produto final, aumenta a credibilidade da empresa e garante vantagem competitiva no mercado.

Etapa 1. Constituição da equipe multidisciplinar

A equipe multidisciplinar deve ter conhecimento e experiência específicos e suficientes para o produto e o processo que são objetos do plano HACCP. O coordenador da equipe, além de ter a qualificação adequada, deve ser um bom líder, bom ouvinte, ter visão sistêmica e espírito de equipe, e ser perseverante em atender os objetivos. Na composição da equipe multidisciplinar devem ser incluídos, no mínimo, representantes das seguintes funções: produção, controle e/ou garantia da qualidade, projeto, desenvolvimento de produtos, manutenção e compras. O conhecimento necessário pode ser complementado com informações vindas de outras fontes, como regulamentos governamentais, normas de associações técnicas, referências acadêmicas, estudos realizados pela própria empresa, desde que cientificamente corretos, ou, ainda, apoio de consultoria técnica especializada, qualificada e atualizada em relação à legislação e aos conhecimentos técnico-científicos.

Etapa 2. Descrição do produto

O produto e os grupos de produtos com características ou processamento similares devem ser descritos, incluindo informações relevantes para a sua segurança, como composição e características físico-químicas que possam representar barreiras para a multiplicação de microrganismos ou produção de micotoxinas, como Aa, pH, presença de conservadores etc.

É importante que as etapas de processo e os parâmetros associados também sejam descritos, com especial atenção aos tratamentos térmicos ou não térmicos que tenham como objetivo a eliminação ou a redução da carga microbiana a nível aceitável. As etapas de controle de sua multiplicação também devem ser consideradas, como por exemplo: aquecimento, congelamento, refrigeração, uso de salmoura, defumação etc. Outros dados que podem influenciar a segurança de alimentos, como reprocessamento, embalagem, vida de prateleira, condições de armazenamento e métodos de distribuição, também devem ser considerados e descritos.

Etapa 3. Identificação da intenção de uso

A finalidade do plano HACCP deve ser claramente descrita, considerando, inclusive, grupos de consumidores vulneráveis, como diabéticos, fenilcetonúricos, celíacos, imunodeprimidos, etc. É recomendável avaliar também se o produto poderá ter um uso não previsto e, em caso positivo, essa possiblidade deve ser incluída no plano HACCP.

Etapa 4. Estabelecimento do fluxograma

A equipe multidisciplinar deve estabelecer o fluxograma do processo, considerando todas as operações unitárias, armazenamento e transporte interno. É importante, também, considerar as etapas de reprocesso, se houver, e as etapas anteriores e posteriores à operação em questão. O nível de detalhamento deve ser tal que possibilite uma análise adequada dos perigos potenciais.

Etapa 5. Confirmação do fluxograma in loco

O fluxograma do processo estabelecido deve ser confirmado no local (*in loco*), considerando todas as etapas e horários de produção para ajustes conforme necessário. Essa verificação deve ser feita por pessoa ou grupo de pessoas capacitadas ou, preferencialmente, pela própria equipe responsável pelo sistema HACCP. Consultores externos capacitados e experientes podem ser chamados a colaborar.

Etapas 6 a 12

Essas etapas correspondem aos princípios 1, 2, 3, 4, 5, 6 e 7 de um sistema HACCP já descritos anteriormente.

Plano HACCP e avaliação de riscos microbiológicos em alimentos

Embora haja uma semelhança entre as terminologias Avaliação de Risco Microbiológico (ARM) e Avaliação de Perigos e Pontos Críticos de Controle (HACCP em inglês), os dois sistemas não são sinônimos: HACCP é um instrumento de gestão operacional da segurança de um alimento, avaliado qualitativa ou quantitativamente em uma ARM. Os conceitos de ARM foram apresentados no Capítulo 11. Ambos exigem fundamentação científica, mas, no caso do HACCP, esse conhecimento é focado no comportamento de determinado perigo em relação ao processo produtivo, enquanto no caso da avaliação de risco o foco é o conhecimento das variáveis que afetam a probabilidade de agravo por esse perigo à saúde de uma população ou determinado grupo de consumidores. Para facilitar o entendimento das diferenças entre os dois conceitos, foi construída a Tabela 12.1, exemplificando cada uma das situações.

Tabela 12.1. Descrição de casos comparando HACCP e ARM

	HACCP	*ARM*
Caso	Empresa produtora de flocos de maçã desidratada	Botulismo em palmito em conserva
Cenário	A empresa não conseguiu aprovação de uma indústria que queria comprar os flocos para produzir um alimento infantil devido à presença da micotoxina patulina em nível acima da tolerância legal. Patulina é perigo potencial em maçãs, de severidade alta (teratogênico e carcinogênico)	Entre 1997 e 1999 ocorreram 3 surtos de botulismo no Brasil, sendo dois deles relacionados a produtos importados
Desafio	Conseguir reduzir, de forma consistente, a presença de patulina em níveis abaixo da tolerância legal	Reduzir o risco de novos surtos para a população brasileira
Diagnóstico	Diagnóstico: falta de pré-requisitos e HACCP estruturado. A prevalência de patulina nos flocos de maçã era desconhecida na empresa e, para determiná-la, foram realizadas análises laboratoriais semanais de patulina e aflatoxina. Após análises feitas em 30 lotes diferentes, casualizados, um dos lotes apresentou patulina acima do limite tolerado e todos os lotes foram aprovados para aflatoxinas	Diagnóstico: toxina botulínica causa paralisia muscular, podendo ser letal. Probabilidade baixa, mas risco alto
Solução	Implementação de medidas eficazes de controle de patulina em maçãs	Formação de um grupo técnico que constatou que 40% do palmito brasileiro era semiartesanal e produzido por apenas 5 fabricantes, especialmente na região amazônica (Brasil e países vizinhos)

(Continua)

Tabela 12.1. Descrição de casos comparando HACCP e ARM *(Cont.)*		
	HACCP	*ARM*
Medidas de controle preventivas	Após pesquisa na literatura científica sobre as causas de produção de patulina em maçãs, identificaram-se: práticas incorretas de higiene na colheita (contato com o solo), danos mecânicos durante a colheita, transporte e armazenamento, tempo/temperatura elevados entre a colheita e o processamento e falta de proteção contra chuva. Conhecendo as causas potenciais, produtores e transportadores foram orientados para que adotassem medidas para reduzir os danos mecânicos às frutas. O tempo de transporte foi reduzido, as frutas passaram a ser armazenadas em refrigeração e adotou-se o sistema de abastecimento *just in time*	Dentre as poucas opções de ação possíveis, as autoridades sanitárias envolvidas publicaram um regulamento exigindo que constasse no rótulo do produto que era necessária fervura por 15 minutos antes do consumo. Outras ações foram a publicação de um alerta sanitário à população sobre os cuidados necessários e a disponibilização de treinamentos para produtores
Medidas de controle para eliminação e redução	Após pesquisa sobre formas de reduzir ou eliminar a presença de patulina, optou-se pelas seguintes medidas de controle: 1. remoção manual do tecido danificado, retirando-se até 1,5 cm em torno da mancha provocada pelo fungo; 2. lavagem das frutas com ácido acético; 3. imersão das frutas em solução de metabissulfito, que degrada a patulina, com controle de sua concentração e do tempo de imersão. Essas medidas afetaram o custo final das frutas, reduzindo o mercado para aquelas empresas que valorizam a segurança de alimentos	Após reuniões com órgãos governamentais, representantes dos produtores de palmito e outros interessados, fundou-se a Associação Brasileira dos Fabricantes de Palmito (Anfap), sendo um dos seus objetivos a criação de Selo de Qualidade, impresso nos rótulos dos produtos dos fabricantes qualificados
Resultados	Após a implementação dessas medidas, o monitoramento semanal após 6 meses indicou que os níveis de patulina nas maçãs baixaram significativamente e que nenhuma amostra analisada ultrapassou a tolerância legal	Análises posteriores em mais fabricantes indicaram o sucesso das ações tomadas
Conclusão	Esse caso comprova que o sistema HACCP, quando bem implementado, consegue resolver um problema detectado	Esse caso mostra que somente uma ação integrada entre os diversos interessados, que fazem a avaliação, a gestão e a comunicação do(s) risco(s), pode resolver um problema dessa ordem

(Fonte: Ellen Almeida Lopes)

Outros elementos importantes para a gestão da segurança dos alimentos

Controles preventivos

Em alguns países, como Estados Unidos e Canadá, onde desde 2011 vigora o Programa de Modernização da Segurança dos Alimentos (FSMA – *Food Safety Modernization Act*), é necessário empregar controles preventivos (CP) para remover, eliminar ou reduzir qualquer perigo nos alimentos. Embora tenham semelhança com o sistema HACCP, os CP são focados em quatro áreas:

- CP de processo: aplicável quando um processamento de alimento, como refrigeração, tratamento térmico ou acidificação, necessita de um limite crítico que assegure sua segurança e qualidade. Esse limite deve ser estabelecido com base científica que seja capaz de demonstrar que o CP consegue controlar o perigo considerado.
- CP de alérgenos: aplicável quando é necessário assegurar que, durante o processamento do alimento, não há contaminação cruzada com produtos contendo substâncias alergênicas, principalmente leite, ovos, pescados, frutos do mar, nozes, amendoim e soja. A rotulagem do alimento deve deixar clara a possibilidade da presença de algum alérgeno.
- CP de sanitização: aplicável quando o processamento de um alimento não garante a remoção ou redução dos perigos, sendo necessário intensificar a higienização (limpeza + sanificação) das superfícies e do ambiente. Esses controles devem ser registrados e documentados na forma de PPHO, já mencionados anteriormente.
- CP da cadeia de suprimentos: aplicável quando o processamento de um alimento não garante a remoção ou redução dos perigos, sendo necessário intensificar o controle das matérias-primas e fornecedores de suprimentos, que devem demonstrar, por meio de documentos, a capacidade de controlar os perigos possíveis.

Programas de monitoramento ambiental

Esses programas são importantes para verificação da eficiência da higienização do ambiente de produção de alimentos, já discutido no Capítulo 8. Esses ambientes não são estéreis e são expostos ao fluxo constante de contaminantes, que podem ser transitórios quando decorrentes de ingredientes, tráfego de pessoas ou equipamentos móveis, ou residentes, quando persistem por algum tempo em locais específicos do ambiente produtivo. Assim, os programas de monitoramento ambiental devem ser desenvolvidos com base no conhecimento prévio sobre os tipos de contaminação possíveis.

Zoneamento do ambiente de produção

O zoneamento do ambiente de produção de alimentos tem a finalidade de reduzir a probabilidade de ocorrência de contaminação cruzada, por meio da demarcação de áreas dentro do estabelecimento por onde há trânsito de alimentos ou de seus componentes. Uma das formas de obter essa separação é o uso de mapas de cores, empregando-se vermelho para áreas onde a higiene deve ser máxima (processamento, p. ex.), amarelo para áreas onde a higiene pode ser mais tolerante (envase, p. ex.) e verde para áreas onde a higiene pode ser apenas básica (armazenamento de produtos processados, p. ex.). Dentro de uma mesma área, pode haver locais com cores diferentes, como por exemplo, drenos e ralos, identificados em vermelho, em áreas de envase, identificadas em amarelo.

Leitura sugerida

Batista P. HACCP System. In: Al-Rub FA, Shibhab P, Al-Rub SA, Batista P. Food safety management systems. Gavin e-books; 2020. p. 25-51. https://doi.org/10.29011/978-1-951814-02-1-003

Codex Alimentarius Commission. General principles of food hygiene, CXC 1-1969, Adopted in 1969. Amended in 1999. Revised in 1997, 2003, 2020. Disponível em: https://www.fao.org/fao-who-codexalimentarius/sh-proxy/en/?lnk=1&url=https%3A/workspace.fao.org/sites/codex/Standards/CXC+1-1969/CXC_001e.pdf.

International Organization for Standardization. 2005. ISO 22000:2005: Food safety management systems – Requirements for any organization in the food chain. International Organization for Standardization, Geneve, Switzerland. https://www.iso.org/standard/35466.html.

Stevens K, Hood S. Food safety management systems. In: Doyle MP, Diez-Gonzalez F, Hill C. Food microbiology: fundamentals and frontiers, 5th ed. ASM Press; 2019. https://doi.org/10.1128/9781555819972.ch40

Tondo EC, Bartz S. Microbiologia e sistemas de gestão da segurança de alimentos. Editora Sulina; 2019. 407p.

Cultura de segurança de alimentos 13

Ellen Almeida Lopes

A produção de alimentos é fator importante de desenvolvimento da sociedade, e quem produz alimentos sabe da necessidade e da importância da proteção da saúde do consumidor. Nas últimas décadas houve um enorme desenvolvimento técnico na área de segurança de alimentos, conhecendo-se e caracterizando-se os perigos microbiológicos, químicos e físicos possíveis, mas sobretudo estabelecendo-se as ferramentas de prevenção a serem utilizadas ao longo de toda a cadeia do alimento, desde o campo até o garfo. As principais ferramentas são as BPF (boas práticas de fabricação ou GMP, em inglês), os POP (procedimentos operacionais padronizados), os PPHO (procedimentos padrão de higiene operacional), e os sistemas APPCC/HACPP, descritos mais detalhadamente no Capítulo 12.

Apesar da existência dessas ferramentas, a experiência prática de atuação no setor produtivo de alimentos comprova que os comportamentos pessoais em uma empresa impactam, e muito, na segurança efetiva dos alimentos produzidos. Muitas falhas nas BPF têm origem em desvios de comportamento e os estudos científicos mostram que esses desvios são influenciados pelo ambiente cultural da organização, sendo necessário ir além dos treinamentos, normas, procedimentos, padrões e regras usuais. Por mais que os aspectos técnicos sejam importantes, é a parte comportamental que faz o sistema de segurança de alimentos evoluir.

Dada a importância do tema, o *Codex Alimentarius* introduziu o conceito de cultura de segurança dos alimentos ao fazer a revisão do documento *General Principles of Food Hygiene* (CXC 1-1969) em 2020. Também a União Europeia introduziu os conceitos de cultura de segurança dos alimentos no anexo I do Regulamento (CE) 852/2004, que estabelece as regras gerais de higiene para produtos alimentícios.

Segundo a Global Food Safety Initiative (GFSI), uma organização privada formada por varejistas e indústrias alimentícias internacionais, define-se cultura de segurança de alimentos como "Valores compartilhados, crenças e normas que afetam a mentalidade e o comportamento em relação à segurança de alimentos, em toda a organização". Esse conceito da GFSI é um referencial, mas não deve ser seguido como um guia ou norma, pois sua formatação não é única e igual para todas as organizações, pois depende de conhecimentos técnicos, crenças, culturas nacionais, regionais e locais, educação e experiências de vida de todos que fazem parte de uma organização.

Fundamentação

O lado comportamental da cultura de segurança de alimentos se fundamenta em conhecimentos de psicologia social, cultura organizacional e outras disciplinas, como Ciências Políticas e Antropologia. Entender os aspectos sociais e psicológicos de uma cultura constitui o primeiro passo para o amadurecimento da cultura de segurança de alimentos.

Muitos cientistas têm-se dedicado a esse assunto, com destaque ao psicólogo social Edgar Schein, que foi pioneiro no desenvolvimento dos conceitos de cultura organizacional no início dos anos 1980. Segundo ele, cultura organizacional pode ser definida como um "*padrão de suposições básicas compartilhadas que foi aprendido por um grupo, à medida que solucionava seus problemas de adaptação externa e de integração interna. Esse padrão tem funcionado bem o suficiente para ser considerado válido e, por conseguinte, para ser ensinado aos novos membros como o modo correto de perceber, pensar e sentir-se em relação a esses problemas*".

São muitos os fatores que impactam a cultura de segurança de alimentos. Esses fatores costumam ser agrupados nas chamadas "dimensões" da cultura. Como se trata de uma ciência da área de humanas, não há uma precisão cartesiana sobre quais são esses fatores e dimensões, variando de autor para autor. Entretanto, todos convergem num ponto: não é possível conseguir fortalecer uma cultura de segurança de alimentos atuando isoladamente em uma única dimensão. Aquelas dimensões que estejam limitando a melhoria da cultura de segurança de alimentos devem ser trabalhadas e corrigidas.

De acordo com os modelos de Yiannas, GFSI e outros, adaptados à realidade brasileira e validados em vários trabalhos práticos, a cultura de segurança de alimentos deve considerar sete dimensões (Figura 13.1), descritas a seguir.

1. *Sistemas de gestão e condições de trabalho:* a tríade *Visão, Missão e Valores* deve constituir o alicerce e a razão de existência de uma organização, considerando as necessidades dos clientes, os requisitos regulamentares e eventuais normas de gestão da segurança de alimentos a serem adotadas. Os recursos necessários de materiais, humanos, bem como o recurso "tempo", devem ser providenciados de forma adequada e suficiente.
2. *Liderança:* a liderança mais alta da organização deve estabelecer a visão de segurança de alimentos por meio de uma política de segurança de alimentos, deixando claro que esse é um valor inegociável. Uma vez estabelecida, documentada e comunicada, essa política deve ser distribuída por toda a organização, de forma que todos os gestores assumam suas responsabilidades. Os líderes hierárquicos devem ser inspiradores e ser exemplos, vivendo a política de segurança de alimentos não só no discurso, mas na prática do dia a dia. O diálogo deve fluir em todas as direções, tanto de baixo para cima como de cima para baixo, como entre áreas e setores, com clientes e fornecedores, autoridades e outras partes interessadas. A análise crítica e

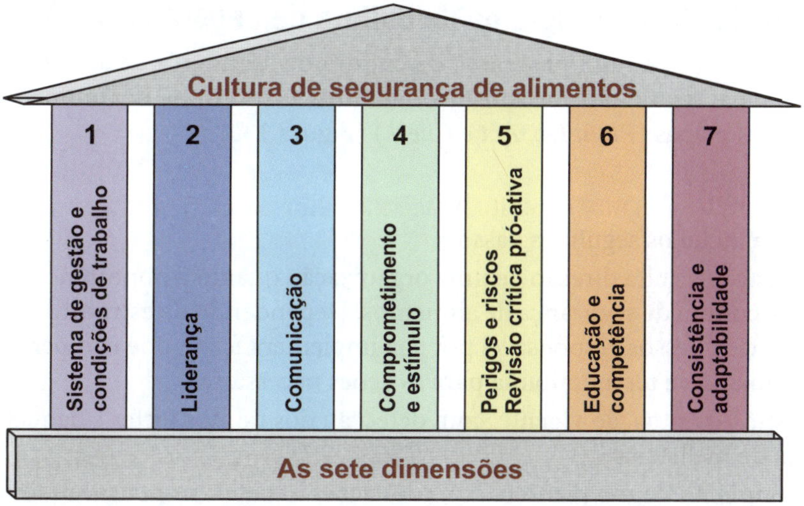

Figura 13.1. As sete dimensões da cultura de segurança de alimentos, segundo Ellen A. Lopes e Rose Mary A. Lopes.

a melhoria contínua devem ser estimuladas. As chefias devem ter atitude positiva e saber estimular seus liderados.

3. *Comunicação:* a comunicação deve envolver todas as partes interessadas. Os objetivos da comunicação devem ser: sensibilizar, conscientizar, educar, integrar, mostrar e comemorar os resultados. Todos os canais de comunicação possíveis devem ser utilizados. O sistema educacional da empresa deve fazer parte do sistema de comunicação.
4. *Comprometimento e estímulo:* o comprometimento deve ser percebido de forma ativa, tanto na teoria como na prática, em todos os níveis hierárquicos, desde a mais alta direção até os trabalhadores. O comprometimento e a motivação devem ser estimulados e reconhecidos, bem como despertados os sentimentos de pertencimento e de orgulho.
5. *Visão crítica dos perigos e riscos:* as equipes devem ter conhecimento dos perigos potenciais e dos níveis de risco associados, que impactam a segurança de alimentos. Esse conhecimento deve ser suficiente para estimular o espírito crítico e a proatividade, com vistas à melhoria contínua.
6. *Educação e competência:* a organização deve entender a diferença entre educação e treinamento, não se limitando a impor regras, mas indo além, com implementação de um plano educacional evolutivo, provendo capacitação tanto técnica como comportamental, conforme a necessidade das diferentes funções, de maneira regular e com frequência necessária. Esse plano educacional deve desenvolver a capacidade de julgamento e de tomada de decisão.
7. *Consistência e adaptabilidade:* a organização deve demonstrar consistência de propósitos, por meio de mensurações periódicas, indicadores técnicos e comportamentais, usando as metodologias mais apropriadas. A empresa deve ser capaz de implementar mudanças e adaptações de forma rápida e eficaz, sempre que necessário, para não comprometer a segurança dos alimentos produzidos.

Implementação de um Programa de Cultura de Segurança de Alimentos

A implementação de um programa de cultura de segurança de alimentos em uma organização deve seguir um mecanismo interativo e contínuo, denominado PDCA e composto por 4 etapas (***Plan, Do, Act** e **Check***) (Figura 13.2).

1. Etapa P (Plan)

Essa etapa inclui os seguintes passos:

a. Sensibilização da alta direção de uma organização quanto à importância de um programa de cultura de segurança de alimentos. Dependendo da estrutura de governança existente, a pessoa responsável por sua implementação pode não pertencer à alta direção, mas deve ter autonomia para as ações necessárias.

b. Diagnóstico da situação vigente, com detecção dos pontos fortes e daqueles que necessitam de melhorias.

c. Estabelecimento de um plano tático, com ações e metas, responsáveis, cronograma, sistemática de mensuração a ser usada e frequência de avaliação. Aspectos como plano de educação, plano de comunicação, política de reconhecimento, definição de responsabilidades, indicadores e metas, bem como recursos (materiais, humanos, de tempo e de capacitação), devem fazer parte desse plano tático e devem ser sempre revisados e melhorados conforme necessário.

2. Etapa D (Do)

As mudanças desejadas devem ser implementadas conforme o plano tático desenhado.

3. Etapa A (Act)

A sistemática de mensuração e a frequência de avaliação estabelecidas no plano tático devem ser implementadas.

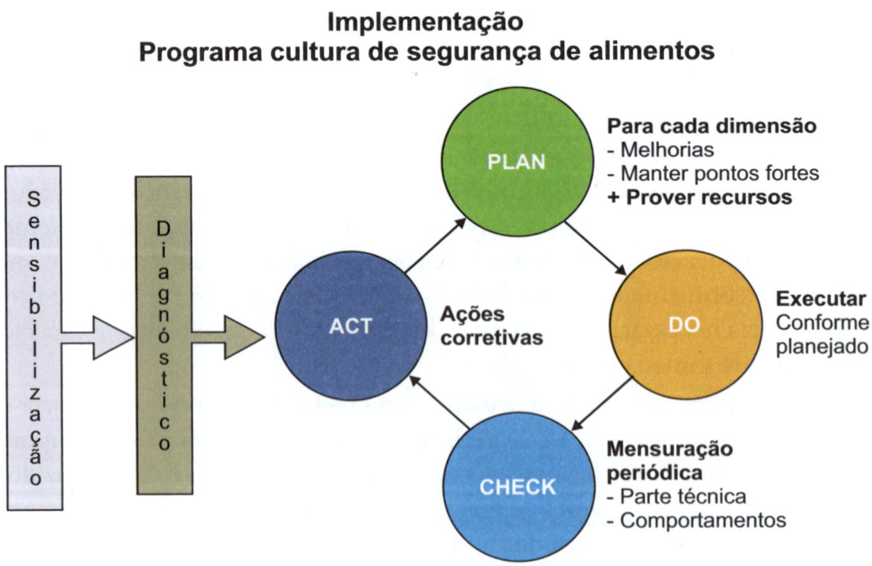

Figura 13.2. PDCA para implementação de um programa de cultura de segurança de alimentos, segundo Ellen A. Lopes e Rose Mary A. Lopes.

4. Etapa C (Check)

Uma vez executadas as mensurações planejadas, deve-se comparar os resultados com os objetivos e metas estabelecidos. Os objetivos e metas alcançados devem ser mantidos como tal, ou novos objetivos e metas mais desafiadoras devem ser estabelecidos, e aqueles não alcançados devem ter as causas investigadas e corrigidas.

Avaliação da evolução comportamental de um programa de cultura de segurança de alimentos

Há várias metodologias descritas na literatura para mensuração do nível de evolução comportamental da cultura de segurança de alimentos implementada em uma organização, como pesquisas quantitativas por meio de questionários estruturados e pesquisas qualitativas por entrevistas individuais e/ou de grupos focais, levando em consideração cada uma das sete dimensões descritas anteriormente. Observações comportamentais em campo são importantes para subsidiar as mensurações realizadas por questionários.

Assim como ocorre com auditorias técnicas, a contratação de trabalho especializado independente para avaliar a evolução de um programa de cultura de segurança de alimentos em uma organização é importante para evitar distorções decorrentes da falta de independência, experiência e/ou neutralidade. Um avaliador interno, da própria empresa, pode ter olhares e entendimentos tendenciosos, enquanto os avaliados podem, inconscientemente, não se sentir à vontade para apontar distorções de comportamento. Quando não há condições para contratação de um trabalho especializado, um autodiagnóstico, com base em referências de literatura, embora não ideal, pode servir como ponto de partida.

Nota final

Ninguém muda uma cultura de um dia para o outro. Não existe "bala de prata", uma ação única, capaz de mudar rapidamente uma cultura já estabelecida, mas a adoção sistemática e perseverante de práticas positivas pode acelerar a evolução. Para que uma cultura de segurança de alimentos em uma organização seja adequada e sempre possa evoluir, são necessários chefias exemplares, participação e comprometimento de todos os envolvidos, educação e capacitação dos colaboradores, reconhecimento do trabalho realizado e orgulho de pertencer a essa organização.

Leitura sugerida

Codex Alimentarius. General principles of food hygiene (CXC 1-1969). Disponível em: https://www.fao.org/fao-who-codexalimentarius/sh-proxy/en/?lnk=1&url=https%253A%252F%252Fworkspace.fao.org%252Fsites%252Fcodex%252FStandards%252FCXC%2B1-1969%252FCXC_001e.pdf.

European Commission. Amendment to food safety regulation (EC) No 852/2004. Disponível em: https://eur-lex.europa.eu/legal-content/EN/TXT/PDF/?uri=CELEX:32004R0852.

Global Food Safety Initiative (GFSI). A culture of food safety. A Position Paper; 2018.

Schein EH. Organizational culture and leadership, 3rd ed. Hoboken, Williey &Sons, Inc.; 2017.

Yiannas F. Creating a behavior-based food safety management system. New York: Springer, 2009. Cultura de Segurança de Alimentos - Criando um Sistema de Gestão de Segurança de Alimentos Baseado em Comportamento. Tradução de Ellen A. Lopes. Editora Food Design.

Índice remissivo

Obs.: números em *itálico* indicam figuras;
números em **negrito** indicam quadros e tabelas.

A

Ácido(s)
- ciclopiazônico, 120
- nucleicos, 231
- orgânicos, 196

Açúcar(es)
- como conservadores, 198
- diversidade microbiana em, 161

Adenovírus, 129

Aeromonas spp., 107

Aflatoxinas, 118
- biotransformação da, *119*

Agentes sanitizantes, vantagens e desvantagens, *215-216*

Água
- atividade de, 10
  - mínima para a multiplicação de algumas espécies de microrganismos de interesse em alimentos, **12**

Alimentos termoprocessados estáveis à temperatura ambiente, diversidade microbiana em, 159

Alta pressão, processamento por, 191

Ambiente
- composição gasosa do, 21
- temperatura do, 20
- umidade relativa do, 21

Amplificação isotérmica, 232

Anaeróbios butíricos, 161

Antimicrobianos, 19

Antrax, 42

Aquecimento ôhmico, 194

Árvores decisórias, *268-269*

Aspergillus
- crescimento e produção de aflatoxinas por espécies do gênero, **115**
- *flavus*, 115
- *nomius*, 115
- *parasiticus*, 115
- representação esquemática de, *116*

Atividade de água de alguns alimentos, valores de, **13**

Avaliação de Risco
- Microbiológico (ARM), 255
- Identificação do perigo, 257

Avaliação da exposição, 258
Caracterização do perigo, 258
Caracterização do risco, 259
Aplicações, 260

B

Bacillus
anthracis, 42
cereus, 42
aspectos epidemiológicos, 44
características, 42
mecanismo de patogenicidade, 43
medidas de controle, 45
síndromes causadas por, características, **45**
coagulans, 163
thuringiensis, 42
Bactéria(s)
anaeróbias, 29
anaeróbias termófilas, 160
da família *Enterobacteriaceae*, 31
do ácido lático
defeitos ou alterações em alimentos causados por, **167**
láticas, 166
mesófilas, 28
formadoras de esporo, 160
psicrotróficas, 29
termófilas, 29
termófilas do grupo *flat sour*, 160
Bacteriocinas, 200
Bacteriófagos, 199
Biodeterioração proteica, 170
Boas práticas de fabricação (BPF), 264
Bolor(es), **10**, 29, 113, 161
contagem, 30
Botulismo, 49, 50
alimentar, 50, 51
animal, 48
Brochothrix thermosphacta, 170

C

Calor, controle dos microrganismos pelo uso de, 177
Campilobacteriose, 68
Campo elétrico pulsado, 192
Campylobacter
características, 67
coli, 67
jejuni, 67
Candida pseudotropicalis, 12
Carboidrato(s)
metabolização dos, 166
substâncias intermediárias do metabolismo de, 169
Carnes e produtos cárneos, diversidade microbiana em,
Carnes bovina e suína, 132
Carne de aves, 136
Categorias ICMSF baseadas em risco, planos de amostragem para as, **37**
Cavitação, 194
CDT (*cytoletal distending toxin*), 69
Centrifugação, 176
Cereais, farinhas e produtos de panificação,
diversidade microbiana em, 161
Ciclo de Sinner, *211*
Claviceps
paspalii, 112
purpurea, 1, 112
Clostrídios sulfitorredutores, 32
Clostridium
argentinense, 49
botulinum, 48
aspectos epidemiológicos, 52
características, 48
grupos de, caracteríticas, **49**
mecanismo de patogenicidade, 51
medidas preventivas e de controle, 53
perfringens, 46
aspectos epidemiológicos, 48

características, 46
células vegetativas de, 46
mecanismo de patogenicidade, 48
medidas de prevenção e controle, 48
nos alimentos, 47
toxinas produzidas pelos sete toxinotipos de, **47**
Codex Alimentarius, 4
Cólera, 94
Coliformes
termotolerantes, 30
totais, 30
Coloração de Gram, 234
Componentes residuais em superfícies de equipamentos, **205**
Composição gasosa do ambiente, 21
Composição química dos alimentos, 18
Compostos antimicrobianos nos alimentos, 19
Comunicação do risco microbiológico, 261
Conceito 12D, 181
Condimentos,
diversidade microbiana em, 164
Congelamento, 183
Conidióforos, 115
Conservador(es)
naturais, 198
químicos, 195
Controle(s)
dos microrganismos nos alimentos, 175
pela combinação de dois ou mais métodos, 201
pela desidratação, 184
pela modificação da atmosfera que envolve o alimento, 176
pelo emprego de conservadores químicos, 195
pelo uso de calor, 177
pelo uso de frio, 182
pelo uso de radiações ionizantes, 187
por métodos biológicos, 199
por remoção mecânica, 176
preventivos, 275
Critérios microbiológicos, 33
categorias, 33
fundamentados em risco, 36
Cronobacter spp., 106
Cultura de segurança de alimentos, 277
implementação de um Programa, 280
Curva
de crescimento microbiano, *9*
de inativação microbiana, formatos das, *243*

D

Debaryomyces hanseniii, 12
Defeito "cabeça de alfinete", 159
Defumação, 199
Degradação microbiana,
de carboidratos, 165
de proteínas, 170
de lipídeos, 172
outras reações de deterioração, 172
Derivados de frutas, 154
Derivados de hortaliças, 154
Desaminação
oxidativa, 170
redutora, 170
Descarboxilação, 170
Desidratação, controle dos microrganismos pela, 184
Desnudação, 127
Destruição térmica
de esporos de *C. botulinum*, efeito da temperatura sobre o tempo de, **179**
de microrganismos, 179
Desulfotomaculum nigrificans, 171
Detergente(s)
limpeza com, 207
propriedades dos aditivos utilizados nos, **207**
Deterioração
microbiana de alimentos, 165
podridão mole, 169

reações de, 172
alterações devidas ao crescimento de bolores e leveduras, 173
alterações na coloração, 172
alterações na viscosidade, 172
Deteriorantes sulfídricos, 160
Dióxido de enxofre e sulfitos, 197
Diretrizes microbiológicas, 33
Disenteria, 81
Diversidade microbiana
açúcar, xaropes, mel e doces, 163
alimentos termoprocessados estáveis, 159
carnes e produtos cárneos, 132
cereais e farinhas, 161
condimentos e nozes, 164
leite e derivados, 138
ovos e derivados, 158
pescado, 148
produtos de panificação, 162
vegetais, 150
DTA, ver Doenças Transmitidas pelos Alimentos
fatores que contribuem para a ocorrência de, 40

E

Endocardite, 104
Ensaios imunoezimáticos, 230
Enterite necrótica, 47
Enterotoxina(s)
estafilocócicas, 61
ação diarreica, 64
ação emética, 64
atividades emética e de superantígeno das, **65**
hemolítica HBL, 43
Ergotismo, 113
Eritema nodoso, 104
Erwinia carotovora, 169
Escherichia coli, 30
enteroagregativa, 77
aspectos epidemiológicos, 78
características, 77
mecanismo de patogenicidade, 78
êntero-hemorrágica, 77
enteroinvasora, 81
aspectos epidemiológicos, 82
características, 81
mecanismo de patogenicidade, 82
tratamento, 82
enteropatogênica, 80
aspectos epidemiológicos, 81
características, 80
mecanismo de patogenicidade, 81
enterotoxigênica, 78
aspectos epidemiológicos, 80
características, 78
infecção por, 78
mecanismo de patogenicidade, 78
produtora de toxina Shiga, 72
Especificações microbiológicas, 33
Espectro eletromagnético, *187*
Esporo
bacteriano, apresentação esquemática da estrutura de um, *179*
Esterilização, 177
comercial, 178
Estimativa
pontual e estimativa probabilística, comparação entre, *259*

F

Família *Enterobacteriaceae*, 31
Farm to fork, 258
Fator(es)
extrínsecos
composição gasosa do ambiente, 21
temperatura do ambiente, 20
umidade relativa do ambiente, 21
intrínsecos
atividade de água, 10
composição química, 18
compostos antimicrobianos, 19
pH, 13
potencial de oxirredução, 17

Febre tifoide, 88
Fermentação
ácida mista, 167
alcoólica, 167
butanodioica, 168
butírica, 168
lática, 166
propiônica, 168
Filtração, 176
em membrana, 224
Fogo de Santo Antonio, 112
Freezer burn, 183
Frio, controle dos microrganismos pelo uso de, 182
Frutas, diversidade microbiana em, 152
Fumonisinas, 121
Fungo(s)
de armazenamento, 161
identificação de, 125
nutrição e crescimento, 114
temperatura de crescimento dos, 114
toxigênicos
contaminação de alimentos por, 111
desenvolvimento, 117
etiologia, 115
Fusariotoxinas por espécies do gênero *Fusarium*
temperatura e atividade de água mínima para o crescimento e produção de, **121**
Fusarium, representação esquemática, *116*

G

Geobacillus stearothermophilus, 163
Geotrichum candidum, 30
Gestão da segurança dos alimentos, 263
programas de pré-requisitos, 264
plano HACCP, 273
sistema HACCP, 265

H

HACCP
Conceitos básicos, 265
Os sete princípios, 266
Implementação, 272
Controles preventivos, 275
HACCP e ARM, casos
comparando, **273-274**
Hemolisina de Kanagawa, 97
Higienização
com jatos, 217
etapas de um processo de, *204*
manual, 217
na indústria de alimentos, 203
limpeza, 205
monitoramento, 219
procedimentos operacionais, 217
sanitização, 212
pelo sistema *clean-in-place*, 218
por imersão, 217
Hortaliças, diversidade microbiana em, 150
Hurdle Theory, 23

I

Imunocromatografia, 230
Imunodifusão, 229
Indicadores, 28
Intoxicação
alimentar causada por *S. aureus*, 61
escombrídea, 171
histamínica, 171

L

Lavagem, 176
Leite e derivados, diversidade microbiana em, 138
Leuconostoc mesenteroides, 163
Limites microbiológicos, 34
Liderança, 278
Limpeza
com detergentes, 207
das superfícies, 205

variáveis que afetam a eficiência do processo de, 210
Listeria
características que diferenciam as espécies do gênero, **55**
fleischmannii, 54
ivanovii, 54
seeligeri, 54
monocytogenes, 54
aspectos epidemiológicos, 59
características, 54
infecção da célula hospedeira por, *58*
mecanismo de patogenicidade, 58
medidas de prevenção e controle, 59
Listeriose, 56
Lote, 35
LTLT (*low temperature, long time*), 177
Luz pulsada, 193

M

MALDI-TOF (*Matrix-Assisted Laser Desorption/Ionization-Time of Flight*), 3
Mel
composição do, 163
Mercaptanas, produção de, 171
Metabólitos, 23
microbianos utilizados como indicadores de qualidade em alguns alimentos, **32**
Métodos,
de análise,
alternativos, 224
automatizados, 227
de detecção de patógenos, 227
de enumeração de microrganismos, 223
de identificação de microrganismos, 233
tradicionais, 223
biológicos de conservação, bacteriocinas, 200
bacteriófagos, 199
Micotoxicoses, gravidade das, 112
Micotoxinas
aspectos históricos, 112
efeitos tóxicos das, 111
fungos produtores de, **124**
identificação de, 125
Microbiano, curva de crescimento, *9*
Microbiologia preditiva
aplicações da, 252
aplicada a alimentos, 237
critérios para seleção de modelos secundários a serem usados em, **249**
na área de alimentos, **253**
softwares e suplementos para aplicação em, **249-250**
termo, 1
Micro-ondas, 192
MLVA (*Multiple-Locus Variable-Number Tandem-Repeat Typing Analysis*), 3
Modelos preditivos
aplicações, 252
bifásico, 245
cardinais, 247
com ombro e cauda, 245
conceito gama, 248
desenvolvimento de um, 239
da raiz quadrada, 246
de Baranyi & Roberts, 241
de Baranyi e Gompertz modificado, comparação entre os, *242*
de Bigelow, 243
de Gompertz modificado, 242
de predição de inativação microbiana, 243
de predição de multiplicação microbiana, 241
de probabilidade, 248
de Weibull, 244
polinomiais, 246
primários, 242
secundários, 245
terciários, 249

validação de modelos, 250
exemplo de validação de um, 251-252

N

Neurotoxina(s)
botulínicas, 51
NGS (*Next Generation Sequencing*), 3
Nisina, 200
Nitritos e nitratos, 197
Norovírus, 128
Nozes, diversidade microbiana em, 164

O

Ocratoxina(s), 120
A, temperatura e atividade de água mínima para o crescimento e produção de, **121**
Ovo(s)
e derivados, diversidade microbiana em, 158
líquido, desidratação de, 159

P

Padrões microbiológicos, 33
Parabenos, 196
Pasteurização lenta, 177
Patulina, 123
PCR, 3
PDCA para implementação de um programa de cultura de segurança de alimentos, *280*
Pectinas, 169
Pectobcterium carotovora, 169
Penicilina, 2
Penicillium spp., 116
representação esquemática, *116*
Perigos microbiológicos
identificação dos, 257
potenciais, 267
significativos, 267
Perigo e risco, 256
Pescado, diversidade microbiana em, 148
PFGE (*Pulsed-Field Gel Eletrophoresis*), 3
pH, 13
alguns alimentos, valores aproximados de, **16**
para a multiplicação de alguns microrganismos de importância em alimentos, valores de, **15**
Placas,
Compact Dry, 225
MC-Media Pad, 225
Petrifilm, 225
SimPlate, 226
Planos de amostragem, 35
Planos de 2 classes, 36
Planos de 3 classes, 36
Plasma frio, 193
Plesiomonas shigelloides, 109
Polissacarídeos, 169
Potencial de oxirredução, 17
Prebióticos, 7
Pré-lavagem, 206
porcentagem de gordura de leite que permanece sobre a superfície de um pasteurizador, *206*
Procedimentos Operacionais Padrão (POP), 264
Procedimentos Padrão de Higiene Operacional (PPHO), 264
Produtos de panificação, diversidade microbiana, 162
Programas de monitoramento ambiental, 275
Programas de pré-requisitos, 264

Q

Quorum sensing, 22

R

Radiação(ões)
eletromagnética, 187
ionizantes, controle dos microrganismos pelo uso de, 187
sobre os alimentos, efeitos da, 190
Radiólise, 190

Razão letal, 180
Refrigeração, 182
Remoção mecânica, controle dos microrganismos por
  centrifugação, 176
  filtração, 176
  lavagem, 176
Risco(s) microbiológico(s)
  avaliação de, 255
  gestão do, 263
  componentes de uma avaliação de, 257
  comunicação do, 261
    tipos de avaliação de, 259
  segundo o *Codex Alimentarius*, estrutura de uma análise de, *257*
Rope, bacilos produtores de, 162
Ropiness, 162
Rotavírus, 128
Ruffling, 86

S

Salmonella, 30
  Enteritidis em ovo líquido, congelado e desidratado, valores D_{10} para, **190**
  infecções por, 86
  características, 83
  epidemiologia, 87
  mecanismos de patogenicidade, 86
  medidas de controle, 88
Sanitização, 212
  meios físicos, 212
  agentes químicos, 213
  enxágues, 216
  secagem dos equipamentos, 216
Sanitizantes
  condições ideais de uso de, **215**
  químicos usados nas indústrias de alimentos, **214**
Secagem
  dos equipamentos, 216
  por atomização, 185
Segurança
  alimentar, 4
  alimentar e segurança do alimento, relação entre, *5*
  dos alimentos, 4
Semeadura em placas, 223
Separação imunomagnética, 230
Septicemia
  primária, 98
Sequenciamento do genoma completo de bactérias, 3
Shigella spp., 102
  epidemiologia, 103
  mecanismo de patogenicidade, 103
  medidas de controle, 103
Shigelose, 102
Síndrome(s)
  causadas por *C. sakazakii*, 106
  diarreica
    enterotoxinas causadoras da, 43
  emética
    enterotoxinas causadoras da, 44
  hemolítica urêmica, 74
Sistema
  HACCP, 265
    implementação de um, 271
    princípios, 266-271
  para análise microbiológica de água, 226
SNARE (*soluble N-ethylmaleimide-sensitive factor attachment protein receptor*), 52
Sporendonema epizoum, 173
Spray drying, 185
Staphylococcus aureus
  características, 61
  epidemiologia, 63
  intoxicação alimentar causada por, 61
  mecanismo de patogenicidade, 63
  medidas de controle, 66
Substâncias intermediárias do metabolismo de carboidratos, 169

Sucos de frutas e de outros vegetais, diversidade microbiana em, 156

T

Taxa de multiplicação de *E. coli* O157:H7 em carne moída *versus* temperatura, *252*
Técnica(s)
  de colorimetria, 227
  de filtração, 224
  de impedância, 227
  dos tubos múltiplos, 223
Tecnologia dos obstáculos, 23
Tempo de destruição térmica, 180
Tensoativo(s)
  anfóteros, 209
  aniônico(s), 208
  dodecilbenzeno sulfonato de sódio, representação esquemática do, *208*
  catiônicos, 208
  micela de, *210*
  na água
    micelas de, representação das, *209*
    orientação das moléculas de, *209*
  não iônicos, 209
  representação esquemática de, *208*
Teoria(s)
  das barreiras, 23
  dos obstáculos de Leistner, 23
Termorresistência dos microrganismos, fatores que afetam a, 178
Testes bioquímicos miniaturizados, 234
Toxemia intestinal do adulto, 50
Toxi-infecção
  causada por *C. perfringens* tipo F, 47
Toxina
  botulínica, mecanismo de ação da, *52*
  colérica, patogênese da, *94*
  CytK, 44
  da cólera, 93
  de *Staphylococcus aureus*, mecanismos de ação emética da, *66*
  Shiga, 31
  Stx, 75
Tratamento com gases, 198
Tríade epidemiológica, 39, *40*
Tricotecenos, 122
Trigo, microbiota do, 161

U

UHT (*ultra high temperature*), 178
Ultrassom, 194
Umidade relativa do ambiente, 21

V

Valor
  D, 180
    determinação para uma suspensão de esporos bacterianos, *180*
  F, 181
  z, 180
    determinação utilizando-se a curva de resistência térmica, *181*
Vegetais, diversidade microbiana em, 150
Vegetais Minimamente Processados (VMP), 153
VBNC (*viable but not culturable*), 27
Verotoxinas, 73
Vibrio
  causadores de infecções em seres humanos, **101**
  cholerae, 91
  parahaemolyticus, 95
  epidemiologia de, 91
  sensibilidade aos tratamentos físicos e químicos, 91
  veiculados por alimentos, características bioquímicas de algumas espécies patogênicas de, **90**
  vulnificus, 98
Vírus
  adsorção, 127
  características, 126
  de importância em alimentos, 128
    adenovírus, 129

da hepatite E, 129
medidas de controle, 129
norovírus, 128
rotavírus, 128
desnudação, 127
detecção em alimentos, 130
helicoidais, *127*
isométricos, *127*
liberação, 127
maturação, 127
multiplicação, 127
penetração, 127
replicação, 127
tradução, 127
transcrição, 127
Viscosidade, alterações na, 172

W

WGS (*Whole Genome Sequencing*), 3

X

Xaropes, diversidade microbiana em, 163

Y

Yersinia
enterocolitica, 103
características, 103
epidemiologia, 104
mecanismo de patogenicidade, 105
medidas de controle, 106
pestis, 103

Z

Zearalenona, 123
Zoneamento do ambiente de produção, 275
Zot (*zonula occludens toxin*), 93
Zygosaccharomyces bailii, 12
Zymomonas, 167